Siakkou · Digitale Bild- und Tonspeicherung

Digitale Bild- und Tonspeicherung

Signal- und Speichertheorie

Dr. sc. techn. Manfred Siakkou

VEB VERLAG TECHNIK BERLIN
Distributed by Springer-Verlag Wien New York

160 Bilder, 39 Tafeln

ISBN-13:978-3-211-95816-2   e-ISBN-13:978-3-7091-9509-3
DOI: 10.1007/978-3-7091-9509-3

1. Auflage
© VEB Verlag Technik, Berlin, 1985
Lizenz 201 · 370/90/85
Softcover reprint of the hardcover 1st edition 1985
Gesamtherstellung: Offizin Andersen Nexö, Graphischer Großbetrieb, Leipzig III/18/38
Lektor: Ing. Oswald Orlik
Schutzumschlag: Kurt Beckert
DK 621.397.5 + 681.327.2:681.84
LSV 3535 · VT 3/5795-1

Vorwort

Ein Buch über ein sich gerade im Aufbruch befindendes Anwendungsgebiet, wie die digitale Bild- und Tonspeicherung, zu schreiben, ist gewiß kein unproblematisches Unternehmen. Was mich dennoch zu solch einem Vorhaben ermutigte, ist der doch recht gut fundierte Hintergrund magnetischer und systemtechnischer Grundlagen, die in den letzten zwei Jahrzehnten zur raschen Entwicklung der digitalen Informationsspeichertechnik auf bewegten Medien beigetragen haben. Man denke dabei nur an die Kodierungstechnik, die dynamisch-iterativen Modelle zur Aufzeichnungstheorie und die originellen Lösungen zur Signalregenerierung und Fehlerkorrektur.

So war es mir möglich, die physikalischen und nachrichtentechnischen Grundlagen für die Entwicklung der digitalen Bild- und Tonspeicher ziemlich geschlossen abzuhandeln. Darüber hinaus war es aber auch mein Anliegen, den Weg von den komplizierten theoretischen Modellen bis zum praktischen ingenieurmäßigen Systementwurf zu ebnen. In diesem Bemühen sind eine Vielzahl neuer Forschungsergebnisse entstanden, die auch berücksichtigt wurden.

Zunächst beschreibe ich den Signalweg der digitalen Speicherung audiovisueller Signale und gehe hierbei auch auf einige Eigenheiten der Quellenkodierung und Datenorganisation und – etwas ausführlicher, aber längst nicht umfassend – auf die Grundlagen der fehlererkennenden und -korrigierenden Kodierung ein. Das Literaturverzeichnis muß hier weiterhelfen. Bei der vergleichenden Darstellung und Klassifizierung der verschiedenen Schriftarten zur magnetspeicherspezifischen Aufzeichnungskodierung im 2. Abschnitt wird den Kodeparametern besondere Aufmerksamkeit zuteil. Diese gestatten in Verbindung mit der Signalregenerierung gewisse Rückschlüsse auf die Eignung und Anpassungsfähigkeit der Kodes an die speziellen Eigenarten des Speicherkanals.

Die Beschreibung des Speicherkanals beginnt im 3. Abschnitt mit den Streufeldern von Magnetköpfen und Magnetisierungsstrukturen und den Hysteresemodellen, gefolgt von den Aufzeichnungs- und Wiedergabetheorien. Dieser umfangreiche Abschnitt soll dem bisher nicht befriedigten Bedürfnis nach kritischer und systematischer Darstellung der bedeutendsten theoretischen Modelle gerecht werden. Er enthält aber auch abgerüstete, leicht handhabbare Formeln für den praktischen Gebrauch.

Die beiden folgenden Abschnitte sind dem Speichermedium Magnetband und dem Signalwandler Magnetkopf gewidmet. Der erstere demonstriert die modernen Vorstellungen von der Nutzung möglicher Submikrometerstrukturen, läßt aber auch der Rausch- und Fehlerstochastik den gebührenden Raum. Die digitale Bild- und Tonspeicherung erweist sich auch als dankbares Betätigungsfeld für die Erprobung und Einführung modernster Magnetkopftechnologien. Dazu stelle ich z. T. bekannte, z. T. neu erarbeitete Berechnungsunterlagen bereit, die das lineare und nichtlineare Materialverhalten bei hohen Frequenzen und Feldaussteuerungen berechenbar und optimierbar machen.

Kopf-Elektronik-Rauschanpassung, Symbolinterferenz, Signalregenerierung, Fehlerwahrscheinlichkeit und Systementwurf sind einige Schlagworte, die den Inhalt des 6. Abschnittes zur Signalverarbeitung charakterisieren. Der begrenzte Umfang des Buches zwingt da zum Weglassen oder Andeuten, wo die technische Vielfalt einsetzt. Der Schlußabschnitt ist eine Momentaufnahme aus den gerätetechnischen Anfängen der digitalen Bild- und Tonspeicher; ersten Ansätzen einer Standardisierung wird nachgespürt.

Das Buch wendet sich an Wissenschaftler und Techniker im weitverzweigten Arbeitsgebiet der Datenträger- und Geräteentwicklung und deren Applikation; außerdem an interessierte Studenten und Absolventen technischer Hochschulen und Universitäten, die Grundkenntnisse über die Funktionsweise von modernen Magnetbandspeichern besitzen.

Mein Dank gilt den Mathematikern Dr. *L. Staiger* und Dr. *H. Strese* sowie den Ingenieuren Prof. *H. Wöhle*, Prof. *D. Kress*, Prof. *D. Rhein*, Dr. *Ch. Scholz* und Dipl.-Ing. *E. Maruhn*, mit deren fachkundiger Beratung das Buch an Exaktheit gewann. Einige junge Wissenschaftler aus meinem Arbeitskollektiv haben Wissenslücken durch eigene originelle Modelle schließen können und so in dankenswerter Weise zur Geschlossenheit der Darstellung beigetragen; sie sprechen im Text für sich selbst. Unentbehrlich bei der Gestaltung des Manuskripts war mir die Hilfe durch Frau *Ch. Fröhlich* und andere technische Mitarbeiter im Zentralinstitut für Kybernetik und Informationsprozesse der Akademie der Wissenschaften der DDR.

Das vorliegende Buch ist nicht zuletzt das Resultat einer engen Zusammenarbeit mit dem Verlag Technik. Der Lektor, Ing. *O. Orlik*, leistete eine präzise und einfühlsame Arbeit, so daß auch in verlegerischer Hinsicht alle meine Wünsche berücksichtigt werden konnten.

Manfred Siakkou

Inhaltsverzeichnis

Ausgewählte Symbole

A_D	Dekoderaufwand
A_i	Querschnittsfläche des Kernkreises
A_L	Logikkomplexität
A_1	Aufwandsfaktoren
A_0	Kanalparameter
A_3	Frequenzgang
a	Band-Kopf-Abstand
$\bar{a}$	mittlere Dicke des Luftpolsters
a_c	Abtastwert
a_s	Schirmdämpfung
a_μ	Elemente einer Informationsfolge am Speichereingang
a^*	rechnerischer Band-Kopf-Abstand
$\vec{B}$	Flußdichtevektor
B_G	Imaginärteil der Generatoradmittanz
B_i	innere Flußdichte
B_s	Sättigungsflußdichte
B_x, B_y	Flußdichtekomponenten
b	Burstlänge
b_w	Wicklungsbreite
b_μ	Elemente einer vorkodierten Folge
C	Kapazität; Speicherkapazität
C_e	Verstärkerkapazität
C_K	Erdkapazität
C_L	Leitungskapazität
C_i	Kapazität je mm Leitungslänge
C_w	Kapazität der Wicklungslagen
C'	Kanalspeicherkapazität
c	Wortlänge
c_μ	Elemente einer fehlerfreien Wiedergabefolge; exakter Abtastwert
D	Biegesteifigkeit des Magnetbandes der Breite 1mm
D_a	Abstandsdämpfung; Koeffizient der elastischen Dämpfung
D_F	Flächenspeicherdichte
D_LSP	Grenzspeicherdichte für lineare Superposition
D_max	Speicherdichtehöchstwert für Längsaufzeichnung
D_mini	mittlere Speicherdichte bei minimalem Aufwand
D_sp	Spaltdämpfung
d	*Hamming*-Distanz; Magnetschichtdicke
d_c	Gleichanteil eines Kodes
d_F	Blechdicke
d_G	Grenzbanddicke
d_i, d_j	Kernbreiten

d_s	Streifenbreite beim magnetoresistiven Element; Spalttiefe
$d.s.v.$	digitale Summenvariation
d_0	Dicke der Abschirmbleche
d_1	Schichtdicke beim integrierten Kopf
d_{23}	Kernbreite
d^*	optimale Schichtdicke bei Teildurchdringung
E^L, E_i, E_L, E_S	Spannungen am Transversalfilter
E_s	Energie des Sendesignals
E_1	Energie des Eingangssignals
$\tilde{e}$	Rauscheffektivwert
$\tilde{e}_r$	Kopfelektronik-Rauschspannung
F	Fehlerfortpflanzungsmaß; Rauschfaktor
F'	Übertragungsrate
F_{min}	minimaler Rauschfaktor
f	Frequenz
f_b	Spurrate
f_{bit}	Datenrate
f_G, f_o	obere Grenzfrequenz
f_m	Signalgrenzfrequenz; Rausch-Mittenfrequenz
f_R	gyromagnetische Grenzfrequenz
f_{res}	Resonanzfrequenz
f_s	Abtastfrequenz; Abtastrate; Wirbelstromgrenzfrequenz des Spaltes
f_{sc}	Farbträgerfrequenz
f_w	Wirbelstromgrenzfrequenz
f_v	Störfrequenz
G_L	Übertragungsfunktion
G_A	Modulationsübertragungsfunktion
G_G	Realteil der Generatoradmittanz
g	Abstand Polschuh–magnetoresistives Element
$\vec{H}$	magnetische Feldstärke
$\vec{H}_a$	Aufzeichnungsfeldstärke
H_a	äußere Feldstärke
H_b	Vormagnetisierungsfeldstärke
H_c	Koerzitivfeldstärke des Magnetbandes
$\vec{H}_d$	entmagnetisierendes Eigenfeld der Magnetisierungsstruktur
H_i	innere Feldstärke
H_{is}	innere Sättigungsfeldstärke
H_K	Anisotropiefeldstärke
H_r	remanente Kopffeldstärke
H_x, H_y	Komponenten des Aufzeichnungsfeldes
H_0	Feldstärke im Spaltinneren
H_2	Verdopplungsfeldstärke
$\breve{H}^*$	konjugiert komplexe Fouriertransformierte des Kopffeldes
h_B	Bandbreite
h_S	Spurbreite; Kerndicke
h_w	Wicklungshöhe
h_ε	Spurerweiterung
I, i	Aufzeichnungsstrom

$\vec{i}$	Einheitsvektor in x-Richtung
J	Stromdichte; axiales Flächenträgheitsmoment
$\vec{J}$	Polarisationsvektor
$\check{J}$	Fouriertransformierte der magnetischen Polarisation
J_R	Remanenz
J_x, J_y	Komponenten des Polarisationsvektors
J_0	remanente Polarisation der Magnetbandaufzeichnung
$\vec{j}$	Einheitsvektor in y-Richtung
j_s	Teilchenmagnetisierung
K	Anzahl der in einem Kluster normalverteilten Partikeln; Filterdämpfung
K_u	Konstante der uniaxialen Anisotropie
k_o, k_u	obere bzw. untere Grenzfrequenz
L_B	Abstand zwischen Bandführungsstift und Magnetkopfspalt
L_{co}	Kontaktlänge
L_0	Gleichstrominduktivität
l	Bandlänge; Spurlänge
$l, l_a, l_i,$ l_j, l_F, l_s	Längen des Kernkreises
l_w	mittlere Windungslänge
$\vec{M}$	Magnetisierungsvektor
M_r	Sättigungsremanenz
M_s	Sättigungsmagnetisierung
M_x, M_y	Magnetisierungskomponenten
M	Magnetisierung in Richtung des Anisotropiewinkels
M_0	remanente Magnetisierung
M_1	Magnetisierungszustand im freien Raum
M_2	Remagnetisierungszustand
m	Anzahl der möglichen Zustände eines Kodes; Verhältnis magnetischer Widerstände im Kernkreis; Modulationsgrad; spezifische Masse
m_d	Dropout-Modulation
$\bar{m}_d$	multiplikative Störfunktion
$\bar{m}$	Dipolmoment
$\bar{m}$	Mittelwert der störenden Amplitudenmodulation
N	Anzahl der Parallelspuren; Anzahl der Speicherplätze für Dekodierung; Teilchenanzahl je Einheitsvolumen
N_{rms}	Effektivwert des Quantisierungsrauschens
n	Anzahl der Symbole je Kodewort; Blocklänge; Windungszahl
n_1	Windungszahl des Aufzeichnungskopfes
n_2	Windungszahl des Wiedergabekopfes
P	Fehlerwahrscheinlichkeit; Systemfehlerrate
P_E	Empfangsleistung
P_0	mittlere Signalleistung
p	Flächendruck; Differenzdruck
p_a	Umgebungsdruck
p_2	Polschuhbreite; Packungsdichte
p_d	Fehlstellendichte
p_{50}	modifizierte Impulshalbwertsbreite
Q	Kreisgüte
q	Drahtquerschnitt

R	Koderate; Rechteckfaktor; Kopfradius
R_{Cu}	Kupferwiderstand
R_e	Eingangswiderstand
$R_F^{\llcorner}$	komplexer magnetischer Widerstand des Magnetkerns
R_F	geometrische Konstante des Magnetkopfes
R_m	magnetischer Kreiswiderstand
R_{min}	minimaler Quellwiderstand
R_n	äquivalenter Rauschwiderstand
R_s	Spaltwiderstand
R_v	Verlustwiderstand
R_0	isotroper feldunabhängiger elektrischer Widerstand
r	Anzahl der redundanten Bits eines Kodes; Abstand; Radius
$\vec{r}$	Ortsvektor
r_a, r_i	äußerer bzw. innerer Radius
S	maximale Signalamplitude; Spurrate (Spuren je Sekunde); Steilheitsfaktor
$S^{\llcorner}$	komplexer Schirmfaktor
S_w	Wickelraum
s	Anzahl der Amplitudenstufen; charakteristische Breite eines Magnetisierungsübergangs
s_μ	Zustand des Speicherkanals
$s_{1/2}$	Impulshalbwertsbreite
s_{50}^*	normierte Impulshalbwertsbreite
T	Anzahl der Dekodierzyklen; Integrationsdauer; absolute Temperatur; Speicherzeit; Bandzug
T_a, T_b, T_c	Anstiegszeiten des Aufzeichnungsfeldes
T_b, T_{bit}	Sollbitlänge
$\hat{T}_b$	wiedergegebene Bitlänge
T_D	Filterlaufzeit
T_{dc}	maximales Phasenjitter durch Nulliniendrift
T_i	Anstiegszeit des Aufzeichnungsstroms
T_{max}	maximale Lauflänge
T_{min}	Dichteverhältnis
T_n	maximales Phasenjitter durch Rauschen
T_p	Peakshift
T_p'	relativer Peakshiftfehler
T_W	Zeitfenster, Entscheidungsfenster
T_W'	Koderate
t	Anzahl der zu korrigierenden Fehler; Zeitkoordinate; Streifendicke beim magnetoresistiven Element
t_a	Sollabtastzeitpunkt
U, U_e	Wiedergabespannungen
U_a	additives Störsignal
U_n	Schwellwert
U_s	Betriebsspannung
$\bar{U}$	Mittelwert der Wiedergabespannung
$\tilde{u}$	Erwartungswert
$\tilde{u}_B, \tilde{u}_e,$	effektive Rauschspannungen des Bandes, der Elektronik

$\tilde{u}_K$, $\tilde{u}_r$	effektive Rauschspannungen des Kopfes, des Gesamtsystems
$\breve{u}_s$	stochastische Störamplitude
u_w	kleinste Störamplitude
$\breve{u}$	Impulsspannungsspitzenwert
$\ddot{u}$	Übertragungsverhältnis
V	relative Geräuschleistung; Magnetschichtvolumen
V_e	Amplitudenfenster
v_k	Relativgeschwindigkeit Band–Kopf
w	halbe Aufzeichnungsspaltweite
w_a	Wicklungshöhe
w_p	Spiegellänge
w_s	Spaltweite, Wiedergabespaltweite
w_s'	speichertechnische Spaltweite
w_{SA}	Aufzeichnungsspaltweite
X	Elemente eines Kodewortes; Verzögerungsoperator; Anzahl der Logikelemente
x	kopffeste Ortskoordinate
x_m	kleinster Flußwechselabstand
x_1	Ort des Magnetisierungsübergangs
$Y_G^{\llcorner}$	Generatoradmittanz
$Y_{min}^{\llcorner}$	minimale Quelladmittanz
y	kopffeste Ortskoordinate
y_μ	Elemente einer Beobachtungsfolge; realer Abtastwert
Z	Bausteinkomplexität
$Z^{\llcorner}$	komplexer Scheinwiderstand; Impedanz
Z_K	Impedanz ohne Kupferanteil
z_μ	Zufallsvariable
Z'	auf die Windungszahl normierte Generatorimpedanz
z	kopffeste Ortskoordinate; Spurzahl
z_0	Abstand zweier Abschirmbleche
α	Begrenzungswinkel am Kopfspiegel; Störstellenhöhe
$\bar{\alpha}$	mittlere Fehlstellenhöhe
α^0	Aufdampfwinkel
β	Relaxationsfaktor
Γ', Γ''	normierte Frequenzen
Δ	Quantisierungsschritt
δ	dynamische Frequenzabweichung; Kopfwirkungsgrad
δ_F, δ_s	frequenzabhängige Eindringtiefe des Magnetflusses in das Kern- bzw. Spaltmaterial
δ_0, δ_i	statischer Kopfwirkungsgrad – aussteuerungsunabhängig bzw. -abhängig
δ_1, δ_2	Realteil bzw. Imaginärteil des komplexen Kopfwirkungsgrades
δ	mittlere Dropout-Ausdehnung
δ'	relative Frequenzabweichung
ζ	bandfeste Ortskoordinate in z-Richtung
η	bandfeste Ortskoordinate in y-Richtung
θ	Amperewindungszahl; Bandabhebungswinkel; Umschlingungswinkel
θ_R	Winkel zwischen Magnetisierungs- und Stromdichtevektor
λ	Wellenlänge; Proportionalitätsfaktor
λ_a, λ_s	Konstruktionsparameter beim Dünnschichtmagnetkopf

λ_T	kürzeste aufzuzeichnende Wellenlänge, Testwellenlänge
μ	Zähigkeit der Luft; Oberflächenkompression
$\overleftrightarrow{\mu}$	Permeabilitätstensor
$\mu^{\llcorner}$	komplexe Permeabilität
μ_a	relative Anfangspermeabilität des Bandes
μ_i	aussteuerungsabhängige Kopfpermeabilität
$\mu_F',\ \mu_g'$	Formfaktoren des Magnetkopfes
μ_m	differentielle Maximalpermeabilität des Bandes
μ_s	relative Permeabilität des Spaltmaterials
$\mu_x,\ \mu_y,\ \mu_z$	richtungsabhängige relative Permeabilitäten im Band
μ_0	absolute Permeabilität von Luft
$\bar{\mu}$	mittlere relative Permeabilität im Band
μ^*	Anisotropiefaktor der Schichtpermeabilität im Band
μ_{10}	relative Gleichfeldpermeabilität des Kopfmaterials
μ_1	Realteil der komplexen relativen Permeabilität
μ_2	Imaginärteil der komplexen relativen Permeabilität
$\mu',\ \mu''$	auf μ_{10} normierte μ_1 bzw. μ_2
ν	Querkontraktionszahl
ξ	bandfeste Ortskoordinate in x-Richtung
ϱ	Volumenladungsdichte
ϱ_a	Signal-Rausch-Verhältnis am Ausgang
ϱ_B	maximaler Breitband-Signal-Rausch-Abstand
$\varrho_E,\ \varrho_{Er},$	Abtast-Signal-Rausch-Abstände mit Peakshiftentzerrung, mit kompletter
ϱ_r	Entzerrung bzw. mit d.c.-Restorierung
ϱ_e	Signal-Rausch-Verhältnis der Kopfelektronik
ϱ_F	spezifischer elektrischer Widerstand
ϱ_m	spezifischer elektrischer Widerstand; Effektivwert der störenden Amplitudenmodulation
ϱ_{max}	maximales Signal-Rausch-Verhältnis
ϱ_s	Schmalband-Signal-Rausch-Abstand; spezifischer elektrischer Widerstand des Kopfspaltmaterials
ϱ_w	Worst-case-Signal-Rausch-Verhältnis; Abtastsignal-Rausch-Verhältnis
σ	Oberflächenladungsdichte; Streuungen; Biegespannung
$\sigma_a,\ \sigma_m$	Streuung der störenden Amplitudenmodulation
$\sigma_d,\ \sigma_h$	Streuung der Schichtdicke, der Spurbreite
$\sigma_s,\ \sigma_\theta$	Streuung der Übergangsbreite, des Abhebungswinkels
σ_χ	Streuung des Schiefstellungswinkels
σ_v	Streuung des Partikelvolumens
σ_Φ	Streuung des Bandflusses
τ	Dekodierverzögerung; Zeitkonstante
τ_0	Verzögerungszeit
Φ	Gaußsches Fehlerintegral; magnetischer Fluß; Drehwinkel
Φ_i	Gleichgewichtslage eines Magnetteilchens; innerer Magnetfluß
Φ_0	Bandfluß
φ	statische Phasenablage; magnetisches Potential
φ'	relative Phasenablage
φ_F'	Impulsflankenabweichung
φ_M'	Zeitkonstantenabweichung des Bitsynchronisators
φ_μ	Phasenwinkel der komplexen Permeabilität

χ Bandschiefstellungswinkel
$\vec{\chi}$ Bandsuszeptibilitätstensor
χ_i aussteuerungsabhängige Kopfsuszeptibilität
χ_{10} Gleichfeldsuszeptibilität des Kopfmaterials
ψ Anisotropiewinkel bei Teilchenschrägstellung
ψ_{Ai} Winkelabweichung der leichten Achse eines Teilchens von der x-Richtung
ψ_0 Rauschleistungsdichte
ω Kreisfrequenz
∇ Differentialoperator 1.Ordnung

1. Grundlagen der pulskodemodulierten Signalspeicherung

1.1. Problemstellung

Analogsignale von Bild- und Schallwandlern mit Bandbreiten von 15 kHz bis über 10 MHz wurden in der Vergangenheit entweder unmoduliert oder frequenzmoduliert auf Magnetband gespeichert. Aus den Daten von Bildröhren mit einer Auflösung von 8000 Zeilen und von 2500 Bildpunkten je Zeile läßt sich ableiten, daß künftig auch Speicher mit Bandbreiten über 100 MHz von kommerzieller und strategischer Bedeutung sind.

Es häufen sich jedoch die Anforderungen der Bedarfsträger, nicht nur bezüglich Übertragungsfrequenz und Bandbreite, sondern auch bezüglich höherer Dynamik und Genauigkeit sowie besserer Bearbeitbarkeit der Signale. Das übersteigt die Möglichkeiten der klassischen Speichermethoden.

Die Einführung der Pulskodemodulation (PCM) ermöglicht die von einem modernen Signalspeicher geforderte Leistungsvielfalt.

Die Bilder 1.1 und 1.2 zeigen das Prinzip. Das ankommende Analogsignal wird von einem Analog-Digital-Wandler (AD-Wandler) zu einer binären Information bestimmter Bitrate aufbereitet. Um dieses digitale (quellenkodierte) Signal optimal speichern zu können, muß es an die Eigenschaften des Speicherkanals angepaßt (kanalkodiert) werden. So liefert gegebenenfalls ein Serien-Parallel-Wandler die erforderlichen Parallelkanäle zwecks nachfolgender Fehlerkorrekturkodierung und Aufzeichnungskodierung, bevor der Datenstrom einem Vielspurmagnetkopf zugeführt wird.

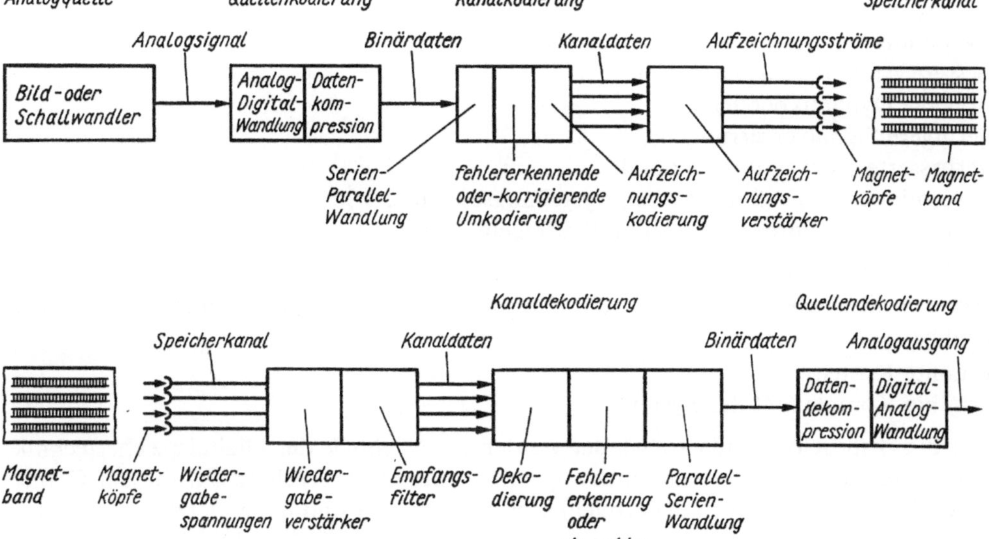

Bild 1.1. Signalfluß bei der pulskodemodulierten Speicherung

Bei der Signalwiedergabe werden die Kopfsignale verstärkt, entzerrt, digitalisiert und dekodiert, die Fehlerkorrekturinformation generiert und die Datenimpulse im Parallel-Serien-Wandler in einen bitseriellen Datenstrom umgewandelt. Wenn nötig – so bei audiovisueller Speicherung ohne digitale Nachbearbeitung –, wird mit einem Digital-Analog-Wandler die ursprüngliche analoge Form wiederhergestellt.

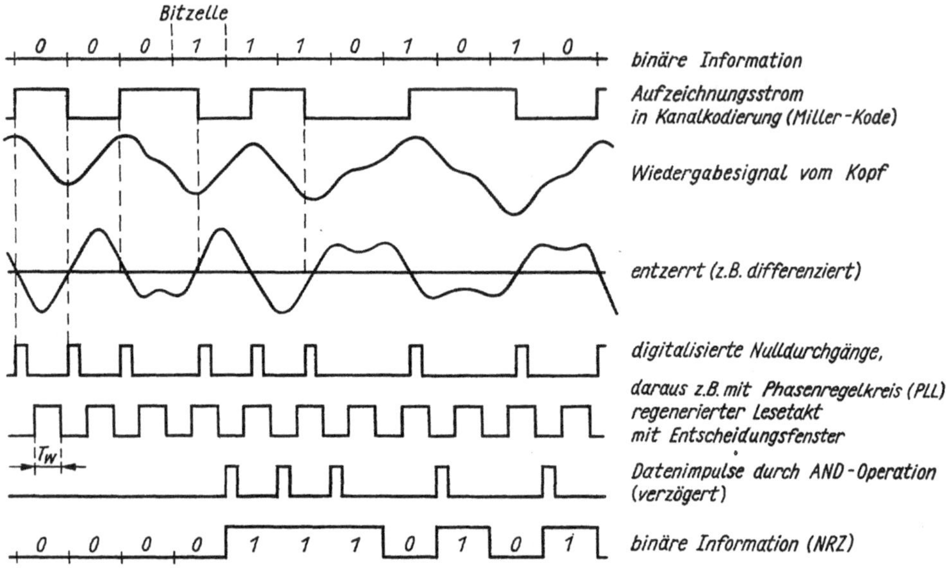

Bild 1.2. Signalplan bei PCM-Speicherung

Die PCM-Speicherung weist eine Reihe bedeutender Vorteile gegenüber der konventionellen Speicherung von Bild- und Tonsignalen auf:
– höherer Signal-Rausch-Abstand,
– Verminderung des Jitter- bzw. Zeitfehlereinflusses,
– Verminderung des Übersprechens,
– bessere Amplitudengenauigkeit,
– höherer Dynamikbereich,
– geringere Signalverzerrungen,
– verbesserte Kompatibilität durch
   – verminderten Einfluß von Schrägstellungseffekten,
   – verminderte Forderung an Bandlaufregelungen.
   – verbesserte Kopierfähigkeit

Andererseits stehen diesen Vorteilen gegenwärtig insbesondere folgende Nachteile gegenüber:
– erhöhte Kosten,
– erhöhte Komplexität des Systems.

Für die anspruchsvollsten Anwender werden die Nachteile der Digitalspeichertechnik schon heute durch die Vorteile aufgewogen. Der Stand der Technik auf diesem Gebiet entwickelt sich rapide. Auch die erreichbaren Bandbreiten sind in den letzten Jahren angestiegen, so daß sich die Anwendung nicht auf die zunächst realisierbare Ton- und Meßwertspeicherung beschränkt. Wie aus Tafel 1.1 hervorgeht, ist seit langem die Telemetrie-

und Satellitenspeicherung eine Domäne der Digitaltechnik. Die visuelle Erdfernerkundung gebietet mit ihren hochauflösenden Sensoren den Bau von Digitalspeichern mit Datenraten (Bitraten) bis über 750 Mbit·s^{-1} [1.1] [1.3]. Wie auch bei der digitalen Fernsehbildspeicherung (Videospeicherung), die Datenraten um 200 Mbit·s^{-1} erfordert, machen sich bei Spieldauern von einigen zehn Minuten bis Stunden so große Speicherkapazitäten (ab 10^{11} bit) erforderlich, daß nach heutigen Vorstellungen nur magnetomotorische und optoelektronische Prinzipien der Signalspeicherung den genannten Einsatzfällen gerecht werden können. Kommen noch die Forderungen nach unverzüglicher Wiedergabe und Mehrfachnutzung hinzu, verbleibt wohl nur das magnetische Prinzip, vorwiegend in der Ausführungsform als Magnetbandspeicher.

Prinzipiell müssen zwei Lösungsvarianten unterschieden werden: Die Kanalaufteilung in Parallelspuren bei feststehenden Vielspurköpfen und die ein- oder mehrkanalige Speicherung mit rotierenden Köpfen.

Digitale Magnetbandspeicher zum Erfassen kontinuierlicher Datenströme unterscheiden sich im Laufwerksaufbau und Bandtransportmechanismus kaum von den entsprechenden Analogmaschinen. Oft werden Analogmeßwertspeicher, aber auch Videorecorder mit rotierenden Köpfen mechanisch unverändert übernommen.

Der digitale Speicherkanal wird wesentlich durch zwei Erscheinungen beherrscht: das stationäre Signal-Rausch-Verhältnis und die kurzzeitige Verminderung dieser Größe durch Dropouts. Die meisten Dropouts können, wie im Abschnitt 4. beschrieben, Fehlstellen im Magnetband zugeordnet werden, die bei der Bandproduktion entstehen. Die besten Bemühungen der Bandhersteller resultieren in einer Fehlstellendichte von 10^{-7} [1.3]. Sehr effektiv bei der Verringerung der Bitfehlerrate ist die elektronische Fehlerkorrekturtechnik. Auch die Wahl des Aufzeichnungskodes hat darauf Einfluß, insbesondere wird dadurch das stationäre Signal-Rausch-Verhältnis bzw. das Abtast-signal-Rausch-Verhältnis bei der Signalregenerierung (s. Abschnitt 2. und 6.) beeinflußt. Die gleichen Maßnahmen dienen auch dazu, die Flächenspeicherdichte zu erhöhen, um damit den spezifischen Bandverbrauch zu reduzieren.

Besonders mit der weiteren Verringerung der Spurbreite werden hohe Flächenspeicherdichten erreicht. Dies ist jedoch nicht nur mittels Bandqualität und Kopftechnologie sowie Elektronik zu lösen, sondern auch mit den Mitteln der elektromechanischen Spurnachführung. Aufgrund der unterschiedlich beherrschbaren Bewegungsabläufe sind die zu erreichenden Spurbreiten gestaffelt nach Plattenspeicher, Rotationskopf-Bandspeicher und *Festkopf-Bandspeicher*. Letztere sind z.B. in 2-Zoll-Ausführung bis max. 160 Spuren oder in $\frac{1}{2}$-Zoll-Ausführung (bis 40 Spuren) hergestellt worden [1.5]. Je Spur sind künftig bis über 2400 bit·mm^{-1} realisierbar.

Das entspricht einer Flächenspeicherdichte von rund 600 kbit/cm². Weitere Erhöhungen in der Spurdichte und in der linearen Speicherdichte werden angestrebt.

2-Zoll-Geräte mit einer Datenrate über 200 Mbit·s^{-1} erwiesen sich als funktionsfähig, wenngleich sie sehr aufwendig sind und die vielen Parallelkanäle schwer zu warten sind [1.7]. Spitzengeräte verarbeiten heute Datenraten über 400 Mbit·s^{-1}. Mit der Speicherkapazität von $2,4 \cdot 10^{12}$ bit eignen sie sich hervorragend für die Aufzeichnung und Wiedergabe von hochauflösenden Video- und Radarsignalen sowie Infrarot- und Röntgenbildern [1.8]. Datenraten ab 500 Mbit·s^{-1} sind nach [1.2] wahrscheinlich nur noch mit *Mehrspur-Rotationskopf-Maschinen* erreichbar.

Erste labormäßige Video-Helical-Scanner mit Ein- und Mehrspur-Rotationsköpfen in segmentierter 1-Zoll-Technik streben Videodatenraten um 200 Mbit·s^{-1} mit enormen Flächenspeicherdichten von 5 Mbit/cm² an. 10 Mbit/cm² entspricht einer prognostizierten praktischen Grenze, da man hierbei mit großen Problemen bei der Spurhaltung, ver-

Tafel 1.1. Digitale Magnetbandbildspeicher (außer Video)

Name Firma	Gerätetyp Technik	Bandtyp Breite/Länge	Kapazität Fehlerrate	Geschwindigkeit Band/Kopf
ERTS/MSS RCA	Quadruplex- Rotationskopf NRZ Trägerfr.	Video-Band 2″/610 m	$3 \cdot 10^4$ bit $10^{-4} \dots 10^{-5}$	30 cm·s^{-1}/ 51 m·s^{-1}
ERTS; CVR	Rotationskopf (transversal helical)	2300 m	$(7 \times 10^{10} \dots 10^{12})$ bit $10^{-6} \dots 10^{-9}$	6 cm·s^{-1}/ $(40 \dots 80)$ m·s^{-1}
ERTS Boden JPL/RCA	Comptr.-Puffer longitudinal MFM	3 M 900 $\frac{1}{2}″ \dots 1″$	 $10^{-5} \dots 10^{-6}$	$(1{,}5 \dots 2)$ m·s^{-1}
SKY/AB EREP/MSS Ampex	Vielspur- longitudinal MFM	3 M 888 1″/2100 m	4×10^{10} bit 5×10^{-6}	1,5 m·s^{-1}
ERTS RCA	Vielkanal- speicher longitudinal	3 M 971 2″ 2″	 $2{,}5 \times 10^{-5} \dots 10^{-6}$	1 m·s^{-1} 4 m·s^{-1}
JPL	PCM Boden longitudinal IRIG interleaved MFM	 $\frac{1}{4}″ \dots 1″/$ $(750 \dots 3000)$ m	$(2 \times 10^8 \dots 3 \times 10^{10})$ bit $10^{-5} \dots 10^{-9}$	$(3 \dots 6)$ m·s^{-1}
System 600 Bell & Howell	Vielspur- longitudinal ENRZ-EDAC Bildspeicher	 2″/235 m	$2{,}41 \times 10^{12}$ bit 10^{-9}	$(0{,}5 \dots 4{,}3)$ m·s^{-1}
Prognose Ampex	Rotationskopf	Video-Band 2″/3000 m	10^{12} bit	2,5 m·s^{-1}/ 75 m·s^{-1}

bunden mit engen mechanischen Toleranzen, konfrontiert ist. Das Attraktive daran ist jedoch, daß damit der gleiche Bandverbrauch wie bei der entsprechenden Analog-Videotechnik erreicht wird.

1.2.   Quellenkodierung

Die Digitalisierung eines Signals wird mit drei Operationen vollzogen, die unter dem Oberbegriff digitale Quellenkodierung zusammengefaßt werden können:

1. Abtastung, bei der das zeitkontinuierliche Signal in ein zeitdiskretes Signal gewandelt wird (Sampling);
2. Quantisierung, um die abgetasteten Amplituden in eine endliche Anzahl diskreter Amplitudenstufen zu verwandeln (Analog-Digital-Wandlung);
3. Kodierung der Amplitudeninformation (oft verbunden mit redundanzmindernder Kodierung).

Datenrate Spurrate	Speicherdichte	Spieldauer Spurbreite	Magnetkopf Flächenspeicherdichte	Literatur
15 Mbit·s^{-1}	300 bit·mm^{-1}	30 min 178 μm	4·1-Spur 1700 bit·mm^{-2}	[1.17] [1.15]
(8 ... 30) Mbit·s^{-1}	(440...1200) bit·mm^{-1}	(60 ... 250) μm	n · 1-Spuren 8000 bit·mm^{-2}	[1.6] [1.14] [1.15] [1.18]
(15 ... 40) Mbit·s^{-1} 1 Mbit·s^{-1}	(390...1000) bit·mm^{-1}	0,6 mm	(24 ... 40)-Spuren 3100 bit·mm^{-1}	[1.5] [1.12] [1.13]
24 Mbit·s^{-1} 1 Mbit·s^{-1}	660 bit·mm^{-1}	140 min 0,9 mm	28-Spuren 700 bit·mm^{-2}	[1.5] [1.12] [1.13]
160 Mbit·s^{-1} 2 Mbit·s^{-1} 240 Mbit·s^{-1} 1,7 Mbit·s^{-1}	1000 bit·mm^{-1} 420 bit·mm^{-1}	0,32 mm 0,36 mm	42-Spuren 3100 bit·mm^{-2} 140-Spuren 1200 bit·mm^{-2}	[1.5] [1.7]
(45 ... 96) Mbit·s^{-1} 2 ... 4 Mbit·s^{-1}	(200...1320) bit·mm^{-1}	0,6 mm	(9 ... 48)-Spuren (200...4000) bit·mm^{-2}	[1.13]
450 Mbit·s^{-1} 6,75 Mbit·s^{-1}	1770 bit·mm^{-1}		84-Spuren 2900 bit·mm^{-2}	[1.8] [1.11]
(500...1000) Mbit·s^{-1}	400 bit·mm^{-1}	30 min 25 μm	30-Spuren 10000 bit·mm^{-2}	[1.2] [1.3]

1.2.1. Analog-Digital-Wandlung durch Abtastprozesse

Die digitale Signalkodierung geht stets mit einer Quantisierung einher. Zu jedem Abtastzeitpunkt wird der Augenblickswert des Signals festgestellt und dem nächstliegenden Quantisierungspegel zugeordnet.

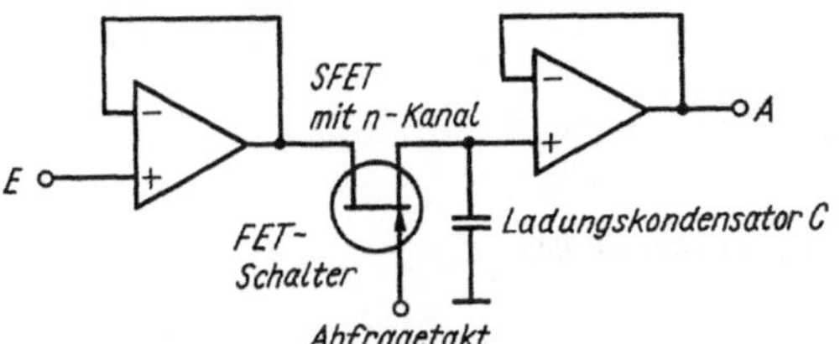

Bild 1.3
*Abtast- und Halteoperation
in einem Schaltkreis mit Impedanzanpassung
durch Operationsverstärker nach* [1.19]

Um den kontinuierlichen Strom von Bild- oder Tonsignalen abtasten zu können, wird er einem Abtast- und Haltekreis (sample and hold) zugeführt, wie er im Bild 1.3 zu sehen ist. Durch die niedere Impedanz des ersten Operationsverstärkers wird der Ladekondensator C über den Feldeffektschalter *FET*, der mit der Abtastfrequenz arbeitet, kurzfristig aufgeladen. Die Ladung hält sich aufgrund der hohen Eingangsimpedanz des zweiten Operationsverstärkers während der für die Digitalisierung notwendigen Zeit.

Bei der Abtastung wird also ein pulsamplitudenmoduliertes Signal erzeugt, das unter Einhaltung der Nyquistbedingung (die *Abtastfrequenz* f_s muß mindestens doppelt so hoch sein wie der höchste zu übertragende Spektralanteil f_m) das Quellensignal eindeutig beschreibt (Abtasttheorem).

Fehler des Abtast- und Haltegliedes werden im wesentlichen durch folgende Effekte verursacht: endliche Länge des Abtastimpulses, Übergangszustände, Inkonstanz während der Haltezeit. Die praktischen Schwierigkeiten bei der Realisierung des Abtasttheorems liegen einerseits darin, einen der Sample-and-hold-Schaltung vorausgehenden *Tiefpaß* mit ausreichend scharfer Bandbegrenzung zu entwerfen, der f_m genau genug festlegt, und andererseits darin, Phasenverzerrungen an der oberen Frequenzgrenze zu vermeiden. So haben sich z. B. in der Tonstudiotechnik Tschebyscheff-Filter bis 14. Ordnung bewährt. Nichtausgefilterte Signalanteile erhöhen das Grundgeräusch.

Diese Probleme werden dagegen weniger kritisch, wenn eine höhere Abtastrate gewählt wird. So erweist sich für die digitale Videotechnik ein Verhältnis $f_s/f_m \approx 2,5$ für am besten geeignet.

Mit einem Kode, der m mögliche Zustände hat und jede abgetastete Probe durch k bit repräsentiert, kann das Signal in $s = m^k$ verschiedene Amplitudenstufen *quantisiert* werden. Zwischenwerte sind nicht möglich. Daraus resultiert eine stochastische Fehlerfolge mit Werten zwischen Null und der halben Quantisierungsstufe. Zu dem normalen Rauschen unkodierter Systeme tritt hier dieses „Quantisierungsrauschen" hinzu.

Beispiel:
digitaler Videospeicher
binärer Kode, d. h., $m = 2$
256 Quantisierungspegel, d. h., $s = 2^k = 256; k = 8$
Dynamik　$D = 20 \lg s$　$D = 48$ dB
Signalgrenzfrequenz (Luminanz)　$f_S = 5,5$ MHz
Abtastrate　$f_s = 2,45 f_m$　$f_m = 13,5$ MHz
Bitrate (Luminanzanteil)　$f_{bit} = f_s \cdot k; f_{bit} = 108$ Mbit·s^{-1}

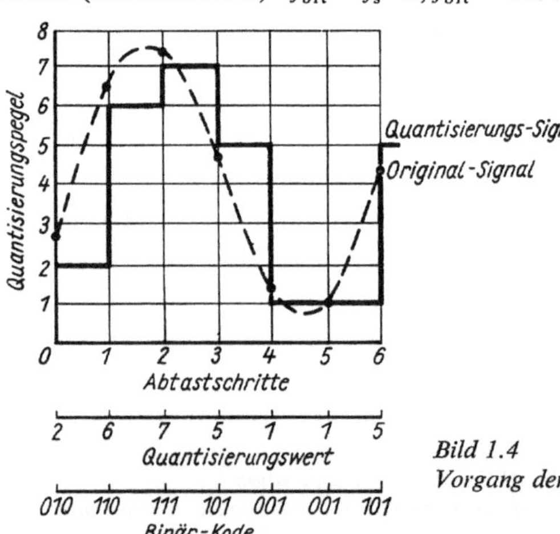

Bild 1.4
Vorgang der Signalquantisierung

Bild 1.4 illustriert, wie eine Sinuswelle abgetastet und quantisiert werden kann. Sie wird hierbei 5 ... 6mal je Zyklus abgetastet, und die Abtastwerte werden in 8 Pegelstufen quantisiert. Der Quantisierungsfehler reicht an den Abtastpunkten bis zum halben Quantisierungsintervall, überschreitet diesen Wert zwischen den Abtastpunkten jedoch erheblich, wobei alle Fehlerwerte gleich wahrscheinlich sind. Dies führt zu einem irreversiblen Fehler, da der Augenblickswert nach der Quantisierung im allgemeinen vom wahren Wert der Quantisierung abweichen wird.

Wird der Quantisierungsschritt mit Δ bezeichnet, dann kann gezeigt werden, daß der Effektivwert des Quantisierungsrauschens $N_{\mathrm{rms}} = \Delta/(2\sqrt{3})$ ist, [1.20], gleichverteilte Fehler vorausgesetzt.

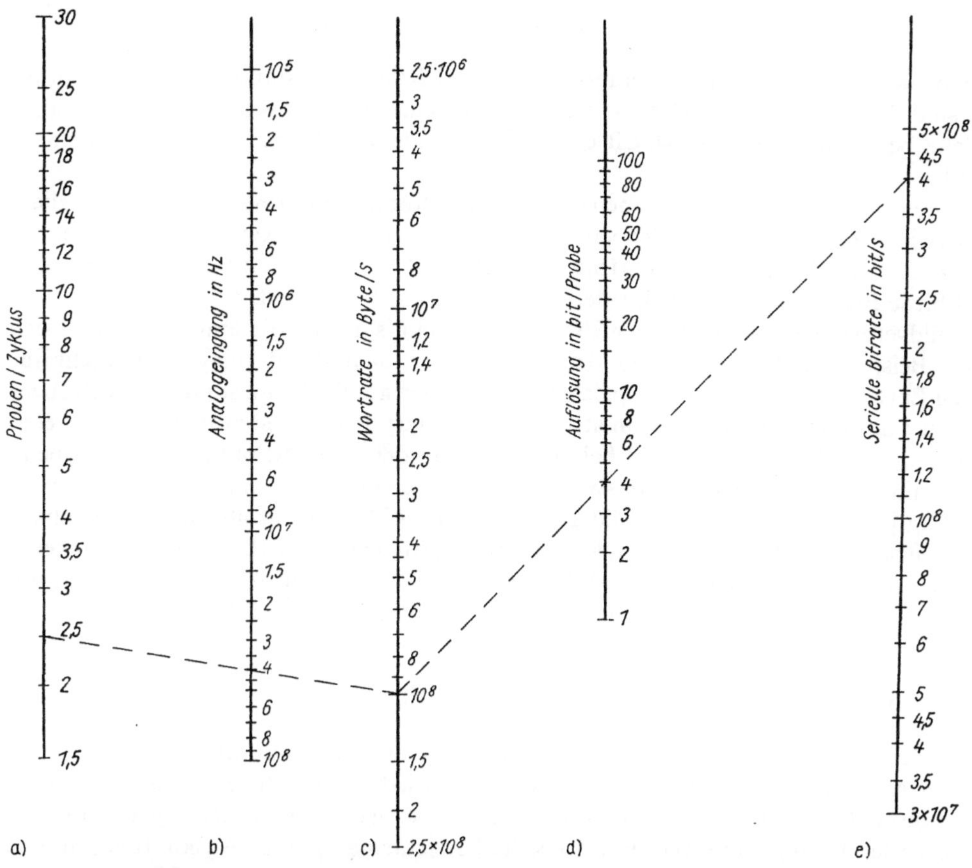

Bild 1.5. Nomogramm zur Beschreibung der Analog-Digital-Wandlung

Bei s Quantisierungspegeln beträgt die maximale Signalamplitude $S = \tfrac{1}{2}\Delta s$. Damit ist der maximale *Signal-Rausch-Abstand*

$$\frac{S}{N_{\mathrm{rms}}} = s\sqrt{3}$$

oder

$$\varrho = 20\,\lg\frac{S}{N_{\mathrm{rms}}} = 4{,}8\ \mathrm{dB} + 20\,\lg s \tag{1.1}$$

bzw.

$$\varrho_{\mathrm{rms}} = 20\,\lg\frac{S_{\mathrm{rms}}}{N_{\mathrm{rms}}} = 1{,}8\ \mathrm{dB} + 20\,\lg s. \tag{1.2}$$

Für einen Binärkode mit k bit und $s = 2^k$ ist

$$\varrho = (4{,}8 + 6k)\,\text{dB} \tag{1.3}$$

bzw.

$$\varrho_{\text{rms}} = (1{,}8 + 6k)\,\text{dB}. \tag{1.4}$$

Das bedeutet, daß jedes zusätzliche Bit je Wort den Signal-Rausch-Abstand um 6 dB erhöht. Die erforderliche Wortlänge berechnet sich zu

$$k = \frac{\varrho_{\text{rms}} - 1{,}8\,\text{dB}}{6\,\text{dB}} = \frac{\varrho - 4{,}8\,\text{dB}}{6\,\text{dB}}. \tag{1.5}$$

Die 8-bit-Kodierung hat einen theoretischen Signal-Rausch-Abstand $\varrho = 52{,}8$ dB, praktisch sind 50 dB erreichbar. Dies ist demnach bei einer subjektiven Rauscherkennungsschwelle beim Videobild von 40 dB eine ausreichende Wortlänge für die Digitalvideotechnik.

Für den Überblick beim Systementwurf ist das Nomogramm nach Bild 1.5 nützlich. Das Beispiel zeigt, daß bei 2,5 Proben je Periodendauer einer maximalen Signalfrequenz von 40 MHz die Abtast- bzw. Wortrate 100 Mbyte·s^{-1} beträgt und bei einer Auflösung von 4 bit je Probe eine serielle Bitrate von 400 Mbit·s^{-1} resultiert. Für Zwecke der digitalen Bildverarbeitung wird eine Auflösung von 6 bit als notwendig erachtet, so daß sich im o.g. Beispiel die Bitrate auf 600 Mbit·s^{-1} erhöht. Solche Forderungen sind nicht nur für den Entwurf des Magnetbandspeichers ein schwieriges Problem, sondern gewiß ebenso für den des AD-Wandlers. Denn schon bei weit darunterliegenden Abtastraten treten bedeutende Probleme auf, sowohl bei der Funktion der Abtastschaltung als auch beim AD-Wandler selbst. Die Funktionsweise von AD-Schaltkreisen und DA-Schaltkreisen ist z.B. in [1.21] anschaulich geschildert. Erhältliche AD-Wandler als integrierte Schaltkreise reichen von 1 MHz Abtastrate mit 16 bit Wortlänge bis zu Hochgeschwindigkeitsmodellen mit 1 GHz Abtastrate und 4 ... 6 bit Auflösung. Die Abtastwerte liegen am Ausgang des AD-Wandlers als bitparallele Wörter (Bytes) vor, s. z.B. [1.16].

1.2.2.   Quellenkodierung mit Redundanzreduktion

Bisher wurde stillschweigend angenommen, daß das ankommende Bild- oder Tonsignal linear in Amplitudenstufen umgesetzt wird. Das ist jedoch nur die einfachste und nicht immer die effektivste Art der Quellenkodierung. Verschiedene Anforderungen können zu abweichenden Lösungen führen. Bild 1.6 soll übersichtsmäßig dazu Auskunft geben. Die ersten Lösungsmethoden beruhen auf einer linearen oder nichtlinearen Verzerrung des Analogsignals mit anschließender AD-Wandlung: Die Emphasis/Deemphasis hebt bei der Aufnahme die hohen Frequenzanteile an und senkt sie bei der Wiedergabe wieder ab. Dadurch wird bei der AD-Wandlung im wesentlichen das Quantisierungsrauschen reduziert. Die Verbesserung des Signal-Rausch-Abstandes bei der Tonsignal-PCM-Speicherung kann z.B. über 6 dB betragen. Mit der Emphasis-Technik wurden in Verbindung mit einer 14-bit-Quantisierung 8 ... 9 dB Signal-Rausch-Gewinn erzielt, so daß ein ϱ_{rms} von über 90 dB erreicht wurde [1.22].

Die Kompandierung oder ungleichförmige Quantisierung besteht aus einer nichtlinearen, z.B. logarithmischen Kompression des Analogsignals bei Aufzeichnung und einer inversen Expansion des Analogsignals bei Wiedergabe, unter Verwendung einer segmentweise linearen Kennlinie (z.B. 7- oder 13-Segmentkennlinie). Damit kann die Wortlänge des AD-Wandlers oder die Quantisierungsverzerrung reduziert bzw. der Signal-Rausch-Abstand erhöht werden; z.B. bei Videosignalen um 6 dB [1.23].

Die *nichtlineare Quantisierung* ist eine rein digitale Kompandierung. Sie kann z.B. darin bestehen, daß ein bestimmtes Signalstück, das sich in einem bestimmten Amplitudenintervall bewegt, durch eine Pegelbereichs-Kennzahl beschrieben wird, gefolgt von einer regulären (linearen) Binärzahl [1.24]. Einer der Möglichkeiten ist die Datenreduktion bei großen Pegelsprüngen durch *Gleitkommadigitalisierung* [1.52].

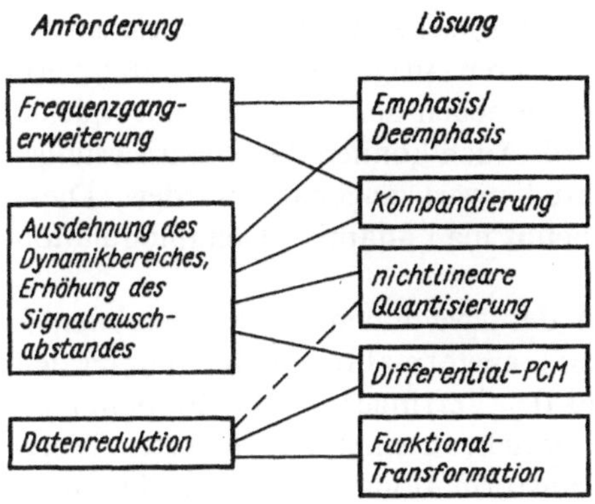

Bild 1.6
Zu den Möglichkeiten der Quellenkodierung

Die Datenreduktion geht davon aus, daß sich der Entscheidungsgehalt einer Nachricht aus der Entropie und der Redundanz zusammensetzt.

So kann vor einer Bildspeicherung auf Magnetband die Bandbreite des Videosignals reduziert werden ohne bedeutende Verschlechterung der Bildqualität, wie subjektive Tests nachweisen. Diese Möglichkeit beruht auf dem während der Speicherung nicht notwendigen Inhalt von redundanter Information im Bildsignal, der nach dem Wiedergabeprozeß in Kenntnis der Signalstatistik wieder zugesetzt werden kann.

Es muß zwischen der eindimensionalen und der mehrdimensionalen redundanzmindernden Kodierung unterschieden werden. Erstere nutzt die horizontale statistische Abhängigkeit aus, letztere schließt auch die vertikale und gegebenenfalls die zeitliche statistische Abhängigkeit ein.

Die eindimensionale Lauflängenkodierung überträgt in einem Wort die Länge einer Bildpunktfolge mit gleichem Grauwert. Bei der zweidimensionalen Kodierung werden Flächen gleicher Helligkeit zusammenfassend gekennzeichnet.

Besonders hohe Datenreduktionsfaktoren erreicht man damit in der Schwarzweiß-Textübertragung; sie betragen eindimensional durchschnittlich 9, zweidimensional 12 [1.25].

Die gebräuchlichste Methode der Datenkompression in der Bildspeicherung beruht auf dem Prinzip der räumlichen und zeitlichen Umkodierung. Dabei werden gleiche oder ähnliche Bildmuster innerhalb einer Zeile, aber auch zwischen benachbarten Zeilen und (bei höchstem technischem Aufwand) von Bild zu Bild erkannt. Für die kommerzielle Bildübertragung mit eindimensionaler Redundanzreduktion werden Kompressionsraten bis 3 angegeben [1.26]. Nach [1.27] können sich diese Werte bei zweidimensionaler Datenkompression verdoppeln.

Die am leichtesten realisierbare Kompressionsmethode – wenn auch nicht mit der hohen Kompressionsrate von 6 : 1 – ist die *Differential-PCM*. Hierbei wird nicht das Analogsignal selbst quantisiert, sondern die Differenz zu einem (zeitlich oder räumlich) benachbarten korrelierten Wert. Bei der Bildspeicherung kann dieser „Vorhersagewert" aus der gleichen Bildzeile oder einer darüberliegenden stammen. In der Videotechnik beträgt die benötigte Wortlänge 4 ... 5 bit. Ein weiterer Gewinn von einem Bit ist durch eine *adaptive*

PCM möglich, wobei in Abhängigkeit vom Bildinhalt zwischen mehreren Quantisierungskennlinien umgeschaltet wird [1.28]. Allgemein wird hierbei die Höhe der Quantisierungsschritte der Änderungsgeschwindigkeit des Signals angepaßt: Zum Beispiel steigen die Höhen der Quantisierungsschritte exponentiell mit dem Signalanstieg [1.29].

Eine besonders einfach zu realisierende Variante der Differential-PCM ist die *Deltamodulation*. Dabei werden mit Hilfe eines Rückkopplungszweiges zwei eng benachbarte Proben bei $f_s \geqq 10 f_m$ miteinander verglichen. Am Ausgang erscheint je nach Vorzeichen der Differenz eine binäre 0 oder eine 1. Die folgenden Differenzausgänge werden aufaddiert. Eine Verbesserung in der Auflösung erhält man, wenn neben dem Amplitudenvergleich noch ein Vergleich der Signalanstiege ausgeführt wird. Auch können die Quantisierungsschritte variabel dem gegenwärtigen Signalamplitudenwert angepaßt werden. Diese Methode der Kompression des Dynamikbereichs nennt man adaptive Deltamodulation [1.29] [1.30].

Eine andere Kompressionsmethode beruht auf der zweidimensionalen *Funktionaltransformation* einer Bildpunktmatrix. Die Wahl der Transformation geschieht unter den Gesichtspunkten der Redundanzverminderung und der Verringerung der Empfindlichkeit gegenüber Übertragungsfehlern. Der Gewinn besteht in einer verminderten Wortlänge und dem Wegfall von Matrixelementen im Transformationsbereich. Als Maximum kann eine Kompressionsrate von 6 : 1 für eine 6-bit-Probenauflösung angenommen werden. Nach [1.27] ist dies mit Hilfe der adaptiven zweidimensionalen Walsh-Hadamard-Transformation möglich; allerdings mit dem für schnelle Transformationen bekannten hohen technischen Aufwand. Ähnliche Bedeutung besitzt die Fourier-Haar-Slant-Transformation [1.31] und die diskrete Kosinustransformation.

Es soll noch auf eine ältere zusammenfassende Darstellung der Datenkompressionsmethoden durch Redundanzreduktion [1.32] hingewiesen werden, in der schon bemerkenswerte Reproduktionen von Televisionsdaten der TIROS-, GEMINI- und RANGER-Satelliten bei Kompressionsraten von 4 : 1 bis 6 : 1 gezeigt werden.

Ausführlich werden die theoretischen Grundlagen der digitalen Signalverarbeitung und speziell der Bildverarbeitung in [1.61] dargestellt.

1.3.   Datenorganisation

Nicht in jedem Anwendungsfall kann die Quellenkodierung in örtlicher Einheit mit der speicherbezogenen Kanalkodierung erfolgen. Zum Beispiel kann ein Datenübertragungskanal zunächst eine Serialisierung der Ausgangsdaten des AD-Wandlers erforderlich machen. Danach muß der höhere einkanalige Datenstrom direkt in die erforderliche Spurzahl aufgespalten werden.

Die Serien-Parallel-Wandlung dient der Anpassung des Eingangsdatenformats und dessen Bitrate an die Spurzahl des Magnetbandspeichers und dessen Bandbreite.

Wir wollen das an einem *Beispiel* erläutern. Gefragt sei nach der zweckmäßigsten Spurvervielfachung für einen Ton-PCM-Recorder, der mit der üblichen Kassettenbandgeschwindigkeit von 4,75 cm/s arbeiten soll. Aus den folgenden Bedingungen lassen sich u.a. die nachfolgenden drei Varianten angeben:

Bandbreite des Tonsignals	$f_m = 20$ kHz
Abtastrate	$2{,}2 f_m = 44{,}1$ kHz
Wortlänge (nach nichtlinearer Quantisierung an einer 7-Segment-Kennlinie)	$k = 12$ bit

Datenrate pro Tonkanal (33,3 % Redundanz)	$F' = 793\ \text{kbit/s}$
Bandgeschwindigkeit	$v = 4{,}75\ \text{cm/s}$
Variante a) Spurzahl	$n_z = 4$
Spurrate	$f_p = 198{,}4\ \text{kbit/s}$
Speicherdichte	$D = 4176\ \text{bit/mm}$
Variante b) Spurzahl	$n_z = 8$
Spurrate	$f_p = 99{,}2\ \text{kbit/s}$
Speicherdichte	$D = 2088\ \text{bit/mm}$
Variante c) Spurzahl	$n_z = 16$
Spurrate	$f_p = 49{,}6\ \text{kbit/s}$
Speicherdichte	$D = 1044\ \text{bit/mm}.$

Die Auswahl der Spurzahl hat sich also wesentlich am Kompromiß zwischen der Vielspur-Komplexität und der beherrschbaren Speicherdichte zu orientieren. Dieses Beispiel ist insofern nicht ohne aktuelle Brisanz, als die Lösungsvarianten Spieldauer und Bandverbrauch der heutigen Analog-Kassettenrecorder erreichen würden. Eine weitere Bedingung dazu wäre allerdings noch, daß die genannte Spurzahl auf weniger als $\frac{1}{4}$ des 3,81mm breiten Bandes untergebracht werden müßte.

Nachdem durch die Serien-Parallel-Wandlung die Daten entsprechend dem Spurformat und der Bandbreite des Speichers und unter den Gesichtspunkten der Ökonomie und der Zuverlässigkeit in Parallelkanäle aufgespaltet sind, muß eine weitere Datenformatierung

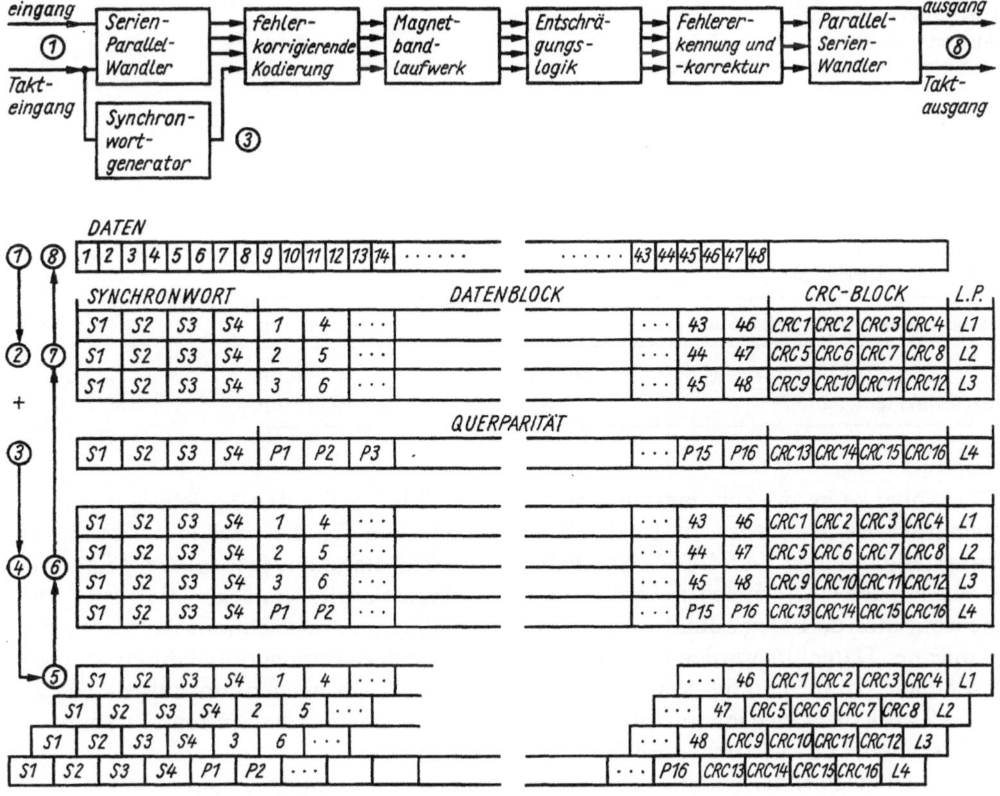

Bild 1.7. Schematische Darstellung zur Datenorganisation

vorgenommen werden. Dies ist insbesondere auch zur eindeutigen Zuordnung der Daten in den Parallelspuren notwendig, die nach dem Speicherprozeß mit Zeitverschiebungsfehlern behaftet sein können und deshalb im Wiedergabekanal einer Spurentschrägung unterzogen werden müssen. Zu diesem Zweck wird ein Synchronwort erzeugt und in die Spurkanäle eingefügt.

Bild 1.7 zeigt den Ablauf einer Blocksynchronisierung. In diesem Beispiel wird die serielle Eingangsdatenrate ① auf $\frac{1}{3}$ dieses Wertes, die Spurrate ②, reduziert und jeder Spurinformation das Synchronwort $S1 \dots S4$ vorangestellt. Dann werden die Querparitätssymbole P, gegebenenfalls die Längssymbole L und die zyklisch redundanten Korrektursymbole (CRC) nach den im Abschnitt 1.4. beschriebenen Rechenvorschriften gebildet. Am Ausgang des Koders kann die dargestellte Konfiguration ④ gebildet werden. Die Spurzahl erhöht sich durch die Redundanz um 1.

Der Speicherprozeß kann in vielfältiger Weise eine zeitweilige Änderung der gegenseitigen Lage der Bitpositionen in den einzelnen Spuren verursachen, z. B. durch
– dynamische Schrägstellung des Bandes gegenüber den Magnetköpfen,
– Toleranzen in der Spaltlage der Magnetköpfe.

Tafel 1.2. Typische Zeitfehler in Longitudinalspeichern für Magnetband von 1 Zoll Breite zwischen den Außenspuren nach [1.33]

Fehlerquelle	Schrägstellungs-Bit-Abstand
	Innerhalb eines Kopfstapels:
Spalt-Winkel-Toleranz	$1' \triangleq 15\ \mu m$
Spaltstreuung	$5\ \mu m$
Statischer Fehler gesamt	$20\ \mu m$
Dynamischer Bandschräglauf	$5\ \mu m$
Schrägstellung im Stapel	$25\ \mu m$
	Zwischen zwei Kopfstapeln:
Toleranz statisch	$100\ \mu m$
Dynamisch (experimentell)	$13\ \mu m$
Schrägstellung zwischen den Stapeln	$113\ \mu m$
	Zeitfehler: $\triangleq\ 2\ \mu m$
Max. Zeitfehler gesamt	$110\ \mu m$

Die Folge kann ein Zeitdiagramm sein, wie im Bild 1.7 für den Speicherausgang ⑤ schematisch dargestellt ist. In Tafel 1.2 sind die Quellen für die mechanisch bedingten Schrägstellungsfehler und die Maximalfehler für 1-Zoll-Band angegeben. Der Signalweg bei Wiedergabe läuft zunächst parallel über den Magnetkopf, Verstärker, Entzerrer, Bitsynchronisator und Demodulator für die Biterkennung im Aufzeichnungskode. Die einkommenden Datenbits werden in geeigneten Pufferregistern verzögert und die zusammengehörenden parallelen Bits von einem regenerierten Takt gemeinsam ausgelesen. Zu diesem Zweck dient eine innere Spur als Leitkanal. Das Ergebnis der Spurentschrägung ist am Ausgang ⑥ das wiederhergestellte Zeitdiagramm ④.

Nachdem die Paritätssymbole ihren Zweck, die Fehlererkennung, erfüllt haben, werden sie aus dem Datenfluß entfernt. Die Daten ⑦ entsprechen wieder dem ursprünglichen

Format ②. Auch die restlichen Prüfbits werden nach der Fehlerkorrektur wieder entfernt.

Die Aufgabe des im Bild 1.7 angegebenen Parallel-Serien-Wandlers besteht in der Anpassung des Datenformats an die nachfolgende Funktionsstufe, z. B. den Digital-Analog-Wandler.

Nach der Speicherung der digitalen Information kann die Rückführung in das Analogsignal notwendig sein, wie es bei der digitalen Video- oder Bildfunksignalspeicherung der Fall ist. Geschieht die Informationsauswertung auf dem Digitalrechner, erübrigt sich die Rückwandlung.

Wie beim AD-Wandler ist auch beim DA-Wandler die bitparallele Wortverarbeitung vorteilhaft. Auch die Probleme, wie Nullinienversatz, Nichtlinearität, Reproduziergenauigkeit, Verstärkungsfehler, sind meist die gleichen wie bei AD-Wandlern [1.34] [1.35]. Wichtige Parameter sind weiterhin die Gleichtaktunterdrückung, das Rauschen bei hoher Auflösung, d.h. über 10 bit/Probe, und die Taktzeit.

Eine permanente Bildrekonstruktion kann entweder mit einem Laser- oder mit einem Elektronenstrahl auf Film erfolgen [1.36] [1.37]. Dazu wird im allgemeinen ein DA-Wandler benötigt; dieser kann eng mit der Ablenkeinheit des Bildspeichers integriert sein.

1.4. Fehlererkennende und -korrigierende Kodierung

1.4.1. Fehlerarten

Grundlage für eine an den Speicherkanal angepaßte Datenorganisation ist die genaue Kenntnis des statistischen Fehlerverhaltens des Kanals. Diese Charakteristik ist der Ausgangspunkt der Entwurfsstrategie für die fehlererkennende und -korrigierende Kanalkodierung.

Zahlreiche repräsentative Fehleranalysen ergaben, daß die Ursachen der meisten Fehler beim Magnetband selbst liegen. Fehlstellen, die die magnetische Aufzeichnung stören und infolgedessen zu einem Pegeleinbruch bei der Signalwiedergabe führen, werden als Dropout bezeichnet. Auch Staubteilchen, Abriebprodukte, Fingerabdrücke, Bandkantenbeschädigungen u.ä. sowie die abgenutzte Magnetschicht selbst können weitere Fehlerquellen sein. Diese Erscheinung wird im Abschnitt 4 8. näher beschrieben.

Der Magnetbandkanal unterscheidet sich von anderen Übertragungskanälen dadurch, daß auch zweidimensionale Fehlerkorrelationen, bedingt durch die Parallelübertragung, zu beachten sind. Weiterhin wird ein Dropout in der Regel nicht zu einem Einzelbitfehler führen, sondern zu einem Fehlerbündel (Haufenfehler, Burst) in einer Spur oder gleichzeitig in mehreren benachbarten Spuren. Eine zweite Besonderheit des Magnetbandkanals besteht darin, daß er ohne Rückkopplung zur Quelle arbeitet, d.h., eine fehlerbehaftete Information kann nicht wieder aufgerufen werden.

Unter dem Gesichtspunkt der Kodierungstheorie ergeben sich folgende Charakteristiken der Fehlerarten und ihrer Korrektur:

- *Statistisch unabhängige Substitutionsfehler*

  Ein solcher Fehler liegt vor, wenn ein oder mehrere Datenbits anders wiedererkannt werden, als ursprünglich aufgezeichnet. Diese durch additives Rauschen verursachten Fehler sind mit klassischen Kodes erkennbar und korrigierbar, wobei bei einer zu erwartenden Fehlerwahrscheinlichkeit von $P = 10^{-3} \ldots 10^{-6}$ Blockkodes kleiner Blocklänge verwendet werden können, s. auch Abschnitt 1.4.2. Diese Fehlerart tritt vorwiegend bei Plattenspeichern auf.

● *Bursts*

Derartige Rauscheinbrüche führen zum Auftreten fehlerhafter Bitgruppen. Sie sind generell nur mit Kodierungen erkennbar bzw. korrigierbar, die ein großes „Gedächtnis" besitzen. Effektive Kodes zur Behandlung dieser Fehlerarten, speziell für das Problem der Mehrspuraufzeichnung, sind aus der Literatur bekannt. Die prinzipielle Lösung besteht darin, das „Gedächtnis" durch eine Querverteilung der Daten über alle Spuren zu verringern. Eine wirksame Methode, einen Burstfehler in mehrere Einzelfehler umzuwandeln, besteht in der räumlichen Datenspreizung, auch Interleaving genannt. Dies wird im Abschnitt 7. an mehreren Beispielen der digitalen Bild- und Tonspeicherung demonstriert. Ist keine exakte Fehlerkorrektur möglich, kann man sich der Methode der Fehlerüberdeckung bedienen: Da bei der Videospeicherung der Korrelationskoeffizient zwischen den benachbarten Zeilen 0,95 beträgt, können die Fehlstellen durch Einfügen der vorhergehenden Zeile kompensiert werden. Beim System SECAM ist das Farbsignal zeilenweise verschieden, und es muß die vorletzte Zeile eingefügt werden. Das Verfahren ist auch auf Stereotonsignale anwendbar, da auch diese innerhalb eines bestimmten Zeitraumes stark korreliert sind.

● *Synchronisationsfehler*

Statistisch unabhängige Synchronisationsfehler führen ohne fehlersichernde Maßnahmen zum Synchronisationsverlust bis zum Blockende und wirken somit wesentlich auf die Gesamtfehlerwahrscheinlichkeit. Es wurden zyklische Kodes untersucht und derartig modifiziert, daß mit ihnen Austausch- und Synchronisationsfehler gleichermaßen erkannt bzw. korrigiert werden können. Das Prinzip besteht in der zielgerichteten Unterbrechung der Eigenschaft zyklischer Kodes, damit eine Bitverschiebung zu einer Bitfolge führt, die kein Kodewort darstellt und deshalb als fehlerhaft erkannt werden kann. Es kann dann mittels einer zielgerichteten Bitverschiebung die Synchronisation wiedergefunden werden.

Bei der Festlegung einer Datenorganisation entsteht das Problem, daß auch Bursts den Verlust der Synchronisation bewirken. Die Nutzung der Nachbarspuren wird als prinzipielle Möglichkeit zur Synchronisationsstützung angesehen. Für die Effektivität solcher Stützungsschaltungen ist das Verhältnis von absolutem zu relativem Zeitfehler (Jittern) der Kanäle das entscheidende Kriterium, so daß dieser Parameter gleichzeitig A-priori-Information für die Synchronisationsstützung ist. *Draeger, Ahlbehrendt* [1.39] zeigten, wie unter Ausnutzung dieser A-priori-Kenntnis die einzelnen Synchronisatoren so untereinander verkettet werden können, daß eine relativ sichere Aussage über die Anzahl der ausgefallenen Bits möglich ist.

1.4.2.   Allgemeine Eigenschaften der Kodes

Bei der bisher besprochenen Quellenkodierung wurde die Redundanz der Quelle zu einer Datenreduktion ausgenutzt, d.h. eine maximale Ausnutzung der Binärsymbole angestrebt. Bei der Kanalkodierung kommt es nun auf eine maximale Ausnutzung des gestörten Speicherkanals an. Dies geschieht mit einer gezielten Redundanzerhöhung, die eine Fehlererkennung und – im beschränktem Umfang – eine Fehlerkorrektur erlaubt. Dabei werden die Binärsymbole der Quelle in solche Symbolkombinationen umgesetzt, die eine Verfälschung des Kodewortes erkennen und gegebenenfalls korrigieren lassen. Die Effektivität eines Kodes wird durch seine *Hamming*-Distanz d gekennzeichnet. Sie gibt die Mindestanzahl der Binärstellen an, in denen sich die Kodeworte eines Binärkodes voneinander unterscheiden. Ein redundanzfreier Kode hat $d = 1$; Fehler sind nicht erkennbar. Allgemein führen d Bitfehler in einem Kodewort zur Nichterkennbarkeit, $(d - 1)$ Fehler zur Erkennbarkeit, $\leq (d/2 - 1)$ Fehler zur Korrigierbarkeit. Anders ausgedrückt: t zu korrigierende Fehler benötigen eine *Hamming*-Distanz von mindestens $d = 2t + 1$. Damit ist das empfangene Muster dem zu schätzenden Kodewort näher als allen anderen Kombinationsmöglichkeiten. Sollen t Fehler korrigiert und l Fehler erkannt werden, ist $d = t + l + 1$ erforderlich.

Bild 1.8 zeigt den Versuch einer Klassifizierung der fehlererkennenden und -korrigierenden Kodes, für die sich ausschließlich rekurrente Kodes eignen.

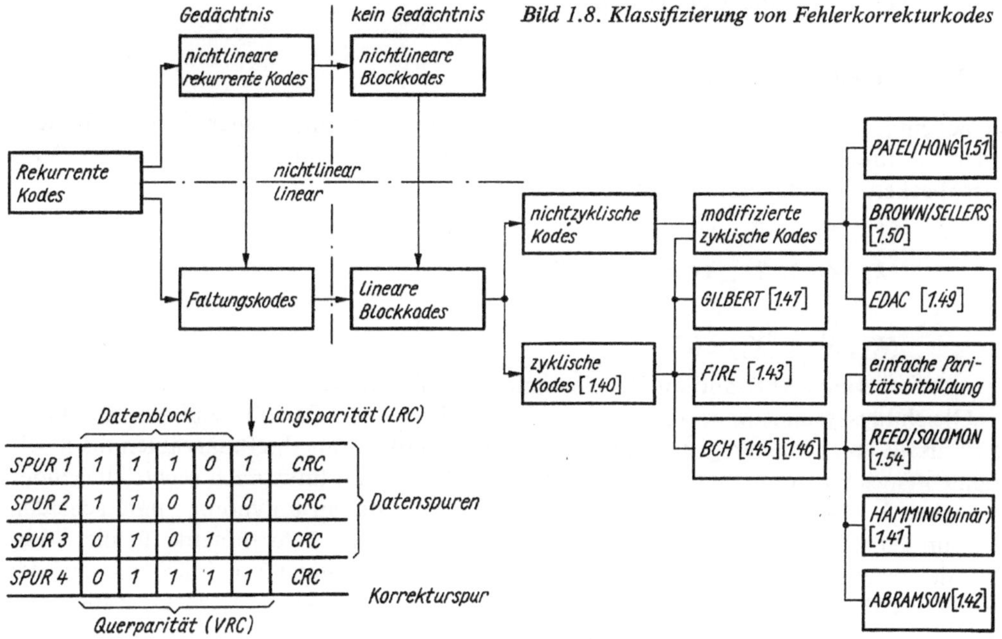

Bild 1.8. Klassifizierung von Fehlerkorrekturkodes

Bild 1.9. Zur zweidimensionalen Anordnung von Paritätssymbolen

Das Prinzip jedes rekurrenten Kodes besteht darin, die Kodemenge aus k Symbolen in ein Kodewort aus n Symbolen umzuwandeln. Das Verhältnis $k/n = R$ nennt man Koderate. Eigenart des rekurrenten Kodes mit Gedächtnis ist, daß in das Bildungsgesetz des Kodewortes (c) alle Informationen der Kodewörter $(c_1, c_2, \dots c_{-1})$ eingehen. Bei der Dekodierung werden wieder mit den Kontrollgleichungen $n - k$ Kontrollsymbole gebildet, die mit den empfangenen mod 2 verknüpft werden. Im Ergebnis entsteht eine Kontrollfolge, mit der aufgetretene Fehler korrigiert werden können. Ist das Gleichungssystem für die redundanten Kontrollsymbole ein lineares, spricht man vom Faltungs- oder Konvultionskode. Ein klassisches Beispiel ist der Hagelbarger-Kode, für den *Rebel* [1.38] eine Konstruktionsvorschrift zur Korrektur von flächenartigen Fehlermustern bei der Mehrspurmagnetbandaufzeichnung angegeben hat. Der Vorteil der Struktur des Konvultionskodes wird allerdings dadurch wieder aufgehoben, daß die Nachricht aus Gründen der Synchronisation hin und wieder für Synchronisationsmarken unterbrochen werden muß. Ein weiterer Nachteil ist, daß die zuverlässigsten Dekodierverfahren einen hohen Aufwand haben.

Rekurrente Kodes, bei denen keine Informationsfortpflanzung über die Wortgrenzen hinaus auftritt, werden als Blockkodes bezeichnet. Auch hier dienen die durch ein nichtlineares oder lineares Gleichungssystem gebildeten $n - k$ redundanten Korrektursymbole der Fehlerkorrektur. Eine gewisse Klasse von Kodes, deren (k, n) Symbole in $(k_1 k_2, n_1 n_2)$ Symbole aufgespaltet werden können, sind Rechteckkodes. Zum Beispiel ist die im Bild 1.9 dargestellte Anordnung ein $(4 \cdot 3, 5 \cdot 4)$-Kode.

Eine weitere wesentliche Eigenschaft von Blockkodes im Gegensatz zu Faltungskodes ist die, daß die ursprünglichen Informationsbits unverändert, lediglich in zweidimensionaler Zuordnung, erhalten bleiben und die redundanten Bits am Wortende, am Blockende und/oder in gesonderten Korrekturspuren konzentriert werden können. Einen recht vollständigen Überblick über Theorie, Verfahren und Anwendung dieser Kodes vermittelt das Buch von *Clark* und *Cain* [1.58].

1.4.3. Erzeugung zyklischer Kodes

Die bedeutungsvollste technische Realisierungsmöglichkeit einer Fehlerkorrektur besteht in der Ausnutzung der Eigenschaft zyklischer Kodes. Sie beruht auf der zyklischen Vertauschbarkeit der Elemente des Kodewortes (c):

$$(X_1, X_2 \ldots X_n) \in (c)$$

$$(X_n, X_1 \ldots X_{n-1}) \in (c)$$

$$\vdots$$

$$(X_2, X_E \ldots X_1) \in (c).$$

Der relativ geringe Aufwand an Bauelementen und Rechenzeit für die Lösung des linearen Gleichungssystems $(n - k)$-ter Ordnung für die $(n - k)$ Paritätssymbole wird durch den Einsatz von Schieberegistern ermöglicht. Wir denken uns die Binärzahlen als Koeffizienten eines Polynoms und schreiben statt 101011 bei von links nach rechts steigender Wertigkeit $1 + X^2 + X^4 + X^5$. Die Rechenregeln mit diesen Polynomen unterscheiden sich von der gewöhnlichen Algebra lediglich in der modulo-2-Arithmetik für die Addition; das bedeutet, daß jedes Summenglied durch (den modulus) 2 dividiert und nur der Rest beibehalten wird. Rechentechnisch bedeutet das eine Exklusiv-Oder-Operation.

Beispiel: $(1 + X)(1 + X + X^3 + X^4) = 1 + X \qquad + X^3 + X^4$
$$\underline{\qquad\qquad X + X^2 \qquad + X^4 + X^5}$$
$$1 \qquad + X^2 + X^3 \qquad + X^5$$

Zur Kodierung eines Datenpolynoms $G(X)$ wird zunächst $X^{n-k} G(X)$ dadurch gebildet, daß an $G(X)$ eine Folge von $(n - k)$ Nullen angehängt wird. Diese Folge wird kodespezifisch durch das Generatorpolynom $P(X)$ geteilt. Das verbleibende Restpolynom $R(X)$ hat die Ordnung $(n - k)$ und wird zu $X^{n-k} G(X)$ addiert:

$$\frac{X^{n-k} G(X)}{P(X)} = R(X), \qquad (1.6)$$

$$F(X) = X^{n-k} G(X) + R(X). \qquad (1.7)$$

Das Kodewort $F(X)$ besteht in seinen k höchsten Koeffizienten aus dem Datenpolynom $G(X)$; in die linksseitigen $n - k$ Nullstellen von $X^{n-k} G(X)$ addieren sich die Prüfsymbole $R(X)$.

Die Division unter modulo-2-Arithmetik verläuft folgendermaßen: Es werden die Koeffizienten der höchsten Terme des Dividenden und die Koeffizienten des Divisors mod 2 subtrahiert (gleich addiert) und dieses Verfahren mit der Differenz fortgesetzt, bis die Differenz kleinerer Ordnung ist als der Divisor. Dieser Ausdruck ist das Restpolynom $R(X)$.

Beispiel: 111010 : 101 = 11

$$\underline{101}$$

10010

$$\underline{101}$$

110

$$\underline{101}$$

11

Praktisch geschieht diese Rechnung mit einem rückgekoppelten Schieberegister und mehreren Exklusiv-Oder-Schaltkreisen, die sich an den Positionen des Schieberegisters befinden, an denen die 1-Addition entsprechend den Koeffizienten des Divisors $P(X)$ durchgeführt wird. Die Länge des Schieberegisters entspricht der Ordnung des Divisors $P(X)$. Aus Bild 1.10 ist ersichtlich, daß immer dann, wenn der höchste Term des Dividenden 1 ist, der Inhalt des Registers durch das Polynom $P(X)$ subtrahiert (mod 2 addiert) wird. Nach jedem Schiebetakt befindet sich die Differenz, die den neuen Dividenden darstellt, im Register. Nachdem das Polynom $X^{n-k}G(X)$ bis zur letzten Null in das Schieberegister eingeführt wurde, steht das Restpolynom $R(X)$ fest und kann sofort im Anschluß an die k Datenbits ausgelesen werden. Zu diesem Anschluß dienen die Verzögerungsleitung um $n - k$ Positionen und die Umschaltung der Datenkopplung von $G2$ auf $G1$. Andere Ausführungsformen sind möglich.

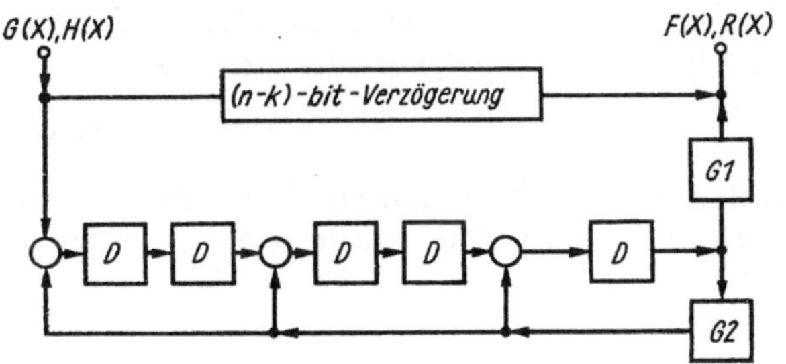

Bild 1.10
Prinzip eines Rechenwerkes
zur Erzeugung eines zyklischen Kodes
durch das Generatorpolynom
$P(X) = 1 + X^2 + X^4 + X^5$
mit Hilfe eines rückgekoppelten
Schieberegisters

○ Exklusiv-Oder-Schaltkreis
D 1-bit-Verzögerung

Das nach der Speicherung empfangene Signal wollen wir mit $H(X)$ bezeichnen. Es enthält neben dem Datenpolynom $F(X)$ das Fehlerpolynom $E(X)$:

$$H(X) = F(X) + E(X). \tag{1.8}$$

Da $F(X)$ durch $P(X)$ teilbar ist

$$\frac{F(X)}{P(X)} = Q(X), \tag{1.9}$$

erkennt man an der Nichtteilbarkeit von $H(X)$ durch $P(X)$ die Fehlerhaftigkeit der gespeicherten Information. Natürlich kann auch $E(X)$ durch $P(X)$ teilbar sein; dann ist der Fehler nicht erkennbar. Durch geeignete Wahl von $P(X)$ kann die Erkennbarkeit häufiger Fehlermuster gefördert werden. Zur Fehlererkennung dient wieder die Schaltung nach Bild 1.10. Nachdem $H(X)$ vollständig in das Schieberegister eingelesen wurde, ergibt sich als Inhalt das Restpolynom. Jede Fehlerstruktur hat ein anderes Restpolynom. Die Umrechnung von $E(X)$ zur Fehlerkorrektur erfolgt oft mit Hilfe von Zuordnungstabellen. Der Aufwand zur Fehlerkorrektur ist weit höher als der zur Fehlererkennung. So muß z. B. bis zur Berechnung von $E(X)$ der gesamte Datenblock $H(X)$ abgespeichert werden. Zum näheren Studium dieser Problematik wird auf [1.44] verwiesen.

1.4.4.   Beispiele für zyklische Kodes

Im folgenden sollen die wichtigsten Eigenschaften der zyklischen Kodes bezüglich Fehler-erkennung und -korrektur genannt werden. Zur Beweisführung und zur näheren Charak-terisierung spezieller Kodes wird auf die Arbeit von *Peterson, Brown* [1.40] verwiesen.

Jeder zyklische Kode, der durch ein Generatorpolynom aus mindestens zwei Termen gebildet wird, im einfachsten Fall aus

$$P(X) = 1 + X \qquad (1.10)$$

kann jeden Einzelfehler und darüber hinaus jede ungerade Anzahl von Fehlern erkennen. Es ist $n - k = 1$, und das aus 1 bit bestehende Prüfsymbol $R(X)$ stellt das Paritätsbit dar, das das Kodepolynom $F(X)$ eben macht, d.h., die Quersumme mod 2 über das Kode-wort ist 0. Dies zeigt Bild 1.9.

Ist das Generatorpolynom m-ter Ordnung $m = n - k$, dann erkennt der Kode alle Einzel- und Doppelfehler, wenn die Wortlänge n sich auf $n - 2^m - 1$ beschränkt. Hat der Kode die Länge $n \leq 2^m - 1$, ermöglicht er die Doppelfehlererkennung mit der Mini-malzahl m von Prüfbits. Diese Eigenschaft besitzen die *Hamming*-Kodes [1.41]. Doppel-fehlererkennende Kodes ermöglichen auch die Einzelfehlerkorrektur. Wenn sich in einem Wort nur ein Einzelfehler befindet, entstehen bei dem Versuch, die einzelnen Binärsym-bole zu korrigieren, so lange (angezeigte) Doppelfehler, bis das fehlerhafte Symbol korri-giert wurde. Allgemein gilt, daß ein Kode, der $2t$ Fehler erkennt, alle Fehlerkombinatio-nen bis zur Anzahl t korrigieren kann. Ist das Generatorpolynom der Gestalt

$$P(X) = (1 + X) P_1(X), \qquad (1.11)$$

und ist $P(X)$ der Ordnung m, dann werden Einzel-, Doppel- und Dreifachfehler erkannt sowie Einzelfehler korrigiert, solange $n - 2^m - 1$ ist. Die maximale Kodewortlänge $n \leq 2^m - 1$ erreichen die *Hamming*-Kodes.

Jeder zyklische Kode, der durch ein Polynom m-ter Ordnung generiert wird ($m = n - k$), kann Burstfehler bis zur Länge m sicher erkennen; auch Bursts der Länge $b > m$ können mit einem relativ hohen Prozentsatz

$$p(m) = \begin{cases} 1 - 2^{-m} & b > m + 1 \\ & \text{bei} \\ 1 - 2^{-m+1} & b = m + 1 \end{cases} \qquad (1.12)$$

erkannt werden. Ein Kode, der mit (1.11) gebildet wird, weist jede Kombination von zwei Burstfehlern der Länge 2 bit nach und korrigiert mit einem Doppelbitfehlerburst, wenn wieder $n \leq 2^m - 1$ gilt. Zu dieser Klasse gehören neben den *Hamming*-Kodes die *Abramson*-Kodes [1.42].

Ein Kode mit dem Generatorpolynom

$$P(X) = (X^c + 1) P_1(X) \qquad (1.13)$$

erkennt zwei Bursts der Längen b_1 und b_2 unter den Bedingungen

$$c + 1 \geq b_1 + b_2$$

$$m \geq b_1 - b_2 \qquad (1.14)$$

$$n \leq \frac{2^m - 1}{c}.$$

Diese Eigenschaften besitzen die *Fire*-Kodes [1.43].

Allgemein gilt, daß ein Kode, der zwei Bursts der Länge *b* erkennt, einen Burst der Länge *b* korrigieren kann. Die Burstlänge ist als der Abstand zwischen dem ersten und dem letzten fehlerhaften Bit definiert. Dazwischen können sich auch fehlerfreie Bits befinden.

Einige der genannten Kodes sind Sonderfälle der bedeutsamen BCH-Kodes. Ein BCH-Kode [1.45] [1.46] der Länge $n = 2^m - 1$ korrigiert allgemein *t* Fehler und benötigt dazu ein Generatorpolynom der Ordnung *mt* oder kleiner. Der *Gilbert*-Kode [1.47] ist ein Rechteckkode $(k, n) = [(n_1 - 1)(n_2 - 1), n_1 n_2]$ mit $n - k = n_1 + n_2 - 1$ Paritätsbits, die durch das Generatorpolynom

$$P(X) = \frac{(X^{n_1} + 1)(X^{n_2} + 1)}{X + 1} \tag{1.15}$$

gebildet wurden. In [1.47] wird eine Ausführungsform mit einem 95 bit langen rückgekoppelten Schieberegister beschrieben, die in Plattenspeichern mit Störstellen unter 0,2 mm Länge Anwendung gefunden hat. Es können Bursts bis 32 bit Länge korrigiert werden. Die Verbesserung der Fehlerrate wurde mit 2 Größenordnungen angegeben; die Redundanz $n - k/k$ beträgt dabei nur 4,5 %.

1.4.5. Magnetbandspezifische Kodes

Historisch hat sich die Kodierungstechnik für Magnetbandspeicher aus der bei Lochkarten angewandten Paritätsprüfung entwickelt. Diese einfache Parität ist theoretisch ein Grenzfall der BCH-Kodes mit dem Generatorpolynom (1.10). Weitverbreitet ist der Gebrauch der zweidimensionalen einfachen Paritätsbildung. Diese stellt die einfachste Form eines Rechteckkodes dar. Die Paritätssymbole können nach dem Schema im Bild 1.9 angeordnet sein. Es läßt sich leicht verifizieren, daß mit den 8 Prüfbits ein Einzelfehler lokalisiert und damit korrigiert werden kann. Die *Hamming*-Distanz ist $d = 4$, denn mindestens 4 bit müssen gleichzeitig geändert werden, ohne daß sich die Paritätsbits ändern. Folglich sind bis $d - 1 = 3$ Einzelfehler erkennbar oder $d/2 - 1 = 1$ Fehler korrigierbar. Die Fehlerrate wird damit bis zu 2 Zehnerpotenzen, also von 10^{-6} auf 10^{-8} verbessert. Typische Redundanzfaktoren liegen dabei um 30 %.

Sollen auch simultane Bitfehler erkannt werden, kann das Zwei-Schleifen-EDAC- (error detecting and correcting)-Verfahren angewandt werden [1.49]. Hierbei werden nach Ausführung der bisher beschriebenen Paritätsbildung (1. Schleife) die Daten von Spur zu Spur um eine Blocklänge gegeneinander versetzt, und ein zweites Längsparitätswort wird mit den versetzten Daten gebildet. Werden die Daten so aufgezeichnet und nach der Wiedergabe wieder rückversetzt, können die vom Band verursachten Simultanfehler getrennt und mit Hilfe der 1. Korrekturspur korrigiert werden. Die isolierten Bitfehler werden vor der Rücksetzung mit der 2. Korrekturspur erkannt und korrigiert. Auch die Spur, in der geradzahlige serielle Bitfehler auftreten, kann mit Hilfe der beiden Querparitätsmuster erkannt und damit korrigiert werden. Der Gewinn an Fehlerrate wird mit 3 Zehnerpotenzen angegeben, also von 10^{-6} auf 10^{-9}. Die Redundanz bei 6-Spur-Aufzeichnung beträgt über 70 %. Weitere Einzelbitfehler sowie auch Kluster kann die Drei-Schleifen-EDAC-Kodierung korrigieren. Sie besteht in einem weiteren spurweise fortschreitenden Datenversatz um je eine Blocklänge mit anschließender Bildung einer 3. Paritätsspur mit den so versetzten Dateninhalten. Bei 6spuriger Aufzeichnung beträgt die Redundanz $n - k/k$ 129 %. Der Gewinn wird mit 4 Zehnerpotenzen angegeben, von 10^{-6} auf 10^{-10}. Redundanzärmere Verfahren, aber mit höherem Realisierungsaufwand, nutzen die zyklische Redundanzprüfung mit CRC-Symbolen oder eine Kombination von CRC- und einfachen Paritätssymbolen, wie dies auch im Bild 1.9 ausgeführt ist.

Nach diesem Prinzip arbeitet der Kode von *Brown, Sellers* [1.50]. Er hat in der Mehrspurdigitalspeichertechnik große Bedeutung erlangt. Es wird eine Spur für die Querparität benutzt und ein Wort für die Längsparität. Dieses LRC-Prüfwort dient nur der Fehlererkennung und schließt das CRC-Fehlerkorrekturwort mit ein. Die beiden Zeichen folgen also in umgekehrter Reihenfolge gegenüber der Darstellung im Bild 1.9. Das CRC-Zeichen wird parallel aus dem 9kanaligen Datenblock mit dem Generatorpolynom

$$P(X) = 1 + X^3 + X^4 + X^5 + X^6 + X^9 \tag{1.16}$$

erzeugt. Bei der Datenwiedergabe wird das CRC-Zeichen wieder aus dem Datenblock gebildet und mit dem übertragenen CRC-Zeichen verglichen. Aus dem Vergleich ergibt sich in Verbindung mit den Querparitätssymbolen die Berechenbarkeit der Fehlerbits. Durch die zweidimensionale Verknüpfung verliert das Verfahren seine zyklische Eigenschaft; es ist seiner Art nach ein zweidimensionaler Produktkode. Es ist in der Lage, eine komplett ausgefallene Spur (z. B. aus einem 9-Spur-System) zu korrigieren. Eine weitere Parität gestattet die Korrektur von zwei komplett ausgefallenen Spuren [1.51]. Für den 4spurigen Ton-PCM-Kanal wurde ein ähnliches System als Standardisierungsvorschlag eingebracht; näheres s. Abschnitt 7.2. Die Informationsblöcke werden durch Paritätsblöcke ergänzt und das CRC-Zeichen durch das Generatorpolynom

$$P(X) = 1 + X^2 + X^{15} + X^{16} \tag{1.17}$$

gebildet. Dieser Produktkode gestattet, einen Spurfehler bis 16 bit Länge zu korrigieren.

Nach einem anderen Vorschlag [1.56] werden die Stereokanäle auf acht Datenspuren und zwei Paritätsspuren aufgeschlüsselt. Der Datenblock wird in 4×4-bit-Worte unterteilt, so daß Unterblöcke von $4 \times 4 \times 8$ bit gebildet werden, siehe Bild 1.11. Diese werden als Kodewort eines *Reed-Solomon*-Kodes [1.54] aufgefaßt. Aus 192 bit einer Spur werden 16 bit lange CRC-Symbole gebildet. Der verwendete Kode hat eine *Hamming*-Distanz von 3. In Verbindung mit den zwei Paritätsspuren können Einzelfehler in zwei Spuren korrigiert werden. Bursts bis 16 bit Länge können in drei Spuren erkannt werden. In diesem Fall kann die Toninformation durch Interpolation der zeitlich benachbarten, korrelierten Daten oder durch den ungestörten Stereokanal approximiert werden.

Räumlich korrelierte Fehlerergebnisse, wie sie besonders markant durch die Schnitt- und Klebetechnik bei Ton-PCM-Bändern auftreten, begrenzt man sehr wirkungsvoll durch die Verschachtelung von zwei getrennten Kodewörtern. Auch hierfür haben sich die BCH-Kodes, insbesondere *Reed-Solomon*-Kodes, am besten bewährt [1.57]. Näheres dazu ist im Abschnitt 7. dargelegt.

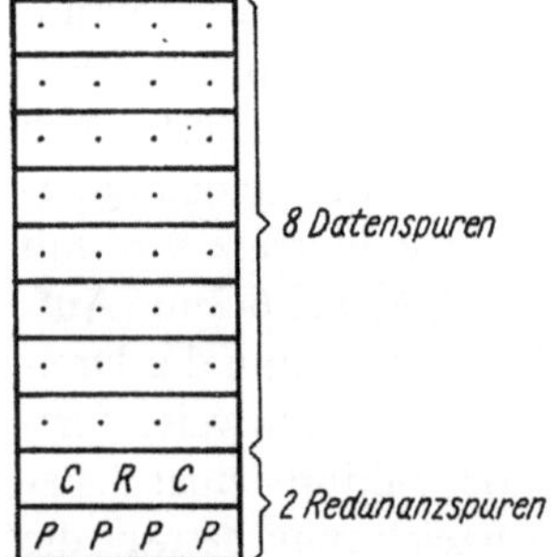

Bild 1.11. Blockelement als RS-Kodewort

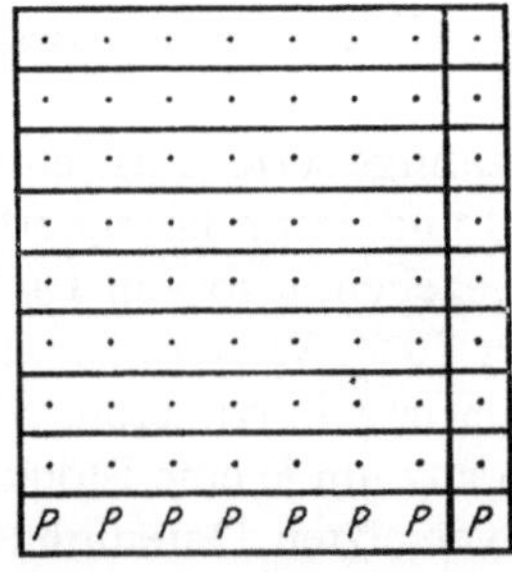

Bild 1.12. Blockstruktur des gekürzten RS-Kodes nach PATEL, HONG

Bei der Ton-PCM-Speicherung mit Helical-Scan-Recordern besteht nicht die Möglichkeit der Parallelspuraufteilung. Hier muß räumliche Redundanz durch Verzögerung einzelner Informations- und Paritätssymbole bei einkanaliger Verschachtelung erreicht werden. Eine Ausführungsform ist im Abschnitt 7.4. näher beschrieben.

Zu der im Bild 1.8 gekennzeichneten Klasse der nichtzyklischen Kodes gehören die gekürzten zyklischen Kodes, bei denen Elemente des Kodewortes zwecks Effektivitätssteigerung weggelassen werden. So ist der bereits erwähnte hochleistungsfähige Magnetbandkode von *Patel, Hong* [1.51] ein gekürzter *Reed-Solomon-* (RS-) Kode: Aus den CRC-Zeichen wird ein Orthogonal-Redundanz-Prüfbit, siehe Bild 1.12. Eine Verbesserung der Fehlerkorrekturmöglichkeit ist in [1.59] [1.66] vorgeschlagen worden.

Auf die in der modernen PCM-Technik angewendeten Fehlerkorrekturstrategien, wie Erasure, Crossword-Kode, b-Adjecent-Kode, Cross-Interleave-Kode, RSC-Kode, kann hier nicht näher eingegangen werden. Es wird auf die anschauliche Darstellung bei *Thomsen* [1.52] verwiesen.

1.4.6. Komplexitätsmaße

Für die Auswahl des geeigneten Fehlerkorrekturkodes ist nicht nur sein Korrekturvermögen, sondern auch sein Realisierungsaufwand zu betrachten, der erfahrungsgemäß überwiegend im Dekoder liegt. Erstrebenswert ist, dabei von der intuitiven Abschätzung abzukommen und wohldefinierte Komplexitätsmaße einzuführen. In Anlehnung an *Savage* [1.53] können die folgenden definiert werden:

a) der Dekoderaufwand als Anzahl der logischen Operationen, die im Dekodierprozeß ablaufen müssen;

b) die Dekodierverzögerung als Summe der Verzögerungszeiten, die ein Bit nacheinander im Dekoder erfährt;

c) die Logikkomplexität als Anzahl der erforderlichen Logikgatter;

d) die Bausteinkomplexität als Anzahl der erforderlichen integrierten Schaltkreise.

1.4.6.1. Dekoderaufwand

Der Dekoderaufwand A_D ist das Produkt der Anzahl X von Logikelementen, die im Dekodierprozeß eine Boolesche oder Speicheroperation ausführen, und der Anzahl T der Dekodierzyklen, die für ein Wort erforderlich sind:

$$A_D = XT. \tag{1.18}$$

In [1.53] wurde abgeschätzt, daß A_D bei konstanter Übertragungsrate wenigstens linear mit der Zuverlässigkeit E wächst, die über die zu erreichende Fehlerwahrscheinlichkeit P_e durch

$$E = -\ln P_e \tag{1.19}$$

definiert ist:

$$A_D \sim E. \tag{1.20}$$

1.4.6.2. Dekodierverzögerung

Die Dekodierverzögerung τ ist das Produkt aus der Zyklenzahl T des sequentiellen Dekoders und der Summe aller Verzögerungszeiten τ_0, die ein Bit innerhalb eines Zyklus einschließlich des Speicherprozesses erfährt:

$$\tau = T\tau_0. \tag{1.21}$$

In [1.53] wurde abgeleitet, daß τ mindestens proportional zu $\ln E$ wächst:

$$\tau \sim \ln E. \tag{1.22}$$

1.4.6.3. Logikkomplexität

Die Logikkomplexität A_L ist die Anzahl der im Dekoder erforderlichen binären Logikelemente einschließlich der Speicherplätze. In [1.53] wurde eine große Anzahl von Dekodiervorschriften und Dekoderrealisierungen untersucht und festgestellt, daß die Logikkomplexität bei Blockdekodern für mittlere und kleine R mindestens exponentiell mit der Blocklänge n wächst und bei der linearen Paritätskontrolle proportional zu $n^2/\ln n$ ist:

$$A_\mathrm{L} \sim R_2 2^n \quad \text{bei Blockkodes,} \tag{1.23}$$

$$A_\mathrm{L} \sim \frac{n^2}{\ln n} \quad \text{bei einfacher Paritätsprüfung.} \tag{1.24}$$

1.4.6.4. Bausteinkomplexität

Berlekamp [1.57] analysierte die notwendige Anzahl Z an integrierten ECL-Schaltkreisen mit mittlerem Integrationsgrad bei $30\text{-Mbit}\cdot\text{s}^{-1}$-Kodierschaltungen für BCH-Kodes und fand eine Abhängigkeit von der Anzahl der redundanten Bits r des Kodes:

$$Z \approx \frac{r}{3} + 13. \tag{1.25}$$

Die gleiche Abschätzung für RS-Kodes mit der Wortlänge c führte auf

$$Z \approx \frac{r}{3} + \frac{c}{2} + 12. \tag{1.26}$$

Bei Verringerung der Bitrate unter $10\ \text{Mbit}\cdot\text{s}^{-1}$ können die Schaltungen vereinfacht und mehr LSI-Schaltkreise eingesetzt werden.

Der entsprechende Dekoder erfordert noch einmal den gleichen Aufwand wie der Koder, zusätzlich aber den Pufferspeicher für zwei Kodeworte und eine Adreß/Steuereinheit, ein Rechenwerk und ein Programmspeicher-PROM für die Ermittlung des Fehlerpolynoms $E(X)$ aus dem Restpolynom $P(X)$. Die Adreß/Steuereinheit benötigt nach *Berlekamp* 33 Schaltkreise, das PROM 9 ... 27 Schaltkreise. Das Rechenwerk ist von der Wortlänge und der Rechengeschwindigkeit abhängig und benötigt bis zu 145 Bausteine mit mittlerem Integrationsgrad (bis 16polig). Der Pufferspeicher könnte für Frequenzen bis $20\ \text{Mbit}\cdot\text{s}^{-1}$ aus 10 MOS-RAM aufgebaut werden. Der Gesamtaufwand für den Dekoder liegt im Bereich 100 ... 200 Bausteine.

Inwieweit die Komplexitätsmaße A_D, τ, A_L und Z mit den hier getroffenen Aussagen für die speziellen Belange der Magnetbandspeichertechnik Gültigkeit haben, ist noch nicht untersucht worden. Außerdem ist zu beachten, daß die Maße je nach Anwendungsfall sehr unterschiedliches Gewicht erhalten können. A_D kann für die Studioton-PCM-Speicherung, bei der die Dekodergeschwindigkeit und die Kosten bedeutend sind, ein gültiges Minimierungskriterium darstellen. Bei der Optimierung der Video-PCM-Speicherung dürfte die Dekodierverzögerung τ die größte Rolle spielen. Dagegen sind A_L und Z vorwiegend kostenminimierend, was für Heimton-PCM-Speicher entscheidend sein kann.

2. Aufzeichnungskodierung

2.1. Problemstellung

Im realen Digitalspeicherkanal engen folgende Einflüsse den Entscheidungsraum zur Wiedererkennung der digitalen „1" oder „0" ein:

- additive Rauschüberlagerung;
- Spurübersprechen und elektronische Einstreuungen;
- Takt-Jitter, störende Frequenzmodulation durch Laufwerkseigenschaften;
- dynamisches Verhalten des Bitsynchronisators und des Demodulators;
- Amplitudenschwankungen bzw. störende Amplitudenmodulation;
- Dropouts durch Änderung des Band-Kopf-Kontaktes;
- Phasenfehler durch Frequenzbandbegrenzung;
- Verlust harmonischer Komponenten durch Frequenzbandbegrenzung.

Die Folge ist der Verlust der ursprünglichen Signalform; Impulshöhe und -breite sind von der benachbarten Information und von Zufallsprozessen abhängig. Ein Maß für die Signaldeformation ist die Impulsspitzenverschiebung oder Peakshift. Der Entscheidungsraum oder die „Augenöffnung" zur Wiedererkennung der gespeicherten Bits wird dadurch kleiner als eine Bitlänge. Fehlerkennungen, also Bitfehler im Ausgangssignal, können die Folge sein.

Zum Erreichen höchstmöglicher Speicherdichte bzw. minimaler Fehlrate muß das Aufzeichnungssignal an die begrenzende und gestörte Übertragungscharakteristik des Magnetbandspeicherkanals angepaßt werden. Dies geschieht mit der Auswahl eines geeigneten, möglichst aufwandarmen Verfahrens zur Aufzeichnungskodierung. Die folgenden Gesichtspunkte finden dabei besondere Beachtung:

- Der Magnetbandspeicherkanal ist bandbreitebegrenzt.
- Er kann keine Signale mit Gleichkomponente übertragen.
- Der Takt muß aus dem regenerierten Wiedergabesignal zurückgewonnen werden.

Im Prinzip kann der Speicherkanal mittels Wechselstrom- oder Gleichstrom-Vormagnetisierung linearisiert werden. Und solange die Beeinflussung zwischen benachbarten Flußwechseln während des Aufzeichnungsvorganges gering ist, kann das Wiedergabesignal als Ergebnis linearer Superposition von Einzelimpulsen aufgefaßt werden. Oberhalb dieser Grenze von etwa 1000 Flw/mm kann die Nichtlinearität des Kanals durch geeignete Vorentzerrung des Aufzeichnungssignals (besonders bei Aufzeichnung auf HF-gelöschtes Magnetband) kompensiert werden, so daß das Wiedergabesignal etwa einer linearen Transformation des Eingangssignals entspricht.

Wenn das vor der Speicherung umkodierte Digitalsignal noch eine Gleichkomponente enthält, ist mit einem Driften des Nullpegels im Wiedergabesignal zu rechnen. Dies ist mit besonderen Maßnahmen bei der Signalregenerierung verbunden (d.c.-restorer), insbesondere zur Aufrechterhaltung einer geringen Fehlrate.

Aufgrund des hohen Anteils an störender Amplitudenmodulation und Nichtlinearitäten wird auch bei relativ hohem Signal-Rausch-Abstand die Mehrpegelkodierung nicht praktiziert [2.1]. Aber selbst für die Belange der Binärkodierung ist es erforderlich, die physikalischen Ursachen für die störende Amplitudenmodulation und andere Störerscheinungen zu erforschen und sie auf ein Minimum zu reduzieren.

Die Entzerrbarkeit des Kanals ist um so besser, je konstanter die Parameter des Band-Kopf-Systems sind und je höher der Signal-Rausch-Abstand des Wiedergabesignals ist. Beides ist in der Magnetbandspeichertechnik, besonders durch die instabilen mechanischen Kontaktverhältnisse zwischen Band und Kopf und die unvermeidlichen Oberflächenrauhigkeiten, nur höchst unvollkommen erfüllt. Die Anfälligkeit des Kodes gegenüber diesen nichtentzerrbaren Kanaleigenschaften ist deshalb ein wichtiges Auswahlkriterium.

2.2. Kodeparameter

Da wir die Betrachtungen auf Binärkodierung beschränken wollen, ist die zu speichernde Information eine Folge der Symbole 0 und 1 des Binäralphabets. Diese *Datenbits* sollen nun in geeigneter Weise in *Kanalbits* umgewandelt werden, wobei in der Regel die 1 als Flußwechsel und die 0 ohne Flußwechsel auf dem Band gekennzeichnet sind (NRZI).

Werden m Datenbits der Länge T_{bit} in n Kanalbits der Länge $T_w = (m/n)\,T_{bit}$ umkodiert, so ist $T'_w = m/n$ die *Koderate*. Die geringste Anzahl von aufeinanderfolgenden Nul-

Tafel 2.1. Kodeparameter

Verfahren	Daten-bits m	Kanal-bits n	min. „0"-Anzahl d	max. „0"-Anzahl K	Koderate, Entsch. Fenst. $\dfrac{m}{n} = T'_w$	Dichteverh. [bit/Flw] $\sim \varrho$ $\approx 1/2B$ $\dfrac{m}{n}(d+1) = T'_{min}$	Lauflänge $\sim T'_P \sim \delta'$ $\dfrac{m}{n}(k+1) = T'_{max}$	$\sim D_{max}$ $T'_w T'_{min}$
NRZI	1	1	0	∞	1	1	∞	1
PE	1	2	0	1	0,5	0,5	1	0,25
DM	1	2	1	3	0,5	1	2	0,5
IDM	1	2	1	4	0,5	1	2,5	0,5
ZM3/4	3	8	1	3	0,375	0,75	1,5	0,28
M²	1	2	1	5	0,5	1	3	0,5
GCR4/5	4	5	0	2	0,8	0,8	2,4	0,64
GCR5/6	5	6	0	3	0,83	0,83	3,3	0,7
GCR6/8	6	8	0	4	0,75	0,75	3,75	0,56
GCR8/10	8	10	0	5	0,8	0,8	4,8	0,64
EFM	8	17	2	10	0,471	1,41	5,18	0,67
3PM	3	6	2	11	0,5	1,5	6	0,75
F9/10	9	10	0	3	0,9	0,9	3,6	0,81
Gabor2/3	2	3	0	1	0,667	0,667	1,33	0,44
HM2/3	2	3	1	6	0,667	1,33	4,7	0,88
HM3/5	3	5	1	4	0,6	1,2	3	0,72
ENRZ7/8	7	8	0	7	0,875	0,875	7	0,77
QP	2	4	0	3	1	0,5	2	0,5
R-NRZ	1	1	0	5	1	1	6	1
HDM-1	1	2	2	8	0,5	1,5	4,5	0,75
HDM-2	1	2	2	7	0,5	1,5	4	0,75
HDM-3	4	12	5	24	0,33	2	8,33	0,67

len zwischen Einsen ist d, die größtmögliche Anzahl ist k. Dementsprechend wird ein Kode durch die Notation (m, n, d, k) in seinen wesentlichen Eigenschaften beschrieben. Die Koderate liegt bei den heute gebräuchlichsten Kodes zwischen 0,5 und 1. Tafel 2.1 zeigt die Kodeparameter für eine breite Auswahl der im Abschnitt 2.3. näher erläuterten Kodierungs- und Modulationsverfahren.

Je niedriger die Koderate, desto kleiner ist das potentielle *Entscheidungsfenster* $T_w = (m/n)\,T_{bit}$ und desto höherfrequent ist der benötigte Takt.

Am wenigsten empfindlich gegenüber allen Formen des hochfrequenten Phasenjitters, verursacht durch Rauschen, Peakshift und örtliche Parameterschwankungen (Bit-zu-Bit-Impulsschwankungen), wie auch gegenüber der statischen und dynamischen Phasenablage zwischen Signal und Takt des Bitsynchronisators sind Kodes mit hoher Koderate. Mit dieser Zielrichtung wurden in letzter Zeit die Verfahren QP und RNRZ entwickelt.

Der kleinste Abstand zwischen den Übergängen in NRZI-Darstellung des Kodes (Übergang bei Eins, kein Übergang bei Null) ist gleich $(d + 1)$ Kanalbitlängen oder $T'_{min} = m/n\,(d + 1)$ Datenbitlängen. Kodes mit großem T'_{min} erfordern eine geringere *Kanalbandbreite*:

$$B \approx \frac{1}{2T'_{min}T_{bit}} = \frac{1}{2T_{min}}.$$

Der auf die Datenbitlänge T_{bit} normierte Wert T'_{min} wird auch als *Dichteverhältnis* eines Kodes (in bit je Flußwechsel) bezeichnet. Bei den bekanntesten Kodes liegt dieser Wert

$\sim \dfrac{1}{T'_p}$ $\sim \dfrac{d+1}{k+1}$ $= \dfrac{T'_{min}}{T'_{max}}$	$\sim D_{mini} \sim$ $\dfrac{m}{n}\dfrac{d+1}{k+1}$ $= T'_w$ $\times \dfrac{T'_{min}}{T'_{max}}$	Gleichspannungsanteil $d.s.v.$	d_c	$\sim$ Abtastspannung $\sin\dfrac{\pi}{2}\dfrac{T'_w}{T'_{min}}$ a_c	$a_c - d_c$ [dB]	Fehlerfortpflanzung F	Speicherplatzbedarf N_D	Speicherdichte $3000\,T'_w T'_{min}$ $= D_{max}$ [bit/mm]	Lit.
0	0	∞	1	1	$-\infty$	1	0	—	[2.2]
0,5	0,25	1	0	1	0	1	0	750	[2.3]
0,5	0,25	∞	0,33	0,7	$-8,7$	2	2	1500	[2.4]
0,4	0,2	∞	0,4	0,7	-10	2	2	1500	[2.32]
0,5	0,19	1,5	0	0,7	-3	6	3	800	[2 5]
0,33	0,17	1,5	0	0,7	-3	2	3	1500	[2.6]
0,33	0,27	∞	0,4	1	$-4,4$	4	4	1900	[2.7]
0,25	0,21	∞	0,5	1	-6	5	6	2100	[2.13]
0,2	0,15	∞	0,57	1	$-7,3$	6	8	1700	[2.12]
0,167	0,13	5	0	1	0	8	10	1900	[2.30]
0,27	0,13	5	0	0,5	-6	8	16	2000	[2.31]
0,25	0,125	∞	0,5	0,5	$-\infty$	3	7	2250	[2.10]
0,25	0,225	∞	0,6	1	-8	10	12	2400	[2.14]
0,5	0,33	∞	0,3	1	-3	4	3	1300	[2.15]
0,29	0,19	∞	0,55	0,7	-16	18	15	2600	[2.17]
0,4	0,24	∞	0,3	0,7	-8	9	10	2200	[2.17]
0,125	0,11	∞	0,75	1	-12	1	7	2300	[2.16]
0,25	0,25	1	0	0,5	-6	2	2	1500	[2.11]
0,167	0,167	∞	1	1	$-\infty$	3	11	3000	[2.18]
0,33	0,165	∞	0,5	0,5	$-\infty$	∞	4	2250	[2.32]
0,375	0,19	∞	0,4	0,5	-20	∞	4	2250	[2.33]
0,24	0,08	∞	0,6	0,26	$-\infty$	3	12	2000	[2.33]

zwischen 0,5 und 1. Neuere Vorschläge zielen auf Erhöhung des Dichteverhältnisses über die sogenannte *Nyquist*-Rate $T'_{min} = 1$ ab (3 PM, EFM, HDM).

Ein Maß für die erreichbare Maximalspeicherdichte eines Kodes ist das Produkt $T''_w T'_{min}$. Das beste Resultat erreicht der Kode RNRZ und HM2/3. Dieses Resultat ist auch mit den genaueren Abschätzungen von *Huber* in [2.8] unter Annahme eines quasioptimalen Korrelationsempfängers und von *Fisher* und *Newman* in [2.28] unter Verwendung einer verbesserten Phase-lock-Technik mit Spitzenfindung in Übereinstimmung. Zu beachten ist, daß die Abschätzungen gewisse idealisierte Gleichlaufbedingungen, wie sie bei Plattenspeichern vorliegen, voraussetzen und deshalb die Maximalspeicherdichten nur bei Bandspeichern mit anspruchsvollen Laufwerken erreicht werden.

Für den zuverlässigen Einsatz konventioneller mobiler Kleinstspeicher unter harten Umweltbedingungen ist dies nicht real. Hier muß insbesondere die Anfälligkeit verschiedener Kodes gegen Gleichlauffehler berücksichtigt werden. Denn je größer die maximale (übergangsfreie) *Lauflänge* $T'_{max} = m/n\,(k+1)$ eines Kodes, desto schlechter sind die Synchronisierungsmöglichkeiten.

Als Maß eines Kodes für die Unempfindlichkeit gegenüber *Peakshift* kann das Verhältnis $T'_{min}/T'_{max} = (d+1)/(k+1)$ dienen. Verbunden mit geringsten Gleichlaufansprüchen haben PE, DM, ZM und *Gabor*-Kode das aufwandmäßig günstigste Verhalten, das ungünstigste haben RNRZ, ENRZ und GCR 8/10.

Der komplexe Kennwert $(T'_{min}/T'_{max})\,T'_w$ berücksichtigt sowohl das Synchronverhalten als auch die Verkleinerung der „Augenöffnung" durch Peakshift. Die besten Werte haben der Gabor-Kode und der GCR 4/5, gefolgt von PE, DM und QP. Diese Kodes erreichen *Speicherdichten* $D_{mini} = 3000\,T'_w\,(T'_{min}/T'_{max})$ von 1000 ... 750 bit/mm mit minimalen Ansprüchen an das Laufwerk und die Elektronik. Schlechte Werte haben EFM, 3PM und ENRZ, d. h., diese Kodes können ihre hohen Maximalspeicherdichten nur mit sehr guten Laufwerken und relativ aufwendigen Entzerrerelektroniken erreichen.

Die *digitale Summenvariation (d.s.v.)* ist der Maximalwert des über eine Binärfolge mit den Pegeln ± 1 laufenden Flächenintegrals. Kann die *d.s.v* bis unendlich anwachsen, besitzt der Kode Gleichanteile; ist sie begrenzt, ist der Kode gleichspannungsfrei. Für jeden Kode kann auch der maximal mögliche Gleichanteil d_c (Nulliniendrift) abgeschätzt werden. Es gilt für die meisten Kodes mit unendlicher *d.s.v.*:

$$\frac{K - d - 1}{K + d + 1} \leqq d_c \leqq \frac{T_{max} - T_{min}}{T_{max} + T_{min}}$$

Dieser Wert ist für die gebräuchlichen Kodes in Tafel 2.1 eingetragen.

Der kodeabhängige *Signalabtastwert* a_c wird im Abschnitt 2.4.2.1. erläutert. $(a_c - d_c)$ entspricht der Verminderung der „Augenöffnung", wenn keine Entzerrungsmaßnahmen stattfinden.

Tritt in einem Datenstrom ein Einzelbitfehler auf, kann er sich mehr oder weniger weit über die nachfolgenden Bits fortpflanzen. Jeder Kode hat ein spezielles *Fehlerfortpflanzungsverhalten*, das in Tafel 2.1 unter Spalte F eingetragen ist.

Die Spalte N gibt an, wieviel *Speicherplätze* für die Dekodierung erforderlich sind.

Die Zahlen der Spalte D_{max} orientieren sich an praktisch erreichten Höchstwerten für Längsaufzeichnung und am Kodeparameter $T''_w T'_{min}$. Für lauflängenbegrenzte Kodes gilt erfahrungsgemäß etwa $D_{max}/(bit/mm) = 3000\,T''_w T'_{min}$, jeweils einen relativ hohen Aufwand im Empfangssystem vorausgesetzt. Die Werte können durch Spitzengeräte noch übertroffen werden.

2.3. Kodierungsverfahren

Die folgende Auswahl beschränkt sich auf Verfahren, die in der PCM-Speicherung erfahrungsgemäß vorteilhaft einsetzbar sind, so auf binäre und isochrone Signalfolgen mit einheitlichem Zeitraster und konstanter Intervallbreite zwischen den Elementarsignalen, die eine synchrone Übertragung gewährleisten. Die Art der Signale kann dabei unterschiedlich sein:

- PCM-quellenkodierte Basisbandsignale, bestehend aus breitbandigen Elementarimpulsen, in ihrer ursprünglichen Frequenzlage ohne Frequenzverschiebung durch Modulation;
- durch Modulation eines periodischen Trägers mit dem Basisbandsignal entstehende Signalverläufe, die aufgrund ihres diskreten Charakters auch Kodefolgen sind und durch Kodeparameter beschreibbar sind. Die Dekodierung erfolgt hier speziell mit einem Demodulator.
- durch logische oder tabellarische Kodierungsvorschriften gebildete Signale. Die Anwendung der inversen Vorschrift führt zur Dekodierung.

Aufgrund der geringen Bedeutung für die PCM-Speichertechnik werden Verfahren der binären und mehrstufigen Frequenzmodulation nicht behandelt.

2.3.1. Basisbandsignale mit und ohne Lauflängenbegrenzung

2.3.1.1. NRZ

Die im Bild 2.1 dargestellten beiden Kodevarianten NRZ-L und NRZ-M (auch NRZI genannt) haben gleichen Bandbreitebedarf. Dies geht aus der Gleichheit der Autokorrelationsfunktion hervor, aus der sich die spektrale Leistungsdichte einer Randomfolge des Signals berechnen läßt (s. Abschn. 2.4.).

Die beiden Kodes haben auch gleiches Zeitfehlerverhalten: Bei einer kontinuierlichen Eins-Folge bzw. Null-Folge fehlen jegliche zwischenzeitlichen Übergänge, die die Bitzahl ermitteln ließen. Treffen die benachbarten Signalwechsel mit einer Ungenauigkeit von mehr als $T_w/2 = \frac{1}{2}$ bit gegenüber dem regenerierten Takt ein, werden Daten fälschlicherweise eingefügt oder weggelassen (Synchronfehler).

Unterschiedlich ist das Verhalten gegen Einzelbitfehler: Im NRZ-L-Kode werden alle folgenden Daten bis zum nächsten Signalimpuls invertiert ($F \rightarrow \infty$); NRZ-M beschränkt den Fehler dagegen auf das fehlerhafte Einzelbit ($F = 1$) und ist damit dem NRZ-L-Kode eindeutig überlegen.

Die NRZ-Kodes führen aufgrund der

- Erfordernis der Gleichspannungsübertragung (d.s.v. $\rightarrow \infty$, $d_c = 1$),
- Empfindlichkeit gegen Zeitfehler ($T'_{max} \rightarrow \infty$)

ohne Maßnahmen zur Lauflängenbegrenzung zu einer Fehlanpassung an den Speicherkanal. Deshalb ist die lineare Speicherdichte für NRZ-M bei einer Fehlerrate von 10^{-6} auf rund 200 bit/mm begrenzt; in der Rechentechnik werden nur 32 bit/mm angewendet.

2.3.1.2. Enhanced-NRZ (ENRZ)

Der erwähnten Möglichkeit der Lauflängenbegrenzung von NRZ-Signalen trägt das Verfahren *ENRZ* (Enhanced-NRZ) Rechnung.

Das Bildungsgesetz ist das gleiche wie bei NRZ-L, jedoch wird jeweils nach dem 7.Datenbit das Komplement dieses 7.Datenbits zugefügt. Dadurch wird spätestens nach 7 Bitperioden, also $T'_{max} = 7$, eine Pegeländerung erzwungen. Nur bei Laufwerken mit sehr gutem Gleichlauf kann mit solch großen Lauflängen gearbeitet werden, ohne daß

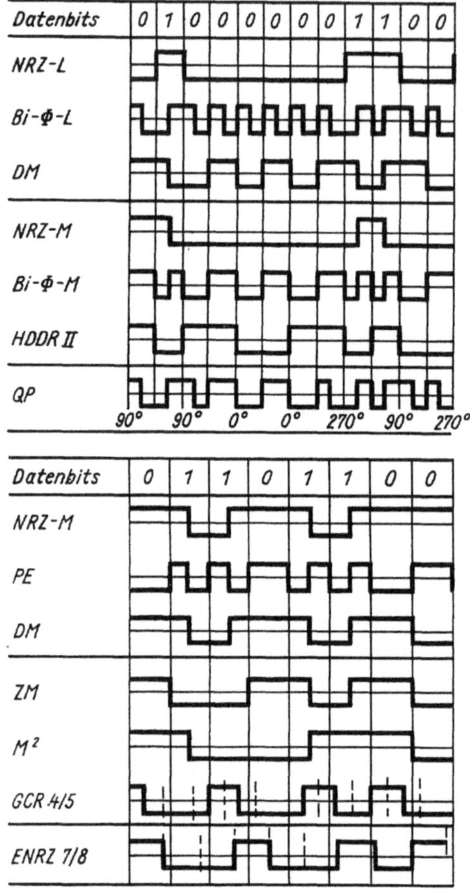

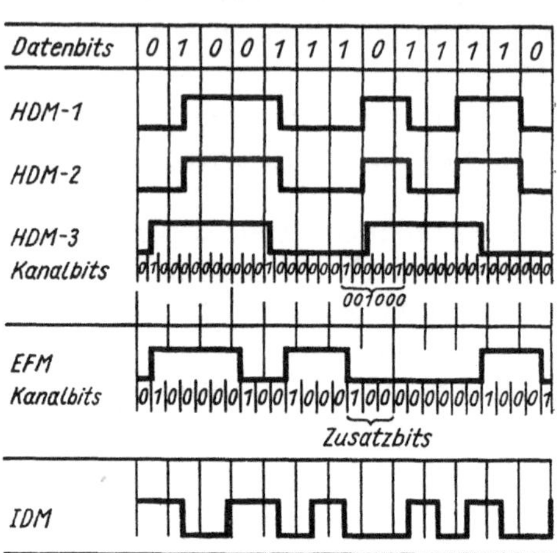

Bild 2.1. PCM-Aufzeichnungskodierung anhand von Beispielen

Synchronfehler auftreten. Unter dieser Bedingung werden mit ENRZ Speicherdichten von über 1300 bit/mm erreicht. Ein Grund dafür ist, daß mit $T'_{min} = \frac{7}{8}$ und $T'_{w} = \frac{7}{8}$ der Impulsabstand und dessen Toleranz relativ groß zum Bitabstand gehalten werden können. Die Signalregenerierung erweist sich bei diesen hohen Speicherdichten als kompliziert, da die Gleichkomponente d_c im Worst-case $\frac{3}{4}$ der Signalhöhe betragen kann. Das kann einen zeitweiligen Verlust an Signal-Rausch-Abstand bis 12 dB bedeuten (s. Spalte $a_c - d_c$ in Tafel 2.1).

Für Laufwerke ohne extrem aufwendigen Gleichlauf und auch hinsichtlich der Gleichkomponente sind Kodierungsverfahren mit geringeren Lauflängen T'_{max} günstiger. Weitere Modifikationen von NRZ-L sind in [2.2] angegeben und diskutiert.

2.3.2.   Binäre Phasenmodulation und Ableitungen

2.3.2.1.   Phase-Encoding (PE)

Mit binärer Phasenmodulation von NRZ-L bzw. NRZ-M gelangt man zu Bi-∅-L (auch
PE = Phase-Encoding) bzw. Bi-∅-M (auch Biphase, HDDR, Split-Mark), also zu den
Vertretern der unter dem Namen „Manchester Code" bekannten selbsttaktenden und
gleichspannungsfreien Schriftarten. Dieser Vorteil wird gegenüber NRZ und dessen lauflängenbegrenzten Abarten durch größeren Bandbreitebedarf erkauft, wie aus dem Vergleich von T'_{min} oder $g(\omega)$ nach Bild 2.4 deutlich wird. Es können nur $T'_{min} = 0,5$ bit/Flw
gespeichert werden. Die linearen Speicherdichten dieser Schriftart erreichen bei Fehlerraten von 10^{-6} die Größenordnung von 750 bit/mm; in Rechnerspeichern 64 bit/mm.

2.3.2.2.   Miller-Kode (DM)

Zur gewünschten Bandbreiteersparnis und Erhöhung des Signal-Rausch-Verhältnisses
gelangt man, indem von Bi-∅-L bzw. Bi-∅-M nur jeder 2. Signalwechsel übernommen
wird. Die daraus entstehenden – ebenfalls selbsttaktenden – Kodes heißen *DM* (Delay-
Modulation, auch *Miller*-Kode oder MFM-Modified Frequency Modulation genannt)
bzw. HDDRII (High Density Digital Recording). Die Kodierungsregel bei DM lautet:
Signalsprung bei Eins in Bitmitte, Signalsprung zwischen benachbarten Nullen, entsprechend Bild 2.1.

Damit wird wieder ein Dichteverhältnis $T'_{min} = 1$ bit/Flw wie bei NRZ erreicht. Demgegenüber erfordert DM aufgrund des halbierten Zeitfensters T'_w eine bessere Impuls-
formkonstanz der sich überlagernden benachbarten Flußwechsel. Weiterhin verlangt DM
eine etwas komplexere Kodierelektronik, die doppelte Taktfrequenz für die Dekodierung
und eine 101-Präambel zur Phasendefinition. Der maximale Gleichanteil d_c ist $\frac{1}{3}$ der Einheitsamplitude; das Amplitudenfenster wird also bis zu 3,5 dB verkleinert. Dazu kommt
eine weitere Verkleinerung um etwa 3 dB, da das Signal an den Abtastpunkten (bei $\frac{1}{4}$ und
$\frac{3}{4}$ des Bitraumes) nicht die Maximalamplitude, sondern $a_c = 0,7$ hat; vgl. Tafel 2.1.

Der DM-Kode erfreut sich einer weitgefächerten Anwendung von den Plattenspeichern
bis zu den hochdichten Longitudinal-Speichern. Lineare Speicherdichten bis 1500 bit/mm
bei Fehlerraten um $5 \cdot 10^{-6}$ dürften realistisch sein. Damit kann aber der *Miller*-Kode
den höheren Speicherdichteanforderungen der digitalen Bild- und Tonspeicherung nicht
gerecht werden. Notwendig sind Kodes mit $T'_w T'_{min} \geq 0,75$.

Für die Applikation bei der Digitalschallplatte Mini Disc ist ein leicht modifizierter
Kode, genannt IDM (Identified Delay Modulation) vorgeschlagen worden. Dessen
Struktur ist aus Bild 2.1 zu erkennen [1.52].

2.3.2.3.   Modifizierter *Miller*-Kode (M^2FM)

Wird bei DM jede zweite der zwischen den Nullen liegenden Taktflanken weggelassen,
ergibt sich die M^2FM (Modified MFM). Dadurch wird ein geringerer Versatz der Taktflanken erreicht, der allerdings ohnehin wenig kritisch ist. Am Zeitversatz kritischer
Muster ändert sich nichts; eher vergrößert sich die Zeitfehlerempfindlichkeit. Der Gleichanteil wird nicht behoben.

2.3.3.   Mehrpositionsmodulation

2.3.3.1.   Jacoby-Kode (3PM)

In einem weiteren lauflängenbegrenzten Kode, genannt *3PM* (3-Positions-Modulation),
wird eine Gruppe von 3 Datenbits in 6 Kanalbits (2 Kodewörter mit je 3 möglichen
1-Positionen) konvertiert. Die Einsen werden durch Übergänge dargestellt (NRZ-M).
Die Kanalbits sind, wie in allen zu besprechenden Verfahren, äquidistant aneinanderge-
reiht. Zwischen zwei aufeinanderfolgenden Einsen liegen mindestens zwei Nullen, so daß
sich eine Minimaldistanz $(d + 1) = 3$ und ein $T_{\min} = \frac{3}{2}T$ ergibt. Kommen sich bei der
Aneinanderreihung von Kodewörtern zwei Übergänge näher als 3 Bitabstände, werden
sie durch einen Übergang auf Position 6 ($P6$ in Tafel 2.2) ersetzt, die zu diesem Zweck
reserviert ist.

	Kanalbit-Positionen					
Datenbits	P1	P2	P3	P4	P5	P6
0 0 0	0	0	0	0	1	0
0 0 1	0	0	0	1	0	0
0 1 0	0	1	0	0	0	0
0 1 1	0	1	0	0	1	0
1 0 0	0	0	1	0	0	0
1 0 1	1	0	0	0	0	0
1 1 0	1	0	0	0	1	0
1 1 1	1	0	0	1	0	0

Tafel 2.2
Kodeformat der 3-Positions-Modulation
(3PM) nach [2.10]

Wie aus Tafel 2.1 hervorgeht, sind Koderate bzw. Entscheidungsfenster die gleichen
wie in DM, aber das Dichteverhältnis (Datenbits je Flußwechsel) ist aufgrund von $T'_{\min}$
gleich 1,5 bit/Flw. Der Bandbreitebedarf dieses Kodes $B \approx 1/2T_{\min}$ ist um $\frac{2}{3}$ geringer als
bei Biphase und um $\frac{1}{6}$ geringer als bei DM und M². Bei Bandspeichern ist eine ähnlich

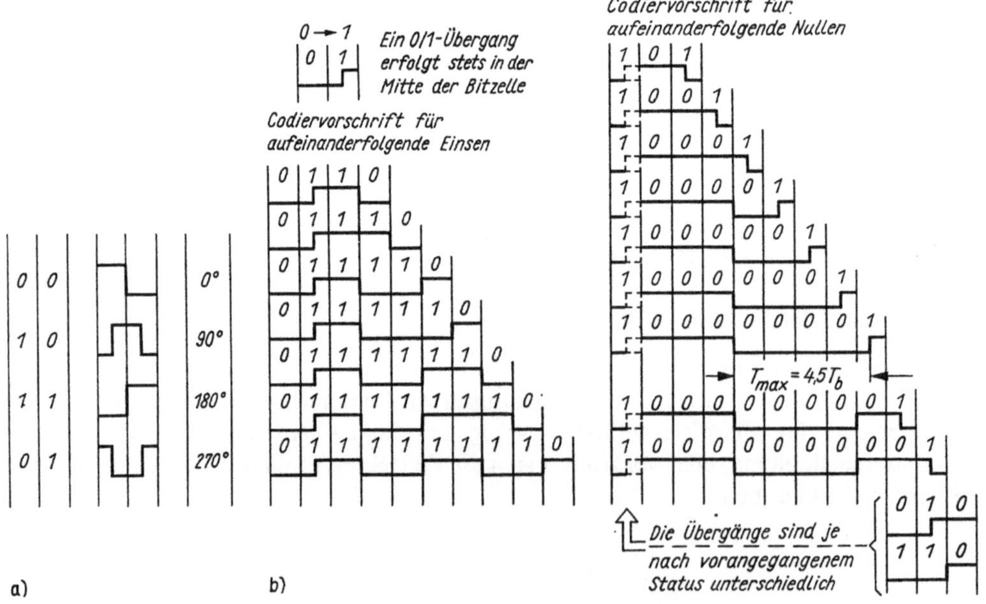

Bild 2.2. Kodiervorschrift für a) QP-Kodierung nach [2.11]; *b) HDM-1 nach* [1.66]

aufwendige Synchronisationstechnik wie bei ENRZ erforderlich. Dagegen kann das Dichteverhältnis bei den mit sehr hoher Gleichlaufstabilität arbeitenden Plattenspeichern, einschließlich der PCM-Audio-Plattenspeicher, voll ausgenutzt werden [2.19]. Bei der CD-Digitalschallplatte wurde allerdings dem gleichspannungsfreien EFM-Kode der Vorzug gegeben. Bei den Digitaltonbandmaschinen wurde der 3PM-Kode durch den Kode HDM-1 verdrängt, der eine kürzere Lauflänge T'_{max} aufweist.

Eine adaptive Variante des 3PM-Kodes realisiert $k = 7$ und erreicht damit ebenfalls ein besseres Peakshift- und Synchronverhalten [2.29].

2.3.3.2. Quadra-Phase (QP)

Ein neuerer Digitalspeicherkode QP (Quadra-Phase) entsteht durch 4-Phasen-Modulation. Er überträgt 2 Datenbits mit einem in 4 Phasenlagen auftretenden Symbol, wie im Bild 2.2a zu sehen ist. Die Analogie zur Bi-Phase-Modulation (PE), hier angewandt auf eine Datengruppe von 2 bit, ist offensichtlich. QP hat dementsprechend auch etwa den gleichen Bandbreitebedarf wie PE, ebenfalls ohne einen Gleichanteil zu benötigen.

Bei der Demodulation wird mit Hilfe eines aufwendigen Phasenkorrelators die Phasenlage in Symbolmitte, d.h. alle 2 bit ermittelt (Bild 2.1). Dies macht eine Dreipegelentscheidung notwendig. Das Zeitfenster T'_w ist wie bei NRZ und RNRZ gleich 1. Das Amplitudenfenster a_c beträgt nach Tafel 2.1 – wie auch bei 3PM – nur 0,5. Praktische Erfahrungen mit diesem Kode liegen noch nicht vor.

2.3.4. Zero-Modulation

2.3.4.1. ZM

Die Beseitigung des Gleichanteils bei sonst gleichen Kodeparametern wie DM ist mit der ZM (Zero-Modulation) gelungen.

Es werden jedem Datenbit 2 Kanalbits zugeordnet. Die Belegung erfolgt unter Berücksichtigung der vorhergehenden und der nachfolgenden Daten; es handelt sich um eine adaptive Kodierung. Sind d_{-1}, d_0, d_{+1} drei aufeinanderfolgende Daten, so berechnen sich die Inhalte a_0, b_0 der ZM-Halbzellen zu

$$a_0 = \bar{d}_0 d_1 + d_0 d_{-1} \overline{P(A)} \, \overline{P(B)} + d_{-1} d_{-1} \bar{b}_{-1},$$

$$b_0 = d_0 P(A) \, \bar{d}_{-1} + \overline{P(B)} + b_{-1}.$$

Die 1-Vorwärts-Parität $P(A)$ wird durch Zählung der folgenden Einsen bis zur nächsten Null oder bis zur Wortgrenze gewonnen. Die 0-Rückwärts-Parität $P(B)$ wird durch Zählung der vorhergehenden Nullen bis zur Wortgrenze generiert. An den Wortgrenzen erzwingt ein Hilfsbit $P(B) = 0$.

Die Kodierungsvorschrift läßt sich wie folgt erklären und veranschaulichen:

Unter DM-Kodierungsregeln ist eine Sequenz von (geradzahlig) viel Einsen zwischen Nullen 011 ... 110 mit einer $d.s.v. \neq 0$ behaftet und kann in Verbindung mit anderen Sequenzen zur $d.s.v. \rightarrow \infty$ führen. Deshalb werden in solchen Sequenzen die Einsen wie Nullen kodiert, jedoch jede zweite Taktflanke weggelassen. Durch dieses Weglassen jeder zweiten Taktflanke bleibt das Muster eindeutig dekodierbar. Zu beachten ist, daß die letzte Null der betrachteten Sequenz nicht in die folgende Sequenz einbezogen werden darf; vgl. Beispiel im Bild 2.1. Auf diese Weise haben alle Sequenzen $d.s.v = 0$, und die Wörter werden gleichspannungsfrei kodiert. Die Wörter müssen für die komplette Umkodierung der Sequenz 011 ... 110 in Registern zur Verfügung stehen. Damit wächst der

Elektronikaufwand bei zunehmender Wortlänge. In Tafel 2.1 wurde aus Gründen der Aufwandsvergleichbarkeit eine Wortlänge von 3 bit gewählt.

Die Dekodierung geht nach der Beziehung

$$d_0 = b_0 + a_0 d_{+1} \bar{b}_{+1} + a_0 a_1 \bar{b}_1 .$$

Die Kodierungsvorschrift führt auf den gleichen minimalen Flußwechselabstand $T'_{\min}$, die gleiche Fensterbreite T'_w und die gleiche maximale Lauflänge $T'_{\max}$ wie bei DM. Aufgrund der Gleichspannungsfreiheit des Kodes wird mit einer Halbierung der Fehlerwahrscheinlichkeit gegenüber DM gerechnet. Für die Applikation ist prinzipiell die Notwendigkeit gleichspannungsfreier Kodes gegenüber den Möglichkeiten des Ausschaltens des Gleichspannungseinflusses durch d.c.-restorer (Restfehler $<1\,$dB) oder d.c.-unempfindliche Biterkennung abzuschätzen.

2.3.4.2. M^2

Eine andere gleichspannungsfreie Modifikation des *Miller*-Kodes ist die M^2-Kodierung. Der Vorteil gegenüber ZM ist, daß nur eine Registerlänge von 3 bit benötigt wird. Es werden diejenigen Folgen, die im *Miller*-Kode eine von Null verschiedene *d.s.v.* haben (gerade Anzahl von Einsen zwischen Nullen), dadurch zur *d.s.v.* $= 0$ umgewandelt, daß die letzte Eins vor der Null nicht kodiert wird. Im Gegensatz zu ZM muß die letzte Null bei der nächsten zu untersuchenden Sequenz mitgerechnet werden (Bild 2.1).

Die möglichen Flußwechselabstände sind wie bei DM und ZM 1; $1\frac{1}{2}$ und 2 Bitlängen, dazu aber auch $2\frac{1}{2}$ und 3 Bitlängen. Das verschlechtert das Synchron- und Peakshift-Verhalten. Der M^2-Kode wird u.U. dem *Miller*-Kode vorgezogen, weil wegen des Wegfalls der Nulliniendrift der 3,5-dB-Vorteil im Worst-case-Signal-Rausch-Verhältnis bei hohen Speicherdichten ausgenutzt werden kann. Er wird dem ZM-Kode vorgezogen, weil er unabhängig von der Wortlänge nur ein 3-bit-Schieberegister benötigt. Gegebenenfalls ist unter Beachtung des realen Speicherkanals das verschlechterte Synchron- und Peakshiftverhalten des M^2-Kodes gegenüber dem Problem der Wortlänge bei ZM abzuwägen.

2.3.5.   Gruppenkodierung

2.3.5.1.   GCR 4/5

Weite Verbreitung hat die Gruppenkodierung *GCR 4/5* (Group Coded Recording) gefunden. Hierbei wird jeder 4-bit-Wortgruppe tabellarisch ein 5-bit-Wort zugeordnet; s. Bild 2.1 und Tafel 2.3. Von dem Gesamtvorrat von 2^5 Wörtern werden 2^4 Kombinationen so ausgewählt, daß im Bitstrom, der im NRZ-M kodiert ist, nicht mehr als zwei

Tafel 2.3. Kodeformat der Gruppenkodierung GCR4/5, digitale Summenvarianten d.s.v. nach [2.6]

Datenbits	Kanalbits	*d.s.v.*	Datenbits	Kanalbits	*d.s.v.*
0 0 0 0	1 1 0 0 1	-2	1 0 0 0	1 1 0 1 0	0
0 0 0 1	1 1 0 1 1	-1	1 0 0 1	0 1 0 0 1	$+1$
0 0 1 0	1 0 0 1 0	$+1$	1 0 1 0	0 1 0 1 0	-1
0 0 1 1	1 0 0 1 1	$+2$	1 0 1 1	0 1 0 1 1	0
0 1 0 0	1 1 1 0 1	$+1$	1 1 0 0	1 1 1 1 0	-1
0 1 0 1	1 0 1 0 1	0	1 1 0 1	0 1 1 0 1	-2
0 1 1 0	1 0 1 1 0	$+2$	1 1 1 0	0 1 1 1 0	0
0 1 1 1	1 0 1 1 1	$+1$	1 1 1 1	0 1 1 1 1	-1

benachbarte Bits Nullen enthalten. Die *d.s.v.* eines einzelnen Kodewortes ist nicht größer als ± 2. In der Aneinanderreihung übersteigt sie jedoch u. U. alle Grenzen. Der maximale Gleichspannungsanteil wurde zu $\frac{2}{3}$ der Einheitsamplitude ermittelt. Die größte Lauflänge T'_{max} wird 3; der kleinste Flußwechselabstand T'_{min} ist nur 7,5 % kleiner als bei ENRZ. Auch das Lesefenster T'_w ist nur etwas schmaler. Für GCR 4/5 wurde die halbe Fehlerrate gegenüber DM eingeschätzt [2.6]. In der Rechnerspeicherung werden nach dem GCR-4/5-Standard 256 bit/mm realisiert.

2.3.5.2.   GCR *m/n*

Günstiger wird die Relation von Wortvorrat zu benötigter Wortmenge bei (m/n)-Verhältnissen von (4/6), (5/6), (6/7), (6/8), (7/8), (8/9), (8/10), (4/12), (8/16), (16/20) usw. Dies kann zur Verbesserung verschiedener Kodeeigenschaften benutzt werden, wie z. B.

- Einschränkung der Anzahl der durch Nullen isolierten Einserpaare, die den worst-case bezüglich Peakshift darstellen [2.6];
- Verringerung oder Beseitigung des Gleichanteils (d_c) durch „low-disparity" oder „zero-disparity", d.h. die Ausgeglichenheit des Auftretens von Nullen und Einsen über einen endlichen Zeitraum [2.12] [2.13] [2.30].

In der Digitalvideospeichertechnik ist der 8/10-Blockkode mehrfach erprobt worden. Die tabellarisch fixierten 10-bit-Kodewörter enthalten fünf Eisen und fünf Nullen. Das gute Tieffrequenz-, Fehlererkennungs- und Synchronverhalten wird mit 25 % Bandbreiteerhöhung gegenüber NRZ erkauft.

Die Vorteile dieser mehr komplexen Gruppenkodes liegen neben der geringen Musterabhängigkeit in einer einfachen Möglichkeit der Fehlererkennung. Nachteilig ist der höhere Kodierungs- und Dekodierungsaufwand.

Mackintosh [2.2], der einige weitere Gruppenkodes beschreibt und deren Eigenschaften berechnet, kommt zu dem Schluß, daß alle Kodes innerhalb von $\pm 10 \%$ bezüglich maximal erreichbarer Speicherdichte gleichwertig sind. Dies würde den aufwandsmäßig einfachsten Kodes den Vorzug geben. Eine solche Aussage läßt sich praktisch auf alle Kodes (mit Ausnahme von PE) übertragen, wie Tafel 2.5 verdeutlicht. Zu beachten ist dabei, wie gesagt, der von Kode zu Kode u. U. recht beträchtliche Aufwandsunterschied.

2.3.6.   Adaptive Gruppenkodierung

2.3.6.1.   *Gabor*-Kode (G)

Das Beispiel eines adaptiven Gruppenkodes mit konstanter Wortlänge ist der *Gabor-Kode* (G 2/3) nach [2.15]. Es werden 2 Datenbits in 3 Kanalbits so umgewandelt, daß mindestens in jedem zweiten Kanalbit ein Wechsel erfolgt. Dies wird durch die Vorschrift nach Tafel 2.4 erreicht. Daraus lassen sich die Logikgleichungen für die Kodierung

$$P_1 = \overline{P}_{3p} + B_1 + \overline{B}_2 B_{1f}$$

$$P_2 = P_{3p}\overline{B}_1 + B_2$$

$$P_3 = \overline{P}_{3p} + B_1 B_2$$

und für die Dekodierung

$$B_1 = \overline{P}_{3p}P_{1p} + P_{2p}P_1 P_3$$

$$B_2 = P_2 P_3$$

angeben. Ein Vergleich in Tafel 2.1 zeigt, daß der *Gabor*-Kode bei erhöhtem Aufwand ein ähnlich gutes Synchronisiervermögen hat wie PE und in allen anderen Kodeparametern mit Ausnahme der *d.s.v.* und der Fehlerfortpflanzung bessere Werte aufweist. Seine Konkurrenzfähigkeit gegenüber GCR, PE, DM und ZM wird durch die speziellen Kanaleigenschaften der Speicher entschieden.

Tafel 2.4. Kodeformat des Gabor-Kodes nach [2.15]

Modes	Datenbits		Kanalbits			Bedingungen
	B_1	B_2	P_1	P_2	P_3	
1A	0	0	0	1	0	$P_{3p} = 1$
	0	1	0	1	1	und
	1	0	1	0	1	$B_{1f} = 0$, wenn $B_1 + B_2 = 0$
	1	1	1	1	1	
1B	0	0	1	1	0	$P_{3p} = 1$
	0	1	0	1	1	und
	1	0	1	0	1	$B_{1f} = 1$, wenn $B_1 + B_2 = 0$
	1	1	1	1	1	
2	0	0	1	0	1	$P_{3p} = 0$
	0	1	1	1	1	
	1	0	1	0	1	
	1	1	1	1	1	

mit den Bezeichnungen

Kodegruppe	Datenbits		Kanalbits		
vorhergehende	B_{1p}	B_{2p}	P_{1p}	P_{2p}	P_{3p}
betrachtete	B_1	B_2	P_1	P_2	P_3
nachfolgende	B_{1f}	B_{2f}	P_{1f}	P_{2f}	P_{3f}

2.3.6.2. *Franaczek*-Kode (F)

Kodevorschläge von *Franaczek* gehen vom Prinzip der adaptiven Gruppenkodierung mit variabler Wortlänge aus, um das Dichteverhältnis $T'_{min} > 1$ zu erreichen. Mit dem Kode F 1/4 nach [2.14] wurde der bisher größte Wert für T'_{min} von 2,25 bit/Flw erzielt, allerdings auf Kosten von T'_w ($= 0,25$).

Aufgrund dieser Unausgewogenheit der Kodeparameter kann keine überragende Maximalspeicherdichte ($3000\ T'_w T'_{min}$) resultieren. Besser ist der Kode F 9/10, der deshalb auch in Tafel 2.1 aufgenommen wurde. In einer neueren Arbeit wurde mit dem Kode F 2/3 ein Verfahren vorgeschlagen, das ähnlich günstige Kodeparameter wie der folgend erwähnte Kode HM 2/3 besitzt und darüber hinaus die Fehlerfortpflanzung auf $F = 6$ beschränkt [2.23].

2.3.6.3. *Horiguchi-Morita*-Kode (HM)

Die bisherigen Betrachtungen zeigen, daß alle Kodes mit extrem hohen Kodeparametern auch hohe Ansprüche an die technische Ausnutzung stellen. Das betrifft z.B. EFM, 3PM und ENRZ. Der Grund ist die mangelnde Ausgewogenheit zwischen den Kodeparametern T'_w, T'_{min} und T'_{max}. Nach dem Prinzip der Ausgewogenheit der Kodeparameter wurden von *Horiguchi und Morita* in [2.17] Vorschläge unterbreitet. Der Kode HM 2/3 läßt eine Maximalspeicherdichte erwarten, die noch über der von ENRZ liegt. Die Realisierbarkeit und Effektivität dieser Kodearten müssen unter Beachtung der konkreten Kanaleigenschaften der Speicher noch weiter untersucht werden, vgl. D_{max} in Tafel 2.1.

2.3.6.4. EFM-Kode

Bei der Aufzeichnungskodierung EFM (Eight-to-Fourteen-Modulation) wird zunächst jedes 8-bit-Symbol in ein 14-bit-Kanalsymbol gruppenkodiert. Für die $2^8 = 256$ möglichen Symbolgruppen existiert eine Zuordnungstabelle. Die Verminderung des Gleichanteils geschieht außerhalb dieser Umkodierung durch mindestens 2, besser 3 weitere Kanalbits je Symbol, die adaptiv große Lauflängen über die Symbolgrenzen hinaus verhindern; vgl. Bild 2.1. Die Kodierungsregel und das Energiedichtespektrum der EFM ähneln denen des 3PM-Kodes [2.31]. Wie bei diesem lassen sich die potentiell erreichbaren hohen Speicherdichten nur mit anspruchsvollen Band- und Plattenlaufwerken realisieren. Die erreichbaren Speicherdichten liegen um (25 ... 50)% höher als beim *Miller*-Kode.

2.3.6.5. HDM-Kode

Unter der Bezeichnung HDM (High-Density-Modulation) verbergen sich verschiedene Kodes (vgl. Bild 2.1). Wir wollen die Version *HDM-1* vorstellen, da sie von einer Reihe von Firmen für professionelle Digital-Tonaufzeichnungsmaschinen eingesetzt wird. Der „01"-Übergang wird stets durch einen Pegelsprung in Bitmitte der „1" gekennzeichnet. Die Lage aller anderen Pegelsprünge regelt sich adaptiv je nach den benachbarten Bits. Folgen auf einen solchen „01"-Übergang ein oder zwei weitere Einsen bis zu einer Null, so findet ein Pegelsprung an der Bitgrenze zur Null statt. Liegen noch mehr Einsen dazwischen, wird nach jeder zweiten Eins ein Sprung am Bitende plaziert. Gehen einer Null drei Einsen voraus, ist der Pegelsprung vor der Null (vgl. Bild 2.2b). Bei einer längeren Nullenfolge findet ein Pegelsprung erst zwischen der dritten und vierten Null statt, dann zwischen je vier weiteren Nullen. Dieser Kode gestattet gegenüber DM eine 50prozentige Speicherdichteerhöhung [1.52]; s. D_{max} in Tafel 2.1.

2.3.7. Randomized NRZ (RNRZ)

RNRZ erreicht mit anderen Mitteln als die bisher beschriebenen Kodes die gleichen Kodeeigenschaften, wie Spektralanpassung und geringe Musterabhängigkeit des Signals. Die Methode besteht praktisch in einer definierten diskreten, Pseudorauschmodulation des Datenstroms. Die Datenumwandlung läßt sich am besten am Logikschaltplan (Bild 2.3) erklären. Der obere Bildteil besteht aus einem Schieberegister (real z.B. 11 bit lang; [2.18]), in dessen Rückkopplungszweig sich zwei Exklusiv-Oder-Schaltkreise mit der Funktion $A + B = C$ befinden. Dies ist die bekannte Schaltung eines Pseudorandomdatengenerators. Die Besonderheit besteht darin, daß die Generierung des Datenstroms C von den Eingangsdaten A determiniert ist.

Die Schaltung im unteren Bildteil invertiert aufgrund der Beziehung $B + C = A$ die gespeicherten Daten C wieder in die Originaldaten A.

Die Anzahl der Übergänge kann dadurch erhöht werden, daß beim Inhalt „0" der Registerplätze ein zwischenzeitliches Rücksetzen auf „1" erfolgt. Die in Tafel 2.1 angegebenen Kodeparameter k und T'_{max} treten bei einer längeren „0"-Folge auf, wenn alle Schieberegisterplätze auf 1 gesetzt sind und wenn der 1.Schieberegisterabgriff, wie im Bild 2.3 gezeichnet, beim Speicherplatz m liegt. Größere Werte sind mit abnehmender Wahrscheinlichkeit möglich.

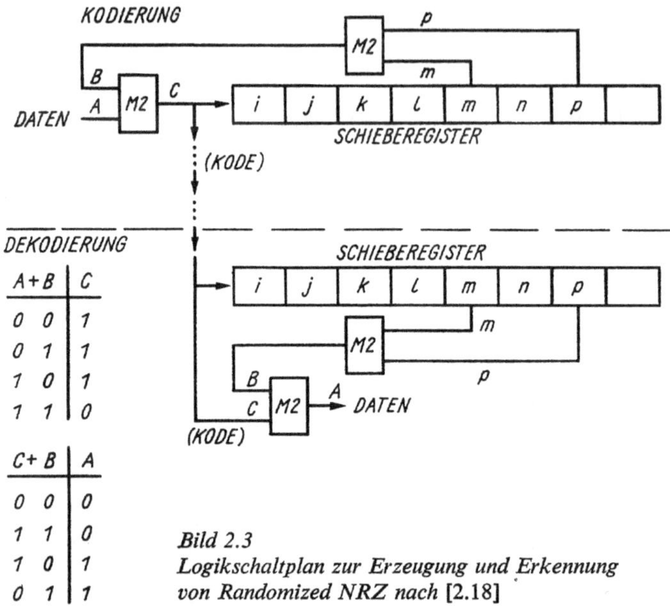

Bild 2.3
Logikschaltplan zur Erzeugung und Erkennung
von Randomized NRZ nach [2.18]

Ein Einzelbitfehler erzeugt $F = 3$ Fehlerbits, die hier nicht zusammenhängen, sondern entsprechend den Abgriffen am Schieberegister verteilt sind. Geräte, die mit R-NRZ seit Jahren zuverlässig arbeiten und für die digitale Bildspeicherung eingesetzt werden, ermöglichen gegenwärtig Speicherdichten bis 1600 bit/mm [2.18].

2.4   Nachrichtentechnische Charakterisierung der Kodes

2.4.1.   Leistungsdichtefunktion

Im Bild 2.4a sind die *Autokorrelationsfunktion* und die spektrale *Leistungsdichterverteilung* einer Random-Bitfolge für verschiedene Kodierungs- und Modulationsverfahren dargestellt. Die spektrale Leistungsdichte $g(\omega)$ steht mit der Autokorrelationsfunktion $r(\tau)$ gemäß

$$g(\omega) = \int_{-\infty}^{+\infty} r(\tau)\, e^{-j\omega\tau}\, d\tau \tag{2.1}$$

im Zusammenhang. $r(\tau)$ ist als Mittelwert des Produktes einer unendlichen Musterfolge $u(t)$ eines stochastischen Prozesses und der um τ verschobenen Folge $u(t + \tau)$ definiert:

$$r(\tau)\ \lim_{T \to \infty} \frac{1}{T} \int_{T} u(t)\, u(t + \tau)\, dt. \tag{2.2}$$

Die Berechnung von Binärfolgen erfolgt durch Aufspaltung des Integrals in Zeitintervalle der Länge T_{min} und unter Berücksichtigung der kodeabhängigen (bedingten oder unbedingten) Übergangswahrscheinlichkeiten zwischen den Elementar-Sendefunktionen der

Kodearten. Elementar-Sendefunktionen sind die im Kode zulässigen Kombinationen von n Kanalbits; s. z. B. [2.20] [2.4].

Unter Benutzung eines gut fundierten Satzes der Nachrichtentheorie führt die Anpassung der *Leistungsdichtefunktion* der Randomfolge eines Kanalkodes an die *Übertragungsfunktion* des Band-Kopf-Systems im Mittel zur Maximierung des Informationsflusses. „Im Mittel" bedeutet hier einschränkend, daß keine Worst-case-Betrachtungen zur Dynamik der Bitsynchronisation eingehen. Dagegen wäre die Betrachtung der Leistungsdichtefunktion von Worst-case-Datenmustern denkbar.

Aus der spektralen Leistungsdichte $g(\omega)$ des Kodes oder einer Worst-case-Kodefolge folgt eine mittlere Signalleistung von

$$P_0 = \frac{1}{2\pi} \int_{-\infty}^{+\infty} g(\omega)\, d\omega. \tag{2.3}$$

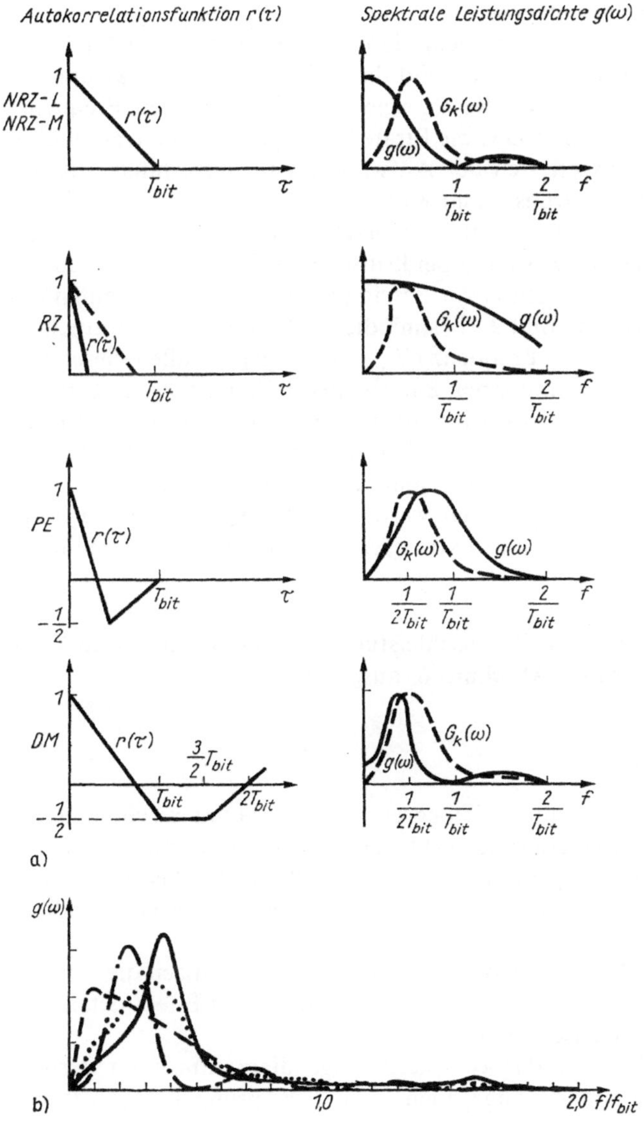

Bild 2.4
Spektrale Leistungsdichte $g(\omega)$

a) abgeleitet aus der Autokorrelationsfunktion $r(\tau)$ verschiedener Kodes im Vergleich mit der Übertragungsfunktion $G_K(\omega)$ eines Speicherkanals
b) verschiedener gleichanteilfreier Kodes
—— M^2-Modulation
------- (5/10)-Gruppenkode
······· (8/16)-Gruppenkode
—·—·— Partial-Response-Kode nach [6.54]

Die durch die Übertragungsfunktion des Kanals $G_k(\omega)$ verminderte Empfangsleistung ist

$$P_E = \frac{1}{2\pi} \int_{-\infty}^{+\infty} g(\omega) \, |G_k(\omega)|^2 \, d\omega. \tag{2.4}$$

Über die Definition einer relativen Geräuschleistung

$$\cdot \, V = \frac{P_0 - P_E}{P_0} \tag{2.5}$$

läßt sich für ideale Synchronisation eine Fehlerwahrscheinlichkeit bei normalverteilten Störungen näherungsweise zu

$$P \approx \frac{1}{2} \left[1 - \Phi \left(\frac{1}{\sqrt{2V}} \right) \right] \tag{2.6}$$

berechnen. Φ ist das Gaußsche Fehlerintegral.

Bild 2.4a verdeutlicht die Differenz zwischen dem Signalspektrum $g(\omega)$ und der Übertragungsfunktion $G(\omega)$ eines Speicherkanals. Während das Leistungsdichtespektrum von PE bei $\frac{3}{4}$ der Bitrate liegt, konzentriert sich die Energie von DM um einen Frequenzbereich bei $\frac{3}{8}$ der Bitrate. Deshalb kann mit DM die Birate bzw. Speicherdichte gegenüber PE erhöht werden. Besonders verringert sich der Aufwand an Entzerrerfiltern, da das DM-Spektrum gut dem Frequenzgang des Band-Kopf-Systems $G_k(\omega)$ – im Bild 2.4a gestrichelt – entspricht. Allerdings ist auch nicht zu übersehen, daß eine gewisse Signalenergie am Nullpunkt konzentriert ist. Dies kann bei kritischen Bitfolgen schon zu merklicher Nulliniendrift führen. Die Möglichkeiten zur Beseitigung dieses Gleichstromanteils sind im Abschnitt 2.3. aufgeführt. Im Bild 2.4b sind die spektralen Leistungsdichten solcher Kodierungen über der normierten Frequenz f/f_{bit} eingetragen. In allen diesen vier Beispielen wird die Gleichstromfreiheit mit einer Bandbreiteerhöhung von 25% gegenüber NRZ erkauft. Zur genaueren Charakterisierung und zum Vergleich der speichertechnischen Eignung der Kodes werden Kenntnisse über die Verteilung kritischer Muster und die Eigenschaften des Signalempfängers bzw. Demodulators erforderlich.

Es soll hier lediglich noch darauf hingewiesen werden, daß die Übertragungsfunktion $G_k(\omega)$ mit einer Entzerrerfunktion $G_E(\omega)$ so korrigiert werden kann, daß annähernd

$$G_k(\omega) \, G_E(\omega) \approx 1 \tag{2.7}$$

wird (inverse Entzerrung), um die relative Geräuschleistung (2.5) unabhängig vom Kode gering zu halten. Näheres wird dazu im Abschnitt 6. ausgeführt.

2.4.2. Augenmuster

Rauschen, Amplitudenstörungen und Bandbreitebegrenzung sowie dynamische und statische Phasenablagen bei der Taktregenerierung verkleinern den zur Informationswiedergewinnung erforderlichen Entscheidungsraum, die „Augenöffnung". Das sogenannte Augenmuster entsteht durch taktsynchrone Überlagerung einer wiedergegebenen Random-Bitfolge.

Am Beispiel der Kodierung DM (*Miller*-Kode) zeigt Bild 2.5 schematisch die Verkleinerung des Entscheidungsfensters zur Informationsrückgewinnung als Effekt deterministischer und stochastischer Kanaleigenschaften.

Im Bild 2.6 ist für DM und GCR 4/5 das komplette Augendiagramm unter Berücksichtigung aller Bitmusterkombinationen angegeben. Der Taktsprung bezeichnet den günstigsten Abtastzeitpunkt, der aber – wie eingangs erwähnt – nicht immer gefunden werden kann. Bild 2.6 illustriert, daß der DM-Kode und der gruppenkodierte NRZ-Kode etwa gleichgroße Amplitudenfenster V_e aufweisen können (im Gegensatz zum weitaus kleineren Amplitudenfenster bei PE-Kodierung). Die maximalen Zeitfenster T'_w unterscheiden sich jedoch um den Faktor 1,6, d.h., bei Erhöhung der Speicherdichte oder der Zeitfehler schließt sich das Auge bei DM schneller als bei GCR. Deshalb ist der Gruppenkode robuster gegenüber Störeinflüssen, bzw. er erlaubt bei etwa gleichem Aufwand höhere Speicherdichten.

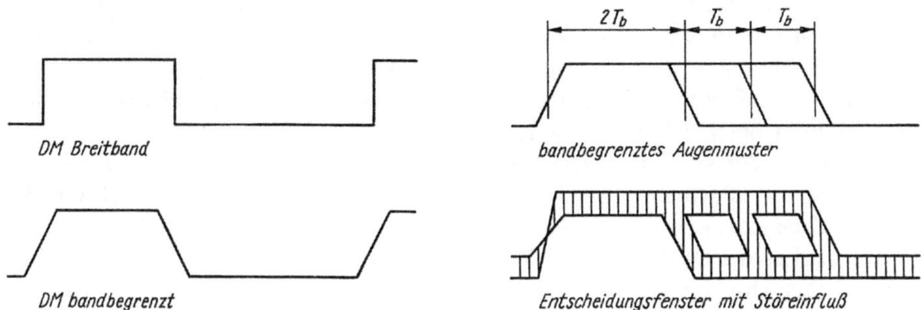

Bild 2.5. *Zur Entstehung des Augenmusters*

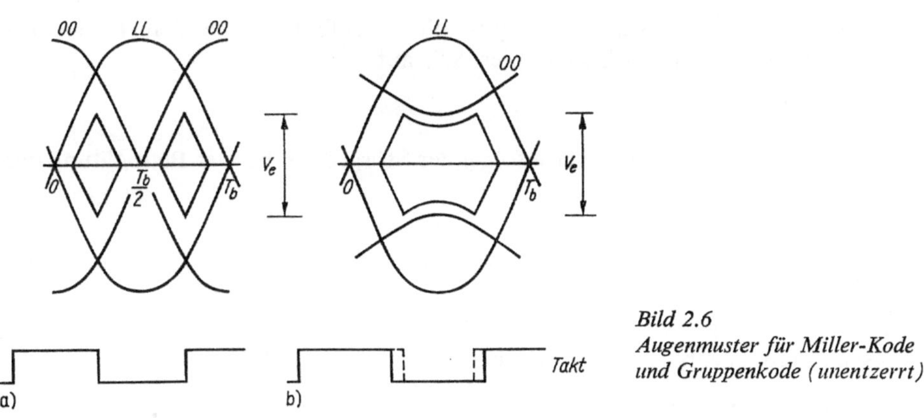

Bild 2.6
Augenmuster für Miller-Kode und Gruppenkode (unentzerrt)

2.4.2.1.　Amplitudenfenster

Aus Bild 2.6 ist zu erkennen, daß der Signalwert $V_e/2$ im Abtastzeitpunkt nicht unbedingt mit der Signalamplitude U_e übereinstimmt. Die Abtastsignalspannung $V_e/2$ beträgt bei einer ungestörten Sinushalbwelle der Länge T'_{min} zum *Sollabtastzeitpunkt* $t_a = \tfrac{1}{2}T_w$

$$\frac{V_e}{2} = U_e \sin \frac{\pi}{2} \frac{T'_w}{T'_{min}} \tag{2.8}$$

(bei idealer Entzerrung). Der kodeabhängige Parameter „maximaler Abtastwert"

$$a_c = \sin \frac{\pi}{2} \frac{T'_w}{T'_{min}} \tag{2.9}$$

ist daraus abgeleitet und in Tafel 2.1 angegeben.

Unter Einbeziehung des Worst-case-Gleichspannungsanteils d_c ist schließlich die *Abtastspannung* auf

$$\frac{V_e}{2} = U_e \, [a_c - d_c] \tag{2.10}$$

reduziert. Auch dieser Klammerausdruck wird in Tafel 2.1 als charakteristischer Kodeparameter angegeben.

Schon mehrfach wurde darauf hingewiesen, daß die Kodeparameter nur unter der Voraussetzung aufwandsmäßig gleicher Signalverarbeitung untereinander vergleichbar sind. In der Praxis wird man, wenn möglich und erforderlich, die ungünstigen Kodeeigenschaften durch erhöhten Aufwand korrigieren. So gesehen ist z.B. $[a_c - d_c]$ auch ein relatives Maß für den Aufwand an Entzerrerelektronik, um alle Kodes gleichwertig in der erreichbaren Maximalspeicherdichte zu machen.

Unter Einbeziehung der stochastischen Störungen kommt es zur weiteren Verminderung des Abtastwerts. Außerdem kann sich der optimale Abtastzeitpunkt je nach Größe der Rausch- und Jitterstörungen sowie der Signaldeformation von t_a unterscheiden.

Im Bild 2.6b ist dies durch die gestrichelten Abtastflanken angedeutet. Ausführliche Untersuchungen dazu sind im Abschnitt 2.2.2. ausgeführt worden.

2.4.2.2. Zeitfenster

Die horizontale, also zeitliche Augenöffnung ist ohne Zeitfehler gleich dem Kodeparameter T_w. Real ist sie durch diverse Zeitfehler ΔT_w auf

$$T_w - |\Delta T_w|$$

vermindert. Wir wollen die Maximalwerte folgender Störgrößen bei der Betrachtung der Zeitfenstereinengung einbeziehen:

$T_p \triangleq$ Worst-case-peakshift,
$T \approx T_n + T_{dc} \triangleq$ maximales Phasenjitter durch Rausch- und Gleichspannungsüberlagerung,
$\varphi \triangleq$ statische Phasenablage zwischen Abfragetakt und Signal,
$\delta \triangleq$ dynamische Frequenzabweichung zwischen Abfragetakt und Signal.

Damit ergibt sich im Worst-case

$$\Delta T_w = T_p + T + \varphi + \delta \, .$$

Die mit

$$\Delta T_w' = T_p' + T' + \varphi' + \delta' \tag{2.11}$$

bezeichneten Größen sind auf die Bitdauer T_{bit} normiert.

Für die Berechnung von T_p' gibt es verschiedene Möglichkeiten. Im Abschnitt 6.2. wird diese Größe über das Frequenzspektrum kritischer Muster aus der Übertragungsfunktion des Speicherkanals abgeschätzt. In der Literatur herrscht die Methode der linearen Superposition vor, d.h. die Überlagerung von Einzelimpulsen, die in Größe und Form das (lineare) Dämpfungsverhalten des Speichersystems charakterisieren.

Das durch Rauschüberlagerung verursachte Phasenjitter T_n' kann unter Annahme eines sinusförmigen Wiedergabesignals, wie auch von *Tamura* u.a. [2.9] angegeben, aus

$$T_n' = \frac{2}{\pi} \, T_{min}' \arcsin \frac{1}{\varrho} \tag{2.12}$$

berechnet werden. ϱ ist das Verhältnis zwischen dem Wiedergabesignalspeicherwert einer Mäanderaufzeichnung mit $2T_{\min}$ als Periodendauer und der effektiven Rauschspannung $\tilde{u}_e$ mit der Bandbreite $B = 1/2T_{\min}$ (Signal-Rausch-Verhältnis).

Natürlich ist der Effekt der musterabhängigen Nulliniendrift weitgehend entzerrbar; trotzdem wollen wir seinen Einfluß auf das Zeitfenster bei den verschiedenen Kodes angeben.

Der Gleichspannungswert d_c wird zum Zeitpunkt $T_{dc}/2$ mit

$$T'_{dc} = \frac{2}{\pi} T_{\min} \arcsin d_c \tag{2.13}$$

erreicht.

Zusammen mit der additiven Rauschüberlagerung ergibt sich eine Verkleinerung T' des Zeitfensters von

$$T' = \frac{2}{\pi} T'_{\min} \arcsin \left(\frac{1}{\varrho} + d_c \right) \approx T'_n + T'_{dc}. \tag{2.14}$$

Weiterhin reduzieren Nichtlinearitäten im Phasenfrequenzgang des Aufzeichnungs-Wiedergabe-Vorganges die Wahrscheinlichkeit für die sichere Biterkennung. Exakte Relationen zwischen Phasenverschiebung und Augenöffnung setzen die quantitative Beschreibung des Speicherkanals voraus und gehören demzufolge in den Abschnitt 6.

Für alle aus NRZI abgeleiteten Kodes kann ein maximaler Blockshiftfehler am Übergang zwischen einer Gruppe von „0000" und einer angrenzenden Gruppe von „1111" abgeschätzt werden, wenn die Abweichungen $\Delta\varphi_1$ bzw. $\Delta\varphi_2$ zur Sollphasenlage bei den Grundfrequenzen ω_1 bzw. ω_2 bekannt sind:

$$\Delta T \leqq \frac{\Delta\varphi_1}{\omega_1} - \frac{\Delta\varphi_2}{\omega_2}.$$

φ' ergibt sich aus Toleranz und Stabilität der zeitkonstantenbestimmenden Bauelemente der Bitsynchronisatoren. Es liegt in der Größenordnung von $\varphi'_M \approx \pm 4\%$. In φ' können auch andere frequenzunabhängige Zeitfehler eingehen. Dazu gehören die Ungenauigkeiten der Taktflanken in der Aufzeichnungs- und Wiedergabeelektronik von jeweils etwa $\varphi'_F = \pm(2 \ldots 6)\%$. Wenn mit Hilfstakt regeneriert wird, müssen auch die Schrägstellungsfehler zwischen Taktspur und Informationsspur berücksichtigt werden. Insgesamt ergibt sich also ein frequenzunabhängiger Zeitfehler von

$$\varphi' = \varphi'_M + \varphi'_F \tag{2.15}$$

mit φ'_M als Zeitkonstantentoleranz und -stabilität des Bitsynchronisators und φ'_F als Flankengenauigkeit der AW-Elektronik.

Auch der Bandantrieb kann den Speichervorgang stören und eine zeitlich instabile Signalform bewirken. Der Zeitfehler ist eine zufällige Größe, die aus schnellen und langsamen Schwankungen besteht. Die gegenüber dem Takt schnellen Schwankungen, das Jitter, werden durch die Impulsregenerierung im Kanaldekoder dann fehlerfrei beseitigt, wenn die regenerierten Taktimpulse innerhalb des Zeitfensters der Information liegen.

δ' wird dementsprechend durch die Bandbreite des Bitsynchronisators sowie durch Jitterspektrum und -amplitude des Bandtransportwerkes bestimmt. Eine einfache Abschätzung dieser Größe ist mit Hilfe von

$\Delta_\varphi(f_v) = \Delta f_v/f_v \triangleq$ Phasenhub bei der Störfrequenz f_v,

$\Delta f_v \triangleq$ Frequenzhub bei der Störfrequenz f_v und

$f_g \triangleq$ obere Grenzfrequenz des Bitsynchronisators

möglich:

$$\delta = \sum_{f_{\mathrm{g}}}^{2f_{\max}} \frac{\Delta\hat{\varphi}_v}{\omega_{\mathrm{bit}}} = \frac{T_{\mathrm{bit}}}{\pi} \sum_{f_v=f_{\mathrm{g}}}^{2f_{\max}} \Delta\hat{\varphi}_v\,(f_v),$$

$$\delta' = \frac{1}{\pi} \sum_{f_v=f_{\mathrm{g}}}^{f_{\max}} \Delta\hat{\varphi}_v\,(f_v). \qquad (2.16)$$

Ein guter Bitsynchronisator arbeitet bis $f_{\mathrm{g}} = 1/2T_{\max}$; d.h., bis zu dieser Grenze werden alle Störfrequenzen ausgeregelt.

Die dynamischen Abweichungen δ' wachsen also mit der Lauflänge $T'_{\max}$ eines Kodes an. Dies ist qualitativ unabhängig von der Art des Demodulators. Auf quantitative Unterschiede wird später eingegangen. Störanteile oberhalb dieser Frequenz mindestens bis zur theoretischen Übertragungsgrenze des Kanals $f_{\max} = 1/2T_{\mathrm{w}}$ gehen in die Zeitfensterverminderung entsprechend (2.16) ein.

Das entsprechende Störspektrum muß unter Ausschluß von Rausch- und Intersymbolstörungen gemessen werden.

Den Erfahrungen entsprechend, können dem $\Delta T'$ noch weitere Fehlergrößen zugeschlagen werden, die vom Spurübersprechen, von unvollständigem Löschen oder Überschreiben, vom Kopiereffekt oder von Bauelementetoleranzen herrühren können.

2.4.2.3. Abtast-Signal-Rausch-Abstand

Es wurde schon erwähnt, daß der Abtastzeitpunkt infolge verschiedener Störungen nicht mit dem Sollwert $t_{\mathrm{a}} = \tfrac{1}{2}T_{\mathrm{w}}$ übereinstimmt. Im ungünstigsten Fall ist

$$t'_{\mathrm{a}} = \frac{1}{2}\,(T'_{\mathrm{w}} - |\Delta T'|) \qquad (2.17)$$

mit

$$\Delta T' = T'_{\mathrm{p}} + \varphi' + \delta'. \qquad (2.18)$$

Eine Sinushalbwelle der Länge $T_{\min}$ hat zu diesem Zeitpunkt die Signalspannung

$$\frac{V_{\mathrm{e}}}{2} = U_{\mathrm{e}}\left[\sin\frac{\pi}{2}\,\frac{T'_{\mathrm{w}} - |\Delta T'|}{T'_{\min}} - d_{\mathrm{c}}\right] = U_{\mathrm{e}}\,[d_{\mathrm{a}} - d_{\mathrm{c}}] \qquad (2.19)$$

mit der Abkürzung

$$d_{\mathrm{a}} = \sin\frac{\pi}{2}\,\frac{T'_{\mathrm{w}} - |\Delta T'|}{T'_{\min}}. \qquad (2.20)$$

Der Abtast-Signal-Rausch-Abstand ϱ_{a} ist folglich

$$\varrho_{\mathrm{a}} = \frac{V_{\mathrm{e}}}{2\tilde{u}_{\mathrm{e}}} = \frac{U_{\mathrm{e}}}{\tilde{u}_{\mathrm{e}}}\,[d_{\mathrm{a}} - d_{\mathrm{c}}] = \varrho_{\mathrm{e}}\,[d_{\mathrm{a}} - d_{\mathrm{c}}] \qquad (2.21)$$

mit

$$\varrho_{\mathrm{e}} = \frac{U_{\mathrm{e}}}{\tilde{u}_{\mathrm{e}}}. \qquad (2.22)$$

$\tilde{u}_{\mathrm{e}}$ ist der Rauschspannungseffektivwert und U_{e} der Spitzenwert der wellenlängenabhängigen Wiedergabespannung $U_{\mathrm{e}}(\lambda)$, wie sie im Abschnitt 6. berechnet und diskutiert wird.

Wir hatten bei den bisherigen Betrachtungen zwei Vernachlässigungen getroffen, die wir jetzt fallenlassen wollen:

– die Deformation der idealen Sinushalbwelle (reales Amplitudenfenster),
– den Zusammenhang zwischen Signal und Takt (reales Abtastraster) bei Lauflängen bis T_{max}.

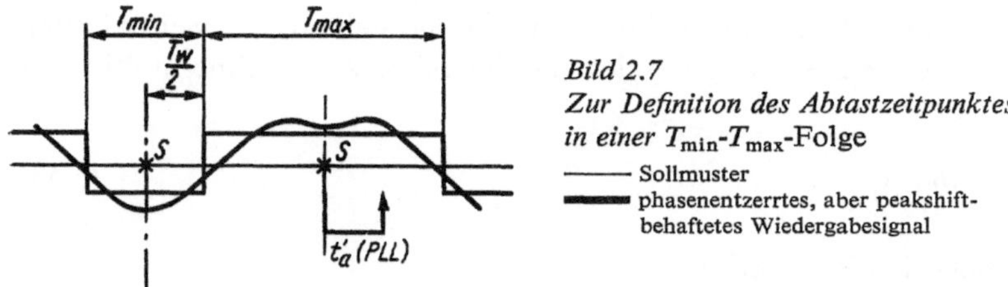

Bild 2.7
*Zur Definition des Abtastzeitpunktes
in einer T_{min}-T_{max}-Folge*
—— Sollmuster
▬▬ phasenentzerrtes, aber peakshift-
behaftetes Wiedergabesignal

Das Abtastraster wird im Bitsynchronisator aus der Signalinformation regeneriert und kann je nach dessen Ausführungsform unterschiedliches Störverhalten aufweisen. Im Bild 2.7 ist dies anhand einer T_{min}-T_{max}-Folge für einen PLL-Empfänger (Phase locked loop) [2.26] illustriert. Der PLL orientiert sich in der Festlegung der Taktsprünge an gewissen Symmetriepunkten (S) des ansonsten durch Zeitfehler (Phasenjitter) und Signaldeformationen (Peakshift) gestörten Musters. Von S aus läuft also in unserem Beispiel die Zeit t'_a bis zur Abtastung des letzten Bits innerhalb der Lauflänge T_{max}. Mit ungünstigster (kumulativer) Störung wird

$$t'_a = \frac{T'_{max}}{2} - \frac{T'_w}{2} + \frac{\delta'_p}{2} + \frac{\varphi'}{2}. \tag{2.23}$$

Das δ'_p ist die mit der Lauflänge T'_{max} anwachsende dynamische Abweichung zwischen Originalsignal und regeneriertem Phaselock-Takt. Bild 2.8 zeigt für drei der bekanntesten Kodes die Wiedergabespannungen kritischer Muster und die Augenformen mit Abtastpunkten. Die starke Einsattlung des Signals bei großen T_{max}-Werten, z.B. bei GRC 4/5,

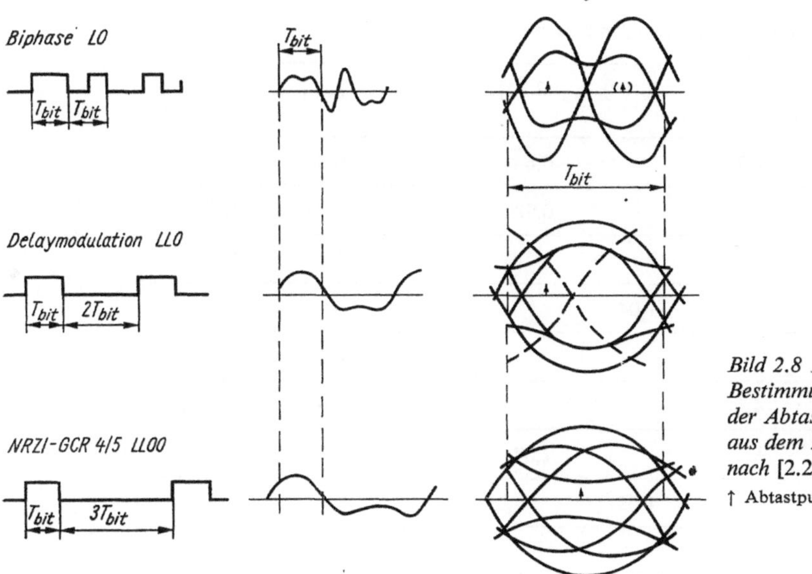

Bild 2.8
*Bestimmung
der Abtastspannung
aus dem Augenmuster
nach [2.27]*
↑ Abtastpunkt

kann durch inverse Frequenzgangentzerrung weitgehend aufgehoben werden; s. dazu Abschnitt 6.

Ein entscheidendes Kriterium zur Optimierung des Speicherkanals und der Kanalkodierung ist die von der Abtastspannung V_e bzw. dem Abtast-Signal-Rausch-Abstand ϱ_a bestimmte Fehlerwahrscheinlichkeit P. Sind die Störungen additive Gaußsche Prozesse mit verschwindendem linearem Mittelwert, so beträgt bei bipolaren Binärzeichen (Entscheidungsschwelle Null) die Fehlerwahrscheinlichkeit, wie sie sich aus der weiter hinten abgeleiteten Gl. (6.90) ohne Berücksichtigung des Empfangsfilters und ohne multiplikative Störungen ergibt,

$$P = \frac{1}{2}\left[1 - \Phi(\varrho_a)\right]. \tag{2.24}$$

Φ ist wieder die Gaußsche Fehlerfunktion

$$\Phi(\varrho_a) = \frac{2}{\sqrt{2\pi}} \int_0^{\varrho_a} e^{-(y^2/2)}\,\mathrm{d}y \approx 1 - \sqrt{\frac{2}{\pi}}\,\frac{1}{\varrho_a}\,e^{-(\varrho_a^2/2)}, \tag{2.25}$$

und damit wird (gültig für $P < 10^{-3}$)

$$P \approx \frac{1}{\sqrt{2\pi}}\,\frac{1}{\varrho_a}\,e^{-(\varrho_a^2/2)}. \tag{2.26}$$

2.4.3. Grenzspeicherdichte und Kodeaufwand

Abschätzungen über die Grenzspeicherdichte, bei der das Augenfenster geschlossen ist,

$$T_w' - |\Delta T'| = 0, \tag{2.27}$$

oder bei der ein bestimmter Abtast-Signal-Rausch-Abstand oder eine bestimmte zulässige Fehlerwahrscheinlichkeit erreicht wird, wurden von verschiedenen Autoren ausgeführt. Diese Untersuchungen sind für unterschiedliche Speichertypen mit unterschiedlichen Kanaleigenschaften und Fehlereinflüssen durchgeführt worden.

Tafel 2.5. Relative Grenzspeicherdichten für verschiedene Kodes

Kode	[2.8]	[2.9]	[2.12]	[2.24]	[2.25]	[2.2]	Abschnitt 6
PE		0,73		0,6		0,82	0,58
ENRZ				0,92	0,92	1,05	1,10
DM	1	1	1	1	1	1	1
GCR4/6			1,04				
M²	1,05				1,05	0,97	1
GCR4/5		1,08				1,07	0,97
RNRZ				1,07	1,09		
GCR6/8			1,09				
3PM	1,10					0,97	1

Wird die jeweils günstigste Signalverarbeitungs- und -detektionsmethode für jeden Kode ausgewählt, werden also die besten Resultate untereinander verglichen, so ergibt sich das interessante Ergebnis, auf das *Mackintosh* in [2.2] hinwies, daß alle lauflängenbegrenzten Kodes (mit Ausnahme von PE, der nur für niedere Speicherdichten taugt) etwa die gleiche Grenzspeicherdichte aufweisen. In Tafel 2.5 sind die Aussagen verschiedener Autoren, normiert auf den *Miller*-Kode (DM), zusammengefaßt. (Die Absolutwerte streuen aufgrund der stark unterschiedlichen Untersuchungsobjekte und sollen hier nicht betrachtet werden.)

Das Ergebnis ist so zu deuten, daß fast jeder Kode den Anforderungen an die Realisierung hoher Speicherdichten genügt; dies jedoch mit stark unterschiedlichem technischem Aufwand für die Kanalanpassung. Dies zwingt zum Kodevergleich unter der Bedingung ähnlichen Aufwands bzw. zur Aufwandsabschätzung.

Im Bild 2.9 wird durch ein Blockschaltbild eine „Einheitselektronik" mit dem Aufwandsfaktor 1 definiert. Sie entspricht dem „minimalen" PE- oder DM-Informationskanal vom Koder bis zum Dekoder ohne Entzerrungs- und Korrekturmaßnahmen mit Ausnahme eines Bandbegrenzungsfilters und Phasenentzerrers. Ein zusätzlicher Aufwand von 0,5 wird der Kodier- und Dekodierelektronik bei Verfahren mit Umkodierungslogik bis zu 3 Speicherplätzen (M², G 2/3, ZM, QP, HDM), mit Paritätsbitbildung (ENRZ) und mit Gruppenkodierung (GCR) sowie Pseudorandomgenerator (RNRZ) zugeschlagen, ein Aufwand von 1 bei einer Umkodierungslogik ab 7 Speicherplätzen (3PM, HM 3/5, HM 2/3, GCR 8/10, EFM 8/14). Der Aufwand für Peakshiftentzerrer wird mit 0,5 Einheiten bewertet, für d.c.-restorer mit 0,25 Einheiten. Zu beachten ist ferner, daß der Aufwand proportional zur Kanalanzahl ansteigt, die bei konstanter Speicherfläche der Speicherdichte etwa umgekehrt proportional ist.

Dieses Schema soll lediglich Anregungen für exakte vergleichende Betrachtungen geben, die niemals allgemeingültig, sondern nur für eine konkrete Aufgabenstellung unter Berücksichtigung konkreter Randbedingungen und des jeweils verfügbaren technologischen Standes möglich sind.

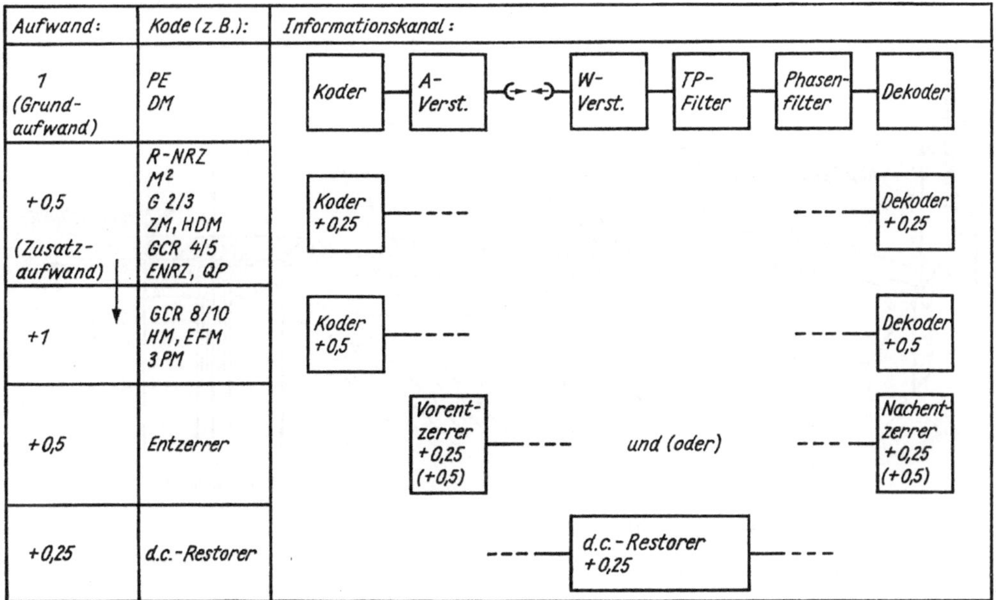

Bild 2.9. Zur Abschätzung des Kodeaufwands

3. Magnetische Speicherprozesse

3.1. Streufelder von Magnetköpfen

3.1.1. Klassische Magnetköpfe

Eine der Grundlagen der Speichertheorie ist die Kenntnis des Streufeldverlaufs der Magnetköpfe. Dies gilt nicht nur für den Aufzeichnungsprozeß, sondern wegen der Gültigkeit des Reziprozitätstheorems auch für den im Abschnitt 3.5. behandelten Wiedergabeprozeß.

Das quasistationäre Feld $\vec{H}_{a}(\vec{r})$ errechnet sich mit $H = -\operatorname{grad} \varphi$ aus der *Laplace*schen Differentialgleichung

$$\nabla \vec{\mu} \, \nabla \varphi = 0$$

bzw.

$$\frac{\partial^2}{\partial_y^2} \, \varphi(r) + \frac{\mu_x \partial^2}{\mu_y \partial_x^2} \, \varphi(r) = 0 \, .$$

μ_x und μ_y berücksichtigen hierbei den Einfluß der Bandpermeabilität auf das Aufzeichnungsfeld. Erste Ansätze zu einer Lösung dieses allgemeinen anisotropen Falles $\mu_x \neq \mu_y$ (Koordinaten nach Bild 3.1a) stammen von *Bertram* [3.33], während *Westmijze* [3.1] sich mit dem isotropen Fall $\mu_x = \mu_y$ beschäftigte.

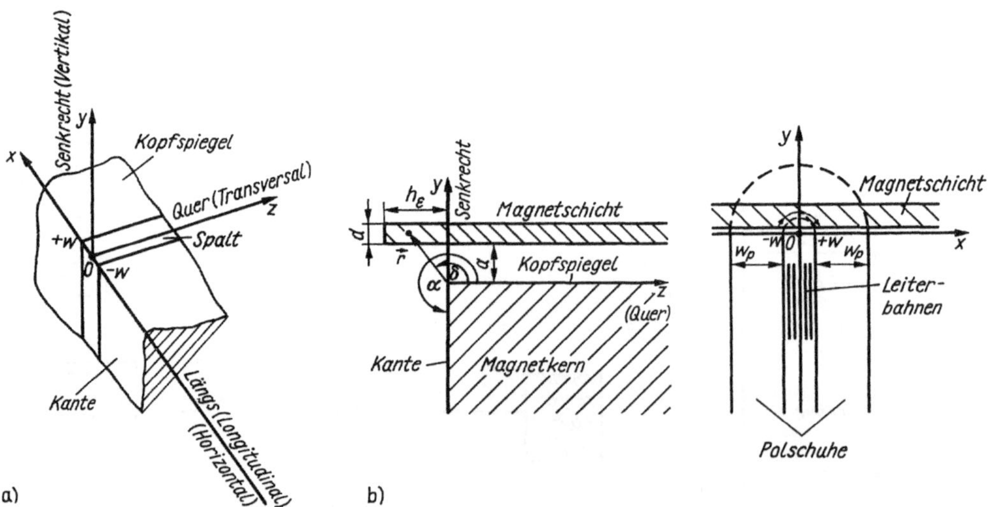

Bild 3.1. Dreidimensionales Kopfmodell mit Begriffsdefinitionen
a) bei endlicher Spurbreite
b) bei endlicher Spiegellänge

Von *Karlqvist* stammt die meistgebrauchte Lösung für $\mu_x = \mu_y = 1$, die also die Störung durch das Magnetband unberücksichtigt läßt:

$$\vec{H}_a(\vec{r}) = \vec{H}_a(x, y) = \vec{i}H_x + \vec{j}H_y$$

$$= \vec{i}\,\frac{H_0}{\pi}\left(\arctan\frac{w+x}{y} + \arctan\frac{w-x}{y}\right)$$

$$- \vec{j}\,\frac{H_0}{2\pi}\,\ln\frac{(w+x)^2 + y^2}{(w-x)^2 + y^2}. \tag{3.1}$$

H_0 ist die x-Komponente der Feldstärke an der Spiegeloberfläche ($|x| \leqq w;\ y = 0$). Die $\vec{i}$ bzw. $\vec{j}$ sind die Einheitsvektoren, die die x- bzw. y-Richtung des Feldstärkevektors anzeigen. Über dem Spalt ($x = 0$) des *Ringkernkopfes* herrscht die Maximalfeldstärke

$$\hat{H}_a = H_x(0) = \frac{2}{\pi}\,H_0\arctan\frac{w}{y}. \tag{3.1a}$$

In den modernen PCM-Systemen mit Spurbreiten bis herunter zu 20 μm sind die dreidimensionalen Effekte, wie Spurverbreiterung, Spurübersprechen usw., nicht mehr vernachlässigbar. Der analytische Ausdruck für die x-Komponente des Feldes eines dreidimensionalen Kopfmodells nach Bild 3.1a wurde von *Ichiyama* [3.3] analog zu [3.2] gelöst und beträgt in Zylinderkoordinaten

$$H_x(x, \delta, r) = \frac{H_0}{\pi}\left[\arctan\frac{\sinh\left(\dfrac{\pi}{\alpha}\operatorname{arsinh}\dfrac{w+x}{r}\right)}{\sin\left(\dfrac{\pi}{\alpha}\,\delta\right)}\right.$$

$$\left. + \arctan\frac{\sinh\left(\dfrac{\pi}{\alpha}\operatorname{arsinh}\dfrac{w-x}{r}\right)}{\sin\left(\dfrac{\pi}{\alpha}\,\delta\right)}\right]. \tag{3.2}$$

In kartesischen Koordinaten gilt $r^2 = y^2 + z^2$, $\delta = \arctan y/z$. Für die Einebnung ($\alpha = \pi$, $\delta = \pi/2$) erscheint die bekannte *Karlqvist*-Formel. Die Gl.(3.2) weist nach Auswertung in [3.3] für alle seitlichen Spiegelbegrenzungen außer der rechtwinkligen ($\alpha = \frac{3}{2}\pi$) eindeutige Nachteile bei hohen Spurdichten aus. Für diesen Spezialfall der rechtwinkligen Kante berechneten *V. Herk* u. a. [3.4] und *Hughes* u. a. [3.5] auch die anderen Feldkomponenten H_y und H_z.

Ein Vergleich der Feldgradienten zeigt, daß nur innerhalb der Spiegelregion ($z > 0$) der Feldverlauf für eine Aufzeichnung geeignet ist, während das seitliche Streufeld ($z < 0$) vorwiegend Löschwirkung ausübt. So ist die aus [3.1] ableitbare Breite h_ε für die einseitige Spurerweiterung

$$h_\varepsilon = \frac{2w}{\alpha}\,\frac{H_0}{H_c}\,\frac{1 + \dfrac{a}{w}\,\dfrac{\pi}{2}\,\dfrac{H_c}{H_0}\cos\dfrac{\pi^2}{\alpha}}{\sin\dfrac{\pi^2}{\alpha}}$$

bzw. für die rechtwinklige Kante ($\alpha = \frac{3}{2}\pi$)

$$h_{\varepsilon\min} = \frac{4\sqrt{2}\,w}{3\pi}\,\frac{H_0}{H_c}\left(1 + \frac{a}{w}\,\frac{\pi}{4}\,\frac{H_c}{H_0}\right) \tag{3.3}$$

(H_c ist die Koerzitivfeldstärke des Magnetbandes) mehr als Ausdehnung der die Spur flankierenden angelöschten Zone zu betrachten; s. Bild 3.1 b.

Die orthogonale Drehung des Feldstärkevektors (3.1) beschreibt auch das Streufeld eines *Einpol-Senkrechtspeicherkopfes*. Diese Äquivalenz und ihre Grenzen hat *Sievers* [3.86] genauer untersucht.

3.1.2. Integrierte Magnetköpfe

Die Besonderheiten im Feldverlauf der *vertikalen Längsspeicher-Dünnschichtköpfe* liegt in der „endlichen" Spiegellänge w_p begründet; d.h., sie ist nicht, wie beim klassischen Kopf, vernachlässigbar groß gegenüber der Spaltabmessung (Bild 3.1 b, c und Abschn. 5.3.4.).

Das Resultat der Berechnungen von *Potter* [3.11] [3.59] für größere Spurbreiten über konforme Abbildung und den üblichen linearen *Karlqvist*schen Potentialverlauf im Spalt ergibt für die Feldkomponenten

$$H_x(x, y) = \frac{H_0}{\pi}\left\{\left(\arctan\frac{w+x}{y} + \arctan\frac{w-x}{y}\right) - \frac{wy}{x^2+y^2}\right.$$

$$+ \frac{w}{2}\,\frac{w_p + w}{x^2 + y^2}\left[\frac{x^2 - y^2}{x^2 + y^2}\left(\arctan\frac{x + w_p + w}{y}\right.\right.$$

$$\left.\left.- \arctan\frac{x - w_p - w}{y} - \pi\right)\right.$$

$$\left.\left. + \frac{xy}{x^2 + y^2}\ln\frac{(x + w_p + w)^2 + y^2}{(x - w_p - w)^2 + y^2}\right]\right\}. \tag{3.4}$$

$$H_y(x, y) = \frac{H_0}{2\pi}\left\{\ln\frac{(w+x)^2 + y^2}{(x-w)^2 + y^2} - \frac{2wx}{x^2 + y^2} - \frac{w}{2}\,\frac{w_p + w}{x^2 + y^2}\right.$$

$$\times\left[\frac{4xy}{x^2 + y^2}\left(\arctan\frac{x + w_p + w}{y} - \arctan\frac{w - w_p - w}{y} - \pi\right)\right.$$

$$\left.\left. - \frac{x^2 - y^2}{x^2 + y^2}\ln\frac{(x + w_p + w)^2 + y^2}{(x - w_p - w)^2 + y^2}\right]\right\}.$$

Der Grenzübergang für $w_p \to \infty$ ergibt den ersten Term des Ausdrucks, also die *Karlqvist*-Formel (3.1).

Wegen der angestrebten hohen Spurdichte und der unmittelbaren Bandnähe der Stromzuführungen ist bei integrierten Köpfen die Störbeeinflussung der Nachbarspuren besonders zu beachten. Hier kann auf verschiedene numerische Lösungen, z.B. [3.12], zurückgegriffen werden.

Der Vergleich der Verläufe nach (3.1) und (3.4) – wie er auch anhand des Bildes 3.2 möglich ist – ergibt, daß der für die Aufzeichnung maßgebende Feldgradient im Gebiet $|x| \approx w_s/2$ beim Dünnschichtkopf etwas größer als beim Ringkernkopf ist.

Ein weiterer Unterschied zum klassischen Kopf ist die Feldumkehr im Bereich $|x| > w_\mathrm{p}$, d. h. außerhalb des Spiegelbereichs. Der höhere Aufzeichnungsgradient macht den Vertikal-Dünnschichtkopf zu einem hervorragenden Aufzeichnungskopf; wegen des negativen Einflusses der Spiegelbegrenzung auf den Wiedergabepegel bei mittleren und großen Wellenlängen ist er aber ein schlechter Wiedergabewandler [3.95]. So steht den technologischen Vorteilen kein entscheidender speichertechnischer Vorteil zur Seite [3.13].

Für die integrierten einpoligen Senkrechtspeicherköpfe gilt als x-Komponente der

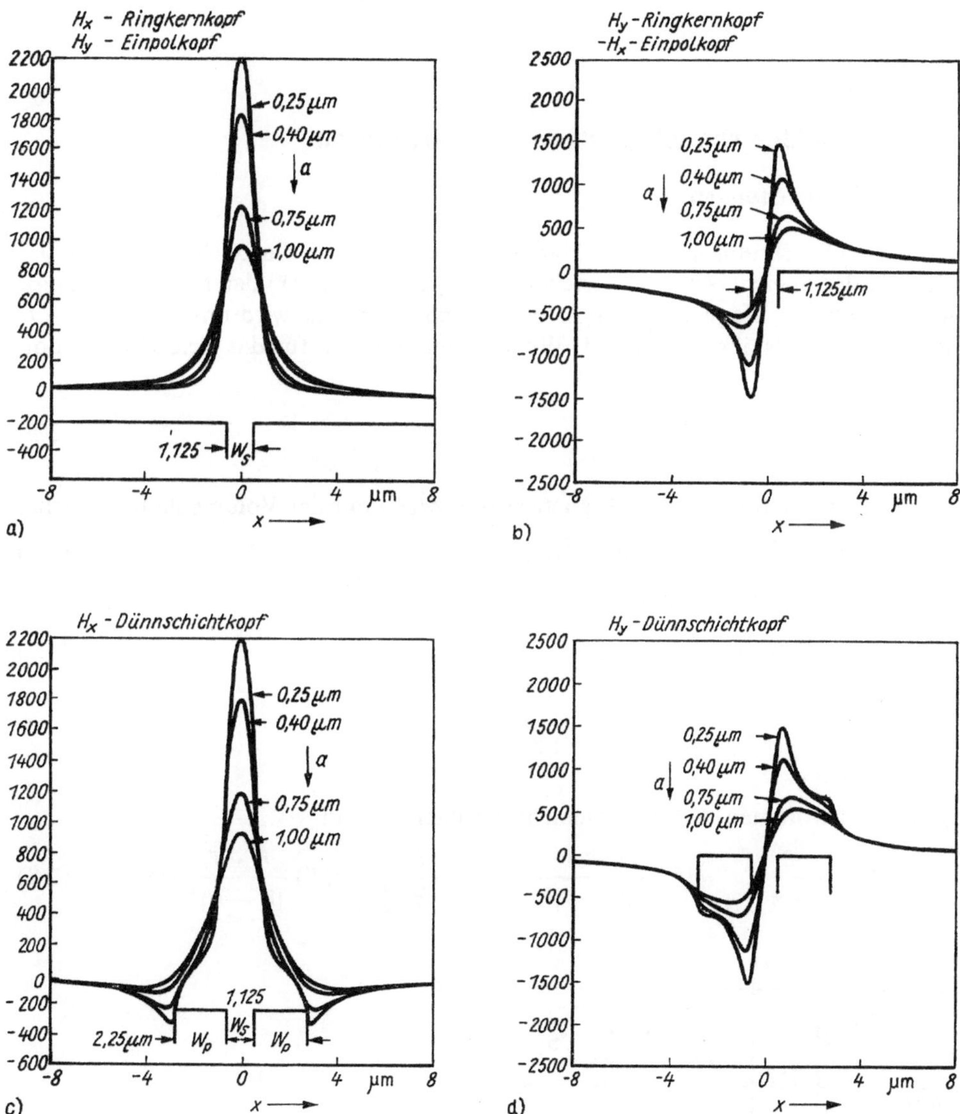

Bild 3.2. Aufzeichnungsfelder ($H_0 = 3000$ A/cm) von verschiedenen Magnetkopftypen nach [3.96].
Parameter: Abstand y vom Kopfspiegel

a) Horizontalkomponente des Ringkernkopfes bzw. Vertikalkomponente des Einpolkopfes
b) Vertikalkomponente des Ringkernkopfes bzw. Horizontalkomponente des Einpolkopfes
c) Horizontalkomponente eines integrierten Kopfes mit endlicher Spiegellänge
d) Vertikalkomponente eines integrierten Kopfes mit endlicher Spiegellänge

zweite Term in (3.1) mit umgekehrtem Vorzeichen; für die y-Komponente steht der erste Term von (3.1). H_0 bedeutet hierbei die y-Komponente der Feldstärke an der Spiegeloberfläche ($|x| \leq w$; $y = 0$) im Polbereich. Der erste Term repräsentiert nicht nur die höhere Feldstärke, sondern auch den größeren Feldgradienten sowie dessen geringere Abstandsempfindlichkeit. Daraus leitet sich ab; daß die Senkrechtaufzeichnung auf den Einpol-Kopf nicht verzichten kann.

Inzwischen wurde auch experimentell von *Iwasaki, Speliotis, Yamamoto* [3.89] bestätigt, daß der Ringkernkopf die Aufzeichnungsprobleme der Senkrechtspeicherung nicht optimal lösen kann.

3.2.   Streufelder von Magnetisierungsstrukturen

3.2.1.   Grundgleichungen

Während des Aufzeichnungsprozesses überlagern sich mit dem Aufzeichnungsfeld $\vec{H}_a(\vec{r})$ die im Innern der Speicherschicht entstehenden Eigenfelder $\vec{H}_d(\vec{r})$ der Magnetisierungsübergänge. Durch die Magnetisierung $\vec{M}$ des Speichermediums wird im Abstand $\vec{r} - \vec{r}'$ eine magnetische Feldstärke $\vec{H}$ erzeugt. Wir können zunächst für das Feld eines Dipolmoments $\vec{m}$

$$\vec{H}_d(\vec{r}) = \frac{\vec{m}}{4\pi} \frac{\vec{r} - \vec{r}'}{|\vec{r} - \vec{r}'|^3} \tag{3.5}$$

schreiben. Für eine stetig verteilte Magnetisierung $\vec{M}(\vec{r}')$ mit der Volumenladungsdichte

$$\varrho(\vec{r}') = -\nabla\vec{M}\,(\vec{r}') = -\operatorname{div}\vec{M}(\vec{r}') \tag{3.6}$$

und der Oberflächenladungsdichte

$$\sigma(\vec{r}') = \vec{j}\vec{M}\,(\vec{r}') \tag{3.7}$$

ist

$$\vec{m} = \int_{(V)} \varrho(\vec{r}')\,\mathrm{d}V' + \int_{(S)} \sigma(\vec{r}')\,\mathrm{d}S'$$

(V Magnetschichtvolumen, S Magnetschichtoberflächen) und

$$\vec{H}_d(\vec{r}) = \frac{1}{4\pi} \int_{(V)} \varrho(\vec{r}')\,\frac{\vec{r} - \vec{r}'}{|\vec{r} - \vec{r}'|^3}\,\mathrm{d}V' + \frac{1}{4\pi} \int_{(S)} \sigma(\vec{r}')\,\frac{\vec{r} - \vec{r}'}{|\vec{r} - \vec{r}'|^3}\,\mathrm{d}S'. \tag{3.8}$$

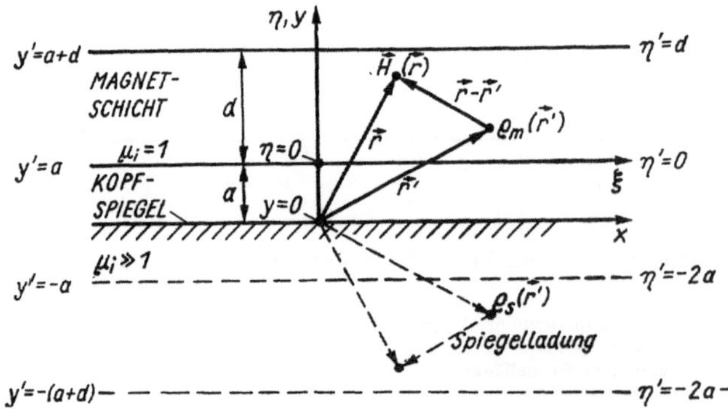

Bild 3.3
Modell zur Berechnung
von Eigenfeldern
in der Magnetschicht

$\vec{r}$ und $\vec{r}'$ sind dreidimensionale Vektoren entsprechend Bild 3.3. Der unter den Integralen stehende Quotient wird auch als *Green*sche Funktion bezeichnet.

Die Nähe des hochpermeablen Magnetkopfes während des Aufzeichnungsvorganges darf nicht negiert werden. Die gegenüber dem freien Raum veränderten Randbedingungen in der Ebene $\eta = 0$ ($H_x = 0$, $H_y =$ stetig, $H_z = 0$) können nach der Methode der virtuellen Spiegelladungen erzwungen werden. Mit

$$\varrho = \varrho_\mathrm{m} + \varrho_\mathrm{s}$$

erstreckt sich das Raumintegral (3.8) dann auch über den gespiegelten Bereich ($y < 0$). Die Beziehungen lauten in kartesischen Koordinaten

$$|\vec{r} - \vec{r}'|^2 = r^2 = (\xi - \xi')^2 + (\eta - \eta')^2 + (\zeta - \zeta')^2,$$

$$\sigma(\vec{r}') = \begin{cases} -M_y\,(\xi', \eta', \xi') & |y'| = a \\ M_y\,(\xi', \eta', \xi') & |y'| = a + d, \end{cases} \quad \text{mit} \quad \eta' = y' - a \qquad (3.9)$$

$$\varrho_\mathrm{m}(\vec{r}') = -\frac{\partial M_x}{\partial \xi'} - \frac{\partial M_y}{\partial \eta'} - \frac{\partial M_z}{\partial \zeta'} \qquad a < y' < a + d,$$

$$\varrho_\mathrm{s}(\vec{r}') = \frac{\partial M_x}{\partial \xi'} - \frac{\partial M_y}{\partial \eta'} + \frac{\partial M_z}{\partial \zeta'} \qquad -a - d < y' < -a. \tag{3.10}$$

Den Übergang zum zweidimensionalen Fall finden wir mit $h_\mathrm{s} \to \infty$ und Integration über ζ':

$$H_\mathrm{dx} = \frac{1}{2\pi} \int_{-\infty}^{\infty} \mathrm{d}\xi' \int_{-(a+d)}^{a+d} \mathrm{d}y'\varrho\,(\xi', \eta')\frac{\xi - \xi'}{r^2} + \frac{1}{2\pi} \int_{-\infty}^{\infty} \mathrm{d}\xi'\sigma\,(\xi', \eta')\frac{\xi - \xi'}{r^2},$$

$$\tag{3.11}$$

$$H_\mathrm{dy} = \frac{1}{2\pi} \int_{-\infty}^{\infty} \mathrm{d}\xi' \int_{-(a+d)}^{a+d} \mathrm{d}y'\varrho\,(\xi', \eta')\frac{\eta - \eta'}{r^2} + \frac{1}{2\pi} \int_{-\infty}^{\infty} \mathrm{d}\xi'\sigma\,(\xi', \eta')\frac{\eta - \eta'}{r^2}$$

mit

$$r^2 = (\xi - \xi')^2 + (\eta - \eta')^2.$$

Wenn die y-Magnetisierung und die η-Abhängigkeit der x-Magnetisierung vernachlässigbar ist, ergibt sich der eindimensionale Fall:

$$H_\mathrm{dx}(\xi) = \frac{d}{2\pi} \int_{-\infty}^{\infty} \frac{\partial M_x}{\partial \xi'} \left[\frac{\xi - \xi'}{(\xi - \xi')^2 + 4a^2} - \frac{1}{\xi - \xi'} \right] \mathrm{d}\xi', \tag{3.12}$$

$$H_\mathrm{dy}(\xi) = 0.$$

3.2.2. Spezielle Magnetisierungsverteilungen

Einen Überblick über die in der Fachliteratur angeführten Feldberechnungen gibt Tafel 3.1.

Tafel 3.1. Literaturübersicht über Berechnungen entmagnetisierender Eigenfelder

	H_x	H_x, H_y	H_x, H_y, H_z
M_x-arctan (o. Sp.) mit Spiegel	1959 *Miyata, Hartel* [3.41] 1969 *Siakkou* [3.74] 1971 *Williams, Comstock* [3.48] 1975 *Tjaden, Tercic* [3.19]	1970 *Potter* [3.18]	
M_x-arctan-Folgen ohne Spiegel	1978 *Middleton, Wisely* [3.22]		
M_x, M_y arctan ohne Spiegel $M_y : 1/(1 + \xi^2)$		1978 *Chang, Perez* [3.20] 1980 *Monson, Valstyn* [3.80] 1979 *Valstyn. Monson* [3.21]	
M_x, M_y, M_z-Dipole			1978 *Hartmann, Potter* [3.14]
M_x, M_y-Raster ohne Spiegel $M =$ konst.		1968 *Iwasaki, Suzuki** [3.54] 1976 *Suzuki* [3.15]	
M_x-Raster (m. Sp.) $M =$ konst.	1971 *Potter, Schmulian** [3.40] 1974 *Chi, Speliotis* [3.60] 1981 *Hughes, Bloomberg* u.a. [3.34] 1978 *Jansen, Fluitman* u.a. [3.35]	Abschn. 3.2.2. d), Gl. (3.20)	1979 *Tagami, Suganuma** u.a. [3.24]

3.2.2.1. Diskrete Dipolladung im dreidimensionalen Gitter

Denkt man sich die $\varrho_m(\vec{r}')$ als diskrete Dipolmomente m_j je Volumenelement eines periodischen Gitters aus N^3 identischen Einheitszellen, so geht (3.8) bei Abwesenheit des Magnetkopfes in den Summenausdruck für das Dipol-Wechselwirkungsfeld von Einzelteilchen am Rasterpunkt i

$$\vec{H}(\vec{x}_i) = \frac{1}{4\pi} \sum_{j \neq i}^{N^3} \left\{ \frac{3\,[(\vec{x}_i - \vec{x}_j)\,\vec{m}_j]\,(\vec{x}_i - \vec{x}_j)}{|\vec{x}_i - \vec{x}_j|^5} - \frac{\vec{m}_j}{|\vec{x}_i - \vec{x}_j|^3} \right\} \tag{3.13}$$

über. Die mikroskopischen Aufzeichnungsmodelle (s. Abschn. 3.3.1.) beruhen auf dieser Methode der Feldberechnung [3.15].

3.2.2.2. Rasterelemente im zweidimensionalen Gitter

Wird nicht mit punktförmigen Einzelteilchen gerechnet, sondern das magnetische Kontinuum betrachtet, wird dieses in würfelförmige Volumina der Kantenlänge h unterteilt.

Je Rasterelement ist das ϱ_{ij} konstant, und die Oberflächenelemente ($j = s$) besitzen ein σ_{is}. Hiermit wird (3.8) in Abwesenheit des Magnetkopfes

$$H_{dx}(x_i, y_j) = \frac{\varrho_{ij}}{4\pi}\left[Y_m \ln \frac{X_m^2 + Y_m^2}{X_p^2 + Y_m^2} - Y_p \ln \frac{X_m^2 + Y_p^2}{X_p^2 + Y_p^2}\right.$$

$$+ 2X_m \left(\arctan \frac{Y_m}{X_m} - \arctan \frac{Y_p}{X_m}\right)$$

$$\left. + 2X_p \left(\arctan \frac{Y_p}{X_p} - \arctan \frac{Y_m}{X_p}\right) + \frac{\sigma_{is}}{4\pi} \ln \frac{X_p^2 + (\eta - y_s)^2}{X_m^2 + (\eta - y_s)^2}\right],$$

$$(3.14)$$

$$H_{dy}(x_i, y_i) = \frac{\varrho_{ij}}{4\pi}\left[X_m \ln \frac{X_m^2 + Y_m^2}{X_m^2 + Y_p^2} - X_p \ln \frac{X_p^2 + Y_m^2}{X_p^2 + Y_p^2}\right.$$

$$+ 2Y_m \left(\arctan \frac{X_m}{Y_m} - \arctan \frac{X_p}{Y_m}\right)$$

$$\left. + 2Y_p \left(\arctan \frac{X_p}{Y_p} - \arctan \frac{X_m}{Y_p}\right)\right]$$

mit

$$X_m = \xi - x_i - \frac{h}{2} \qquad Y_m = \eta - y_j - \frac{h}{2},$$

$$X_p = \xi - x_i + \frac{h}{2} \qquad Y_p = \eta - y_j + \frac{h}{2}.$$

Das zweidimensionale Summenfeld bestimmt sich nunmehr aus

$$H_{dx}(\xi, \eta) = \sum_{(x_i)} \sum_{(y_j)} H_{dx}(x_i, y_j),$$

$$H_{dy}(\xi, \eta) = \sum_{(x_i)} \sum_{(y_i)} H_{dy}(x_i, y_j). \qquad (3.15)$$

Sinngemäß wird der Spiegelladungsterm gebildet. Der aufgezeigte Rechenweg nach *Suzuki* [3.15] (ohne Spiegelladung) und *Speliotis* und *Chi* [3.36] (eindimensional in Schichtmitte) wird dann angewendet, wenn die ϱ_{ij}, σ_{is} bei der Simulation des Aufzeichnungsprozesses iterativ aus dem Zusammenhang zwischen Feld und Magnetisierung berechnet werden und numerisch vorliegen.

3.2.2.3. Rasterelemente mit reiner x-Magnetisierung

Die Genauigkeit der Rechnung bzw. der Rasterabstand h kann erhöht werden, wenn eine lineare bzw. quadratische [3.34] oder kubische Interpolation [3.35] vorgenommen wird. Dies ist im Prinzip für die x- und y-Abhängigkeit der Vektormagnetisierung möglich, z.B. mit Hilfe der zweidimensionalen Spline-Approximation [3.16]. Ausgeführt wurde diese Methodik bisher für die reine x-Komponente der Magnetisierung. Diese Vereinfachung hat den Vorteil, daß keine Flächenladungsterme gemäß (3.8) bis (3.10) berechnet werden müssen. Dadurch kann die für das Zentrum des Rasterelements j berechnete

Magnetisierung M_j aus dem Integral (3.8) in Form einer Spaltenmatrix

$$[M] = \begin{pmatrix} M_{-N-P} \\ \vdots \\ M_j \\ \vdots \\ M_{+N+P} \end{pmatrix}$$

herausgezogen werden. $(2N + 1)$ ist die Anzahl der Elemente, auf die eine Einwirkung des Aufzeichnungsfeldes angenommen wird; $(2P + 1)$ ist die angenommene Anzahl der Elemente, die mit ihrem Streufeld auf das Gesamtfeld H_i einwirken. Es verbleibt dann zur einmaligen Berechnung eine Matrix

$$[A] = \begin{pmatrix} A_{-N,\,-N-P} & \cdots & A_{-N,\,+N+P} \\ \cdot & \cdot & \cdot \\ \cdot & \cdot\; A_{i,j}\; \cdot & \cdot \\ \cdot & \cdot & \cdot \\ A_{+N,\,-N-P} & \cdots & A_{+N,\,+N+P} \end{pmatrix}, \tag{3.16}$$

die aus geometrischen Gründen eine Bandmatrix mit den Elementen

$$A_{i,j} = \frac{H_{dx}^{(i,j)}}{M_j}$$

darstellt. Die $A_{i,j}$ können durch analytische oder numerische Integration von (3.12) gewonnen werden, wobei $(1/M_j)\,(\partial M_x/\partial \xi')$ die stets gleichbleibende Interpolationsfunktion für den lokalen Magnetisierungsverlauf ist. Bei *Hughes* u. a. [3.34] ist dies eine lineare bzw. quadratische Funktion, bei *Jansen* u. a. [3.35] ein Hermitescher Spline. Die Methodik mündet in der Berechnung der Matrixgleichungen

$$\begin{aligned} [H] &= [H_a] + [H_d], \\ [H_d] &= [A] \cdot [M] \end{aligned} \tag{3.17}$$

mit

$$[H_d] = \begin{pmatrix} H_{-N} \\ \vdots \\ H_i \\ \vdots \\ H_{+N} \end{pmatrix}$$

In [3.35] ist dies bezüglich Rechenzeit und Genauigkeit ausführlich·diskutiert.

3.2.2.4. Kubische Spline-Approximation

Gelingt es, während der iterativen Rechenoperationen zum Aufzeichnungsprozeß wenigstens intervallweise analytische Approximationen des Magnetisierungsverlaufs einzuführen, so kommt dies sehr der Rechengeschwindigkeit und Genauigkeit, also der Effektivität des Rechenverfahrens zugute, da die Berechnung der entmagnetisierenden Felder die meiste Rechenzeit beansprucht [3.15].

Es soll ein in der numerischen Mathematik häufig angewandtes Verfahren, die totale Spline-Interpolation für äquidistante Stützpunkte ($x_0 \leqq \xi_l \leqq x_1 ; \eta_j$), auf das vorliegende

Problem angewandt werden. Für das Intervall i, j (Indizierung weggelassen) ist

$$M_x(\xi') = M_{0x} \sum_{\mu=0}^{3} b_\mu \xi'^\mu \qquad M_y(\xi) = M_{0y} \sum_{\mu=0}^{3} c_\mu \xi'^\mu, \qquad (3.18)$$

$$-\varrho_m(\xi') = \varrho_s(\xi') = M_{0x} \sum_{\mu=1}^{3} \mu b_\mu \xi'^{(\mu-1)},$$

$$\sigma(\xi') = M_{0y} \sum_{\mu=0}^{3} c_\mu \xi'^\mu. \qquad (3.19)$$

Die Konstantenberechnung kann nach [3.16] erfolgen. Es können aber auch die Ausdrücke (3.19) als erste Glieder einer Tschebyscheff-Approximation aufgefaßt werden. Mit (3.19) läßt sich der zweidimensionale Feldverlauf nach (3.8) bis (3.12) wie folgt berechnen:

$$H_{dx}(\xi, \eta) = -\frac{M_{0x}}{2\pi} \sum_{l=0}^{3} \sum_{\mu=1}^{3} (-1)^l b_\mu \left\{ (\xi - x_0)^\mu \operatorname{arccot} \frac{\xi - x_0}{Y_l} \right.$$

$$- (\xi - x_1)^\mu \operatorname{arccot} \frac{\xi - x_1}{Y_l} + \sum_{\nu=0}^{r-1} \frac{(-1)^\nu Y_l}{\mu - 2\nu - 1}$$

$$\left. \times [(\xi - x_0)^{\mu-2\nu-1} - (\xi - x_1)^{\mu-2\nu-1}] + Y_l^{2r+1} (-1)^r T_s \right\},$$

$$(3.20\,a)$$

$$H_{dy}(\xi, \eta) = -\frac{M_{0y}}{2\pi} \sum_{l=0}^{3} (-1)^l \left\{ [c_0 + c_1\xi + c_2 (\xi^2 - Y_l^2) + c_3\xi (\xi^2 - 3Y_l^2)] \right.$$

$$\times \left(\arctan \frac{\xi - x_1}{Y_l} - \arctan \frac{\xi - x_0}{Y_l} \right)$$

$$+ Y_l [c_{1/2} + c_2\xi + c_{3/2} (3\xi^2 - Y_l)^2] \ln \frac{(\xi - x_1)^2 + Y_l^2}{(\xi - x_0)^2 + Y_l^2}$$

$$\left. + Y_l [(c_2 + 2c_3\xi) (x_1 - x_0) + c_{3/2} (x_1^2 - x_0^2)] \right\} \qquad (3.20\,b)$$

mit

$$Y_1 = \eta + a + d \qquad T_0 = \frac{1}{Y_l} \left(\arctan \frac{\xi - x_0}{Y_l} - \arctan \frac{\xi - x_1}{Y_l} \right)$$

$$Y_2 = \eta + a \qquad T_1 = \frac{1}{2} \ln \frac{(\xi - x_0)^2 + Y_l^2}{(\xi - x_1)^2 + Y_l^2}$$

$$Y_3 = \eta - a - d$$

$$Y_4 = \eta - a \qquad \mu = 2r + s \qquad s = 0 \quad \text{oder} \quad 1.$$

Wie zu erkennen ist, bestimmt $l = 0; 1$ die Grundterme, $l = 2; 3$ die Spiegelladungsterme. Weiter ist zu erkennen, daß H_{dx} nur den Raumladungsanteil, H_{dy} nur den Flächenladungsanteil berücksichtigt. Diese Vereinfachung ist insofern gerechtfertigt, als die vernachlässigten Anteile Felder in Schichtmitte von identisch Null ergeben bzw. klein sind. Lediglich bei sehr dicken Schichten spielt der Flächenladungsterm im x-Feld eine Rolle, da er dann nach numerischen Berechnungen von *Suzuki* [3.15] an der Oberfläche überwiegenden Einfluß hat.

Für Metalldünnschichtbänder, deren Anisotropieachse näherungsweise in der Schichtebene liegt, hat die Vereinfachung von (3.20) bis zum eindimensionalen Modell Berechtigung. Hierfür ergibt sich

$$H_{dx}(\xi) = \frac{M_{0x}d}{2\pi} \left\{ \sum_{\nu=1}^{\mu-2} \mu b_\mu \left(\sum_{\mu=0}^{3} \frac{x_1^{\mu-\nu-1} - x_0^{\mu-\nu-1}}{\mu - \nu - 1} \xi^\nu + \xi^{\mu-1} \ln \left| \frac{x_1 - \xi}{x_0 - \xi} \right| \right) \right.$$

$$+ \frac{1}{2a} [2b_3\xi^3 + b_2\xi^2 - 8b_3\xi a^2 + 4b_2 a^2]$$

$$\times \left(\arctan \frac{x_0 - \xi}{2a} - \arctan \frac{x_1 - \xi}{2a} \right) + \left(\frac{3}{2} b_3\xi^2 + 2a^2 b_3 - \frac{b_1}{2} \right)$$

$$\left. \times \ln \frac{(\xi - x_1)^2 + 4a^2}{(\xi - x_0)^2 + 4a^2} + b_3\xi (x_1 - x_0) + \frac{b_3}{2} (x_1^2 - x_0^2) \right\}.$$

$$H_{dy}(\xi) = 0. \tag{3.21}$$

3.2.2.5. Linearer Übergang

Das erste Glied von (3.20a) bzw. (3.21) für $\mu = 1$ geht in den von [3.17] angegebenen Ausdruck für einen rampenförmigen Übergang der Breite $(x_1 - x_0)$ über. Nach (3.20) bleibt das bei $\xi = x_0, x_1$ auftretende Maximalfeld endlich. Es ist aber noch mehr als doppelt so groß als beim realeren arctan-Übergang; vgl. [3.18]. Dies zeigt, daß die genauere Darstellung des Magnetisierungsverlaufs, insbesondere im Gebiet maximaler Krümmung, von Bedeutung ist.

3.2.2.6. Arctan-Übergänge

Bei Dünnschichtbändern mit Längs-, Senkrecht- oder beliebiger uniaxialer Anisotropie (s. Abschn. 4.) ist eine Magnetisierungsverteilung der Form

$$\vec{M}(\xi, \eta) = \frac{2}{\pi} (\vec{i}M_{0x} + \vec{j}M_{0y}) \arctan \frac{\pi}{s} \xi \tag{3.22}$$

allgemeingültig darstellbar.

Das entmagnetisierende Feld wurde aus (3.8) von *Chang, Perez* [3.20] und *Monson, Valstyn* [3.8] unter Vernachlässigung der Gegenwart des Kopfspiegels zu

$$H_{dx}(\xi) = -\frac{2}{\pi} M_{0x} \arctan \frac{\frac{d}{2}\xi}{\xi^2 + \left(\frac{s}{\pi}\right)^2 + \frac{d}{2}\frac{s}{\pi}},$$

$$H_{dy}(\xi) = -\frac{2}{\pi} M_{0y} \arctan \frac{\xi}{\frac{s}{\pi} + \frac{d}{2}}, \tag{3.23}$$

gültig für Schichtmitte ($\eta = d/2$), berechnet.

In [3.61] wird gezeigt, wie mit Hilfe der analytischen Ausdrücke (3.22), (3.23) und (3.79) einfachste Iterationsprogramme für den Aufzeichnungs-Wiedergabe-Vorgang mit dem Taschenrechner bewältigt werden können.

Für die Längsspeicherung in isotropen Medien hat der Ansatz (3.22) wenig Berechtigung. In solchen Medien, besonders wenn sie entsprechend räumlich ausgedehnt sind, stellt sich eine y-Komponente der Magnetisierung ein, die der Ableitung der x-Komponente entspricht und im Idealfall der Bedingung div $\vec{M} = 0$ genügt. Dementsprechende Magnetisierungsstrukturen sind von *Valstyn, Monson* [3.21] empirisch abgeleitet und die dazugehörigen Eigenfelder berechnet worden.

Viele Aufzeichnungsmodelle berücksichtigen nur die x-Komponente der Magnetisierung, vorwiegend in der approximativ vorgegebenen Form

$$M_x(\xi) = \frac{2}{\pi} M_{0x} \arctan \frac{\pi}{s} \xi. \tag{3.24}$$

Werden damit die zweidimensionalen Eigenfelder in dickeren Schichten berechnet, erscheint die maximale Feldamplitude an der Schichtoberfläche, wobei um $\xi = 0$ das H_{dy} den Wert von H_{dx} übersteigt. Die große y-Komponente neigt zur Bildung auch eines M_y, das sich im Realfall mit dem vom Aufzeichnungsfeld verursachten M_y überlagern und dem berechneten Feld entgegenwirken würde. Die Vernachlässigung der y-Magnetisierung führt also zu einem Fehler in der y-Feldberechnung, der an der Oberfläche, besonders von isotropen Schichten, am größten ist. *Potter* [3.18] schlug daher für dieses Modell vor, die Feldberechnung nur pauschal für die Schichtmitte vorzunehmen. Dies wird im Interesse der höchsten Approximationsgenauigkeit bei der Ermittlung des Parameters s im Abschnitt 3.4.3.2. beachtet. Dafür ist von *Tjaden, Tercic* [3.19] das Eigenfeld unter Berücksichtigung des im Abstand a befindlichen hochpermeablen Kopfspiegels ($a^* = a + d/2$) berechnet worden:

$$H_{dx}(\xi) = \frac{M_0 d}{\pi} \left[\frac{\xi}{\xi^2 - \left(\dfrac{s}{\pi} + 2a^* \right)^2} - \frac{\xi}{\xi^2 + \left(\dfrac{s}{\pi} \right)^2} \right], \tag{3.25}$$

gültig für $d < s$, eine Bedingung, die nach (3.52) stets erfüllt ist.

3.3. Modelle der Magnetisierungshysterese

Die Speicherung von Digitalinformation auf Magnetband geschieht durch das Umpolen der Aufzeichnungsfelder meist so, daß das Speichermedium zwischen seinen magnetischen Sättigungszuständen geschaltet wird. Für die Analyse dieses Schaltungsvorgangs ist die Beschreibung des Zusammenhangs zwischen Erregerfeld und Schichtmagnetisierung von Interesse. Dieser Zusammenhang ist nichtlinear und mit Hysterese verbunden.

3.3.1. Mikroskopische Teilchenmodelle

Die Speichermedien bestehen im wesentlichen aus einer Ansammlung von Einbereichsteilchen. Über den Ummagnetisierungsmechanismus der (isolierten) Einzelteilchen bestehen befriedigende Vorstellungen.

3.3.1.1. Modelle ohne Wechselwirkung

Die heute angewandten mikroskopischen Aufzeichnungstheorien beruhen noch auf einem wechselwirkungsfreien Ummagnetisierungsmodell für längliche Einbereichsteilchen mit uniaxialer Anisotropie nach *Stoner* und *Wohlfarth* [3.23]. Nach diesem Modell errechnet sich die Lage des Magnetisierungsvektors mit den Winkeldefinitionen nach Bild 3.4a zu

$$\frac{\partial E}{\partial \Phi} = 0; \qquad \frac{\partial^2 E}{\partial \Phi^2} > 0$$

mit der Energiedichte

$$E = -K_0 \cos^2 \Phi - \mu M_s H_a \cos(\psi - \Phi).$$

Hat das *i*-te Teilchen eine Wahrscheinlichkeit der Winkelabweichung zwischen leichter Achse und *x*-Achse von $p(\psi_{Ai})$, und ist Φ_i die Gleichgewichtslage, dann berechnet sich der Magnetisierungsvektor nach *Suzuki* [3.15] zu

$$M_x \sum_i p(\psi_{Ai}) \, M_s \cos(\Phi_i + \psi_{Ai}),$$

$$M_y = \sum_i p(\psi_{Ai}) \, M_s \sin(\Phi_i + \psi_{Ai}).$$

Magnetisierungsänderungen bis $|\psi| \leq \pi/2$ sind reversibel; für $|\psi| > \pi/2$ ist die Ummagnetisierung je nach Größe von ψ und H_a reversibel oder irreversibel. Der resultierende remanente Zustand der Magnetisierung kann mit Hilfe der *Schaltastroide*

$$H_x^{2/3} + H_y^{2/3} \geq 1$$

ermittelt werden, die auch als kritische Kurve bezeichnet wird und aus der Theorie der kohärenten Rotation abgeleitet wird; s. beispielsweise [3.63]. H_x und H_y sind die anliegenden Feldkomponenten, deren Werte- und Funktionsbereich bis $\pm H_K$ reicht, wie Bild 3.4b zeigt. H_K ist die uniaxiale Anisotropiefeldstärke.

Für kubische Anisotropie stellte *I. A. Beardsley* [3.85] ein äquivalentes Modell auf.

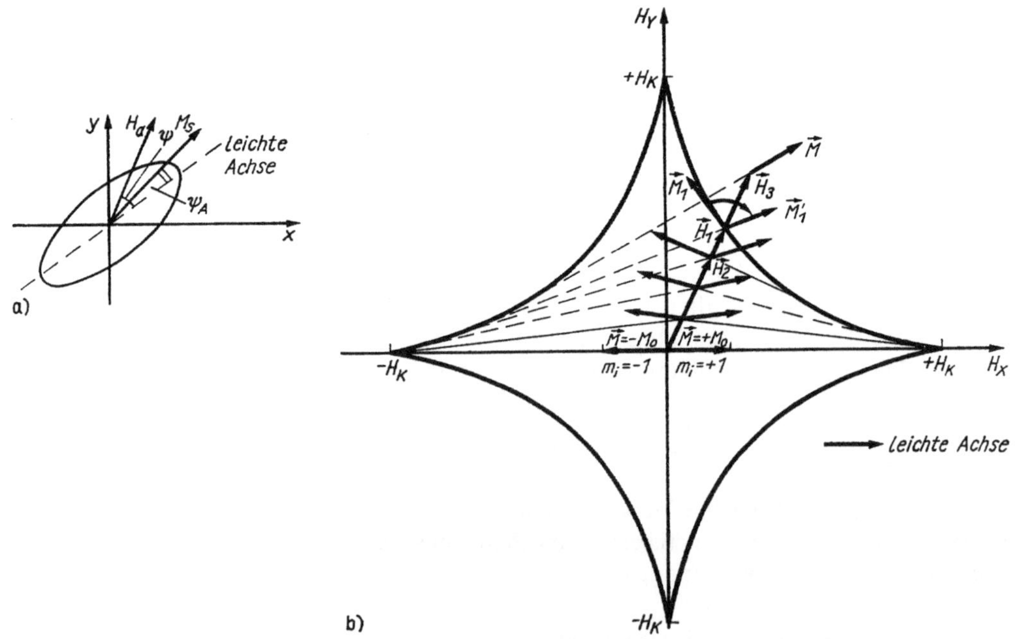

Bild 3.4. Einbereichsteilchenmodell

a) Winkeldefinitionen
b) Definition der Teilchenmagnetisierung mit Hilfe der Schaltastroide

Wenn im feldfreien (remanenten) Zustand $m_1 = \vec{M}/M_0 = -1$ ist, so wird bei Wirkung eines Feldes $\vec{H}_1$, das gerade das Schaltkriterium erfüllt, sich die Magnetisierung sprungartig von $\vec{M}_1$ auf $\vec{M}'_1$ irreversibel drehen und den neuen remanenten Zustand $m_i = \vec{M}/M_0 = +1$ annehmen. Der durch die Vorgeschichte bestimmte magnetische Zustand jedes i-ten Teilchens ist also durch $m_i = \pm 1$ eindeutig vorgegeben, und die Lage des aktuellen Vektors $\vec{M}_i(\vec{H}_i)$ ist durch die im Bild 3.4b gezeigte Tangentenbedingung leicht zu ermitteln. Somit reduziert sich das Problem der Vorgeschichte für die N Partikeln auf das Abspeichern von N Binärbits m_i.

Mit dieser Methode wurde von *Ortenburger, Potter* [3.58] die Anzahl der Speicherplätze reduziert sowie Konvergenzprobleme gelöst, die sich leicht durch fehlerhafte irreversible Zustandsänderungen der Teilchen während des Iterationsprozesses ergeben können.

Die Winkelverteilung der leichten Achsen dieser Teilchen bestimmt die pauschale magnetische Anisotropie und Hystereseschleife der Schicht und muß sorgfältig gewählt werden, um $M(H)$-Kurven realer Gestalt zu erhalten [3.84]. Solche sind im Bild 3.5 für ein Längs- und für ein Senkrechtspeichermedium mit verschiedenen Ausrichtungsfaktoren dargestellt.

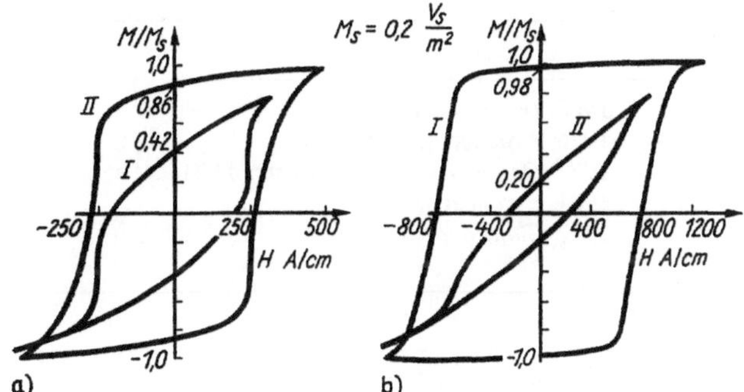

Bild 3.5
Hysteresekurven eines anisotropen wechselwirkungsfreien Teilchenmodells nach [3.59]
a) Längsspeichermedium
b) Senkrechtspeichermedium

Da in dem Modell die Teilchenwechselwirkung vernachlässigt wird, ist auch keine Übereinstimmung mit dem H_c realer Schichten zu erwarten, wenn nicht bestimmte Parameterkorrekturen vorgenommen werden. Hierfür bieten sich das Achsenverhältnis der Teilchen und damit K_u [3.15] [3.59] und die H_c-Verteilung, die empirisch aus der Remanenzkurve ermittelt werden kann [3.32], an. Das Modell verliert dadurch zwar an physikalischem Gehalt, wird aber zu einem überaus nützlichen phänomenologischen Modell, das auch Metallschichten mit hoher Teilchenwechselwirkung richtig im pauschalen $M(H)$-Verhalten beschreiben kann. Diese Modelle sind beim heutigen Stand der Rechentechnik Bestandteil der komfortablen Aufzeichnungstheorien (Tafel 3.2).

3.3.1.2. Modelle mit Wechselwirkung

Physikalisch realere Ummagnetisierungsmodelle für Speichermedien mit ihrem hohen magnetischen Moment und ihrer hohen Packungsdichte (30 ... 60 %) sollten, wie gesagt, die Wechselwirkung der engbenachbarten, endlich ausgedehnten Teilchen berücksichtigen. Natürlich sollten diese Modelle, die letztlich zur physikalischen Beschreibung des Aufzeichnungsvorgangs im inhomogenen Vektorfeld dienen, auch die meßbare Remanenz- und Hysteresekurve des Speichermediums im homogenen äußeren Feld, einschließlich Rotationshysterese, ohne empirische Angleichung richtig beschreiben. Für geringe Packungsdichten ist die magnetostatische Wechselwirkungsenergie ausführlich

Tafel 3.2. Systematik der Aufzeichnungstheorien

Eindimensionale Funktionalmodelle

$M(H)$-Rechtecksschleifen (H_c-Kriterium)	$M(H)$-Skalarmodelle (Anstiegskriterium)
1959 *Miyata, Hartel* [3.41]	1969 *Siakkou* [3.74]
1963 *Chapman* [3.42]	1971 *Williams, Comstock* [3.48]
1966 *Speliotis, Morrison* [3.17]	1974 *Maller, Middleton* [3.39]
Bonyhard, Davies, Middleton [3.46]	1975 *Talke, Tseng* [3.9]
Middleton [3.47]	1976 *Middleton, Wisely* [3.51]
1970 *Potter* [3.18]	1978 *Middleton, Wisely* [3.22]
	Gl. (3.53) Abschn. 3.4.3. b)

Numerische nichtiterative Modelle	Funktionale Vektormodelle
1961 *Kostyshyn* [3.44]	1975 *Middleton* [3.53]
1965 *Herbert, Patterson* [3.75]	1978 *Middleton, Wisely* [3.22]
1968 *Steele, Mallinson* [3.50]	Gl. (3.36) Abschn. 3.4.3. a)
1970 *Münster* [3.26] ·	

Stationäre iterative Modelle (Einzel- und Mehrfachwechsel)

---

eindimensional	zweidimensional
1970 *Curland, Speliotis* [3.64]	1968 *Iwasaki, Suzuki* [3.54]
1971 *Curland, Speliotis* [3.55] [3.76]	1976 * *Suzuki* [3.15]
1971 *Georg, King* u.a. [3.56]	1977 *Ortenburger, Cole, Potter* [3.31]
1973 *Tjaden* [3.65]	1981 * *Poncet* [3.32]
1974 *Dejouhanet, Lazzari* [3.57]	1982 *Siakkou, Säckl* [3.61]
1975 *Portigal* [3.77]	

Dynamische iterative Modelle (beliebige Bitmusterfolgen)

---

eindimensional	zweidimensional
1971 *Potter, Schmulian* [3.40]	1979 * *Ortenburger, Potter* [3.58]
1974 *Nishimoto, Nagao* u.a. [3.66]	1980 * *Potter, Beardsley* [3.59]
Chi, Speliotis [3.60]	1980 *Roscamp, Roberts, Frank* [3.7]
1977 *Ortenburger, Cole, Potter* [3.31]	1982 * *Beardsley* [3.84]
1978 *Jansen, Fluitman, Wesseling* [3.35]	1982 * *Beardsley* [3.85]
Speliotis, Chi [3.36]	
1981 *Hughes, Bloomberg* u.a. [3.34]	* mikromagnetische Vektormodelle,
1983 *Strese* [3.43]	sonst Skalarmodelle

---

behandelt worden. Lösungen liegen für einfache Modelle von Teilchenkollektiven vor. Im einfachsten Fall wird von der Methode des „lokalen Feldes" mit Gl. (3.13) Gebrauch gemacht. Es wird der Einfluß der Streufelder auf ein Teilchen betrachtet, ohne Rückwirkung durch die Magnetisierungsänderung dieses Teilchens selbst. Einen guten Überblick über die klassischen Arbeiten zur Wechselwirkung (Zweiteilchen-, Paar-, Dipol-, Preisach-Modell) vermittelt [3.25].

In berechtigter Kritik der klassischen Methoden für schwache Wechselwirkung berechnete *Münster* [3.26] zweidimensional die Streufeldenergie eines homogen magnetisierten Rotationsellipsoids, die Wechselwirkungsenergie und die Anisotropieenergie. Die Gesamtenergie wird jedoch auch hierbei nicht durch Integration über das reale Teilchen, sondern nur für den Teilchenmittelpunkt berechnet. Mit diesem Mechanismus gelang es, die Anisotropieeigenschaften und das Ummagnetisierungsverhalten streifend aufgedampfter dünner Schichten mit einer Packungsdichte von etwa 60% qualitativ richtig zu erklären.

Einen Schritt weiter gingen *Bertram, Bhatia* [3.27], die ebenfalls für die Belange hoher Packungsdichten ein effektives Wechselwirkungsfeld berechneten, das einen Mittelwert über das rotationselliptische Teilchen darstellt.

Die dreidimensionalen Wechselwirkungsmodelle nach [3.28] [3.29] [3.14] sind wieder einfache Dipolmodelle nach der genannten Methode der lokalen Felder entsprechend Gl. (3.13), und sie vernachlässigen die endlichen Abmessungen der Teilchen. Deshalb gelten diese Modelle nur für Medien mit geringem Füllfaktor (bis etwa 20%). Eine reale Streuung der Anisotropieachsen läßt sich hierbei berücksichtigen.

Da mit den gegebenen Wechselwirkungsmodellen die physikalisch richtige Beschreibung der Hysteresekurve nicht möglich ist, werden in die vorhandenen Ansätze Korrekturen eingefügt (z.B. im Achsenverhältnis der Teilchen), bis eine Übereinstimmung zumindest im H_c-Wert mit den gemessenen Kurven herbeigeführt ist [3.14]. Damit entstehen praktikable phänomenologische Vektormodelle, die gegenüber den vorher beschriebenen wechselwirkungsfreien Modellen den Vorteil haben, den Einfluß der rotierenden Vektoren während der Aufzeichnungs- und Entmagnetisierungsvorgänge richtig darzustellen. Beim heutigen Stand der Rechentechnik sind die Modelle mit Wechselwirkung für die Simulation des Aufzeichnungsprozesses zu aufwendig. Sie würden innerhalb eines jeden Iterationsschrittes der $M(H)$-Bestimmung (s. Abschn. 3.4.2.) einen weiteren kompletten Iterationszyklus für den Magnetisierungsvektor eines jeden Einzelteilchens erfordern [3.31].

Bisher existieren keine Modelle, die weitere, das Ummagnetisierungsverhalten quantitativ beeinflussende Faktoren, wie die Wirkung von homogenen Wechselwirkungsfeldern im Teilchen (die evtl. Wandstrukturen hervorbringen), berücksichtigen [3.30]. Dies schränkt die Gültigkeit nicht nur für hohe Packungsdichten ein, sondern auch für Teilchenabmessungen über 0,1 μm. Bei diesen Teilchen kann mit dem Auftreten von Bereichswänden gerechnet werden, so daß die Beschränkung auf Rotationsprozesse nicht mehr vertretbar ist. Eine Erweiterung auf die realeren Buckling-, Curling- oder Funning-Modelle würde offensichtlich den ohnehin enormen Rechenaufwand weiter erhöhen.

3.3.2. Skalare Magnetisierungskurven

Die exakte analytische Beschreibung der physikalischen Vorgänge beim Ummagnetisierungsprozeß ist z.Z. nicht möglich. Gegenwärtig begnügt man sich damit, daß die wesentlichen Hystereseparameter berücksichtigt werden und der Verlauf der Hysteresekurve in allen Quadranten sowie von jedem Zustandspunkt $M(H)$ aus kontinuierlich ist und auch in den Ableitungen existiert [3.37] [3.38]. Einen Überblick über bisher existierende Modelle gibt *Strese* in [3.83].

Wir wollen uns drei phänomenologischen Modellen zuwenden, die das nichtlineare Verhalten auch der inneren Schleifen recht gut approximieren und sich durch die geschlossene Darstellung der Ummagnetisierungsäste ausgezeichnet für die Berechnung des Aufzeichnungsprozesses eignen.

3.3.2.1. tanh-Modell nach *Potter* und *Schmulian* (Modell a)

Die Berechnung der Hystereseschleife erfolgt über

$$M(H) = c_\mu M_s \left\{ 1 - \alpha \left(1 + \tanh \left[\left(1 - c_\mu \frac{H}{H_c} \right) \operatorname{arctanh} R \right] \right) \right\}, \qquad (3.26)$$

wobei

$$R = M_r/M_s$$

der Rechteckfaktor ist und M_s die Sättigungsmagnetisierung, M_r die remanente Magnetisierung, H_c die Koerzitivfeldstärke; c_μ und α sind Modellparameter [3.40].

Der Parameter α beschreibt für $\alpha = 1$ die Grenzhysterese und für $0 < \alpha < 1$ die inneren Schleifen. Der Parameter c_μ kennzeichnet für $c_\mu = +1$ den aufsteigenden Ast und für $c_\mu = -1$ den fallenden Ast der Hystereseschleife.

Die Berechnung der Rückmagnetisierung erfolgt über die Ermittlung eines neuen α über

$$\alpha_{\text{Rück}} = \left(1 - c_\mu \frac{M_m}{M_s}\right) \frac{1}{1 + \tanh\left[\left(1 - c_\mu \frac{H_m}{H_s}\right) \text{arctanh } R\right]}$$

im Umkehrpunkt (H_m, M_m).

3.3.2.2.   arctan-Anstiegsmodell (Modell b)

Dieses Hysteresemodell benutzt Elemente aus [3.39] und [3.40], beschreibt aber darüber hinaus auch den für die Aufzeichnung entscheidenden Bereich um die Koerzitivfeldstärke H_c (genauer um H_c/S) durch den Steilheitsfaktor S nach (3.28) exakt, da es den Anstieg $(\mu_m - 1)$ in diesem Punkt berücksichtigt. Dagegen wird der für den Aufzeichnungsvorgang uninteressante Bereich $M > M_r$, der üblicherweise durch einen Rechteckfaktor beschrieben wird, hier ungenauer angenähert.

Eine Gleichung, die diesen Anforderungen genügt, lautet

$$M(H) = c_\mu \frac{M_r}{S} \left\{1 - \alpha \left[1 + \frac{2}{\pi} \arctan\left(\frac{H_c - c_\mu H}{H_c} \tan \frac{\pi}{2} S\right)\right]\right\} \qquad (3.27)$$

mit dem Steilheitsfaktor

$$S = \frac{1}{2} + \sqrt{\frac{1}{4} - \frac{4}{\pi^2} \frac{M_r}{(\mu_m - 1) H_c}}; \qquad \frac{M_r}{(\mu_m - 1) H_c} \leqq \frac{\pi^2}{16}. \qquad (3.28)$$

Mit $c_\mu = 1$ wird der aufsteigende (untere) Ast berechnet, mit $c_\mu = -1$ der fallende (obere) Ast der $M(H)$-Schleifen. Durch $\alpha = 1$ wird die Grenzhysterese beschrieben, durch $\alpha < 1$ alle möglichen inneren Schleifen. Die Berechnung von α erfolgt entsprechend der Vorgeschichte, d.h. entsprechend dem Start- oder Umkehrpunkt (H_m, M_m) mit

$$\alpha_{\text{Rück}} = \left(1 - \frac{M_m S}{c_\mu M_r}\right) \frac{1}{1 + \frac{2}{\pi} \arctan\left(\frac{H_c - c_\mu H_m}{H_c} \tan \frac{\pi}{2} S\right)}.$$

Damit kann jeder beliebige Ummagnetisierungsprozeß berechnet werden.

Die Neukurve lautet mit $\alpha = 1/(1 + S)$

$$M(H, O) = c_\mu \frac{M_r}{S} \left\{1 - \frac{1}{1 + S} \left[1 + \frac{2}{\pi} \arctan\left(\frac{H_c - c_\mu H}{H_c} \tan \frac{\pi}{2} S\right)\right]\right\}$$

$$(3.29)$$

und die Grenzhysterese mit $\alpha = 1$

$$M(H, M_r) = -c_\mu \frac{M_r}{S} \frac{2}{\pi} \arctan\left(\frac{H_c - c_\mu H}{H_c} \tan \frac{\pi}{2} S\right). \qquad (3.30)$$

Bei $H = 0$ herrscht der remanente Zustand

$$M_0 = c_\mu \frac{M_\mathrm{r}}{S} \left\{ 1 - \alpha \left[1 + S \right] \right\}. \tag{3.31}$$

Von hier ausgehend, beginnen die Entmagnetisierungskurven im 2. und 4. Quadranten. Von diesen inneren Schleifen interessieren für den Aufzeichnungsvorgang die dazugehörige Remanenenzkoerzitivfeldstärke H_r'' und die differentielle Maximalpermeabilität μ_m'.

Diese Größen berechnen sich zu

$$\frac{H_\mathrm{r}''}{H_\mathrm{r}} \approx \frac{H_\mathrm{c}'}{H_\mathrm{c}} = 1 - \frac{\tan \dfrac{\pi}{2} \left(\dfrac{1 + S}{1 + S \dfrac{M_0}{M_\mathrm{r}}} - 1 \right)}{\tan \dfrac{\pi}{2} S}$$

bzw.

$$\frac{\mu_\mathrm{m}' - 1}{\mu_\mathrm{m} - 1} = \frac{1}{1 + \left[\left(1 + \dfrac{H_\mathrm{c}'}{H_\mathrm{c}} \right) \tan \dfrac{\pi}{2} S \right]^2},$$

nehmen also den erwarteten nichtlinearen Verlauf. Dies geht anschaulich aus den Hystereseschleifen des Bildes 3.6 hervor.

3.3.2.3. tanh-Anstiegsmodell (Modell c)

Dieses Modell entspricht dem tanh-Modell, verwendet für S jedoch den Steilheitsfaktor ähnlich dem arctan-Anstiegsmodell:

$$M(H) = c_\mu \frac{M_\mathrm{r}}{S} \left\{ 1 - \alpha \left(1 + \tanh \left[\left(1 - c_\mu \frac{H}{H_\mathrm{c}} \right) \operatorname{arctanh} S \right] \right) \right\} \tag{3.32}$$

und

$$S = \tanh \frac{(\mu_\mathrm{m} - 1) H_\mathrm{c}}{M_\mathrm{s}}.$$

Für den Modellparameter α gilt (analog zu *Potter* und *Schmulian*)

$$\alpha_\mathrm{Rück} = \left(1 - c_\mu \frac{M_\mathrm{m} S}{M_\mathrm{r}} \right) \frac{1}{1 + \tanh \left[\left(1 - c_\mu \dfrac{H_\mathrm{m}}{H_\mathrm{c}} \right) \operatorname{arctanh} S \right]}.$$

Das Modell c unterscheidet sich vom Modell a nur in der Berechnung des Steilheitsfaktors. Es ergibt sich beim Modell c ein zu großer Steilheitsfaktor, was sich besonders oberhalb M_r ungünstig auswirkt (s. Bild 3.6c).

3.3.2.4. Vergleich der Modelle

Ein Vergleich der Modelle wurde von *Reuter* u. a. in [3.82] herbeigeführt. Die Modelle a und b (Bilder 3.6a und b) liefern bezüglich der Grenzhysterese bei hohen Rechteck-

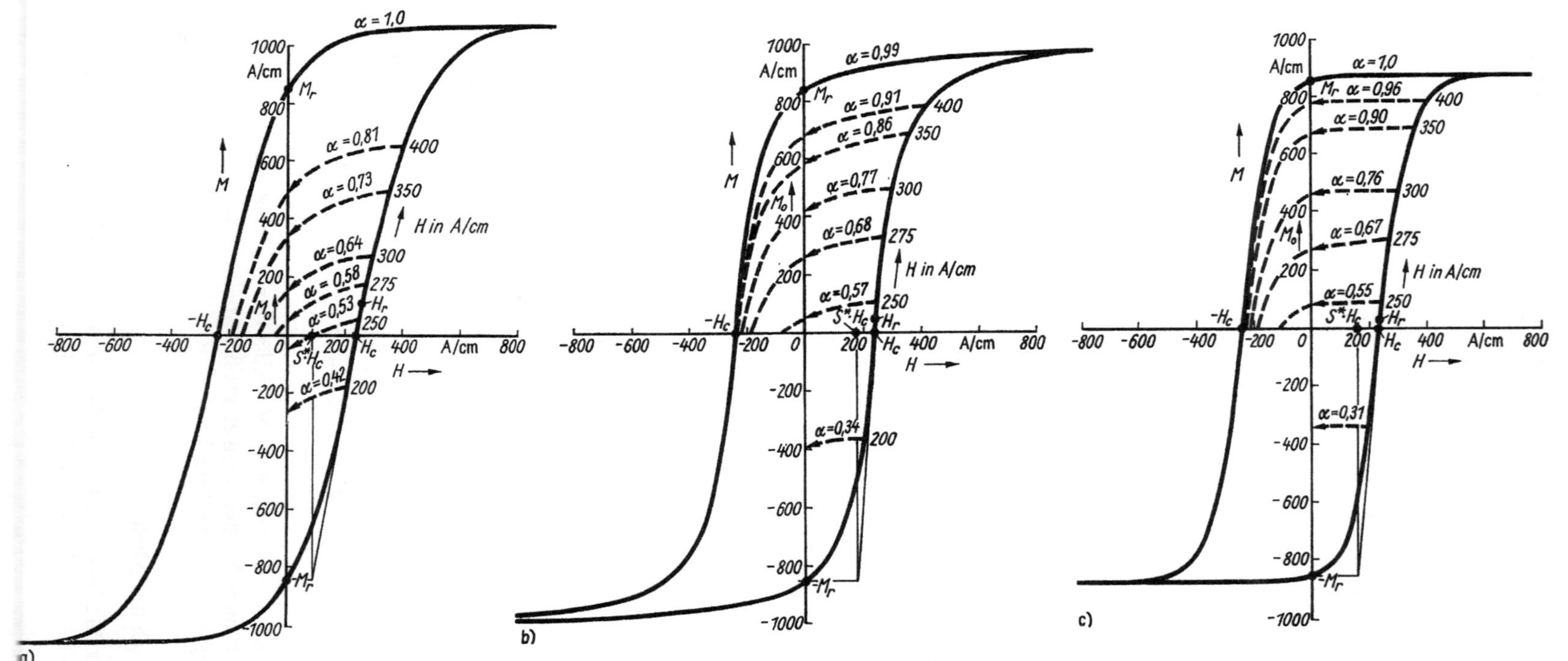

a)
1000
A/cm
800
600
400
200
-800 -600 -400 -200
-Hc
M
α = 1,0
Mr
α = 0,81
α = 0,73
α = 0,64
α = 0,58
α = 0,53
Mo
S* Hc
α = 0,42
400
350
H in A/cm
300
275
Hr
250
200
0 200 Hc 400 A/cm 800
H
-200
-400
-600
-800
-Mr
-1000

b)
1000
A/cm
800
600
400
200
-800 -600 -400 -200
-Hc
M
α = 0,99
Mr
α = 0,91
α = 0,86
α = 0,77
α = 0,68
α = 0,57
Mo
S* Hc   Hr
400
350
300
275
H in A/cm
250
0 200 Hc 400 A/cm 800
H
-200
α = 0,34
200
-400
-600
-800
-Mr
-1000

c)
1000
A/cm
800
600
400
200
-800 -600 -400 -200
-Hc
M
α = 1,0
Mr α = 0,96
α = 0,90
α = 0,76
α = 0,67
Mo
α = 0,55
S* Hc   Hr
400
350
300
275
H in A/cm
250
0 200 Hc 400 A/cm 800
H
-200
α = 0,31
-400
-600
-800
-Mr
-1000

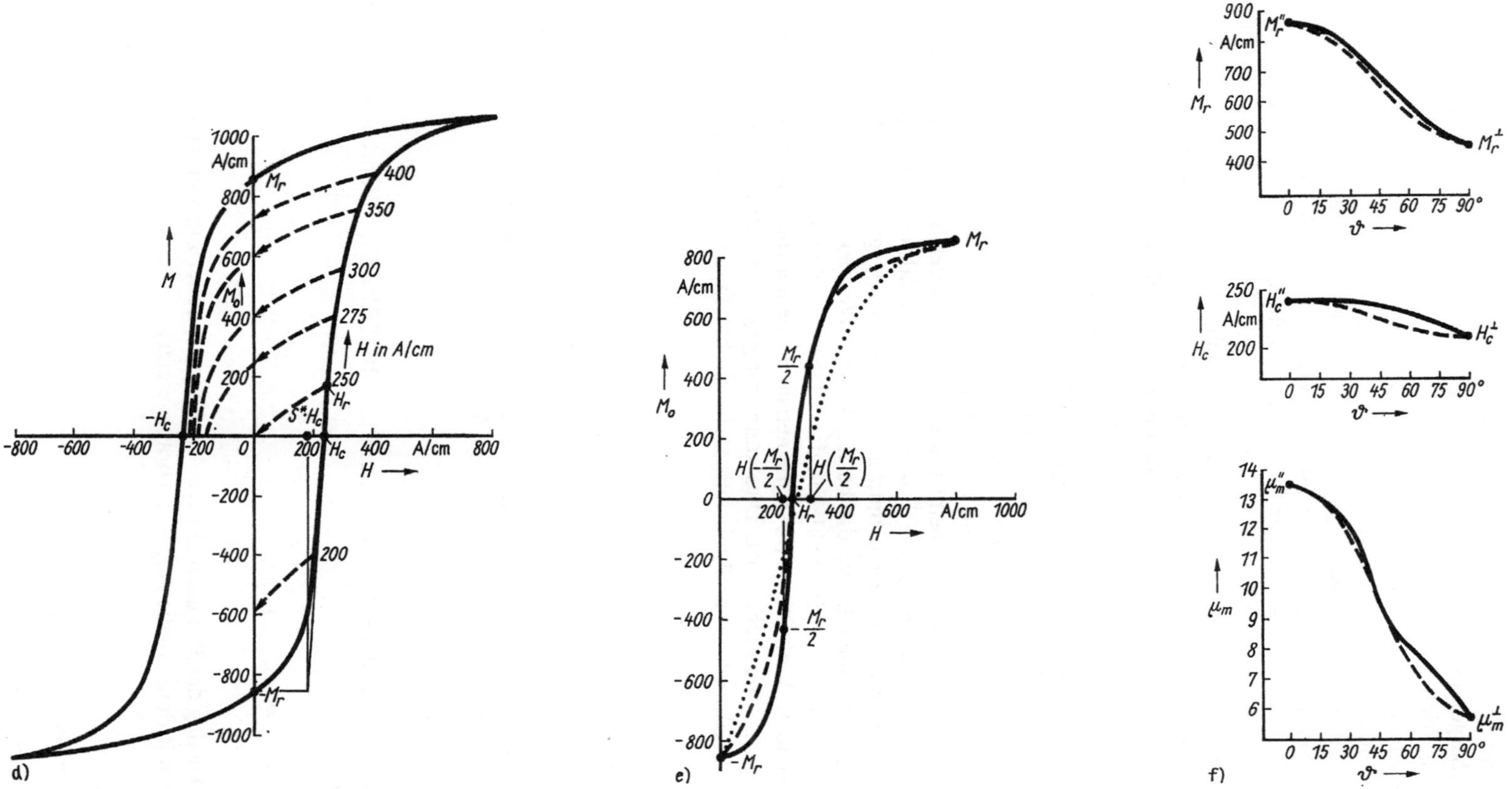

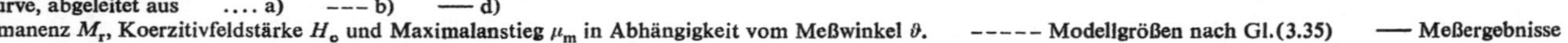

Bild 3.6. *Hystereseschleifen, Rückmagnetisierungskurven und abgeleitete Parameter*

a) tanh-Modell nach *Potter* u. *Schmulian* (Modell a)
b) arctan-Anstiegsmodell (Modell b)
c) tanh-Anstiegsmodell (Modell c)
d) Meßkurve zum Vergleich, γ-Fe$_2$O$_3$, $\vartheta = 0°$
e) Remanenzkurve, abgeleitet aus   .... a)   --- b)   —— d)
f) Sättigungsremanenz M_r, Koerzitivfeldstärke H_o und Maximalanstieg μ_m in Abhängigkeit vom Meßwinkel ϑ.   ----- Modellgrößen nach Gl.(3.35)   —— Meßergebnisse

faktoren annähernd gleich gute Ergebnisse und im wesentlichen eine gute Übereinstimmung mit den Meßergebnissen (Bild 3.6d) für ein repräsentatives längsanisotropes Eisenoxidband in Vorzugsrichtung ($\vartheta = 0°$).

Die weniger rechteckigen Schleifen bei Messung außerhalb der Vorzugsachse ($\vartheta \neq 0°$) werden dagegen eindeutig durch das Modell b besser approximiert.

Bei Berücksichtigung des Anstiegs $\mu_\mathrm{m} - 1$ in H_c liefert das Modell b vor allem eine bessere Übereinstimmung im Bereich der Ummagnetisierung um H_c. Durch den errechneten Steilheitsfaktor, der etwas größer ist als der Rechteckfaktor, ist allerdings das Verhalten der Hysteresekurve oberhalb M_r (bzw. für große Feldstärken H) etwas schlechter als beim Modell a. Das Modell c unterscheidet sich vom Modell a nur in der Berechnung des Steilheitsfaktors. Es ergibt sich beim Modell c ein zu großer Steilheitsfaktor, was sich insbesondere oberhalb M_r ungünstig auswirkt (s. Bild 3.6c).

Wichtiger als die in den Bildern 3.6a bis d gezeigten Hysteresekurven $M(H)$, aus denen man die remanente Magnetisierung M_r, die Anfangspermeabilität μ_a, die Koerzitivfeldstärke H_c und die differentiellen Maximalpermeabilitäten μ_m ablesen kann, sind für den Aufzeichnungsprozeß die aus den inneren Rückmagnetisierungskurven ableitbaren Remanenzkurven $M_0(H)$, wie Bild 3.6e zeigt. Für $\vartheta = 0°$ erzielen alle Modelle für $H_\mathrm{m} > H_\mathrm{c}$ nahezu Übereinstimmung mit den Meßergebnissen; d.h., auftretende Fehler bei der Berechnung von M_m werden beim Durchfahren innerer Schleifen für $H_\mathrm{m} > H_\mathrm{c}$ weitgehend vom Modell kompensiert. Für $\vartheta \neq 0°$ (Rechteckfaktor klein) liefern die Modelle eine weitaus schlechtere Übereinstimmung mit den Meßergebnissen. Das Modell b liefert auch bei der Remanenzkurve die besten Werte. Werden nach den vorliegenden Rechenvorschriften mehrere kleine Schleifen durchfahren, macht sich gegenüber dem zu erwartenden reversiblen Verhalten ein Abmagnetisieren bemerkbar, wie es bei instabilen Magnetwerkstoffen zu beobachten ist. Dies kann mit gewissen zusätzlichen Rechenvorschriften, wie sie *Nishimoto* u.a. [3.66] ausgearbeitet haben, in gewünschter Weise beeinflußt werden.

3.3.2.5. Abgeleitete Modellgrößen

Aus der Remanenzkurve $M_0(H)$ gewinnt man die Größe H_r, die Remanenzkoerzitivfeldstärke, die den Ummagnetisierungsprozeß grundlegender als H_c charakterisiert. H_r ist praktisch das Entmagnetisierungsgleichfeld, das erforderlich ist, um auf einer Rückmagnetisierungsschleife den Remanenzzustand $M_0 = 0$ zu erreichen:

$$M_0(H_\mathrm{r}) = 0.$$

Es liegt bei anisotroper Teilchenanordnung um $1 \ldots 10\%$ über H_c. Während der Anstieg von $M(H)$ in H_c

$$\left.\frac{\mathrm{d}M}{\mathrm{d}H}\right|_{H=H_\mathrm{c}} = \mu_\mathrm{m} - 1$$

ist, beträgt der Anstieg der Remanenzkurve $M_0(H)$ in H_r näherungsweise (Rückmagnetisierungsgeraden mit dem Anstieg $\mu_\mathrm{a} - 1$ vorausgesetzt)

$$\left.\frac{\mathrm{d}M_0}{\mathrm{d}H}\right|_{H=H_\mathrm{r}} \approx \mu_\mathrm{m} - \mu_\mathrm{a}; \tag{3.33}$$

μ_a ist die Anfangspermeabilität.

Damit kann man überschlagsmäßig auch die Verknüpfungen von H_r und H_c angeben:

$$\frac{H_r}{H_c} = \frac{\mu_m - 1}{\mu_m - \mu_a}.$$

In Tafel 4.5 sind die Größen, die H_r beeinflussen, für einige Digitalspeichermedien zusammengestellt.

Als Maß für denjenigen Feldbereich, in dem die Ummagnetisierung eintritt, definiert man die Schaltfeldverteilung Δh_r. Sie wird ebenfalls aus $M_0(H)$ ermittelt:

$$\Delta h_r = \frac{H\left(\dfrac{M_r}{2}\right) - H\left(-\dfrac{M_r}{2}\right)}{H_r} ;$$

vgl. Bild 3.6e.

Bei symmetrischem Verlauf der Remanenzkurve in diesem Bereich der Schaltfeldverteilung gilt für den Anstieg

$$\frac{dM}{dH}\bigg|_{H=H_r} \approx \mu_m - \mu_a = \frac{M_r}{H_r\,\Delta h_r}.$$

Damit kann man die Schaltfeldverteilung aus den leicht meßbaren Modellgrößen zu

$$\Delta h_r = \frac{M_r}{H_r\,(\mu_m - \mu_a)} \approx \frac{M_r}{H_c\,(\mu_m - 1)}$$

berechnen. Ist die Modellgröße S^* bekannt, dann ist noch einfacher

$$\Delta h_r = 1 - S^*.$$

S^* wird in der Literatur oft als Modellgröße verwendet. Es ersetzt den Anstieg $(\mu_m - 1)$ gemäß

$$1 - S^* = \frac{M_r}{(\mu_m - 1)\,H_c} ;$$

vgl. Bilder 3.6a bis d.

Die abgeleitete Größe

$$F_c = \frac{H_r - H_c}{H_c}$$

wird als Koerzitivitätsfaktor bezeichnet. Nach Untersuchungen in [3.94] ist sie ebenfalls ein praktikables Maß für die Schaltfeldverteilung.

Die „gewöhnliche" Remanenzkurve $M_r(H)$, die sich durch Rückmagnetisierung aus der Neukurve ableitet, kann unter Vernachlässigung der Teilchenwechselwirkung aufgrund von Symmetriebedingungen aus der „Sättigungs"-Remanenzkurve $M_0(H)$ zu

$$M_r(H) = \frac{M_r - M_0(H)}{2}$$

errechnet werden. Daraus folgt beispielsweise für $H = H_r$

$$M_r(H_r) = \frac{M_r}{2}. \tag{3.34}$$

Diese Bedingung ist durchaus nicht immer erfüllt. *Corradi* und *Wohlfahrt* [3.94] schlossen daraus, daß das H_r, das (3.34) erfüllt, eine von der Teilchenwechselwirkung beeinflußte Remanenzkoerzitivfeldstärke sein muß, und nannten es H'_r.

Der Faktor

$$F_{IF} = \frac{H'_r - H_r}{H_c}$$

ist somit ein Maß für das Wechselwirkungsfeld.

3.3.2.6. Skalares zweidimensionales Modell

Aus der Kombination zweier unabhängiger skalarer Hysteresemodelle resultiert ein brauchbares Vektormodell, das zwar schwierig begründbar ist, aber für den Fall $M_y/M_s \ll 1$ erfahrungsgemäß qualitativ richtige Resultate liefert [3.31] [3.7]. Deshalb wurden in [3.82] außer den Hystereseschleifen für die Bandlängsrichtung ($\vartheta = 0°$) auch jene für in Schichtebene gedrehte Proben ($\vartheta = 15°, 30°, 45°, 60°, 75°, 90°$) gemessen.

Unter der Voraussetzung, daß die länglichen Teilchen annähernd rotationssymmetrisch sind, die Vorzugsachse in x-Richtung liegt und in y- und z-Richtung die gleiche Abstandsverteilung herrscht, kann ϑ mit ψ gleichgesetzt werden und damit auch z.B. $M_r(\vartheta)$ $= M_r(\psi)$ modellmäßig angenommen werden. Für die Einflußgrößen M_r, H_c und $\mu_m - 1$ ergeben sich die im Bild 3.6f dargestellten Werte der Winkelabhängigkeit. Aus dem Verhalten der Kurven kann abgeleitet werden, daß sich die Einflußgrößen für alle Winkel ϑ aus den Werten für $\vartheta = 0°$ und $\vartheta = 90°$ errechnen lassen:

$$M_r(\vartheta) = \tfrac{1}{2}(M''_r + M^\perp_r) + \tfrac{1}{2}(M''_r - M^\perp_r)\cos 2\vartheta \tag{3.35}$$

mit

$$M''_r = M_r \quad \text{für} \quad \vartheta = 0°$$

und

$$M^\perp_r = M_r \quad \text{für} \quad \vartheta = 90°.$$

Analog verhält es sich mit H_c und $\mu_m - 1$, wobei die Unterschiede innerhalb der Meßgenauigkeiten liegen. Die berechneten Kurven sind ebenfalls im Bild 3.6f dargestellt.

3.4.   Aufzeichnungsprozeß

3.4.1.   Überblick

Historisch entwickelten sich die Aufzeichnungstheorien, wie sie Tafel 3.2 (S.78) ausweist, aus den ersten Grenzwertberechnungen zum Entmagnetisierungsverhalten und den ein- und zweidimensionalen Funktionalmodellen über die stationären, eindimensional dynamischen und mehrdimensional dynamischen, selbstkonsistenten Theorien mit analytischen Skalarmodellen für die Magnetisierungshysterese bis hin zu ersten Ansätzen einer mikroskopischen Beschreibungsweise unter Berücksichtigung der Rotationshysterese der Magnetisierungsvektoren eines Ensembles diskreter *Stoner-Wohlfarth*-Partikeln im rotierenden Vektorfeld des Aufzeichnungskopfes. Die letzteren Modelle erfordern aufgrund des diskreten Charakters ausschließlich numerische Methoden der $\vec{H}_d$- und $\vec{M}$-Berechnung.

Methodisch muß zwischen den iterativen Verfahren, die hohen Rechenaufwand erfordern, und den funktionalen Verfahren unterschieden werden, die analytische Zusammenhänge zwischen den wesentlichen Systemparametern aufzeigen und deshalb für den konkreten Systementwurf besser geeignet sind. Die funktionalen Theorien ermöglichen es zwar, nichtlineare Verzerrungen des Aufzeichnungskanals abzuschätzen, aber nur bei eindimensionalen Problemen (Metallschichtband), während die Anwendung auf zweidimensionale Probleme (Partikelband) einiges empirisches Gechick voraussetzt (Abschn. 3.4.3.). Es können Signalverläufe nur im Rahmen der Superposition von Einzelimpulsen rekonstruiert werden. Gute Dienste leisten die funktionalen Theorien bei der Abschätzung der Wellenlängen- und Frequenzabhängigkeit komplexer Band-Kopf-Elektronik-Systeme auf der Ebene der Fouriertransformation. Dagegen sind die dynamischen iterativen Theorien in der Lage, das komplette nichtlineare Problem in allen drei Ortsdimensionen und in der Zeitdimension, d.h. einschließlich der Relativbewegung Band–Kopf, zu erfassen. Sie sind daher für das tiefe Verständnis der Vorgänge im Aufzeichnungsprozeß und für die Medien- und Wandlerentwicklungen unerläßlich.

Zur Methodengegenüberstellung siehe auch Bild 3.7.

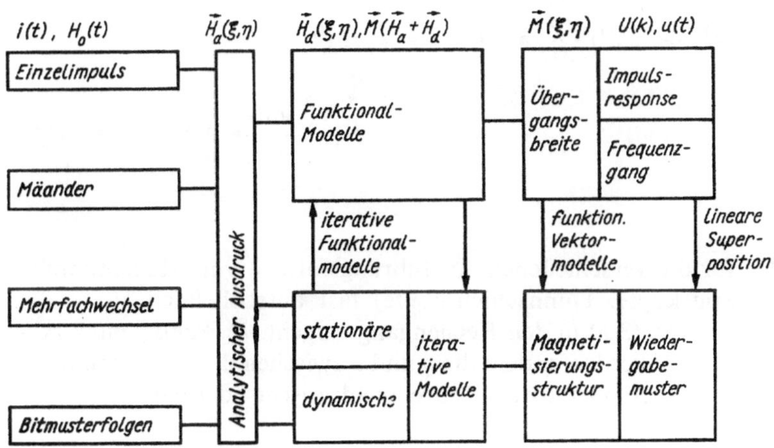

Bild 3.7. Methoden zur Aufzeichnungstheorie

Der gegenwärtige Stand der Speichertheorien liefert befriedigende Kenntnisse über

– die Magnetisierungsstrukturen bei hochdichten Mehrfachwechseln unter Einbeziehung der Aufzeichnungsentmagnetisierung und nichtlinearen Interbitbeeinflussung;
– die dynamischen Prozesse bei Relativbewegung Band–Kopf und bei Feldänderungen mit beliebigen Zeitfunktionen;
– den Wiedergabevorgang einschließlich des erweiterten Reziprozitätstheorems für anisotrope Medien.

Einer der Ansatzpunkte für die künftige Weiterentwicklung des theoretischen Kenntnisstandes ergibt sich aus der Kritik an den enormen Komplikationen durch die numerische Lösung der nichtlinearen Feldgleichungen. Systematische Untersuchungen müssen zu einer wesentlichen Einschränkung von Rechenzeit und Speicherplatzbedarf führen. Dann können die folgenden Aufgabenstellungen in Angriff genommen werden:

– Berechnung optimaler räumlicher Magnetisierungsmoden und ihrer Wiedergabe einschließlich informationstechnischer Regenerierung,
- Einbeziehung von Störungs- und Rauschmodellen,

- Bereitstellung von ingenieurmäßig praktikablen Rechnerprogrammen für den Systementwurf,
- interdisziplinäre Verknüpfung von elastomechanischen, mikromagnetischen und nachrichtentechnischen Modellen der Signalaufzeichnung.

3.4.2. Dynamisch-iterative Modelle

Die exakte Lösung des Aufzeichnungsproblems als Darstellung des Gleichgewichtszustands zwischen Aufzeichnungsfeld $\vec{H}_a$, Entmagnetisierungsfeld $\vec{H}_d$ und Magnetisierung $\vec{M}$ ist nur über eine iterative Rechentechnik möglich.

Die Schrittfolgen sind

$$\vec{H}_a \xrightarrow{M(H)} \vec{M}^{(0)} \longrightarrow \vec{H}_d^{(1)}$$
$$\downarrow$$
$$(\vec{H}_a + \vec{H}_d^{(1)}) \xrightarrow{M(H)} \vec{M}^{(1)} \longrightarrow \vec{H}_d^{(2)}$$
$$\downarrow$$
$$(\vec{H}_a + \vec{H}_d^{(2)}) \xrightarrow{M(H)} \vec{M}^{(2)} \longrightarrow \vec{H}_d^{(3)}$$
$$\downarrow$$
$$\cdots$$

$\vec{H}_a$ ist das Kopffeld, das für die verschiedenen Ausführungsformen von Magnetköpfen (*Karlqvist*-Köpfe, Schmalspurköpfe, Dünnschichtköpfe) fast ausschließlich als analytischer Ausdruck nach (3.1) bzw. (3.5) in den Rechengang eingeht. $\vec{H}_d$ kann gemäß Abschnitt 3.2.2. numerisch erhalten werden. indem die ϱ und σ zwischen den Rasterpunkten entweder als konstant angenommen oder durch lineare, quadratische oder kubische Interpolationen beschrieben werden.

Die Iterationstechnik ist zuerst von *Iwasaki* und *Suzuki* [3.54] konsequent angewendet worden. In den Arbeiten [3.40] [3.55] [3.60] werden dann die realen Verhältnisse während des Aufzeichnungs- und Wiedergabeprozesses in dünnen Längsaufzeichnungsmedien genauer beschrieben. Dazu zählen die Berücksichtigung der endlichen Ankling- und Abklingzeit der Felderregung, die Bandbewegung, die Gegenwart des Kopfspiegels, der Einfluß des Wiedergabekopfes. Zur Verbesserung der Konvergenz (Unterdrückung von Oszillation) wird mit einem Relaxationsfaktor β gemäß

$$\beta M^{(k-1)} + (1 - \beta) M^{(k)} \to M^{(k)}$$

oder

$$H^{(k-1)} + \beta (H^{(k)} - H^{(k-1)}) \to H^{(k)}$$

gearbeitet. Als sehr effektiv erwies sich in diesem Zusammenhang die Iterationsprozedur nach *Newton-Raphson* [3.34] [3.35] mit

$$\beta = ([1] - [A'] [A^{(k-1)}])^{-1}.$$

[1] ist die Einheitsmatrix und [A'] eine Matrix, die aus den Spalten $-N$ bis $+N$ der Feldmatrix [A] nach Gl.(3.16) besteht. [$A^{(k-1)}$] ist eine Diagonalmatrix mit den Elementen $\chi_{ii} = \left. \dfrac{\mathrm{d}M}{\mathrm{d}H} \right|_{H_i, M_i}$, abgeleitet vom Hysteresemodell im Punkt H_i, M_i mit $i = 1, 2, ..., N$.

Bisher wurde bei der Darstellung der entmagnetisierenden Felder ein Einfluß der benachbarten, auf dem Magnetband im Augenblick der Aufzeichnung sonst noch vorhandenen Magnetisierungsübergänge nicht berücksichtigt. Das gesamte Entmagnetisierungsproblem wird durch die Feldüberlagerung

$$H_{dv} = c_v H_d \, (\xi - \xi_v) - a_v c_v H_d \, (\xi - 2x_1 - \xi_1) + \sum_{\mu=1}^{-1} b_\mu H_d \, (\xi + x_m - \xi_v)$$

Eigenfeld   Feld des flüchtigen   Felder der vor-

           Übergangs an der   herigen Übergänge

           auflaufenden Kante

komplett beschrieben. Der zweite Term beschreibt das Streufeld des möglichen Magnetisierungsübergangs an der auflaufenden Kante, wenn eine alte Aufzeichnung mit umgekehrter Polarität überschrieben wird ($a_v = 1$; sonst $a_v = 0$). Der dritte Term berücksichtigt die Streufelder der bereits aufgezeichneten Übergänge. Es gilt

$$b_\mu, c_v = \begin{cases} +1 & & \text{Übergang von } -M_0 \text{ nach } +M_0 \\ -1 & \text{bei} & \text{Übergang von } +M_0 \text{ nach } -M_0 \\ 0 & & \text{fehlendem Übergang im Bitraster } \mu x_m; \end{cases}$$

x_m ist der von der Kodierungsvorschrift bestimmte kleinste Flußwechselabstand entsprechend $T_{min} = x_m/v$.

Der iterative Prozeß muß für jedes Orts- bzw. Zeitintervall $\Delta t_1 = \Delta x_1/v$ getrennt ausgeführt werden, womit die Band-Kopf-Bewegung simuliert wird; daher die Bezeichnung „dynamisches Modell". Exakterweise ist der letzte Schritt der Aufzeichnungstheorie die Berechnung des Magnetisierungsverlaufs bei Abwesenheit des Aufzeichnungskopfes ($a \to \infty$). Beim Wiedergabevorgang tritt erneut ein hochpermeabler Kopfspiegel als Randbedingung in Erscheinung, und es muß erneut der Spiegelladungsterm angesetzt werden. Jeder dieser Schritte zieht den kompletten Satz Iterationen nach sich.

Die ersten Theorien, die den Speichervorgang vom mikromagnetischen Ursprung über die Feldverknüpfung bis zum Wiedergabesignal verfolgen, sind von *Ortenburger, Potter* [3.58] auf der Grundlage von [3.15] entwickelt worden. Im Abschnitt 3.3.1.1. wird das beschriebene wechselwirkungsfreie *Stoner-Wohlfarth*-Modell verwendet. Die zweidimensionalen Berechnungen der Vektormagnetisierung weisen aus, daß in dicken Schichten der Anteil der Volumenladung ϱ vernachlässigbar gering ist und nur die Oberflächenladung σ eine Rolle spielt. Diese Erkenntnis kann zur Verkürzung der Rechenzeit ausgenutzt werden. Trotzdem ist der Zeitaufwand einige Male größer als bei den iterativen Methoden für Skalarmagnetisierung. Die Rechenzeit wird hauptsächlich zum Ermitteln der entmagnetisierenden Felder in den beiden Dimensionen verbraucht, weniger für das Einbereichsteilchenmodell.

Eine rigorose Verminderung des Aufwands kann nach *Säckl* u. a. erreicht werden, wenn – wie im Bild 3.7 schematisch angedeutet – eine Kombination des iterativen Verfahrens mit den funktionalen Methoden der Magnetisierungsapproximation und analytischen Feldberechnung gelingt [3.61]. Bild 3.9 zeigt das Prinzip anhand einer mit einem programmierbaren Taschenrechner ausgeführten Beispielrechnung. Zu sehen ist das Aufzeichnungsfeld H_{ax} nach (3.1), der erste entsprechend $M(H)$ nach (3.26) berechnete Magnetisierungsübergang $M^{(0)}$ mit einer arctan-Approximation $M_a^{(0)}$ nach (3.22), die der weiteren Feldberechnung entsprechend (3.23) bzw. (3.25) dient. Dargestellt sind $H_{dx}^{(3)}$ und der Magnetisierungsverlauf $M^{(3)}$. Die Rechnung kann bis zum Wiedergabeimpuls,

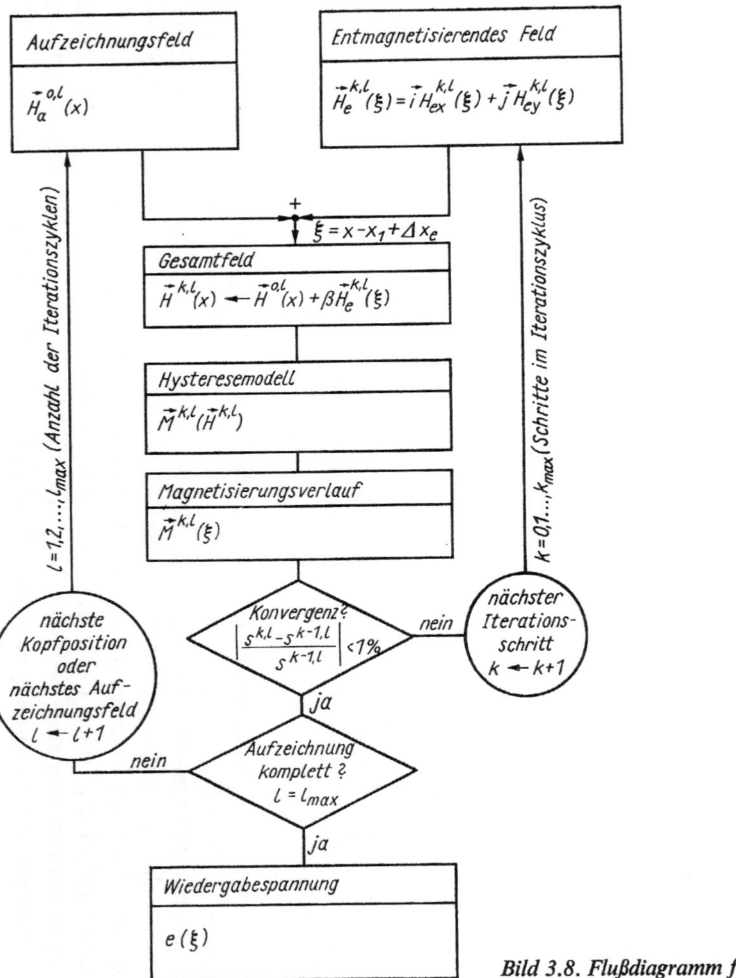

Bild 3.8. Flußdiagramm für das dynamische iterative Aufzeichnungsmodell

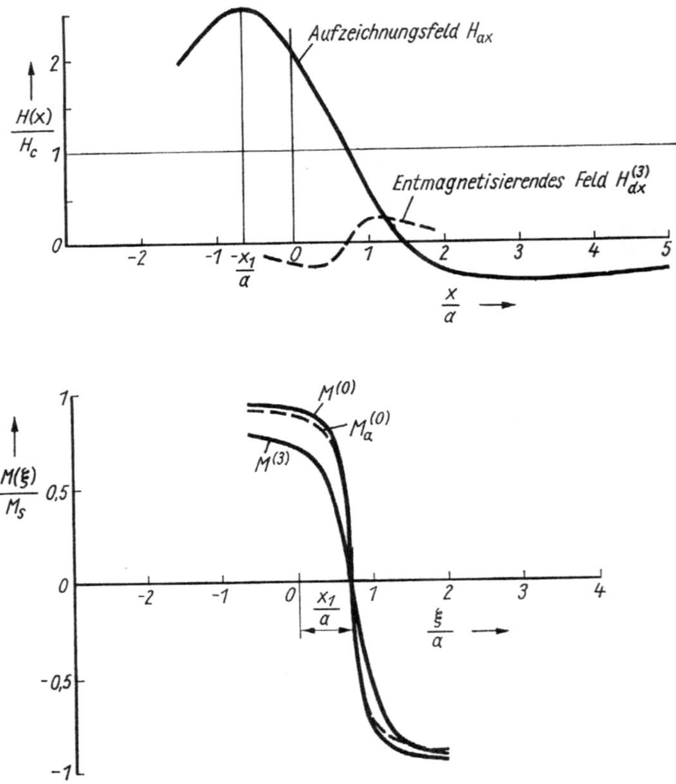

Bild 3.9. Zwischenstufen in einem einfachen iterativen Modell nach [3.61]

z.B. nach (3.79), geführt werden (s. Abschn.4.). Bei entsprechend abgestimmter Programmtechnik und Speicherkapazität sind auch beliebige Bitmuster für das zweidimensionale $M(H)$-Skalarmodell berechenbar. Dieses *iterative Funktionalmodell* ist frei von den Einschränkungen der im folgenden Abschnitt beschriebenen „Anstiegstheorie", die kompliziertere Ummagnetisierungsprozesse nicht erfassen kann.

Allgemein wird das iterative Verfahren vom Flußdiagramm im Bild 3.8 beschrieben.

3.4.3. Funktionale Modelle

Die iterativen numerischen Berechnungen sind meist zu aufwendig, wenn es gilt, durch Variation einer Vielzahl von Systemparametern ein komplettes Speichersystem zu optimieren. Eine einfache, überschaubare analytische Darstellung der wichtigsten Zusammenhänge erfüllt diesen Zweck besser [3.9] [3.78]. Richtungweisend dazu sind die Arbeiten von *Middleton* (s. Tafel 3.2, S.78).

3.4.3.1. Vektormodell für Impulsfolgen

Daß die vektorielle Eigenschaft der Magnetisierung von Partikelschichten wesentlich zum Wiedergabesignal beiträgt, ist heute ebenso unumstritten wie die Erkenntnis, daß die wahren Verhältnisse in der Schicht sehr verwickelt sind. Trotzdem gelingt es, eine *Magnetisierungsvektor*-Verteilung für alternierende Impulsfolgen und Einzelimpulse analytisch anzugeben, die mit den Berechnungsergebnissen der mehrdimensionalen numerischen Vektormodelle, mit den Large-scale-Modellen und anderen experimentellen Strukturuntersuchungen sowie speichertechnischen Messungen gut übereinstimmt.

Die orthogonalen Vektorpaare

$$M_x = M_0 \cos\left[kD\left(1 - \frac{\eta}{d}\right)\right] \frac{2}{\pi} \sum_{n=-\infty}^{+\infty} (-1)^n \arctan \frac{\pi}{s}\left(\xi - n\frac{\lambda}{2}\right),$$

$$M_y = \frac{1}{\pi} M_0 \frac{d\lambda}{sD} \sin\left[kD\left(1 - \frac{\eta}{d}\right)\right] \sum_{n=-\infty}^{+\infty} \frac{1}{1 + \frac{\pi^2}{s^2}\left(\xi - n\frac{\lambda}{2}\right)^2} \tag{3.36}$$

mit

$$D = \frac{d\,\dfrac{s}{\pi}}{d + \dfrac{s}{\pi}} \tag{3.37}$$

beschreiben in Weiterführung des Modells von *Middleton, Wiseley* [3.22] eine Folge alternierender Magnetisierungsübergänge, die sich mit der Wellenlänge λ wiederholen. Ihre wesentliche Eigenschaft ist die Quellenfreiheit

$$\vec{\varrho} = -\operatorname{div} \vec{M} = 0$$

im Schichtinnern. Dies ist eine Grundbedingung für das physikalische Gleichgewicht in magnetischen Räumen. Bei $\lambda \to \infty$ geht (3.36) in ein vektorielles Einzelimpulsmodell

$$M_x = M_0 \frac{2}{\pi} \arctan \frac{\pi}{s}\xi, \qquad M_y = M_0 \frac{2d}{s}\left(1 - \frac{\eta}{d}\right)\frac{1}{1 + \left(\dfrac{\pi}{s}\xi\right)^2} \tag{3.38}$$

über. Im Bild 3.10 sind zwei Magnetisierungsverteilungen dargestellt, und zwar einmal für den Einzelimpuls nach (3.38) und einmal für eine hohe Speicherdichte nach (3.36). Für den letzteren Fall zeigt Bild 3.11 die Vektorverteilungen in Abhängigkeit von d für ein $s/\pi \gg d$. Diese Darstellung entspricht – bis auf die absoluten Amplituden – dem reinen

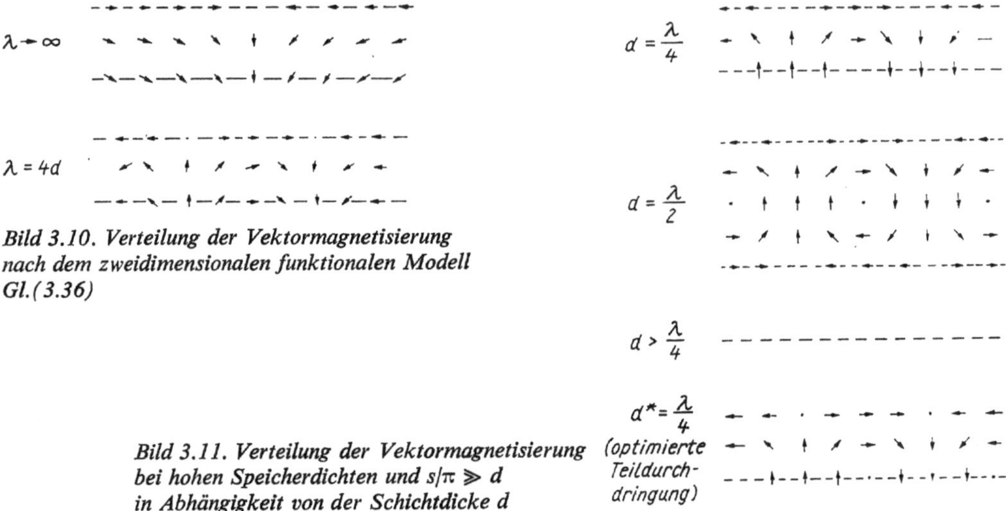

Bild 3.10. *Verteilung der Vektormagnetisierung nach dem zweidimensionalen funktionalen Modell Gl.(3.36)*

Bild 3.11. *Verteilung der Vektormagnetisierung bei hohen Speicherdichten und $s/\pi \gg d$ in Abhängigkeit von der Schichtdicke d*

Sinusmodell von *Middleton* [3.52]. Bei $d \to 0$ herrscht erwartungsgemäß reine Längsmagnetisierung; vgl. (3.41). Für $D = (2m + 1)\,\lambda/2$ (das entspricht im Bild 3.11 einem $d = \lambda/2$, allgemein aber einem größeren d) existiert ein komplett geschlossener zirkularer Magnetisierungszustand ohne äußeres Streufeld und dementsprechend mit einem Minimum im Wiedergabepegel, so wie dies verschiedentlich experimentell ermittelt wurde, zuletzt in [3.79]. Im Optimalfall $D^* = \lambda/4$, dies entspricht nach (3.37) einer Schichtdicke von

$$d_{\text{opt}} \lessgtr d^* = \frac{\lambda}{4}\,\frac{\dfrac{s}{\pi}}{\dfrac{s}{\pi} - \dfrac{\lambda}{4}} \qquad \left(d^* \lessgtr d; \qquad \frac{\lambda}{4} < \frac{s}{\pi}\right), \tag{3.39}$$

herrscht ein zur Kopfseite hin geöffneter hufeisenförmiger Magnetisierungszustand mit geringen inneren entmagnetisierenden, aber hohen äußeren Streufeldern vor. Die gesamte Dipolladungsdichte der Magnetschicht ist in diesem Fall auf die Oberfläche konzentriert und bestimmt so mit

$$\sigma_{\eta=0} = \frac{1}{\pi}\,M_0\,\frac{d}{s}\,\frac{\lambda}{D}\sum_{n=-\infty}^{+\infty}(-1)^n\,\frac{1}{1 + \left(\dfrac{\pi}{s}\right)^2\left(\xi - n\dfrac{\lambda}{2}\right)^2}\;; \qquad \sin kD = \frac{\pi}{2}$$

den Wiedergabebandfluß. Die optimale Schichtdicke d_{opt}, die bei beliebig dichten Impulsfolgen maximale Wiedergabespannung ergibt, ist kleiner als d. Sollen dickere Schichten hohe Speicherdichten tragen, so muß also das Prinzip der Teildurchdringung zur Anwendung kommen. Das Aufzeichnungsfeld H_a wird so weit zurückgenommen, daß nur ein

Bruchteil der Magnetschicht dem Feld $H_a \geqq H_c$ ausgesetzt und damit magnetisiert wird. Die feldabhängige Teildurchdringungsdicke d_0 berechnet sich zu

$$d_0 = w \cot \frac{\pi}{2} \frac{H_c}{H_0(i)} - a \tag{3.40}$$

und läßt sich experimentell aus dem Bandfluß bei großen Wellenlängen ermitteln.

Die Bedingung (3.39) führt für Einzelimpulsaufzeichnung auf die Aussage $d_{opt} = d^* = d$. Praktisch bedeutet das, daß der Einzelimpuls am höchsten ist, wenn die Schicht durchmagnetisiert ist. Diese Aussage entspricht den experimentellen Erfahrungen. Die Superposition von Einzelimpulsen nach [3.22] muß bei hochdichter Speicherung versagen, wenn die genannte Möglichkeit der wellenlängenabhängigen Teildurchdringung nicht impliziert wird. In dem vorgeschlagenen Modell (3.36) ergibt sich für sehr hohe Speicherdichten die Optimierungsbedingung

$$d_{opt} = d^* = \frac{\lambda}{4}.$$

Dieses Resultat stimmt mit dem Vektormodell für Sinusaufzeichnung von *Middleton* [3.52] und mit Untersuchungsergebnissen von *Iwasaki* [3.10] überein.

Von *Bertram* und *Niedermeyer* [3.79] sind für eine Vielzahl von Magnetbändern und Magnetköpfen die s/π und d_{opt} experimentell und rechnerisch ermittelt worden. Die Ergebnisse bestätigen die Richtigkeit von (3.39).

Über die Größe s selbst sagt das Vektormodell nichts aus. Generell gehen in s die wesentlichsten Aufzeichnungsprozesse ein, die das Auflösungsvermögen einer Impulsaufzeichnung begrenzen. Für entsprechende Untersuchungen ist das zweidimensionale Vektormodell jedoch zu unübersichtlich. Hierfür müssen zunächst weitere Vereinfachungen getroffen werden.

3.4.3.2. Eindimensionales Skalarmodell für Einzelimpulse

Unter Vernachlässigung der Schichtausdehnung in η-Richtung wird aus (3.38)

$$M_x = M_0 \frac{2}{\pi} \arctan \frac{\pi}{s} \xi, \qquad M_y = 0. \tag{3.41}$$

Mit Hilfe der Methode des totalen Differentials kann die Steilheit des Magnetisierungsübergangs aus

$$\left. \frac{dM(\xi)}{d\xi} \right|_{\xi=0} = \frac{2M_0}{s} = \begin{cases} \left. \dfrac{dM(H)}{dH} \right|_{H=H_r'} \left(\left. \dfrac{\partial H_a(x)}{\partial x} \right|_{-x_1} + \left. \dfrac{\partial H_d(\xi)}{\partial \xi} \right|_{\xi=0} \right) \\[2ex] \left. \dfrac{dM(H)}{dH} \right|_{H=H_r'} \left(\left. \dfrac{1}{v} \dfrac{\partial H_a(t)}{\partial t} \right|_{t_1} + \left. \dfrac{H_d(\xi)}{\partial \xi} \right|_{\xi=0} \right) \end{cases}$$

$$\text{für} \quad \begin{cases} \left. \dfrac{\partial H_a(x)}{\partial x} \right|_{-x_1} \leqq \left. \dfrac{1}{v} \dfrac{\partial H_a(t)}{\partial t} \right|_{t_1} & \text{statischer Fall} \\[2ex] \left. \dfrac{H_a(x)}{x} \right|_{-x_1} \geqq \left. \dfrac{1}{v} \dfrac{\partial H_a(t)}{\partial t} \right|_{t_1} & \text{dynamischer Fall} \end{cases} \tag{3.42}$$

ermittelt werden. Näheres dazu siehe z.B. [3.63].

Die Beziehungen zwischen den kopffesten Koordinaten x, y und den bandfesten Koordinaten ξ, η lauten

$$x = \xi - x_1 \quad \text{und} \quad y = \eta + a.$$

Der Abstand zwischen dem Kopfspiegel und dem betrachteten Aufpunkt in der Schicht möge, wie im Abschnitt 3.2.2.5. diskutiert,

$$y = \frac{d}{2} + a = a^* \tag{3.43}$$

betragen. Der mit $-x_1$ bezeichnete Ort des Nulldurchgangs der remanenten Magnetisierung errechnet sich mit der Bedingung $H_a(-x_1) = H_r'$ aus (3.1) zu

$$-x_1 = -\sqrt{\frac{2wa^*}{\tan\dfrac{\pi H_r'}{H_0(i)}} + w^2 - a^{*2}}. \tag{3.44}$$

Damit ist, wieder aus (3.1),

$$H_a' = \left.\frac{\partial H_a(x)}{\partial x}\right|_{-x_1}$$

$$= \frac{4}{\pi}\frac{H_0}{a^*}\frac{\dfrac{x_1}{w}}{\left(\dfrac{a^*}{w}\right)^2 + 2\left[1 + \left(\dfrac{x_1}{w}\right)^2\right] + \left(\dfrac{w}{a^*}\right)^2\left[1 - \left(\dfrac{x_1}{w}\right)^2\right]^2}, \tag{3.45}$$

und aus (3.25) ergibt sich

$$\left.\frac{\partial H_d(\xi)}{\partial \xi}\right|_{\xi=0} = -4\pi\frac{M_0 d a^*}{s^2}\frac{\dfrac{s}{\pi} + a^*}{\left(\dfrac{s}{\pi} + 2a^*\right)^2} \approx -\pi\frac{M_0 d}{s^2}. \tag{3.46}$$

In [3.63] wurde für die wichtigsten Anwendungsfälle eine Abweichung der Näherung gegenüber dem exakten Ausdruck von maximal 20% ermittelt.

Beim dynamischen Aufzeichnungsfall wirkt die endliche Anstiegszeit T_b des Aufzeichnungsfeldes. In [3.63] wird für diesen Fall der Impulsaufzeichnung ein

$$H_a' = \frac{1}{v}\frac{\partial H_a(t)}{\partial t} = 2\frac{H_r}{vT_b} \tag{3.47}$$

angegeben. Näheres über T_b ist im Abschnitt 5.4. gesagt.

Die Steilheit der Aufzeichnungskennlinie ist gemäß (3.33)

$$\left.\frac{dM(H)}{dH}\right|_{H=H_r'} \approx \mu_m' - \mu_a \approx \mu_m'. \tag{3.48}$$

Die Auflösung von (3.42) liefert zunächst für die in (3.46) angegebene Näherung ohne Kopfspiegeleinfluß die charakteristische Übergangsbreite

$$s_0 = \frac{M_0}{H_a'}\left[\frac{1}{\mu_m'} + \sqrt{\frac{1}{\mu_m'^2} + \pi d\frac{H_a'}{M_0}}\,\right].$$

Unter optimalen Aufzeichnungsbedingungen herrscht der statische Fall, und es gilt nach [3.74]

$$H'_a = \frac{H_c}{a*} \tag{3.49}$$

und damit

$$s_0 = \frac{M_r a*}{H_c \mu_m} + \sqrt{\left(\frac{M_r a*}{H_c \mu_m}\right)^2 + \pi d a* \frac{M_r}{H_c}} \approx \sqrt{\pi d \left(a + \frac{d}{2}\right) \frac{M_r}{H_c}}. \tag{3.50}$$

Damit kann nun der Einfluß von (3.46) auch für endlichen Band-Kopf-Abstand abgeschätzt werden:

$$\left.\frac{\partial H_d(\xi)}{\partial \xi}\right|_{\xi=0} \approx -\pi \frac{M_0 d}{s^2} \frac{4a*\left(\dfrac{s_0}{\pi} + a*\right)}{\left(\dfrac{s_0}{\pi} + 2a*\right)^2}. \tag{3.51}$$

Damit ist (3.42) zu

$$s = \frac{M_0}{H'_a}\left[\frac{1}{\mu'_m} + \sqrt{\frac{1}{\mu'^2_m} + \pi d \frac{4a*\left(\dfrac{s_0}{\pi} + a*\right)}{\left(\dfrac{s_0}{\pi} + 2a*\right)^2} \frac{H'_a}{M_0}}\right] \tag{3.52}$$

auflösbar; s. auch *Williams* und *Comstock* [3.48]. Hiernach beträgt die Abweichung von s gegenüber Berechnungen mit dem iterativen Modell [3.64] maximal 27%, im Mittel +12%. Auch *Tjaden, Tercic* [3.19] haben sich mit dieser Anstiegstheorie auseinandergesetzt. Sie errechneten, daß gegenüber genaueren Abschätzungen mit dem Rechnermodell [3.65] ein materialabhängiger Fehler von $\pm 30\%$ und ein mittlerer Fehler von +16% auftreten können.

3.4.3.3.   Eindimensionales Skalarmodell für Impulsfolgen

Bisher wurde bei der Darstellung des Eigenfeldes ein Einfluß der benachbarten, bereits aufgezeichneten Übergänge noch nicht berücksichtigt. Bei dichten Impulsfolgen kommt es durch die Streufelder dieser Übergänge zu einer weiteren Verkleinerung des Gradienten gegenüber (3.51) und damit zu einer Verschmälerung der entsprechend

$$M_x = M_0 \frac{2}{\pi} \sum_{n=-\infty}^{+\infty} (-1)^n \arctan \frac{\pi}{s(k)}\left(\xi - \frac{n\pi}{k}\right)$$

zu superpositionierenden Magnetisierungsübergänge. Von *Middleton* und *Wisely* [3.22] wurde ausgerechnet, daß sich sowohl der Gradient des entmagnetisierenden Feldes $\left.\dfrac{dH(\xi)}{d\xi}\right|_{\xi=0}$ als auch der Gradient des Magnetisierungsübergangs $\left.\dfrac{dM(\xi)}{d\xi}\right|_{\xi=0}$ bei kurzen Flußwechselabständen jeweils halbieren. Dieser Sachverhalt kann auf einfachstem Wege durch die Substitution

$$M_0(k) = M_0 \frac{k/2 \, s_0 + 2}{k s_0 + 2}$$

ausgedrückt werden.

Damit wird (3.52) zu

$$s(k) = \frac{M_0(k)}{\mu'_{\mathrm{m}} H'_{\mathrm{a}}} + \sqrt{\left(\frac{M_0(k)}{\mu'_{\mathrm{m}} H'_{\mathrm{a}}}\right)^2 + \pi d \, \frac{M_0(k)}{H'_{\mathrm{a}}} \, \frac{4a^* \left(\dfrac{s_0}{\pi} + a^*\right)}{\left(\dfrac{s_0}{\pi} + 2a^*\right)^2}}. \qquad (3.53)$$

Vergleiche mit den von *Bertram* und *Niedermeyer* [3.79] experimentell und rechnerisch ermittelten s/π-Werten ergeben im Mittel eine Übereinstimmung bis auf etwa 10 %. Da H'_{a} über H_0 und $x_1(H_0)$, bzw. über T_{b}, eine Funktion des Aufzeichnungsstroms ist (wie im Abschnitt 5.4. näher ausgeführt wird), kann mit Hilfe von Gl. (3.53) die Strom- und Frequenzabhängigkeit des Aufzeichnungsprozesses berechnet werden.

Wenn das angelegte Aufzeichnungsfeld durch die Band- oder Kopfbewegung schwächer wird und schließlich ganz verschwindet, und wenn sich der Kopfspiegel vom Band entfernt und dann bei Wiedergabe wieder anliegt, finden weitere Ent- und Remagnetisierungsvorgänge statt, die sich im wesentlichen auf inneren Schleifen geringer Steigung abspielen und deshalb in erster Näherung zu vernachlässigen sind. Diese Prozesse sind am ausführlichsten von *Middleton* und *Wisely* [3.51] analysiert worden.

3.4.3.4. Eindimensionales Skalarmodell für Senkrechtspeicherung

Analog zur Ableitung im Abschnitt 3.4.3.2. wurde von *Middleton, Wright* [3.81] Gl. (3.42) mit (3.22) und (3.23) für $M_x = 0$, also für reine Senkrechtaufzeichnung betrachtet. Dabei wurde von der berechtigten Annahme ausgegangen, daß der Anstieg $\left.\dfrac{\mathrm{d}M}{\mathrm{d}H}\right|_{H_{\mathrm{r}}'}$ der Hysteresekurve eines Senkrechtspeichermediums sehr groß ist, d. h. die Hysteresekurve stark recheckförmig ist. Dann vereinfacht sich nämlich (3.42) für den statischen Fall zu

$$\left.\frac{\partial H_{\mathrm{a}y}}{\partial x}\right|_{-x_1} = -\left.\frac{\partial H_{\mathrm{d}y}(\xi)}{\partial \xi}\right|_{\xi=0}. \qquad (3.54)$$

Aus einer vereinfachten Version von (3.4) für $w \to 0$ und $w_{\mathrm{p}} \to 0$ folgt für den maximalen Feldgradienten eines *Ringkernkopfes* bei $|H| = H_{\mathrm{c}}$

$$\left.\frac{\partial H_{\mathrm{a}y}}{\partial x}\right|_{-x_1} = \frac{1}{2\sqrt{3}} \, \frac{H_{\mathrm{c}}}{a^*}. \qquad (3.54\,\mathrm{a})$$

Der Aufzeichnungsgradient des Ringkernkopfes für die y-Komponente ist also um $2\sqrt{3}$ kleiner als der für die x-Komponente; vgl. Gl. (3.49). Der andere Term wird mit (3.23) analog zu (3.46)

$$\left.\frac{\partial H_{\mathrm{d}y}}{\partial \xi}\right|_{\xi=0} = -\frac{2}{\pi} \, \frac{M_0}{\dfrac{s}{\pi} + \dfrac{d}{2}}. \qquad (3.54\,\mathrm{b})$$

Die Lösung von (3.54) lautet

$$s = 4\sqrt{3} \, \frac{M_0}{H_{\mathrm{c}}} \left(a + \frac{d}{2}\right) - \frac{d}{2}. \qquad (3.55)$$

Wesentlich günstiger gestalten sich die Verhältnisse mit dem *Einpolkopf*. Hierfür folgt aufgrund der Orthogonalität mit (3.1) ein gleichgroßer Aufzeichnungsgradient wie bei der

Längsaufzeichnung mit dem Ringkernkopf; vgl. Gl.(3.49). Damit wird

$$s = 2\,\frac{M_0}{H_c}\left(a + \frac{d}{2}\right) - \frac{d}{2}. \tag{3.56}$$

Der Einpolkopf erzeugt also nach dieser Theorie mindestens dreimal schmalere Magnetisierungsübergänge als der Ringkernkopf.

Die stark vereinfachte Ableitung vernachlässigt auch den Einfluß der für den Wiedergabevorgang so wichtigen hochpermeablen Flußleitschicht. Diese dürfte, wenn sie nicht gesättigt wird, die Feldgradienten (3.49) und (3.54a) wesentlich erhöhen. *Bloomberg* [3.87] ist jedoch der Meinung, daß diese Hilfsschicht beim Aufzeichnen gesättigt wird und damit in erster Näherung tatsächlich keinen Einfluß auf den Aufzeichnungsvorgang hat.

3.4.4. Nichtlineare Aufzeichnungsverzerrungen

Nur solange unter dem Einfluß der verschiedenen Streufelder der Magnetisierungsübergang annähernd symmetrisch erfolgt, läßt sich mit Hilfe der funktionalen Theorien aus der Lage und der Steilheit des Nulldurchgangs der gesamte Magnetisierungsverlauf eines Bitmusters rekonstruieren. Durch die Streufelder des bereits aufgezeichneten, nicht mäanderförmigen Bitmusters oder der latent vorhandenen oder beim Überschreiben ohne vorheriges Löschen von der alten Aufzeichnung herrührenden Übergänge kommt es zu einer komplizierteren Felddeformation. Es findet nicht nur eine Veränderung des maximalen Feldgradienten, sondern auch eine Veränderung der Lage des Nulldurchgangs der Magnetisierung statt. Das führt u. a. dazu, daß der Spitzenwert der Wiedergabespannung (bzw. auch der Nulldurchgang der mit einem Differenzierentzerrer gefilterten Wiedergabespannung) nicht mehr mit dem Ort $-x_1$ des Magnetisierungsnulldurchgangs übereinstimmt. Damit werden die Probleme der Informationsrückgewinnung nicht mehr von der Berechnung der Nulldurchgangsverschiebung allein beschrieben. Eine Berechnung des komplexen Magnetisierungsverlaufs bzw. der Wiedergabespannung ist deshalb, und hauptsächlich in Hinsicht auf die optimale Gestaltung der Wiedergabesignalregenerierung, empfehlenswert.

Im einzelnen lassen sich die folgenden nichtlinearen Aufzeichnungseffekte unterscheiden:

3.4.4.1. Bitbeeinflussung durch vorhergehende Übergänge

Der Einfluß der Streufelder der um $\Delta\xi = -\mu x_m$ vorangehenden Übergänge ($\mu = 1, 2, \ldots$; $x_m = vT_{\min}$ entsprechend Kodierungsvorschrift) führt zu einer Verschiebung der Nulldurchgänge von $-x_1$ um den Betrag Δx_μ [3.67]. Analytische Abschätzungen zeigen, daß diese nichtlinearen Verzerrungen mit dem Band-Kopf-Abstand a und mit der Schichtdicke d zunehmen [3.68]. Sie zeigen aber auch, daß dieser Effekt gegenläufig zu den im Abschnitt 6. behandelten linearen Peakshiftverzerrungen ist und von diesen überlagert wird.

3.4.4.2. Aufzeichnungsentmagnetisierung durch nachfolgende Übergänge

Ein Effekt, der bei hochdichter Speicherung unvermeidbar ist, ist die Rückwirkung der nachfolgenden Feldänderungen auf die bereits fixierten, vorhergehenden Übergänge. Das kann je nach Flußwechseldichte $1/x_m$ zur Änderung der Lage und der Steilheit der vorhergehenden Übergänge führen: Der Magnetkopf hat sich zum betrachteten Zeitpunkt um die Strecke $\Delta\xi = \mu x_\mathrm{m}$ relativ zum Band vorwärts bewegt. Das Streufeld des Aufzeichnungsfeldes wirkt jetzt also im Abstand $x_1 + \mu x_\mathrm{m}$ zwischen Spaltmitte und gestörtem Magnetisierungsnulldurchgang und bewirkt an diesem Ort eine Magnetisierung von Null auf M_1 und eine Verflachung des Übergangs. Im Prinzip kann, wie beim im Abschnitt 3.4.4.1. beschriebenen Effekt, eine Kompensation der nichtlinearen Verzerrung durch eine entsprechende Vorentzerrung, d.h. Verschiebung der informationtragenden Impulsflankenlage des Aufzeichnungsstroms um einen Relativbetrag $-\Delta x/x_\mathrm{m}$, jeweils in Abhängigkeit von der bekannten Informationsfolge, angestrebt werden.

3.4.4.3.   Überschreibbeeinflussung

Bei einer Impulsaufzeichnung ohne vorherige Hf-Löschung auf ein beschriebenes oder gleichfeldgesättigtes Band wird stets dann, wenn die alte Aufzeichnung am Ort der auflaufenden Spaltkante entgegengesetzte Polarität zur neuen hat, ein zeitweiliger Magnetisierungsübergang an der auflaufenden Kante (am Ort $+x_1'$) aufgezeichnet. Dessen Streufeld überlagert sich mit der Aufzeichnung an der ablaufenden Kante bei $-x_1'$ [3.67] [3.69]. Dieses Streufeld wirkt also über einen Abstand von etwa $2x_1$ und bewirkt eine Verschiebung des informationtragenden Übergangs in Spaltrichtung um ein Δx. Es ist klar, daß der Effekt mit der Wahl einer genügend großen Aufzeichnungsspaltweite verringert werden kann. Bei Verwendung von Kombiköpfen für Aufzeichnung und Wiedergabe wird die Spaltweite $w_\mathrm{s} = 2w$ von der kürzesten Wiedergabewellenlänge λ_T festgelegt, so daß hierfür eine Verknüpfung zwischen Nulldurchgangsverschiebung und Speicherdichte existiert.

Die Verschiebungen sind wegen der Willkür des Auftretens nicht entzerrbar. Sie werden vollkommen beseitigt, wenn das Band vor der Aufzeichnung mit Wechselfeld gelöscht wird, weil dann die Verschiebungen durch das Feld des latenten Übergangs an der auflaufenden Kante stets in gleicher Richtung erfolgen und damit nicht nachweisbar sind. Ein ähnlicher Effekt ist zu erwarten, wenn mit HF-Vormagnetisierung gearbeitet wird.

3.4.4.4.   Beeinflussung durch Kopfremanenz

Werden Aufzeichnungsköpfe ohne hinteren Scherungsspalt verwendet, wie das bei Kombiköpfen nötig ist, kann dem Kopf von der Aufzeichnungselektronik eine Restremanenz aufgeprägt werden. Diese beeinflußt bei der Signalwiedergabe den Remagnetisierungszyklus, wie im Bild 3.12 skizziert. Die Berechnung dieser nichtlinear verzerrten Verläufe ist mit Hilfe der im Abschnitt 3.4.2. beschriebenen dynamisch-iterativen Modelle

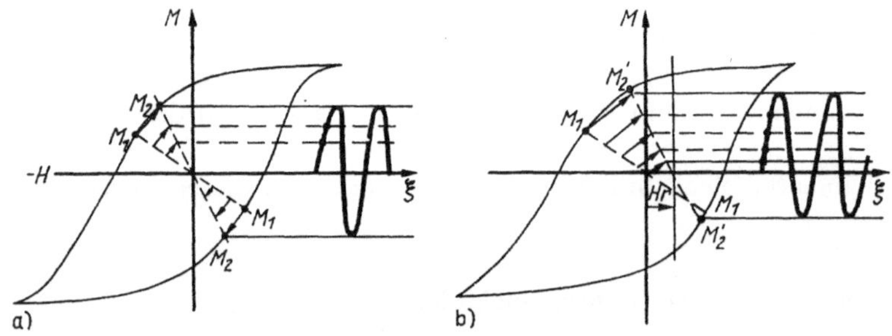

Bild 3.12. Zur Entstehung von Signalunsymmetrie durch Restremanenz des Wiedergabemagnetkopfes

M_1 Magnetisierungszustand im freien Raum (Demagnetisierung)
M_2 regulärer Zustand bei Wiedergabe (Remagnetisierung)
M_2' gestörter Zustand bei Wiedergabe mit Feldüberlagerung H_r

mit der Ergänzung

$$H_d = H_{d2} + H_r$$

möglich. H_{d2} ist das Eigenfeld im remagnetisierten Zustand, H_r das remanente Kopffeld.

3.4.5. Feldanstiegszeit

Der zeitliche Verlauf des Aufzeichnungsfeldes bei Vorzeichenwechsel des Eingangssignals hängt entsprechend Abschnitt 5.4. von der Flankensteilheit des Aufzeichnungsstroms und von der Wirbelstromträgheit des Kernflusses ab. Die erforderliche Größe der resultierenden Feldanstiegszeit wird nach [3.63] von drei Bedingungen bestimmt:

a) Beim Aufzeichnungsvorgang soll der Magnetisierungsübergang nur durch den Feldgradienten des Aufzeichnungskopfes festgesetzt werden, nicht aber durch die endliche Anstiegszeit des Aufzeichnungsfeldes. Diese Bedingung setzt bei

$$T_a \leqq \begin{cases} 2\,\dfrac{a}{v} & \text{exponentiellen} \\[2ex] 4\,\dfrac{a}{v} & \text{rampenförmigen} \end{cases} \text{für} \qquad \text{Feldverlauf} \tag{3.57}$$

ein.

Wegen der Unbestimmtheit der Größe a empfiehlt sich die experimentelle Bestimmung der kritischen Anstiegszeit T_a. Es ist dazu der Wiedergabepegel bei optimalem Aufzeichnungsstrom und verschiedenen Betriebsfrequenzen bei variierter Anstiegszeit T_a aufzunehmen und entsprechend auszuwerten.

b) Die Folge einer zu großen Feldzeitkonstanten T_b ist eine weitere (nichtlineare) Nulldurchgangsverschiebung der Magnetisierung. Diese ergibt sich aus der von der Information abhängigen unterschiedlichen Maximalfeldstärke $\hat{H}$ nach Bild 5.27 (S. 186). Die an- und abklingende Erregung ist in erster Näherung von exponentieller Form. In Abhängigkeit von der zeitlichen Folge der Erregungswechsel ergeben sich unterschiedliche Feldaussteuerungen H_{min} und H_{max}.

Nach [3.63] erhält man für die zu realisierende Anstiegszeit T_b die Bedingung

$$T_b \leqq \begin{cases} \tfrac{1}{2}\,T_{min} & \text{exponentiellen} \\[1ex] T_{min} & \text{rampenförmigen} \end{cases} \text{für} \qquad \text{Feldverlauf.} \tag{3.58}$$

Die betrachtete Impulsverschiebung ist gegenläufig zur linearen Peakshiftverzerrung des Wiedergabevorgangs und des Aufzeichnungsvorgangs, d.h., ein großer Flußwechselabstand wird vergrößert, ein kleiner verkleinert. Deshalb kann die Wahl einer etwas größeren Anstiegszeit

$$T_b' > T_b$$

sogar einen gewissen Peakshiftentzerrungseffekt bewirken. Hierbei ist man aber auf experimentelle Erfahrungen angewiesen. Besonders krasse Auswirkungen zeitigt eine informationsabhängige Maximalfeldstärke dann, wenn die Aufzeichnung mit einer Teildurchdringung verbunden ist, d.h. mit einer feldstärkeabhängigen effektiven Magnetschichtdicke. Dieser Effekt tritt schon bei einfachen Mäanderaufzeichnungen zutage, und man kann einen „Schichtdickenfrequenzgang" feststellen; denn es wird mit (3.40) und (5.56a)

$$d(f) = w_{\mathrm{s}} \cot \frac{\pi H_{\mathrm{c}} w_{\mathrm{s}} \left(\dfrac{1}{\delta_0} - \dfrac{8}{\pi^2} \, \mathrm{e}^{-\beta_l/2f} \right)}{2 \left[\dfrac{8}{\pi^2} (\delta_0 - 2) \, \mathrm{e}^{-\beta_l/2f} + 1 \right] \Theta} - a. \tag{3.59}$$

Auch dieser Effekt ist unter Einhaltung der Bedingung (3.58) vermeidbar.

c) Soll eine Neuaufzeichnung ohne vorherige Löschung erfolgen, so muß jedes Bandelement wenigstens kurzzeitig der Sättigungsfeldstärke H_{s} der Magnetschicht ausgesetzt werden. Nur dann wird die Vorgeschichte des Bandes restlos ausgelöscht. Der Bereich $\bar{x}$, in dem $\hat{H} \geqq H_{\mathrm{s}}$ gilt, ist eine Funktion von a, w_{s}, H_{s}, H_{c}, d, $\hat{H}_{\mathrm{a}}$. Er ist in [3.63] grafisch dargestellt. Mit $a < w_{\mathrm{s}}$ sowie mit $H_{\mathrm{s}} = 2H_{\mathrm{c}}$, $H_{\mathrm{a}} = 2{,}5H_{\mathrm{c}}$ wird $\bar{x} \approx w_{\mathrm{s}}$.

Der Feldstärkewechsel von $\pm H_{\mathrm{s}}$ auf $\mp H_{\mathrm{s}}$ muß im Zeitintervall $\Delta T = \bar{x}/v$ erfolgen; die Anstiegszeit T_{c} hat dann bei optimalem Aussteuerungsverhältnis $\hat{H}_{\mathrm{a}}/H_{\mathrm{s}} \approx 1$ die Bedingung

$$T_{\mathrm{c}} \leqq \begin{cases} \dfrac{1}{2} \dfrac{w_{\mathrm{s}}}{v} & \text{exponentiellen} \\[2ex] & \text{für} \qquad\qquad\qquad \text{Feldanstieg} \\[1ex] \dfrac{w_{\mathrm{s}}}{v} & \text{rampenförmigen} \end{cases} \tag{3.60}$$

zu erfüllen.

Auch hierbei ist wieder angeraten, die Betrachtung experimentell zu untermauern, da sowohl a als auch H_{s} rechnerisch kaum erfaßbaren Schwankungen unterworfen sind. Hierbei wird entweder die Überschreibmodulation von 1- und 0-Folgen oder – realer – die Fehlerwahrscheinlichkeit von überschriebenen Pseudorandomfolgen entsprechend aufgenommen und ausgewertet.

Der quantitative Vergleich zwischen T_{a}, T_{b} und T_{c} ergibt den kleinsten Wert, der vom System eingehalten werden muß. Ist T_{c} nicht erfüllbar, so ist das Überschreiben ohne vorheriges Löschen nicht möglich.

3.5.   Theorie der Signalwiedergabe

3.5.1.   Ansatz für induktive Köpfe

Die Theorie des Wiedergabevorgangs beschreibt den zeitlichen Flußverlauf im Wiedergabewandler, dessen Quelle die informationtragenden makroskopischen Magnetisierungsstrukturen sind, die dem Speichermedium während des Aufzeichnungsvorgangs aufgeprägt wurden. Es ist zwischen den frequenzabhängigen und den wellenlängenabhängigen Einflüssen zu unterscheiden. Die Berechnung der Wellenlängenabhängigkeit des Nutzflusses im Magnetkopf muß die Kopf- und Bandgeometrie, die räumliche Anordnung zwischen Band und Kopf sowie die Kopf- und Bandpermeabilität berücksichtigen. Die frequenz- oder zeitabhängigen Effekte bei der Umwandlung der mit dem Speichermedium bewegten Streufelder in einen Magnetfluß im hochpermeablen und verlustbehafteten Kernmaterial des Wandlers sollen aus diesem Abschnitt herausgelöst werden und gemeinsam mit anderen physikalischen, konstruktiven und materialtechnischen Problemen des Magnetkopfes im Abschnitt 5. behandelt werden. Im folgenden wird also zunächst mit einer unendlichen verlustfreien Kopfpermeabilität gerechnet.

Die klassische Wiedergabetheorie beschreibt ein longitudinal und vertikal magnetisiertes isotropes Medium. Neuere Arbeiten beziehen auch die anisotrope Permeabilität des Mediums und die endliche Kopfabmessung ein.

Wir können annehmen, daß der dem Speichermedium aufgeprägte remanente Magnetisierungsvektor $\vec{M}(\vec{r})$ im Medium einen Flußdichtevektor

$$\vec{B}(\vec{r}) = \mu_0 \left[\vec{\mu} \vec{H}_d (\vec{r}) + \vec{M}(\vec{r}) \right] = \mu_0 \vec{\mu} \vec{H}_d (\vec{r}) + \vec{J}(\vec{r})$$

erzeugt, wobei $\vec{J}(\vec{r})$ die magnetische Polarisation in der Maßeinheit $T = \mathrm{Wb/m^2} = \mathrm{Vs/m^2}$ und

$$\vec{\mu} = \vec{1} + \vec{x} = \begin{pmatrix} \mu_x & 0 \\ 0 & \mu_y \end{pmatrix}$$

ein dimensionsloser Permeabilitätstensor ($\vec{1} \hat{=}$ Einheitsmatrix) und $\vec{H}_d$ das entmagnetisierende Eigenfeld im Schichtinnern ist. Die μ_x und μ_y sind die Permeabilitäten der Schicht in x- bzw. y-Richtung. Der Fluß $\Phi(t)$ durch den Wiedergabekopf kann auf verschiedenen Wegen berechnet werden.

3.5.1.1. Direkte Methode über Nutzflußberechnung

Es wird mit der Methode der Spiegelladungen, wie im Abschnitt 3.2. beschrieben, die Vertikalfeldstärke H_y am Ort des hochpermeablen Kopfspiegels und damit die Flußdichte B_y des in den Kopf eindringenden Nutzflusses berechnet. Dieser ergibt sich unter Annahme des *Karlqvist*-Modells für den linearen Spaltpotentialverlauf im Spalt der Breite $2w$ zu

$$\Phi(\xi) = \int_{-\infty}^{+\infty} \mathrm{d}z \left[\int_{-\infty}^{\xi - w} B_y (x, z)\, \mathrm{d}x + \frac{1}{2} \int_{\xi - w}^{\xi + w} \frac{\xi + w - x}{w} B_y (x, z)\, \mathrm{d}x \right]$$

$$(3.61)$$

(s. auch [3.18]) mit $\xi = vt$.

3.5.1.2. Reziprozitätstheorem über Kopffeld

Ist $\vec{H}'(\vec{r})$ das auf die Amperewindungszahl Θ normierte Streufeld des Kopfes, so gilt nach dem Reziprozitätstheorem (s. dazu z. B. [3.63])

$$\Phi(\xi) = \int_{(V)} \vec{H}'(\vec{r})\, \vec{J}(\vec{r})\, \mathrm{d}V. \tag{3.62}$$

Von *Bertram* u. a. [3.70] [3.33] wurde dieses Reziprozitätsintegral dahingehend verallgemeinert, daß der Einfluß einer von Null verschiedenen Bandsuszeptibilität $\vec{\chi} \neq 0$ Berücksichtigung finden kann. Dies kann entweder dadurch geschehen, daß für $H'(r)$ das gestörte Kopffeld in Gegenwart des höherpermeablen Bandes eingesetzt wird, oder dadurch, daß für $\vec{J}(\vec{r})$ die durch die höhere Leitfähigkeit entmagnetisierte Polarisation

$$\vec{J}(\vec{r}) + \mu_0 \vec{\chi} \vec{H}_d (\vec{r})$$

berücksichtigt wird.

Die in der Wicklung des Wiedergabekopfes induzierte Spannung berechnet sich mit $U(t) = -nv \, [\mathrm{d}\Phi\,(\xi)/\mathrm{d}\xi]$ zu

$$U(t) = nv\delta \int_{-\infty}^{+\infty} \mathrm{d}x \int_{a}^{a+d} \mathrm{d}y \int_{0}^{h_s} \mathrm{d}z \, \frac{\partial \vec{J}\,(x-\xi,y,z)}{\partial \xi}\, \vec{H}'\,(x,y,z)$$

oder

$$U(t) = nv\delta \int_{-\infty}^{+\infty} \mathrm{d}x \int_{a}^{a+d} \mathrm{d}y \int_{0}^{h_s} \mathrm{d}z \, \frac{\partial \vec{H}'\,(x-\xi,y,z)}{\partial \xi}\, \vec{J}\,(x,y,z) \tag{3.63}$$

(n Kopfwindungszahl, v Bandgeschwindigkeit, δ Kopfwirkungsgrad).

3.5.1.3.   Harmonische Bandflußdämpfung und Fourierrücktransformation

Die Abhängigkeit des Nutzflusses $\Phi(k)$ einer harmonischen Magnetisierung der Wellenlänge $\lambda = 2\pi/k$ folgt aus (3.62) über die fouriertransformierten Größen [$\breve{H}^*$ konjugiert komplexe Fouriertransformierte des Kopffeldes $\vec{H}(\vec{r})$, $\breve{J}$ Fouriertransformierte von $\vec{J}(\vec{r})$] zu

$$\Phi(k) = w \int_{a}^{a+d} \mathrm{d}y \int_{-\infty}^{+\infty} \mathrm{d}z \breve{H}^*\,(k,y,z)\, \breve{J}\,(k,y,z). \tag{3.64}$$

Schließlich kann aus den Frequenzgangformeln $\{\Phi'\} = \Phi(k)/\Phi_0$, wie sie insbesondere in den nächsten Abschnitten angegeben sind, mit Hilfe der Fourierrücktransformation die Wiedergabespannung jeder beliebigen Magnetisierungsstruktur $\vec{J}(\vec{r})$ über deren Fouriertransformierte $\breve{J}(k)$ gemäß

$$u(t) = nv\delta h_s \int_{-\infty}^{+\infty} \breve{J}(k)\, \{\Phi'\}\, \frac{\sin kw_s'/2}{kw_s'/2}\, \mathrm{e}^{jkvt}\, jk\mathrm{d}k \tag{3.65}$$

berechnet werden. In (3.65) ist die Spaltdämpfung

$$\frac{\sin kw'}{kw'} \quad \text{mit} \quad w_s' = 2w' = w_s \sqrt{\frac{1{,}5\mu_a + 1}{\mu_a + 1}} \tag{3.66}$$

gemäß [3.71] als multiplikativer Faktor zur Abstands- und Schichtdickendämpfung des bei den sonstigen Ableitungen als spaltlos betrachteten Wiedergabekopfes hinzugefügt. Dies ist nach [3.73] immer dann zulässig, wenn die z-Abhängigkeit der Spaltfeldstärke (d.h. bei nicht zu kleinen Spurbreiten) vernachlässigbar ist.

Bisher wurde der Kopfwirkungsgrad δ als Konstante vor das Integral gezogen. Im Abschnitt 5. wird gezeigt, daß diese Größe eine komplexe Übertragungsfunktion bzw. eine Systemantwort ist. In diesem Sinne muß δ als $\delta^{\llcorner}(k)$ in das Integral (3.65) geschrieben werden, ebenso als $\delta(\xi)$ in das Integral (3.63). Die effektivste Lösungsvariante besteht darin, zunächst (3.63) zu lösen und anschließend – ohne, wie in [3.34] [3.36], den Zeitbereich zu verlassen – das Faltungsintegral

$$u_\delta(t) = \int_{0}^{+t} \frac{\partial \eta\,(\tau)}{\partial \tau}\, u\,(t-\tau)\, \mathrm{d}\tau \tag{3.67}$$

zu berechnen (s. auch Abschnitt 5.4.3.).

3.5.2.   Sinusspannung bei schmalen Spuren (dreidimensionale Betrachtung)

Die seitlichen Streufelder an den Kanten von Schmalspurköpfen bewirken nicht nur den im Abschnitt 3.1. beschriebenen Spurverbreiterungs- bzw. Löscheffekt, sondern insbesondere ein von der Wellenlänge λ abhängiges störendes Spurübersprechen bei Wiedergabe. Mit der fortschreitenden Erhöhung der Spurdichten, besonders durch integrierte Köpfe, muß auch das Verständnis über diese Übersprecheffekte gefördert werden. Mit diesem Problem haben sich deshalb verschiedene Verfasser, u. a. [3.4] [3.5] [3.73], auseinandergesetzt. Noch nicht gelöst ist die Einbeziehung der endlichen Spalttiefe, was die Genauigkeit der Aussagen für die Vertikalmagnetisierung beeinträchtigt. Für das longitudinal magnetisierte Medium hat *Lindholm* [3.73] aus einem dreidimensionalen Wiedergabemodell klare Aussagen über die wellenlängenabhängigen Spurabweichungsverluste und Spurübersprechstörungen gewonnen. Danach kann angenommen werden, daß die Amplitude des Übersprechsignals von der benachbarten Spur in Analogie zur normalen Abstandsdämpfung exponentiell mit dem Verhältnis von Kopf-Spur-Abstand zu Wellenlänge variiert. Da diese Übersprechamplitude von der Spurbreite unabhängig ist, nimmt das Signal-Stör-Verhältnis mit abnehmender Spurbreite und abnehmendem Spurabstand ab. Das begrenzt die Spurdichte auf einen wellenlängenabhängigen Grenzwert. Beispielsweise muß bei einer Spurbreite von 10 μm, einer Wellenlänge von 10 μm und einem Band-Kopf-Abstand von 1 μm ein Spurabstand von mindestens 4,5 μm eingehalten werden, wenn der Signal-Stör-Abstand 40 dB sein soll [3.4]. Mit der in der Video-Heimspeichertechnik eingeführten Kopfschrägstellung zwischen benachbarten Spuren kann der Sicherheitsabstand weiter verringert werden.

Ein in der Meßpraxis auftretender Sonderfall ist die Wiedergabe einer breiten Spur von einem Schmalspurkopf. Unter Annahme des erwähnten exponentiellen transversalen Dämpfungsverlaufs läßt sich die Wiedergabespannung aus (3.64) zu

$$U(k) = 2\pi f n \delta h_s \Phi' \left(1 + \frac{1}{h_s} \int_{-\infty}^{+\infty} e^{-kz}\, dz \right) = 2\pi f n \delta h_s \Phi' \left(1 + \frac{\lambda}{\pi h_s} \right)$$

(Φ' auf Bandbreite bezogener Nutzfluß) und die effektiv erweiterte Spurbreite zu

$$h_s^* = h_s + \frac{\lambda}{\pi}$$

errechnen. Genauere Resultate für beliebige Magnetisierungsstrukturen können durch numerische Lösung des Reziprozitätsintegrals (3.63) erhalten werden.

3.5.3. Bandflußdämpfung isotroper und längsanisotroper Medien

Von *Bertram* [3.33] sind Lösungen von (3.64) für einige spezielle Magnetisierungsstrukturen in anisotropen Medien ausgerechnet worden. Hier sollen daraus ableitbare praktische Näherungsformeln angegeben werden:

a) Für ideale Sinuslängsaufzeichnung mit $J_x(\xi) = J_0 \sin k\xi$, $J_y(\xi) = 0$ ist

$$\{\Phi'\} = \frac{\Phi(k)}{\Phi_0} = \frac{2\, e^{-ka}}{\bar\mu + 1 - (\bar\mu - 1)\, e^{-2ka}} \frac{1 - e^{-kd/\mu^*}}{kd/\mu^*}$$

$$\text{mit} \qquad \bar\mu = \sqrt{\mu_x \mu_y}, \qquad \mu^* = \sqrt{\frac{\mu_y}{\mu_x}}, \qquad \Phi_0 = J_c d h_s. \tag{3.68}$$

Die Diskussion von (3.68) ergibt, daß in anisotropen Medien die Schichtdickendämpfung vom Anisotropiefaktor μ^* beeinflußt wird, so daß eine effektive Wellenlänge $\mu^*\lambda$ wirkt. Das heißt, je größer die Längsorientierung ist, desto geringer ist die Schichtdickendämpfung. Die Abstandsdämpfung wächst jedoch mit der mittleren Permeabilität $\bar\mu$.

b) Für ideale Sinussenkrechtaufzeichnung mit $J_x(\xi) = 0$, $J_y(\xi) = J_0 \sin k\xi$ ist

$$\{\Phi'\} = \frac{\Phi(k)}{\Phi_0} = \frac{2\,e^{-ka}}{\bar\mu + 1 - (\bar\mu - 1)\,e^{-2ka}}\;\frac{1 - e^{-kd}}{kd}\;\frac{1 + \bar\mu - e^{-k(d/2)/\mu^*}}{1 + \bar\mu - e^{-k(d/2)/\mu^*}}.$$

$$(3.69)$$

Bei Senkrechtaufzeichnung ist die Schichtdickendämpfung kurzer Wellenlängen unabhängig von den Bandpermeabilitäten in Längs- und Querrichtung. Die Abstandsdämpfungsfunktion ist – so wies *Bertram* nach – für dicke Schichten, unabhängig von einer speziellen Art und Lage der Magnetisierungsstruktur, immer gleich.

c) Für isotrope Medien mit $\bar\mu = 1$ gehen beide Ausdrücke in die für Längs- und Senkrechtaufzeichnung identische *Wallace*-Formel [3.72]

$$\{\Phi'\} = e^{-ka}\,\frac{1 - e^{-kd}}{kd}$$

$$(3.70)$$

über.

d) Für den Fall, daß die Sinuslängsaufzeichnung in ihrer Amplitude mit dem Abstand von der kopfzugewandten Bandoberfläche zunimmt, was nach neueren Untersuchungen über den Vektorcharakter der Aufzeichnung nicht nur für HF-Vormagnetisierung, sondern auch für die Impulsaufzeichnung sehr real ist [3.22], ergibt sich mit $J_x(\xi, \eta) = J_0\,(\eta/d)\sin k\xi$, $J_y(\xi, \eta) = 0$ näherungsweise

$$\{\Phi'\} = \frac{2\,e^{-ka}}{\bar\mu + 1 - (\bar\mu - 1)\,e^{-2ka}}\;\frac{1 - e^{-(kd/\mu^*)^2/2}}{(kd/\mu^*)^2}.$$

$$(3.71)$$

Diese Bandflußdämpfung zeigt eine starke Abhängigkeit vom Permeabilitätsverhältnis μ^* bei kurzen Wellenlängen. Der Pegelgewinn beträgt 6 dB bei einem Verhältnis $\mu_y/\mu_x = 2$.

e) Der vorige Fall erinnert an das divergenzfreie Vektormodell von *Middleton* [3.52], der mit $J_x = J_0 \cos k\,(d - \eta)\sin k\xi$, $J_y = J_0 \sin k\,(d - \eta)\cos k\xi$ für isotrope Medien

$$\{\Phi'\} = e^{-ka}\,\frac{\sin kd}{kd}$$

$$(3.72)$$

berechnete. Dieses isotrope Modell liefert maximale Wiedergabespannung (mit induktivem Kopf) bei einer optimalen Eindringtiefe von

$$d^* = \frac{\lambda}{4}\,;$$

s. auch Abschnitt 3.4.3.1. Das *Bertramsche* Anisotropiemodell ergibt in der Näherung von (3.71) recht genau

$$d^* = \frac{\lambda}{4}\,\mu^*.$$

$$(3.73)$$

f) Für alternierende Übergänge vom arctan-Typ der Form $J_x(\xi) = 2/\pi\,J_0 \arctan \pi\xi/2s$, $J_y(\xi) = 0$ errechnete *Bertram* über die Fouriertransformierte $J(k) = (4/\pi)\,J_0\,e^{-(1/\pi)ks}$ den Frequenzgang der Grundwelle. In einer Näherung ist

$$\{\Phi'\} = \frac{2\,e^{-ka}}{\bar\mu + 1 - (\bar\mu - 1)\,e^{-2ka}}\;\frac{4}{\pi}\,e^{-k(s/\pi)}\;\frac{1 - e^{-kd/\mu^*}}{kd/\mu^*}.$$

Im Vergleich zum Fall a) sind hier die realen Aufzeichnungsverluste, die in der charakteristischen Übergangsbreite s zum Ausdruck kommen, berücksichtigt. Während für isotrope Medien seit den Berechnungen von *Westmijze* [3.1] mit Sicherheit die Aussage gemacht werden kann, daß eine Bandpermeabilität $\bar{\mu} > 1$ die Effektivität der Flußaufnahme durch den Magnetkopf vermindert, sind für Abschätzungen der Vor- oder Nachteile anisotroper Medien die speziellen Betriebsbedingungen (a, d, λ) und die realisierbaren Aufzeichnungsstrukturen $\vec{J}(\xi, \eta)$ heranzuziehen. Die Ausdrücke (3.68) bis (3.73) können dabei nützliche Dienste leisten.

3.5.4. Bandflußdämpfung senkrechtanisotroper Medien

Wie im Abschnitt 4. näher ausgeführt, besteht ein leistungsfähiges Senkrechtspeichermedium aus einer Anordnung von nichtmagnetischem Trägermaterial, aus einer isotropen weichmagnetischen Flußleitschicht und der eigentlichen hochkoerzitiven Speicherschicht der Dicke d aus einem senkrechtanisotropen Material. *Bloomberg* [3.87] und *Lopez* [3.88] berechneten, daß die weichmagnetische Flußleitschicht einen entscheidenden Einfluß auf die Empfindlichkeit eines Ringkernmagnetkopfes – besonders bei Wiedergabe – ausübt.

Unter der Annahme einer idealen Sinusaufzeichnung ohne η-Abhängigkeit errechnet sich aus (3.63) bzw. (3.64) die Bandflußdämpfung der Doppelschicht zu

$$\{\Phi'\} = \frac{\Phi(k)}{\Phi_0} = \frac{e^{-ka}}{kd}\left[(1 - e^{-kd}) + \left(1 - \frac{\sinh ka}{\sinh k\,(a + d)}\right)e^{-kd}\right], \quad (3.74\,\text{a})$$

$$= \frac{\sinh kd}{kd\,\sinh k\,(a + d)}. \quad (3.74\,\text{b})$$

Dagegen beträgt die Bandflußdämpfung für die einfache senkrechtanisotrope Schicht ohne Flußleitschicht

$$\{\Phi'\} = \frac{\Phi(k)}{\Phi_0} = \frac{e^{-ka}}{kd}\,(1 - e^{-kd}), \quad (3.75)$$

ist also mit der für ideale Längsaufzeichnung gültigen *Wallace*-Formel (3.70) identisch.

Gl. (3.74a) macht deutlich, daß durch den zweiten Summanden, der praktisch der von der hochpermeablen Flußleitschicht verursachte Spiegelladungsterm ist, eine Bandflußerhöhung bewirkt wird. Diese wirkt nicht nur bei großen Wellenlängen am stärksten, sondern bewirkt sogar eine Wiedergabespannung

$$U_e(k) = A_0 kd\,\{\Phi'\}\,\frac{\sin k\,\dfrac{w_s'}{2}}{k\,\dfrac{w_s'}{2}} = A_0\,\frac{\sinh kd}{\sinh k\,(a + d)}\,\frac{\sin k\,\dfrac{w_s'}{2}}{k\,\dfrac{w_s'}{2}} \quad (3.76)$$

mit

$$A_0 = nvJ_0h_s\delta,$$

d.h., bei $\lambda \to 0$ existiert eine endliche Wiedergabespannung

$$U_e\,(k = 0) = A_0\,\frac{d}{a + d}.$$

3.5.5.   Wiedergabeimpulse bei Teilchenschrägstellung und Senkrechtanisotropie

Allen streifend aufgedampften Metallschichten und Senkrechtspeicherschichten ist gemeinsam, daß sie mehr oder weniger aus der Schichtebene herausgedrehte Teilchen besitzen, deren Anisotropie durch den Anisotropiewinkel ψ gekennzeichnet ist. Demzufolge sind in solchen Schichten die beiden orthogonalen Magnetisierungskomponenten J_x und J_y wie in (3.22) durch

$$\vec{J}(x - \xi, \eta) = \vec{i} J_x + \vec{j} J_y \quad \text{mit} \quad J_x = J_0(\xi, \eta) \cos \psi \quad \text{und} \quad J_y = J_0(\xi, \eta) \sin \psi_1$$

repräsentiert. Über das (zweidimensionale) Reziprozitätsintegral

$$u(t) = nv\delta h_s \int_{-\infty}^{+\infty} dx \int_{a}^{a+d} dy \left(\frac{\partial J_x}{\partial \xi} H_x + \frac{\partial J_y}{\partial \xi} H_y \right) \tag{3.77}$$

mit den Feldausdrücken nach (3.1) und

$$J_0(\xi) = \frac{2}{\pi} J_r \arctan \frac{\xi}{s} \tag{3.78}$$

ergibt sich der fogende analytische Ausdruck für den Wiedergabespannungsimpuls:

$$u(t) = \frac{1}{\pi} \delta n h_s v \frac{J_r}{w} \{\cos \psi \, [f(\xi) + f(-\xi)] + \sin \psi \, [h(\xi) - h(-\xi)]\}. \tag{3.79}$$

Es bedeuten mit $\xi = vt$

$$f(\xi) = \left(a + \frac{s}{\pi} + d \right) \arctan \frac{\xi + w}{a + \frac{s}{\pi} + d} - \left(a + \frac{s}{\pi} \right) \arctan \frac{\xi + w}{a + \frac{s}{\pi}}$$

$$+ \frac{1}{2}(\xi - w) \ln \frac{(\xi + w)^2 + \left(a + \frac{s}{\pi} + d \right)^2}{(\xi + w)^2 + \left(a + \frac{s}{\pi} \right)^2},$$

$$h(\xi) = \frac{1}{2}\left(a + \frac{s}{\pi} + d \right) \ln \left[\left(a + \frac{s}{\pi} + d \right)^2 + (\xi + w)^2 \right] - \frac{1}{2}\left(a + \frac{s}{\pi} \right)$$

$$\times \ln \left[\left(a + \frac{s}{\pi} \right)^2 + (\xi + w)^2 \right]$$

$$+ (\xi + w) \left(\arctan \frac{a + \frac{s}{\pi} + d}{\xi + w} - \arctan \frac{a + \frac{s}{\pi}}{\xi + w} \right);$$

s. [3.20]. Der äquivalente Phasenfrequenzgang der Übertragung lautet $\psi = $ konst.

Natürlich ist (3.77) auch für beliebige andere, beispielsweise aus iterativen Berechnungen resultierende, Magnetisierungsstrukturen numerisch lösbar.

Bloomberg [3.87] löste das Problem für die Senkrechtspeicherschicht mit hochpermeabler Flußleitschicht sowohl für Einzelübergänge als auch für Mäanderfolgen – letzteres durch Fourierreihendarstellung mit Hilfe von (3.74).

3.5.6. Optimierung des Anisotropiewinkels

Eine anisotrope Speicherschicht möge allgemein einen Anisotropiewinkel ψ gegenüber der Bandoberfläche aufweisen; vgl. auch Bild 4.1. Das bei Aufzeichnung einwirkende Summenfeld beträgt dann in Anisotropierichtung

$$H_\psi(\xi) = H_{\psi a}(x) + H_{\psi d}(\xi)$$

$$= H_{ax}(x)\big|_{x=\xi-x_1} \cos\psi + H_{ay}(x)\big|_{x=\xi+x_1} \sin\psi$$

$$+ H_{dx}(\xi) \cos\psi + H_{dy}(\xi) \sin\psi.$$

Mit diesem Ansatz und der Vorstellung, daß in der jeweiligen Anisotropierichtung stets die gleiche skalare $M(H)$-Abhängigkeit gilt (gerechnet wurde mit dem Flußdiagramm Bild 3.8 und mit den im Bild 3.13 angegebenen Modellparametern) und der Magnetisierungsvektor nicht aus der ψ-Richtung herausgedreht wird, kann das im Abschnitt 3.4.2. erläuterte funktionale Iterationsverfahren angewendet werden, um den gesamten Speicherprozeß von der Aufzeichnung bis zur Wiedergabe in Abhängigkeit von ψ zu verfolgen; vgl. *Säckl* u.a. [3.61] sowie *Strese* [3.90].

Bild 3.14 zeigt die berechneten Wiedergabeimpulse für $\psi = \pm 20°$ und $\psi = \pm 60°$. Der Vergleich von Bild 3.14 mit Bild 4.15 verdeutlicht die gute Übereinstimmung der berechneten Kurvenverläufe mit den experimentell von streifend bedampften Metallschichtbändern erhaltenen Wiedergabeimpulsen.

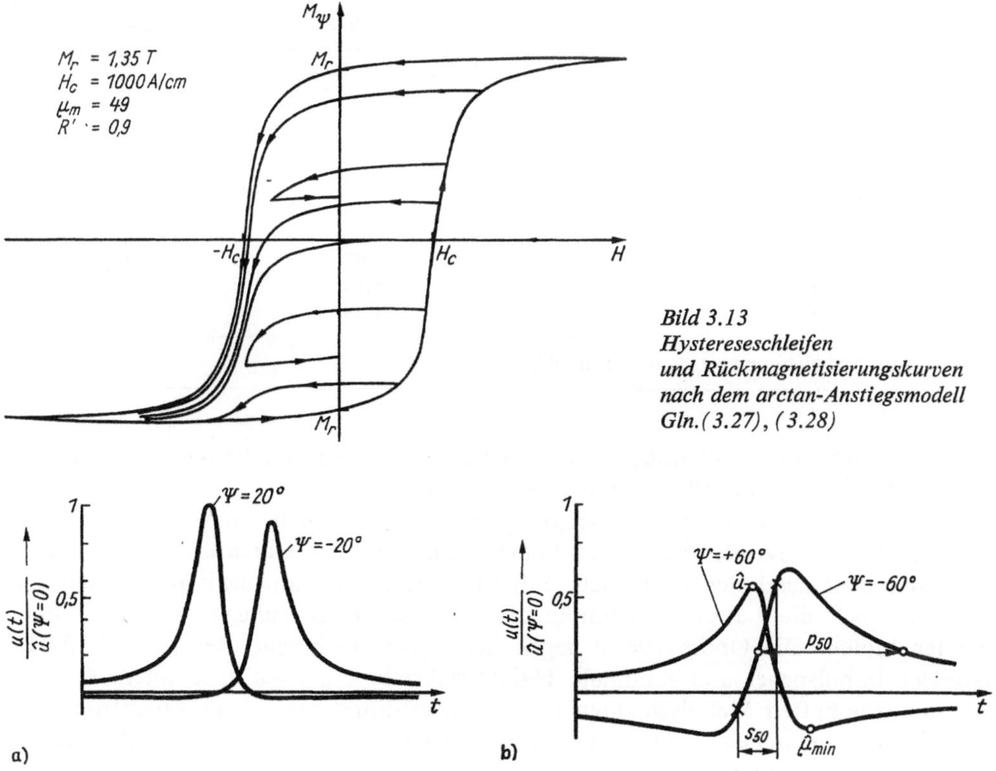

Bild 3.13
Hystereseschleifen
und Rückmagnetisierungskurven
nach dem arctan-Anstiegsmodell
Gln.(3.27), (3.28)

Bild 3.14. Berechnete Wiedergabeimpulse für Schräganisotropie
a) $\psi = \pm 20°$; b) $\psi = \pm 60°$

Von den berechneten Wiedergabeimpulsen wurden folgende, jeweils auf die Werte bei $\psi = 0°$ bezogene Parameter für eine Bewertung herangezogen: der Spitzenwert $\hat{u}$, die Halbwertsbreite p_{50} (Impulsbreite bei halber Amplitude $\hat{u}_{50} = (\hat{u} + \hat{u}_{min})/2$) und entsprechend [4.28] die Halbwertsbreite des differenzierten Wiedergabeimpulses s_{50}, letztere bezogen auf p_{50} ($\psi = 0$). Die so ermittelten Größen in Abhängigkeit vom Anisotropiewinkel zeigt Bild 3.15.

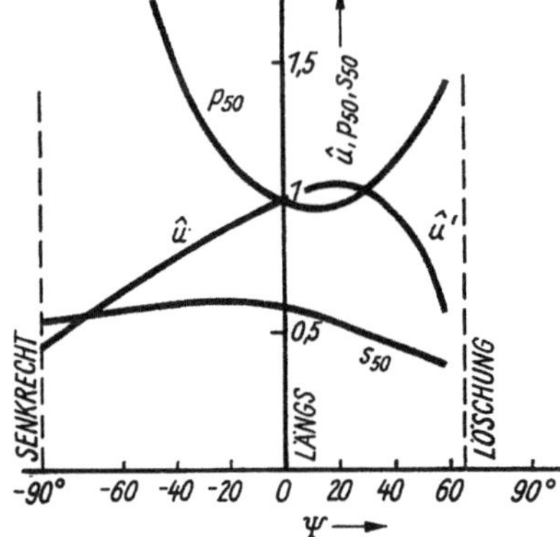

Bild 3.15
Kanalparameter μ^*, p_{50}^* und s_{50}^*
in Abhängigkeit vom Anisotropiewinkel ψ

Tafel 3.3. Kanalparameter in Abhängigkeit vom Anisotropiewinkel ψ

$dM/d\xi$							
nach [4.28]	eigenen Ergebnissen	nach [4.28]	eigenen Ergebnissen	nach [4.28]	eigenen Ergebnissen	nach [4.28]	eigenen Ergebnissen
$-90°$	0,67	0,72	0,59	0,45			0,44	0,56
-70		0,76		0,61		3,1		0,56
-60		0,72		0,67		2,24		0,58
-40		0,71		0,78		1,48		0,61
-20		0,8		0,89		1,15		0,61
0	1	1	1	1	1	1		0,61
$+20$		1,33		1,05		0,97		0,52
$+40$		1,64		0,97		1,13		0,47
$+60$		5,63		0,57		1,44		0,39
60	keine Aufzeichnung möglich (Gegenfeld)							

Tafel 3.3 macht diese Abhängigkeiten im Vergleich zu den von *Potter* und *Beardsley* [4.28] mit dem Vektormodell ermittelten Werten deutlich.

Zunächst bestätigt sich, daß die Senkrechtaufzeichnung auch unter Benutzung von klassischen Ringkernköpfen wesentlich höhere Längsspeicherdichten ermöglicht (halbe Impulsbreite). Es zeigt sich aber auch, daß zumindest mit Ringkernköpfen weder die Senkrecht- noch die Längsaufzeichnung optimale Magnetisierungsmoden in dünnen Schichten bilden. Die Optimalwerte liegen bei Zwischenwinkeln. Bei $\psi \approx 20°$ fallen maximaler Impulspegel und minimale Halbwertsbreite p_{50} etwa zusammen. Da die schräg aufgedampften Metallschichten herstellungsbedingt eine solche Teilchenschrägstellung aufweisen, stellen sie auch aus diesem Grunde die optimale Entwicklungsstufe der Längsaufzeichnungsmaterialien dar.

Eine Tendenz der Abnahme von s_{50} setzt sich bis $\psi = 60°$ fort, wo der Impuls um 30%

schmaler und um knapp 30 % höher ist als bei Senkrechtaufzeichnung. Allerdings dürfte hierbei das Anlöschen im Gegenfeld Stabilitätsprobleme mit sich bringen. Kompromißlösungen zwischen differenzierter Impulsbreite und Impulspegel sind auch im negativen ψ-Bereich (z.B. $\psi \approx -70°$) möglich. Endgültige Aussagen über die Nutzbarkeit der einzelnen Signalformen hängen von Untersuchungen zur Mustererkennung in Erweiterung von [4.34] auf beliebige Phasenlagen ab.

3.5.7. Wiedergabespannung isotroper und längsanisotroper Medien

3.5.7.1. Impulsfolgen

Bei alternierenden Magnetisierungswechseln im Abstand $\lambda/2$ gemäß (3.36) ergibt die Rechnung nach Gl. (3.63) für die Impulsspitzenspannung unter Verwendung der in [3.22] gefundenen Summenformel

$$\hat{U} = \frac{2}{\pi} A_0 \frac{d}{D(k)} \frac{\sin kD\,(k)}{\sin hks_\square} \tag{3.80}$$

mit

$$A_0 = nvJ_0h_s\delta, \qquad s_\square = \frac{s(k)}{\pi} + a; \tag{3.81}$$

$D(k)$ nach (3.37) und $s(k)$ nach (3.53).

Der Dämpfungsverlauf der Sinusgrundwelle kann in Näherung aus dem kurzwelligen Verhalten abgeleitet werden:

$$U(k) = \frac{4}{\pi} A_0 \frac{d}{D(k)} \sin kD\,(k)\, e^{-ks_\square}. \tag{3.82}$$

Für dünne Schichten geht (3.82) in den bekannten Ausdruck

$$U(k) = \frac{4}{\pi} A_0 kd\, e^{-ks_\square} \tag{3.83}$$

über.

Middleton, Wright [3.81] haben gezeigt, daß dieser Ausdruck auch für die Wiedergabe von Senkrechtaufzeichnungen gilt, gleichgültig, ob mit Ringkern- oder Einpolkopf. Erfolgte die Aufzeichnung mit einem Ringkernkopf, ist das $s(k)$ in $s_\square$ durch (3.55) zu ersetzen; erfolgte die Aufzeichnung mit dem Einpolkopf, gilt (3.56).

3.5.7.2. Wiedergabespannungsfrequenzgang

Praktikable Berechnungsformeln der funktionalen Aufzeichnungs-Wiedergabetheorie sollten mindestens auch die Resultate der Abschnitte 3.5.1.3. und 3.5.2. einbeziehen, d.h. den Einfluß der permeabilitätsabhängigen Wiedergabespaltweite w_s' und der permeabilitätsabhängigen Abstandsdämpfung

$$D_a = \frac{2\,e^{-ka}}{\bar{\mu} + 1 - (\bar{\mu} - 1)\,e^{-2ka}} \approx e^{-ka\bar{\mu}}. \tag{3.84}$$

Die Näherung gilt für $\bar{\mu} = 1$ exakt und für $1 < \bar{\mu} < 4$ im Bereich $\lambda \geqq 2\pi a\bar{\mu}$ auf 2 dB genau.

Damit ist die Bandflußdämpfung

$$\frac{\Phi(k)}{\Phi_0} = \frac{8}{\pi} \frac{e^{-ks_\square}}{\bar{\mu} + 1 - (\bar{\mu} - 1)\,e^{-2ka}} \frac{\sin kD}{kD} \frac{\sin k\,\dfrac{w_s'}{2}}{k\,\dfrac{w_s'}{2}}, \tag{3.85}$$

der äußere Bandfluß

$$\Phi_a(\lambda) \approx \frac{8}{\pi} J_0 dh_s\, e^{-ks^*} \frac{\sin kD}{kD} \tag{3.86}$$

mit

$$s^* = \frac{s}{\pi} + a\bar{\mu}$$

und der Wiedergabespannungsfrequenzgang

$$U_e(k) = nv\delta k\Phi(k) = \frac{8}{\pi} A_0 d \frac{e^{-ks_\square}}{\bar{\mu} + 1 - (\bar{\mu} - 1)\,e^{-2ka}} \frac{\sin kD(k)}{kD(k)} \frac{\sin k\,\dfrac{w_s'}{2}}{\dfrac{w_s'}{2}}$$

$$\tag{3.87}$$

bzw., mit der Näherung in (3.84) und (3.86),

$$U_e(k) = \frac{4}{\pi} A_0 d\, e^{-ks^*(k)} \frac{\sin kD(k)}{kD(k)} \frac{\sin k\,\dfrac{w_s'}{2}}{\dfrac{w_s'}{2}}. \tag{3.88}$$

Im Bild 3.16 sind Verläufe nach (3.87) mit gemessenen Frequenzgängen verglichen.

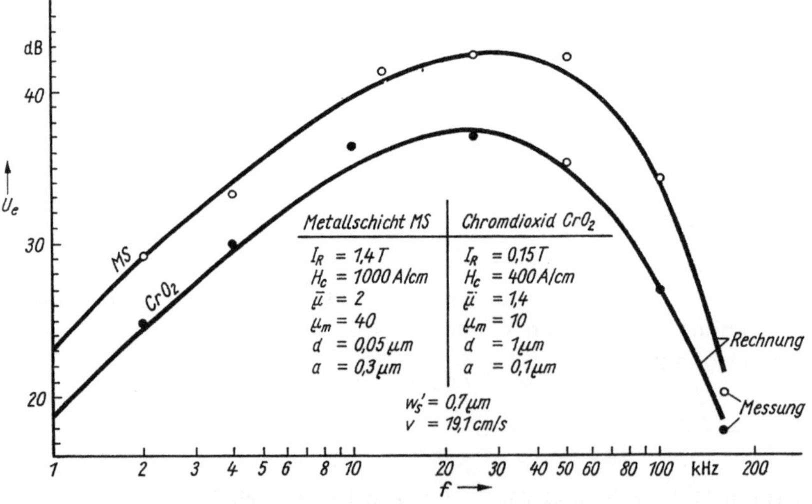

Bild 3.16. Wiedergabespannungsfrequenzgang. Vergleich zwischen Theorie und Experiment

3.5.7.3. Impulsresponse

Die zu (3.88) korrespondierende Impulsresponsefunktion mit $w_s' \to 0$ bzw. $D \to 0$ lautet

$$u(t) = \frac{1}{2\pi} A_0 \frac{d}{D} \arctan \frac{2s^*D}{s^{*2} - D^2 + (vt)^2}, \quad \text{bzw.}$$

$$u(t) = \frac{1}{\pi} \arctan \frac{s^*w_s'}{s^{*2} - (w_s'/2)^2 + (vt)^2} \tag{3.89}$$

mit der Impulshalbwertsbreite und dem Impulsspitzenwert

$$s_{1/2} = 2\sqrt{s^{*2} + D^2} \quad \text{bzw.} \quad s_{1/2} = 2\sqrt{s^{*2} + (w_s'/2)^2}, \tag{3.90}$$

$$\hat{u} = \frac{1}{\pi} A_0 \frac{d}{D} \arctan \frac{D}{s^*} \quad \text{bzw.} \quad \hat{u} = \frac{2}{\pi} A_0 \frac{d}{w_s'} \arctan \frac{w_s'}{2s^*}. \tag{3.91}$$

Das Frequenzspektrum $\breve{u}(k)$ des Einzelimpulses unterscheidet sich von dem der harmonischen Bandflußdämpfung durch den Quotienten

$$\breve{u}(k)/\{\Phi'^{(k)}\} = e^{-ks/\pi} \frac{\sin kD}{kD} \bigg/ e^{-(k/\pi)s(k)} \frac{\sin kD\,(k)}{kD\,(k)}. \tag{3.92}$$

Dies ist Ausdruck dafür, daß das vektorielle Impulsaufzeichnungsmodell (3.36) in seiner Erweiterung (3.55) nicht mehr auf linearer Superposition beruht, sondern die Überlagerung der Entmagnetisierungsfelder im nichtlinearen Aufzeichnungsprozeß berücksichtigt.

Weitere Unterschiede im spektralen Verlauf zwischen Einzelimpuls und Impulsfolgen hoher Dichte können durch die Dynamik des Aufzeichnungsprozesses bei Einfluß eines vom Magnetkopf verursachten gedehnten exponentiellen Feldanstiegs entstehen. Es ergeben sich dann beim Einzelimpuls Abweichungen vom exponentiellen Abfall, und bei der Impulsfolge entsteht eine Abhängigkeit der Eindringtiefe d von der Frequenz, also ein $d(f)$, wie in (3.59) angegeben.

3.5.7.4. Kanalparameter

Die eingeführten Kanalparameter A_0, s^*, D und w_s' können bei gegebenem Band-Kopf-System auch experimentell ermittelt werden. Eine sehr einfache analytische Methode benötigt 3 Meßpunkte $u_1(\lambda_1)$, $u_2(\lambda_2)$, $u_4(\lambda_4)$ aus dem differenzierten und auf die Sinus-Wiedergabespannung $u_1(\lambda_1)$ normierten Einzelimpulsspektrum bei den Wellenlängen

$$\lambda_1 = 2\lambda_2 = 4\lambda_4. \tag{3.93}$$

$$A_0 = \frac{u_1(\lambda_1)}{2\sqrt{A_2^2 - 2A_{4/2}}}, \qquad s^* = \frac{\lambda_4}{\pi} \ln \frac{2}{A_2^2 - A_{4/2}}, \tag{3.94}$$

$$D = \frac{\lambda_4}{2\pi} \arccos \frac{A_{4/2}}{A_2^2 - A_{4/2}} \tag{3.95}$$

mit

$$A_2 = \frac{U_2(\lambda_2)}{U_1(\lambda_1)} \quad A_{4/2} = \frac{U_4(\lambda_4)}{U_2(\lambda_2)}.$$

Die Ergebnisse sind um so genauer, je kleiner w'_s bei Wiedergabe ist. Das w'_s eines Wiedergabekopfes kann durch die bekannte Nullstellenmessung ermittelt werden. Wird diese nicht erreicht, kann w'_s durch Messung mit einem Metalldünnschichtband gemäß

$$w'_s = \frac{\lambda_2}{\pi} \arccos \frac{A_{4/2}}{A_2^2 - A_{4/2}} \tag{3.96}$$

errechnet werden.

3.6. Wiedergabe mit magnetoresistiven Köpfen

Bei der Realisierung hoher Spurdichten werden künftig die integrierten Köpfe mehr und mehr ihre konstruktiven und technologischen Vorteile ausspielen können. Speziell für die Signalwiedergabe bietet sich ein physikalisches Prinzip an, das auf der Änderung des elektrischen Widerstandes in Abhängigkeit von der Stärke und Richtung eines Magnetfeldes beruht. Ein solcher magnetoresistiver Sensor, der mit seiner Schmalseite senkrecht auf dem Magnetband steht, hat gegenüber dem sonst vielseitiger verwendbaren induktiven integrierten Kopf den Vorteil, daß er keine Wicklung benötigt und flußempfindlich ist, d.h. keiner schnellen Flußänderung bedarf.

Der magnetische Sensorstreifen (bestehend aus Permalloy oder Kobalt-Eisen) weist einen elektrischen Widerstand

$$R = R_0 + \Delta R \cos^2 \Theta_R$$

auf, wobei R_0 der isotrope feldunabhängige elektrische Widerstand des Streifens ist und ΔR die bei einem sehr starken Vertikalfeld auftretende maximale Widerstandsänderung. Θ_R ist der Winkel zwischen dem Magnetisierungs- und dem Stromdichtevektor, der sich unter gewissen, z.B. von *Hunt* [3.80] genannten, Voraussetzungen zu $\sin \Theta_R = M_y/M_s$ einstellt. M_s ist die vom Sensormaterial abhängige Sättigungsmagnetisierung. Dann wird

$$R = R_0 + \Delta R \left(1 - \frac{M_y^2}{M_s^2} \right).$$

Die nichtlineare Abhängigkeit zwischen dem Widerstand R und dem Signalfeld H_y kann auf verschiedene Weise, z.B. durch ein Vormagnetisierungsfeld $H_b = M_s/\sqrt{2}$, korrigiert werden. Der Ableitung in [3.80] folgend, ergibt sich bei einer Bandremanenz $M = M_r \times \sin k\xi$ ein Vertikalfeld

$$H_y = -\frac{1}{2} M_r e^{-k\eta} (1 - e^{-kd}) \cos k\xi$$

und damit

$$U(k) = Jh_s \Delta \varrho_m \frac{M_r}{\sqrt{2} M_s} e^{-ka} (1 - e^{-ka}) \frac{1 - e^{-kd_s}}{kd_s}. \tag{3.97}$$

J ist die Stromdichte im Magnetstreifen, ϱ_m dessen spezifischer elektrischer Widerstand. Die Wiedergabespannung ist also im Gegensatz zum induktiven Kopf unabhängig von der Bandgeschwindigkeit v. Ein weiterer Unterschied ist, daß die Spaltdämpfung wegen einer Streifendicke t im nm-Bereich vernachlässigbar gering ist. Dies äußert sich auch nicht, im Gegensatz zum induktiven Kopf (s. Abschn. 5.), in einem Wirkungsgradverlust. Abstands- und Schichtdickendämpfung entsprechen dem Ansatz gemäß der Wiedergabe durch induktive Köpfe; vgl. Abschn. 3.5.3. Interessant ist eine von der Streifenbreite d_s abhängige Wellenlängendämpfung, die aus der Streufeldmittlung über die Streifenbreite resultiert.

Eine verbesserte Kopfausführung, bei der dieser Einfluß der Streifenbreite d_s dadurch vermieden wird, daß beiderseitige Abschirmungen das einwirkende Streufeld örtlich einengen und verstärken, ist im Bild 3.17 angedeutet. Die Bandflußdämpfung im abgeschirmten magnetoresistiven Element berechnet sich dann nach *Potter* [3.92] zu

$$\{\Phi'\} = \frac{\Phi(k)}{\Phi_0} = \sin k\,(g + t)/2 \; \frac{\sin \dfrac{k}{2}\,g}{\dfrac{k}{2}\,g} \; \mathrm{e}^{-ka}\,\frac{1 - \mathrm{e}^{-kd}}{kd}. \tag{3.98}$$

Wieder ist mit

$$H_\mathrm{b} = \frac{M_\mathrm{s}}{\sqrt{2}}; \qquad \Theta_\mathrm{R} = \frac{\pi}{4} \quad \text{bei} \quad H_y = 0:$$

$$R = R_0 + \frac{\Delta R}{2} - \sqrt{2}\,\Delta R\,\frac{\Phi(y, \xi)}{\mu_0 M_\mathrm{s} h_\mathrm{s} t,}$$

$$= -\Delta\varrho_\mathrm{m}\,\sqrt{2}\,\frac{\Phi(y)}{\mu_0 M_\mathrm{s} h_\mathrm{s} t},$$

wobei $\Phi(y, \xi)$ der Signalfluß im magnetoresistiven Element im Abstand $-y$ von der Kopfoberfläche ist.

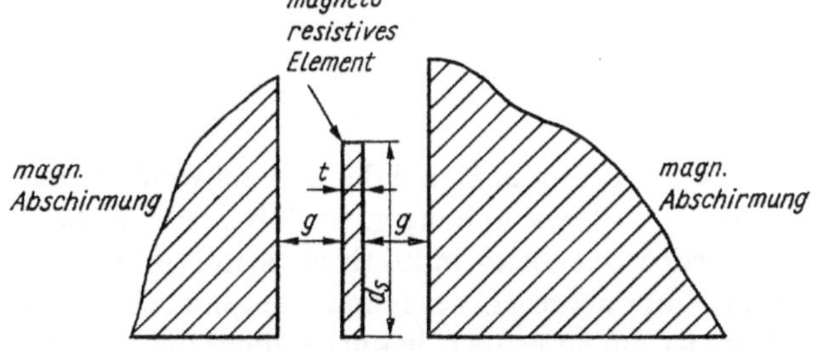

Bild 3.17
*Querschnitt
durch einen abgeschirmten
magnetoresistiven Wiedergabekopf*

Die Ausgangsspannung errechnet sich zu

$$U(k) = J_0\,\Delta R\,(k) = J\,|\Delta\varrho|\,h_\mathrm{s} = Jh_\mathrm{s}\,\sqrt{2}\,\Delta\varrho_\mathrm{m}\,\frac{\Phi(k)}{\mu_0 M_\mathrm{s} h_\mathrm{s} t},$$

$$= Jh_\mathrm{s}\,\sqrt{2}\,\Delta\varrho_\mathrm{m}\,\frac{M_\mathrm{r} d}{M_\mathrm{s} t}\,\{\Phi'\},$$

$$= Jh_\mathrm{s}\,\sqrt{2}\,\Delta\varrho_\mathrm{m}\,\frac{M_\mathrm{r} d}{M_\mathrm{s} t}\,\sinh\frac{g + t}{2}\,\frac{\sin kg/2}{kg/2}\,\frac{1 - \mathrm{e}^{-kd}}{kd}\,\mathrm{e}^{-ka}. \tag{3.99}$$

J ist wieder die Stromdichte im Magnetstreifen.

Potter schätzte die maximal erreichbare Ausgangsspannung auf $U_\mathrm{max} = \frac{1}{8} Jh_\mathrm{s}\,\Delta\varrho_\mathrm{m} \approx 45\,\mathrm{mV}$ je mm Spurbreite für $0 = 50\,\mathrm{mA/\mu m^2}$, $\Delta\varrho_\mathrm{m} = 70\,\mu\Omega\cdot\mathrm{cm}$ mit $d_\mathrm{s} = 20\,\mathrm{nm}$ Permalloy. Dies wurde praktisch von *Metzdorf* u. a. [3.6] bestätigt.

Für eine Wellenlänge von nur 1,5 µm ermittelten *Druyvesteyn* u. a. [3.91] einen Faktor von 1,5 mV/mm.

Gl.(3.99) enthält im Vergleich zur bekannten *Wallace*-Formel (3.70) für induktive Köpfe noch eine zweite Spaltfunktion, die dem Verhalten eines Zweispaltkopfes entspricht.

Wegen $t \ll g$ ist

$$D_{sp} \approx \frac{\sin^2 kg/2}{(kg/2)} \tag{3.100}$$

mit der ersten Nullstelle bei $\lambda = g$. Gl.(3.100) wurde von *v.Lier* u. a. [3.93] mit einem magnetoresistiven Kopf der Abmessungen $p = 2,8\,\mu m$, $g = 1,1\,\mu m$, $w_s = 20\,nm$, $d_s = 10\,\mu m$ sehr exakt bestätigt.

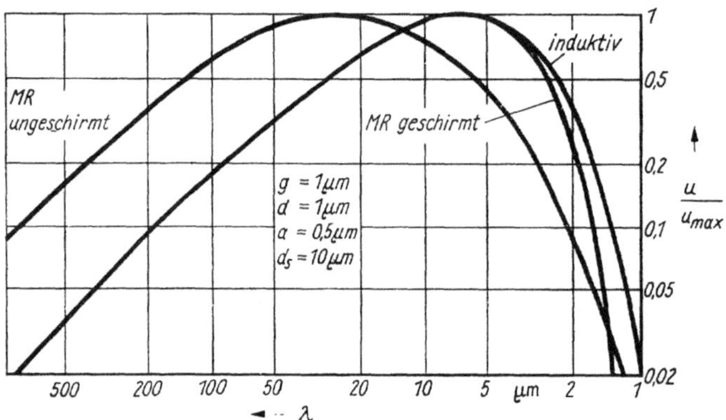

Bild 3.18. Vergleich der Wellenlängenabhängigkeit zwischen induktivem und magnetoresistivem Magnetkopf nach [3.6]

Die Wiedergabe nach (3.97) bzw. (3.99) ist zwar frequenz- und damit geschwindigkeitsunabhängig, aber doch von der Wellenlänge $\lambda = 2\pi/k$ abhängig, so daß große Wellenlängen im Endeffekt ebenso gedämpft werden wie beim induktiven Kopf (Bild 3.18). Ursache dafür ist, daß die wirksame Feldkomponente H_y bei reiner Längsaufzeichnung $M(\xi)$ von der div $M(\xi)$ gebildet wird. Diese ist um so größer, je kurzwelliger die x-Komponente der Magnetisierung ist. In dicken Schichten kommen gemäß dem Vektormodell (3.36) wellenlängenunabhängige Feldanteile durch die Flächenladung σ hinzu. Bei reiner Senkrechtaufzeichnung gibt es beim unabgeschirmten Kopf keinen solchen „ω-Gang".

Das magnetoresistive Element ist sehr aussteuerungsempfindlich und kann selbst von geringen Feldstärken des Magnetbandes übersteuert werden. Maximal können 10 pVs/mm Bandfluß aufgenommen werden. Das erlaubt die Reduktion von *Md. Potter* [3.92] schätzte ab, daß bei Verwendung eines hochremanenten Metallschichtbandes mit $M_r = 1\,T$ die Schichtdicke d unter 20 nm liegen muß. Eine plausible Bedingung für das Vermeiden von Sättigung ist $M_r d \leq M_s w_s$. *Metzdorf* u. a. [3.6] geben konstruktive Möglichkeiten beim abgeschirmten Kopf an, um auch bei größeren Bandflüssen eine Übersteuerung zu vermeiden.

4. Magnetbänder

4.1. Überblick

Die Digitalspeichertechnik mit bewegten Medien stellt die kostengünstigste Lösung für den permanent ansteigenden Bedarf an Informationsspeichern dar. Dabei ist die Speichertechnologie mit flexiblen Medien von einer ständigen Aufwärtsentwicklung in der Datenspeicherdichte gekennzeichnet. Es gibt keine Anzeichen, daß sich dieser Trend nicht fortsetzen sollte.

Für die bandförmigen Medien, die aufgrund ihrer hohen Datenkapazität, niederen Kosten und sehr hohen Zuverlässigkeit auf lange Sicht populär bleiben, ist innerhalb der nächsten 25 Jahre eine 1000fache Zunahme der Flächenspeicherdichte zu erwarten.

Die heute am häufigsten gebrauchten Speichermedien bestehen aus einer ferromagnetischen Partikelschicht von 1 ... 10 μm Dicke. Diese hochkoerzitiven Schichten besitzen im allgemeinen einen komplizierten geometrischen Aufbau. Sie bestehen aus mehr oder weniger eng gepackten, magnetisch voneinander isolierten ferromagnetischen Bereichen. Die hieraus resultierenden magnetischen Eigenschaften sind theoretisch beschreibbar durch ein Ensemble von Einbereichsteilchen, wie dies im Abschnitt 3.3.1. erörtert wurde. Setzt man ein beliebig dickes, magnetisch isotropes Speichermedium dem Vektorfeld eines Magnetkopfes aus, entstehen räumlich unterschiedlich stark phasenverzerrte orthogonale Magnetisierungskomponenten, die bei Wiedergabe nicht mehr entzerrt werden können. Solchen komplizierten Strukturen wirkt man heute vorwiegend durch Speichermedien mit einer ausgeprägten uniaxialen Anisotropie entgegen. Aus Abschnitt 3. folgt, daß die nach diesem Funktionsprinzip arbeitenden Längsaufzeichnungsmaterialien dünn, niederremanent und hochkoerzitiv sein müssen, wenn sie Informationsstrukturen hoher Dichte tragen sollen. Für die künftigen Belange der digitalen audiovisuellen Speicherung sind höhere als die gegenwärtig erreichbaren Flächenspeicherdichten erforderlich. Nur dann kann der Bandbedarf gegenüber der Analogtechnik bei Digitalspeichern reduziert werden. Dieser Fortschritt wird davon abhängen, wie es gelingt, dünne, schmiegsame und gleichförmige Magnetschichten herzustellen, bessere Spurführungstechniken, effektivere Kodes und Fehlerkorrekturverfahren bzw. Signalverarbeitungstechniken einzuführen.

Als Magnetmaterialien für Partikelbänder werden kleinere Partikeln mit höherer Koerzitivfeldstärke und mit geringerer Form- und Größenstreuung aber ohne ein höheres magnetisches Moment benötigt. Ob in den nächsten Jahren weiterhin die Magnetbänder mit Partikelschichten dominieren werden oder ob bindemittelfreie metallische Dünnschichten für Longitudinal- oder Vertikalaufzeichnung den Anforderungen der modernen Digitaltechnik besser gerecht werden, wird auch von ökonomischen Gesichtspunkten abhängen [4.1].

Die Weiterentwicklung von Medien auf der Basis der Längsspeichertechnik stößt auf verschiedene Schranken. So ist das Aufbringen von Lackschichten einer Dicke unter 0,5 μm, aber auch von Metallschichten unter 50 nm nicht problemlos. Die weitere Reduzierung der Schichtdicke führt auch zwangsläufig wieder zur Verminderung des Signal-Stör-Abstandes und zur mechanischen und chemischen Störanfälligkeit. Dementsprechend wird es künftig neben der Verbesserung der klassischen Partikel- und Dünnschichttechnologie immer mehr Untersuchungen über neue Aufzeichnungsprinzipien geben, die die Herstellung und Aufrechterhaltung stabiler Magnetisierungsstrukturen höchster Packungsdichte auch in dickeren Schichten zum Inhalt haben [4.2] bis [4.4] [4.26] [4.80] [4.83].

Bis 1990 wird sich generell die Flächenspeicherdichte bei gleichzeitiger Steigerung der Bitrate und weiterer Senkung der Kosten je Bit verzehnfachen. Die wesentlichen technologischen Neuerungen in dieser Periode werden die Dünnschichtkopftechnologie und die Senkrechtaufzeichnung auf vertikal anisotropen oder isotropen Medien sein. Andere Speicherprinzipien, wie Magnetblasenspeicher, CCD-Speicher, Laser- oder Elektronenstrahlspeicher, haben ihre Versprechen bisher nicht eingelöst. Sie sind bezüglich Kosten, Volumens und Energieverbrauchs in absehbarer Zeit als Massenspeicher nicht konkurrenzfähig.

Die Einführung reversibler optischer oder magnetooptischer Speicher steht bevor.

4.2.   Klassifizierung der Aufzeichnungsmoden

4.2.1.   Längsaufzeichnung

Für die Grenzen der Leistungsfähigkeit von Längsaufzeichnungsmaterialien können folgende physikalische Ursachen angeführt werden:

– Bei der Längsaufzeichnung erhöht sich das entmagnetisierende Feld mit der Speicherdichte. Selbst wenn das Medium dünn und hochkoerzitiv ist, bleibt das entmagnetisierende Feld ein Hindernis für das Erreichen höherer Speicherdichten [4.2]; vgl. auch Bild 4.1 a.

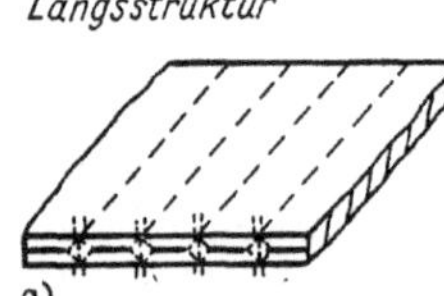

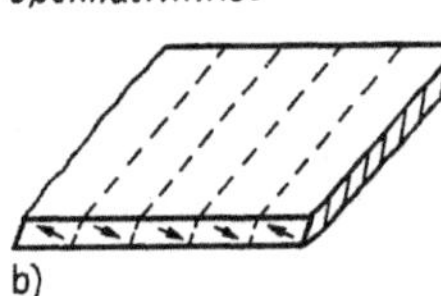

Bild 4.1
Längsaufzeichnungsmedium
a) Anisotropiewinkel 0°
b) Anisotropiewinkel, optimal

– In der hochdichten Speicherung vermindert die Entmagnetisierung nicht nur die remanente Magnetisierung, sondern dreht auch den Magnetisierungsvektor so, daß zirkulare Strukturen entstehen, die bei nichtoptimiertem Aufzeichnungsprozeß erhebliche Signaldämpfungen verursachen können [4.4].
– Der Vorteil dünner Schichten ist zwar, daß sie Zirkularstrukturen verhindern, aber das mit der Schichtdicke verminderte magnetische Moment verringert auch den Signalpegel und den Signal-Rausch-Abstand.
– Durch das relativ unelastische und von der Trägerfolie bestimmte Oberflächenprofil neigen Dünnschichten mehr zu Signalstörungen.
– Bei Längsaufzeichnung in Dünnschichten erscheinen sägezahnförmige Bereichsübergänge, die die Speicherdichte ebenfalls begrenzen [4.35] [4.39].

Die Optimalstruktur nach Bild 4.1 b – Näheres s. Abschnitt 3.5.6. – ändert an diesen Grenzen nichts Prinzipielles und bringt mit der Laufrichtungsabhängigkeit auch Nachteile.

4.2.2. Senkrechtaufzeichnung

In dem wünschenswerten Magnetspeichersystem der Zukunft sollte grundsätzlich das entmagnetisierende Feld bei höheren Speicherdichten nach Null tendieren.

Die Vertikal- oder Senkrechtmagnetisierung nach Bild 4.2 weist diese Grundeigenschaft auf: Sie ist bei kleinen Wellenlängen λ fast entmagnetisierungsfrei [4.41].

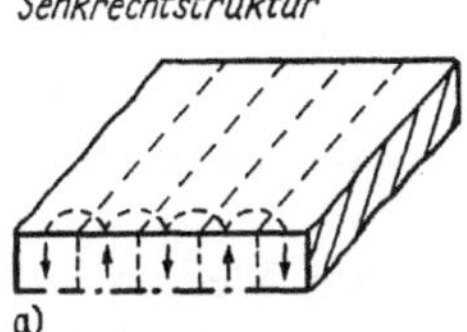

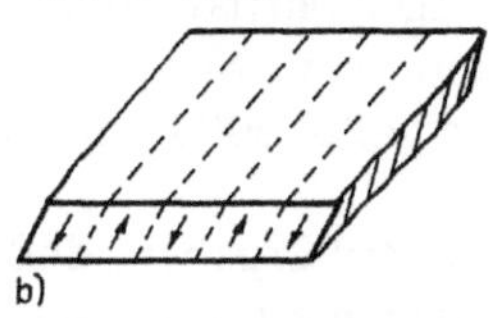

Bild 4.2
Senkrechtaufzeichnungsmedium
a) Anisotropiewinkel 90°
b) Anisotropiewinkel, optimal

Allein aus Gl. (3.23) ist schon zu erkennen, daß aufgrund des Feldverlaufs, besonders bei dickeren Senkrechtspeicherschichten, nur die Ausläufer des Magnetisierungsübergangs stark entmagnetisiert werden; das Zentrum bleibt im wesentlichen unverändert. Dies führt natürlich zu einem steilen Übergang. Weiterhin addiert sich das entmagnetisierende Feld des vorhergehenden Wechsels mit dem Aufzeichnungsfeld – im Gegensatz zur Längsaufzeichnung, wo beide Felder gegenläufig sind. Deshalb können vom Senkrechtaufzeichnungskopf Bänder mit höheren Bandkoerzitivfeldstärken magnetisiert werden [4.28].

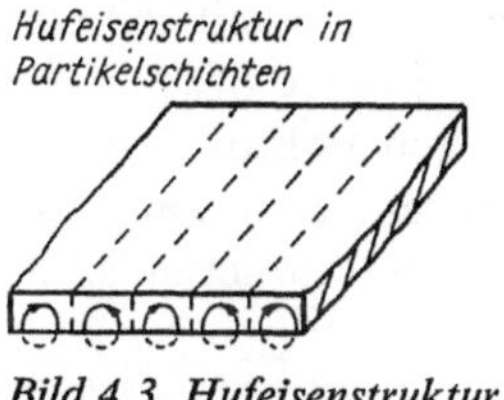

Bild 4.3. Hufeisenstruktur
durch Vektorfeldaufzeichnung
in einer Partikelschicht

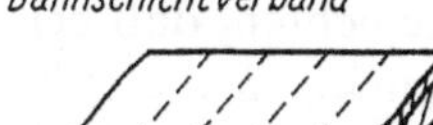

Bild 4.4. Hufeisenstruktur
in einem Dünnschichtverbund
(isotrop – anisotrop)

Die Drehung des Magnetisierungsvektors in der Flußleitschicht nach Bild 4.4 führt zur weiteren Abnahme des entmagnetisierenden Feldes, besonders bei langen Wellenlängen (vgl. Abschn. 3.5.4.). Diese Vorteile kommen sowohl dann zur Wirkung, wenn mit einem speziellen Queraufzeichnungskopf, als auch dann, wenn mit einem normalen Ringkernmagnetkopf wiedergegeben wird. Beide Kopftypen liefern nach Berechnungen von *Potter, Beardsley* [4.28] etwa gleiche Resultate. Analog zu Bild 4.1 b ist auch hier eine Optimalstruktur nach Bild 4.2 b denkbar. Sie berücksichtigt, daß bei allen realen Kopftypen die endliche x-Komponente ein Herausdrehen des Feldstärkevektors aus der idealen Senkrechtrichtung bewirkt. Das ist bei Ringkernköpfen besonders deutlich und wirkt auch bei Verwendung der hochpermeablen Hilfsschicht, wenn diese beim Aufzeichnungsvorgang gesättigt wird.

4.2.3. Isotrope Aufzeichnung

Im Abschnitt 3. wurde verdeutlicht, daß in Medien ohne ausgeprägte Anisotropie die Abnahme der Wiedergabespannung und damit die Grenze der Speicherdichte hauptsächlich von der Rotation des Magnetisierungsvektors (als Gleichgewichtsreaktion im Entmagnetisierungsprozeß) und von der damit verbundenen Reduktion der effektiven Schichtdicke verursacht werden; s. auch [4.2] [4.4].

Mögliche Techniken, um der Rotation des Magnetisierungsvektors und den dadurch entstehenden komplizierten, informationstechnisch nicht beherrschbaren Strukturen entgegenzuwirken, bestehen meistens im Ausschalten einer der beiden orthogonalen Komponenten mit Hilfe einer ausgeprägten Anisotropie in Längs- oder Querrichtung. Eine andere Möglichkeit, die Phasenverschiebung zwischen x- und y-Komponente zu vermindern, ist das Magnetisieren ausschließlich der Oberflächenschicht $d*$ nach Abschnitt 3.4. bzw. die Verkleinerung der Aufzeichnungszone mit extrem schmalen Aufzeichnungsspalten und isotropen Speichermedien mit geringer Partikelgrößenstreuung und sehr gleichförmiger Dispergierung. Die Oberfläche muß sowohl optisch als auch magnetisch von höchster Güte sein. Damit sind nach *Lemke* [4.26] 5000 bit/mm bei $\varrho = 30\,\mathrm{dB}$ und einer Fehlerrate von 10^{-12} erreichbar.

Berechnungen von *Ortenburger, Potter* [4.40] ergaben, daß in isotropen Medien die y-Komponente den Wiedergabeimpuls verschmalert, ohne die Symmetrie zu verschlechtern.

4.2.4. Optimale Zirkularstrukturen

Eine Kombination der bisher besprochenen Magnetisierungstypen Längsaufzeichnung (Bild 4.1) und Senkrechtaufzeichnung (Bild 4.2) ist die Vektorfeldaufzeichnung mit *Hufeisenstruktur* (Bild 4.3). Sie ist in Partikelschichten erzeugbar [4.2] [4.26] und ist im Abschnitt 3.4. auch theoretisch begründet worden. *Middleton* [4.3] berechnete mit seinem Vektormodell für dicke Schichten, daß bei optimiertem Aufzeichnungsprozeß ($d_{\mathrm{opt}} = d*$ $= \lambda/4$) und kurzen Wellenlängen die zirkularen Strukturen ein um den Faktor 2 bis 4 geringeres Entmagnetisierungsfeld aufweisen, als reine Längsstrukturen. Dies kann zu einer bis 4fach höheren Magnetisierung führen und zu einer entsprechend höheren Wiedergabespannung.

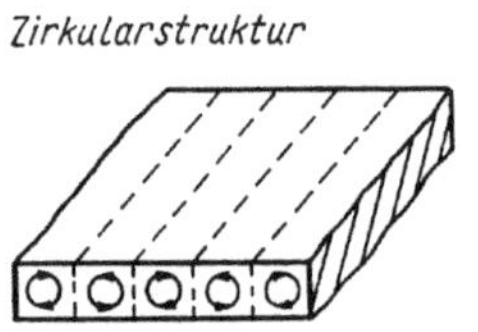

Bild 4.5. Zirkularaufzeichnungsmedium:
Speicherzustand

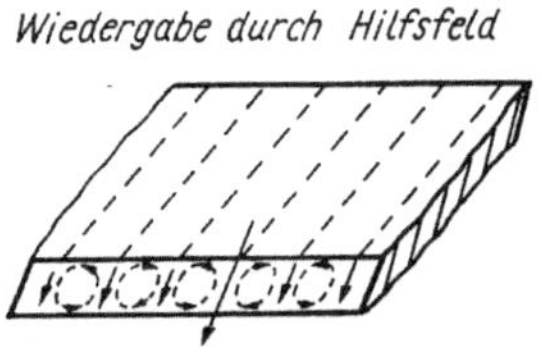

Bild 4.6. Zirkularaufzeichnungsmedium:
Wiedergabezustand beim Anliegen eines Hilfsfeldes

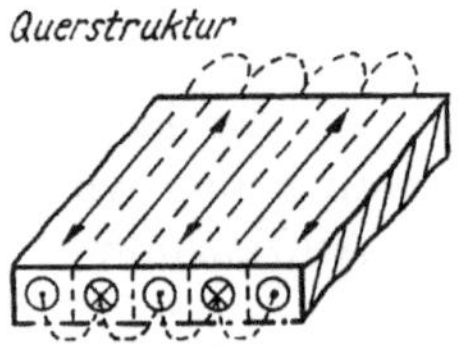

Bild 4.7
Queraufzeichnungsmedium

Führt man den Gedanken der Stabilitätserhöhung eines aufgezeichneten Magnetisierungszustands konsequent weiter, gelangt man zu dem Prinzip der ringförmig in sich geschlossenen Magnetisierungsstruktur (Bild 4.5). Dieser Zustand ist feldfrei und damit nahezu wechselwirkungsfrei. Natürlich ist damit ohne Hilfsmaßnahmen auch keine Wiedergabe möglich. Praktisch treten solche Magnetisierungsstrukturen in allen nichtoptimalen, d.h. zu dicken Längsspeichermedien auf und reduzieren das Wiedergabesignal. Die Rotation des Magnetisierungsvektors ist nach Abschnitt 3.4. das Resultat der Wechselwirkung zwischen dem Aufzeichnungsfeld und dem entmagnetisierenden Eigenfeld der Aufzeichnung. Eine Möglichkeit des Nachweises solcher Strukturen im Wiedergabeprozeß besteht nach [4.4] im Anlegen eines Hilfsquerfeldes (Bild 4.6.). Es findet dadurch eine irreversible Transformation in eine Senkrechtmagnetisierung statt, die von einem konventionellen Magnetkopf wiedergegeben werden kann.

Magnetische oder optische Methoden zum direkten Nachweis der *Zirkularstrukturen* würden zu einem Speichersystem höchster Dichte führen.

Eine weitere denkbare Aufzeichnungsform wäre die Transversalaufzeichnung (Bild 4.7), evtl. auf ein Medium mit uniaxialer Anisotropie quer zur Laufrichtung in der Schichtebene. Hierzu liegen jedoch gegenwärtig noch keine tragenden Ideen zur Realisierung einer hohen Flächenspeicherdichte vor.

4.3. Speichermaterialien

4.3.1. Partikelschichten

Ein modernes Speichermedium hat gewöhnlich eine hohe Koerzitivfeldstärke (>300 A/cm), um dem mit der Speicherdichte zunehmenden Einfluß der Entmagnetisierung zu widerstehen. Um die Aufzeichnungsentmagnetisierung gering zu halten, muß die Verteilungsfunktion der Partikelschaltfelder schmal sein. Die remanente Magnetisierung (das Produkt aus der Remanenz des Einzelteilchens und der Packungsdichte) muß sorgfältig optimiert werden; denn eine zu niedrige Remanenz erzeugt nicht genügend Bandfluß, und eine zu hohe Remanenz fördert die Selbstentmagnetisierung. Die Folge wäre im ersteren Fall eine zu geringe Wiedergabeamplitude und im letzteren Fall zu breite Wiedergabeimpulse, die zu Peakshift führen.

Die Partikeln müssen gleichmäßig in Größe und Form und frei von Dentriten und Poren sein. Weiterhin werden Verträglichkeit mit dem hochpolymeren Bindemittel und

Tafel 4.1. Auswahl von Technologien zur Herstellung von hartmagnetischen Partikeln

Partikel	Technologie	$H_\mathrm{c}\left/\dfrac{\mathrm{A}}{\mathrm{cm}}\right.$	Literatur
γ-Fe$_2$O$_3$	Reoxydation von Fe$_3$O$_4$	300	[4.8] [4.55]
Co-γ-Fe$_2$O$_3$	epitaxiales Aufwachsen von Co-Ferrit aus der Lösung	$\geqq 600$	[4.9] [4.57]
Co-γ-Fe$_2$O$_3$	Erhitzen in alkalischer Lösung mit Co- und Fe-Ionen	700	[4.10]
CrO$_2$	Oxydation von Cr$_2$O$_3$ mit Rh-Substitution	400	[4.11]
Fe-Pulver	chemische Abscheidung von in Wasserstoff reduziertem γ-Fe$_2$O$_3$ und α-FeOOH	$\leqq 1000$	[4.12] [4.54]
Fe-Pulver, Fe$_4$N-Pulver	Passivierung des pyrophorischen Fe-Pulvers, reaktives Verdampfen	<900	[4.13] [4.56] [4.86]
Fe 70 Co 30	chemische Reduktion	$\leqq 1750$	[4.14]
Metallpulver	Metallverdampfung in inerten Gasen	$\leqq 2300$	[4.15] [4.87]
Ba-Ferrit $\perp$	Abschrecken aus der Schmelze	$\leqq 3000$	[4.107]

leichte Dispergierbarkeit gefordert. Einige neuere magnetische Materialien und Technologien sind in Tafel 4.1 aufgeführt.

Fast alle pulverförmigen Materialien liegen in der Form nadelförmiger Teilchen vor. Sie sollen einachsige Form- und magnetokristalline Anisotropie aufweisen, wobei die erstere als für die Koerzitivfeldstärke H_c bestimmende vorzuziehen ist. Grund dafür ist die höhere Temperaturstabilität der Sättigungsmagnetisierung, die bei Formanisotropie zu H_c proportional ist, im Gegensatz zur stärker temperaturabhängigen magnetokristallinen Anisotropie. Eine weitere Forderung ist die thermische und zeitliche Stabilität der Remanenz. Dies ist im Zusammenhang mit der Forderung nach höchster Teilchendichte N zu sehen, die nach Abschnitt 4.6. zum maximalen Signal-Rausch-Abstand führt. Angestrebt wird also, die Teilchengröße ständig zu verringern. Wird jedoch eine Grenze von rund 0,05 µm für die Teilchengröße unterschritten, setzt superparamagnetisches Verhalten ein. Für diesen Grenzwert, für den eine Stabilitätsdauer von 30 Jahren berechnet wurde, ergäbe sich eine höchstmögliche Speicherdichte von 20000 bit/mm [4.36].

Nach oben hin ist die Teilchengröße durch die Forderung nach Eindomänenverhalten (eine Voraussetzung für hohe Schaltfeldstärken) begrenzt. Die Koerzitivfeldstärke soll zur Verminderung der Selbstentmagnetisierung möglichst groß sein, ist jedoch durch das Vermögen der Feldstärkeerzeugung gegenwärtiger Aufzeichnungsköpfe auf etwa 1200 A/cm limitiert.

Das klassische Aufzeichnungsmaterial γ-Fe$_2$O$_3$ *(Magnetit)* wird vom Ausgangsprodukt FeOOH über das weniger stabile Fe$_3$O$_4$ gewonnen. Bei einem Nadeldurchmesser von 0,1 µm führt die inkohärente Rotation normalerweise auf Ummagnetisierungsfeldstärken von nur 230 A/cm. Als Ursache dafür kann außer dem zu großen Durchmesser auch die unregelmäßige Oberfläche der Teilchen angesehen werden [4.5]. Durch Verbesserung der Teilchenform [4.6] und Verkleinerung des Durchmessers [4.7] sind heute auch H_c-Werte bis 320 A/cm möglich.

Koerzitivfeldstärken von über 600 A/cm wurden durch Adsorption von Kobaltferrit mit seiner hohen magnetokristallinen Anisotropie in einer dünnen Schicht auf γ-Fe$_2$O$_3$ erreicht [4.5]. Bei diesen *kobaltimprägnierten Eisenoxiden* wird die Drehung der Magnetisierung an den Stellen der größten Divergenz erschwert und die Koerzitivfeldstärke in Richtung des für ideale kohärente Rotation geltenden Wertes (900 A/cm) hin verschoben. Es ist schon heute abzusehen, daß der von der Idee der *Co-Modifikation von γ-Fe$_2$O$_3$* ausgehenden Technologie ein durchgreifender Erfolg auf breitem Anwendungsgebiet bevorsteht.

Eine weitere Möglichkeit ist auch der Einbau zweiwertiger Kobaltionen in das Gitter von γ-Fe$_2$O$_3$ *(Co-Dotierung)*, wodurch die magnetokristalline Anisotropie die Formanisotropie weit übertrifft; allerdings auf Kosten der stabileren einachsigen Formanisotropie. Die H_c-Werte für Einzelteilchen verringern sich durch die magnetostatische Wechselwirkung in der Schicht. Das Schicht-H_c ist von der Gleichmäßigkeit der Teilchenanordnung und von dem Volumenfüllfaktor p abhängig [4.81]. Untersuchungen ergaben, daß diese H_c-Verminderung bei Co-angelagertem γ-Fe$_2$O$_3$ und bei CrO$_2$ wesentlich geringer ist, als bei γ-Fe$_2$O$_3$ oder Co-dotiertem γ-Fe$_2$O$_3$ [4.53].

Ein für die Vektorfeldaufzeichnung hergestelltes isotropes Magnetband ist von *Lemke* [4.26] [4.80] beschrieben. Die verwendeten magnetischen Pigmente waren nadelförmige, leicht dotierte Co-γ-Fe$_2$O$_3$-Teilchen der Länge 0,2 µm. Die Schicht besaß keine Vorzugsrichtung und hatte die Werte $H_c = 640$ A/cm, $M_r = 1260$ A/cm, $R = 0,8$. Die speichertechnischen Eigenschaften sind im Abschnitt 4.4.2. nachzulesen.

Ein noch entwicklungsfähiges, wenn auch relativ teures Material mit guter Nadelform ist *CrO$_2$ (Chromdioxid)*. Es erreicht heute bei einer Teilchenlänge um 0,5 µm und einem

Durchmesser von etwa 0,05 μm ein H_c bis über 500 A/cm. Aufgrund der geringen Curie-Temperatur und eines hohen Anteils magnetokristalliner Anisotropie des tetragonalen Gitters zeigt das Material leicht temperatur- und zeitabhängige Eigenschaften [4.36].

In den letzten Jahren ist es gelungen, superfeine *Metallpulver* homogen und stabil herzustellen und zu dispergieren. Solche nadelförmigen Teilchen aus *Fe, Co* und deren Legierungen haben hohe magnetische Momente. Es werden H_c-Werte von über 800 A/cm erreicht; Endwerte um 2000 A/cm können erwartet werden.

Wie ausgeführt, ist die Orientierung der formanisotropen Teilchen einer der wichtigsten Parameter für das speichertechnische Auflösungsvermögen eines Magnetbandes. In [4.49] wurde ein Versuch beschrieben, den Grad der Orientierung handelsüblicher γ-Fe_2O_3-Schichten mit Hilfe der Röntgenbeugung zu messen. Die Beobachtungen ergaben keine oder kaum eine kristallographische Vorzugsrichtung. Auch in [4.50] wurde der Orientierungseffekt in γ-Fe_2O_3- und CrO_2-Schichten untersucht. Es wurde bei CrO_2 eine deutliche Vorzugsachse in Bandlängsrichtung erkannt, dagegen nur ein schwacher Nachweis bei γ-Fe_2O_3-Bändern gefunden. In [4.51] wurde aus den Absorptionslinien des *Mössbauer*-Spektrums von Eisen bei verschiedener Einstrahlgeometrie des γ-Strahls die pauschale Teilchenorientierung von γ-Fe_2O_3-Schichten quantitativ bestimmt. Es wurde auch hiermit nur eine schwache Orientierung festgestellt, die nicht in der Schichtebene liegt, sondern um einen Winkel $\psi \approx 20°$ aus dieser herausgedreht ist (Bilder 4.1 b und 4.8). Dieser Anisotropiewinkel ist von der Packungsdichte abhängig und dreht bei $p = (6,8 \ldots 30,1)\%$ im Bereich $\psi = (17 \ldots 26)°$.

Das wurde praktisch auch von *Kishimoto* u.a. in [4.89] bestätigt, wonach an längsorientierten Bandproben mit γ-Fe_2O_3, kobaltmodifiziertem Eisenoxid und Eisenpulver sogar Abweichungen im Bereich $\psi = (29 \ldots 34)°$ festgestellt wurden, zunehmend mit verringerter Koerzitivfeldstärke.

Die geringe Anisotropie der Bänder erklärt, warum in den gebräuchlichen *„längsorientierten"* Speichermedien Zirkularstrukturen und y-Magnetisierungen in so bedeutendem Ausmaß möglich sind, wie dies experimentell beobachtet werden kann [4.2]. Damit ist auch zu erklären, warum die meßbare Verbesserung des Signal-Rausch-Abstandes von orientierten länglichen Partikeln gegenüber nichtorientierten nur 0,5 dB beträgt, wie in [4.77] angeführt wurde.

Eine verbesserte Ausführung des Richtmagneten während des Bandbeschichtungsvorgangs nach *Bate* und *Dunn* [4.52] könnte Orientierungsstärke und -richtung ebenso beeinflussen wie eine weitere Verringerung der Anzahl und Größe von Teilchenagglomeraten (Kluster).

Viele hochkoerzitive Speichermaterialien befinden sich noch im Stadium des Experiments, und ihre Zukunft ist im einzelnen durchaus noch umstritten. Es deuten sich mit ihnen jedoch diejenigen Möglichkeiten an, die den extrapolierenden Anforderungen nach wesentlich höheren Speicherdichten gerecht werden können, und Systeme mit mehr als 2000 bit/mm rücken damit in den Bereich des Realisierbaren.

Mit der Einführung von Pulvermaterialien, Bindemitteln, Dispergier- und Beschichtungstechnologien sowie mit Verfahren der Oberflächenveredelung für *Senkrechtspeichermedien* ist langfristig zu rechnen.

Die wichtigsten Anforderungen an Herstellungsverfahren für Pigmentteilchen mit ausgeprägter *Senkrechtanisotropie* sind

- steuerbare Koerzitivfeldstärke,
- steuerbare Teilchengröße von $(0,01 \ldots 0,3)$ μm,
- gute Dispergierbarkeit.

Diesen Anforderungen wird das Fluxverfahren zur Herstellung von substituiertem *Barium-Ferrit* bisher am besten gerecht. Das Verfahren ähnelt apparativ der Herstellung von amorphen Materialien (Abschrecken aus der Schmelze). Das Ferrit ist plättchenförmig, und die Achse der leichten Magnetisierbarkeit steht senkrecht auf der Plättchenebene.

Es sind aber auch Versuche im Gange, die bekannten Materialien so zu modifizieren, daß sie unter Einwirkung eines Senkrechtfeldes im trocknenden Bindemittel eine Senkrechtausrichtung einnehmen. Voraussetzungen sind hierzu eine Teilchengröße unter 0,3 μm und möglichst runde Teilchen, die aber trotzdem eine hohe magnetische einachsige Anisotropie aufweisen.

4.3.2.   Metallschichten

4.3.2.1.   Metallschichten mit Längsorientierung oder isotrop

Mit dem Einsatz des *Metalldünnschichtbandes* in digitalen Satelliten-Magnetbandspeichern trat ab 1976 eine neue Technologie der magnetischen Dichtspeichertechnik in das Stadium der Anwendungserprobung [4.18] [4.19] [4.85]. Dieser Bandtyp besitzt gegenüber den in Antragstechnik hergestellten Partikel-Lack-Schichten auf γ-Fe_2O_3- oder CrO_2-Basis im wesentlichen zwei Parameter, die die speichertechnischen Eigenschaften günstig beeinflussen. Das ist einmal die um den Faktor 30 geringere Schichtdicke und zum anderen die höhere Koerzitivfeldstärke:

Schichtdicke (0,03 ... 0,3) μm, *Koerzitivfeldstärke* (500 ... 800) A/cm.

Durch diese Parameter werden die wellenlängenabhängige Aufzeichnungsentmagnetisierung und die Schichtdickendämpfung reduziert und so eine Aufzeichnung mit hoher Dichte möglich. Diesem internationalen Entwicklungstrend folgten aber auch die pulverförmigen Medien, so daß heute keine signifikanten Unterschiede in den erreichbaren Koerzitivfeldstärken zwischen Metallschicht- und Pulverbändern bestehen; vgl. Tafel 4.2 mit Tafel 4.1.

Da auch die wirksame Schichtdicke bei Pulverbändern durch die Methode der Teildurchdringung speichertechnisch optimiert werden kann, sind die erhofften Vorteile zwar gegenüber γ-Fe_2O_3 und CrO_2 eingetreten, nicht aber gegenüber den modernen hochkoerzitiven Pulvermedien. Letztere benötigen auch keine anderen Magnetköpfe als Metalldünnschichtbänder und niederkoerzitive Pulverbänder, wenn sie nur bei hohen Speicherdichten in Teildurchdringung betrieben werden.

Die dünne, verletzbare Speicherschicht ist durch besondere Maßnahmen vor mechanischem Verschleiß zu schützen. Hierfür sind aufgesputterte, ionenimplantierte Kohlenstoffschutzschichten (IC-Schichten) im Dickenbereich (0,1 ... 0,15) μm erfolgversprechend. Solche verschleißfesten Schutzschichten haben 10000 Start-Stop-Zyklen fehlerfrei und ohne Signalverlust überstanden. Trotzdem konnten die Bedenken der Geräteentwickler bezüglich der Abriebfestigkeit von Metallschichten nicht entkräftet werden [4.108]. Diese Zurückhaltung ist auch bezüglich der Reproduzierbarkeit der magnetischen Werte und der chemischen Resistenz anzutreffen. Über chemische Langzeittests liegen bisher keine anwendungsnahen Resultate vor.

Die Technologie der dünnen Schichten nach den verschiedenen Verfahren – siehe Tafel 4.2 – wird weitgehend beherrscht.

Schichten aus CoP, CoNiP u.ä. werden durch chemische oder elektrochemische Abscheidung gebildet. Dabei entstehen formisotrope Partikeln durch unmagnetische Ausscheidungen an den Korngrenzen. Schichten aus Ferrit werden mittels Gasreaktion [4.16] und Schichten aus Co, CoFe u. ä. durch Verdampfen oder Sputtern sowohl auf starre als auch auf flexible Träger aufgebracht. Es sind keine weiteren Maßnahmen zur Orientierung des Magnetisierungsvektors erforderlich, da allein die Streufeldenergie Magnetisierungskomponenten senkrecht zur Schichtfläche ausschließt. Während die (0,15 ... 0,3) μm dicken Schichten der sich seit Jahren im Versuchsstadium befindenden Metallschicht-Plattenspeicher vorwiegend durch chemische oder elektrochemische Abscheidung von CoP, CoNiP u. ä. hergestellt werden, hat bei der Beschichtung flexibler Medien die Vakuumtechnologie den Vorrang.

Tafel 4.2. Auswahl von Technologien zur Herstellung von hartmagnetischen dünnen Schichten ($\parallel \triangleq$ Längsanisotropie, $\perp \triangleq$ Senkrechtanisotropie)

Dünnschichten	Technologie	$H_c \Big/ \dfrac{A}{cm}$	Literatur
CoNiP	chemische Abscheidung	≈ 500	[4.20 [4.84]
FeOx	Vakuumbedampfung auf Al-Substrat	< 600	[4.21]
γ-Fe$_2$O$_3$	reaktives Sputtern von Fe$_3$O$_4$ oder Fe-Legierungen	$\leqq 800$	[4.22] [4.73] [4.82]
γ-Fe$_2$O$_3$ Ba-Ferrit $\perp$	Sputtern von Metalloxiden	< 600	[4.23] [4.62]
Co-Ni-W Co-Re Co-Cr $\perp$	Sputtern auf erhitztes Substrat	$\leqq 550$ $\geqq 1000$	[4.24] [4.63] [4.64] [4.27] [4.33] [4.61]
Co-Cr $\perp$	Vakuumverdampfung	500	[4.59]
Fe, Co, Ni-Legierungen $\parallel$	Hochvakuum-Elektronenstrahlverdampfung	$\leqq 2000$	[4.17] [4.65] [4.85]
Seltene Erden – Übergangsmetalle	Sputtern amorpher Schichten	< 600	[4.90]

Die Aufdampfschichten bilden zwecks hoher Koerzitivfeldstärke formanisotrope Teilchen durch streifende Bedampfung, verbunden mit geometrischen Abschattungseffekten. Diese besondere Keimbildung macht eine Schräglage des Mediums gegenüber dem Target erforderlich. Die Säulen und Zäpfchen tragen eine uniaxiale Anisotropie, deren leichte Achse in Längsrichtung, aber entsprechend der Säulenstruktur um einen bestimmten Winkel aus der Schichtebene herausgedreht liegt [4.17].

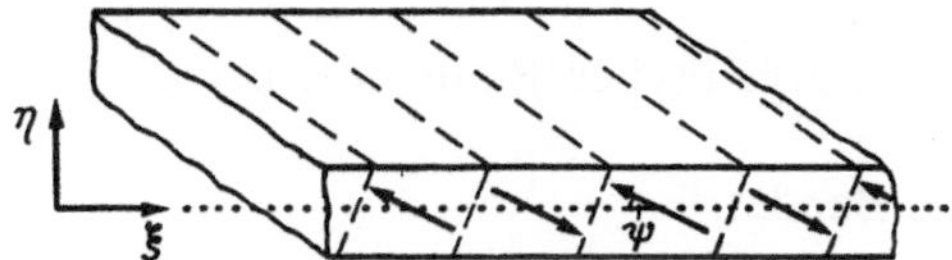

Bild 4.8
Lage der Anisotropieachse in realen Speicherschichten

Dies bewirkt unter Einfluß der Streufeldenergie ein Herausdrehen der Anisotropieachse aus der Schichtebene um den im Bild 4.8 gekennzeichneten Winkel ψ. Dieser Anisotropiewinkel hängt vom Aufdampfwinkel α und vom Material ab, wie Bild 4.9 zeigt. ψ beträgt bei Aufdampfschichten, die unter einem Einfallswinkel des Dampfstrahls von $\alpha \geqq 75°$ hergestellt wurden, $(10 \dots 20)°$. Die geometrischen Zusammenhänge zwischen Aufdampfwinkel, Teilchenschräglage und der Lage der Anisotropieachse wurden von *Münster* [4.32] untersucht.

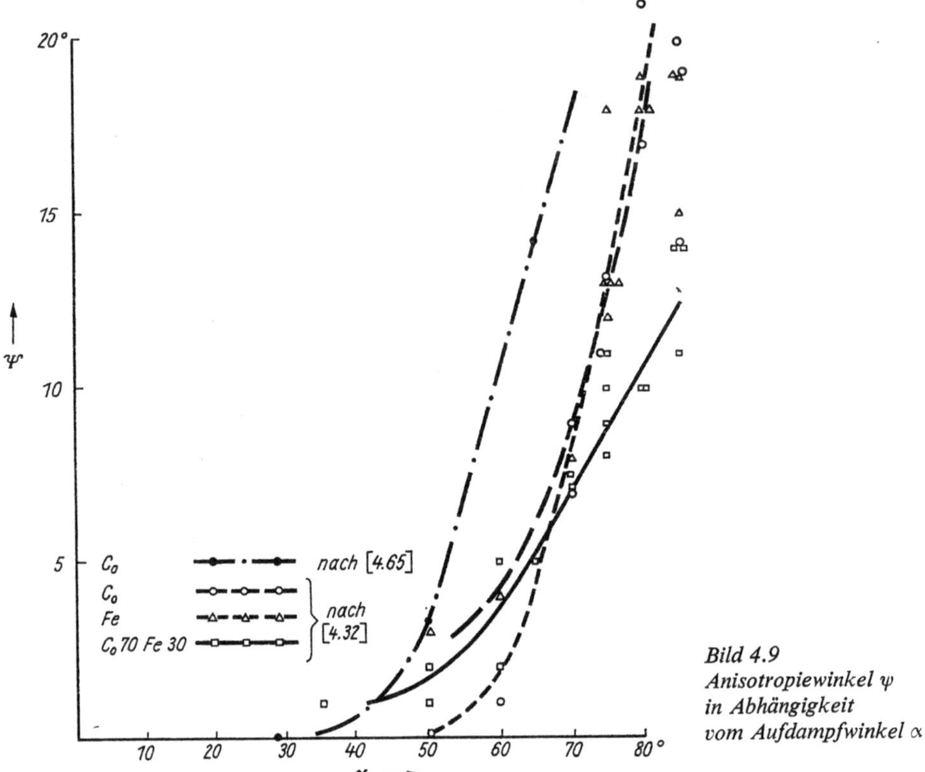

Bild 4.9
Anisotropiewinkel ψ
in Abhängigkeit
vom Aufdampfwinkel α

Einige Vor- und Nachteile der Vakuum-Metallschichttechnologie können im Vergleich zur Pulvertechnologie aus Tafel 4.3 entnommen werden. Diese Tafel gilt auch für die Herstellung von Senkrechtspeichermedien.

Anwendungstechnische Vorzüge von Metallschichtbändern (vom Dünnschicht- und Senkrechtspeichertyp) sind

— gute Gleiteigenschaften,
— gute elektrische Leitfähigkeit,
— keine elektrostatische Anziehung von Staub,
— perfekte Überschreibbarkeit ohne vorheriges Löschen,
— geringe Kopfabrasivität,
— geringe Kopfverschmutzung wegen Wegfalls von organischen Bindemitteln,
— pulverförmiger nichtklebender Bandabrieb,
— kein Blockieren des Wickels durch Kleben des Bandes,
— hohe Kurzzeit-Temperaturbeständigkeit.

Dem stehen folgende Nachteile, die teilweise behebbar sind, gegenüber:

— schlechte Wickelfähigkeit,
— großes elektrisches Übersprechen,

– geringer Pegel bei großen Aufzeichnungswellenlängen (Audioanwendung),
– mit Senkrechtspeicherbändern nur Digital-, keine Analogspeicherung möglich,
– schlechtes mechanisches Kontaktverhalten,
– empfindlich gegen Folienfehler,
– Neigung zum Verschmieren des Kopfspaltes,
– Laufrichtungsabhängigkeit (beim schräg bedampften Metalldünnschichtband),
– geringe Abriebfestigkeit,
– chemisch anfällig.

Tafel 4.3. Vergleich der Verfahrensschritte zur Herstellung von flexiblen PCM-Magnetspeichermedien

Stufe	Pulver-Lack-Antrag	Vakuumbeschichtung
1	Bereitstellung spezifizierter anorganischer und organischer Grundstoffe	
	in großer Anzahl	in verminderter Anzahl
2	Herstellung der Unterlagenfolie	
	in „Videobandqualität"	in „optischer Qualität"
3	Produktion meist formanisotroper magnetischer Partikel über	
	verschiedene chemische Prozeßstufen, Zwischenkontrollen möglich	die gerichtete Dampfstrahlung im Vakuum, Zwischenkontrolle erschwert
4	Herstellung der Begießlösung aus organischen Bindemitteln	
	und magnetischen Partikeln. Zeitaufwendiger Prozeß in Kugelmühlen mit Chargen-Charakter, Zwischenkontrollen möglich	u. U. für nichtmagnetische Hilfsschichten zwecks Verbesserung des mechanischen Verhaltens erforderlich, ist prinzipiell auch vakuumtechnisch möglich
5	Beschichten der Folie	
	mit Suspensions-Antrag und Trocknen; hohe Beschichtungsgeschwindigkeit	mit Verfahrensstufe 3 identisch; sehr geringe Beschichtungsgeschwindigkeit
6	Kalandrieren	
	notwendig	u. U. in Verbindung mit Bindemittelschicht qualitätsverbessernd
7	Schneiden oder Stanzen	
8	Schleifen, Reinigen	
	qualitätsverbessernd	u. U. qualitätsverbessernd
9	Prüfen	
	Endkontrolle durch Zwischenprüfungen einschränkbar	kaum, Zwischenprüfungen möglich
10	Konfektionieren	

Diese stark widersprüchlichen Technologie- und Qualitätsmerkmale haben bisher trotz 20jähriger Forschungsarbeiten eine weite Verbreitung des Metalldünnschichtbandes verhindert. Die Anforderungen der 60er und 70er Jahre an ein Metalldünnschichtmedium für die Dichtspeichertechnik haben sich zwar erfüllt, dessen breite Markteinführung ist jedoch aufgrund paralleler Qualitätsentwicklungen auf dem traditionellen Gebiet der

Oxid- und Metallpartikelschichten nicht erreicht worden; vgl. Tafel 4.4. Lediglich die einzig unumstrittene positive Eigenschaft des Bandes – die um über eine Größenordnung geringere Schichtdicke und die damit verbundene Reduzierung der Gesamtdicke auf die Unterlagendicke – hat zu einem Versuch der Markteinführung des sogenannten Angrom-Bandes durch die Fa. Matsushita in Form der Analog-Audio-Mikrokassette mit größerem Bandwickelvorrat geführt.

Tafel 4.4. Vergleich der magnetischen Werte von früheren und neueren Speichermedien nach [4.88]

Speicher-medium	1970				1984			
	Magnet-material	I_R in T	M_R in A/cm	H_c in A/cm	Magnet-material	I_R in T	M_R in A/cm	H_c in A/cm
Audioband	γ-Fe$_2$O$_3$ (α)	0,13	1000	250	γ-Fe$_2$O$_3$ (γ) CrO$_2$ Co(m)γ-Fe$_2$O$_3$ Fe	0,16 0,18 0,18 0,29	1350 1400 1400 2300	260 450 450 870
Videoband	γ-Fe$_2$O$_3$ (α)	0,10	800	220	CrO$_2$ Co(m)γ-Fe$_2$O$_3$ *Fe	0,14 0,14 0,28	1100 1100 2200	550 550 1050
Computer-band	γ-Fe$_2$O$_3$ (α)	0,09	700	220	γ-Fe$_2$O$_3$ (α)	0,11	870	230
Floppy-Disk	γ-Fe$_2$O$_3$ (α)	0,07	570	220	*γ-Fe$_2$O$_3$ (γ) *CrO$_2$ *Co(m)γ-Fe$_2$O$_3$	0,07 0,08 0,08	560 600 600	270 450 550
Computer-platte	γ-Fe$_2$O$_3$ (α)	0,04	320	240	γ-Fe$_2$O$_3$ (γ) *γ-Fe$_2$O$_3$ (DS) *Co (DS)	0,07 0,25 0,63	560 2000 5000	260 500 700

(α) $\triangleq$ Herstellung über α-FeOOH (DS) $\triangleq$ Dünnschichten, gesputtert
(γ) $\triangleq$ Herstellung über γ-FeOOH * $\triangleq$ Markteinführung etwa 1985
(m) $\triangleq$ modifiziert bzw. imprägniert

4.3.2.2. Metallschichten mit Senkrechtorientierung

1975 wurde von *Iwasaki* über die Möglichkeit einer grundsätzlich anderen Entmagnetisierungswirkung bei höchsten Speicherdichten und großem Bandfluß berichtet. Die Speicherung kann hierbei wieder in der Tiefe der Magnetschicht erfolgen (Bild 4.2), und die Speicherprobleme konzentrieren sich nicht ausschließlich auf die Bandoberfläche. Es entfällt der Zwang zu immer dünneren Magnetschichten.

Die erforderliche Senkrechtanisotropie der Speicherschicht kann auf drei Arten erzielt werden:

– mit einer mit der Atomanordnung des Materials verknüpften inneren Anisotropie, z. B. magnetische Kristallanisotropie hexagonaler Stoffe;
– mit der Form der Körner, z. B. Säulen;
– mit einer Kombination der Form mit der magnetischen Oberflächenanisotropie oder Austauschanisotropie.

Im wesentlichen wird hexagonales Material verwendet, in dem eine Textur mit den c-Achsen senkrecht zur Schichtebene existiert, z. B. C$_0$C$_r$-Sputterschichten Bariumferritplättchen. Zusätzlich zu der bevorzugten Kristallachse kann auch noch die Körnerachse ausgerichtet werden. Dies kann bei der Lackbeschichtung anisotroper Teilchen durch ein Magnetfeld erfolgen oder durch Vakuumbeschichtung von zweikomponentigen Kobaltlegierungen mit Chrom, Molybdän oder Vanadium, wodurch eine Säulenstruktur senkrecht zur Schichtebene erzeugt wird.

Co hat eine große magnetokristalline Anisotropiefeldstärke H_K, die unter der Bedingung

$$H_K > |\vec{M}_s| \tag{4.1}$$

in der Lage ist, den Magnetisierungsvektor $\vec{M}_s$ entgegen der Formanisotropie der dünnen Schicht senkrecht zur Schichtebene zu halten. Durch den *Cr*-Zusatz o.ä. wird das geeignete M_s eingestellt. Das Sputtern sorgt für eine gute Reproduzierbarkeit der Legierung und für eine gute Haftfestigkeit auf Polyester oder auf temperaturbeständigerem Polyamid. Die Sättigungsmagnetisierung solcher für die Senkrechtaufzeichnung geeigneter Schichten kann bis über 4000 A/cm, die Koerzitivfeldstärke bis über 1000 A/cm betragen [4.33] [4.58] [4.60] [4.61].

Die Feldenergie wird wesentlich besser ausgenutzt – nicht nur bei Aufzeichnung, sondern auch bei Wiedergabe –, wenn auf der dem Magnetkopf abgewandten Seite der Speicherschicht eine weichmagnetische *FeNi*-Schicht zur Flußleitung angeordnet wird. Auch diese Schicht kann durch Sputtern aufgebracht werden.

Nach Untersuchungen von *Iwasaki* u.a. [4.27] [4.29] ist die 0,5 µm dicke, kubisch flächenzentrierte *FeNi*-Schicht homogen, während die 1 µm dicke CoCr-Schicht aus säulenförmig angeordneten Teilchen mit einem Durchmesser von etwa 0,1 µm besteht. Diese auf der Unterlage senkrecht stehenden Kristallite mit hexagonaler Gitterstruktur sind die physikalische Ursache der Senkrechtanisotropie dieser Schicht [4.30]. Erste Ansätze zum Ummagnetisierungsverhalten fanden *Andrä* u.a. [4.58] [4.60].

Mit Hilfe der Doppelschichtanordnung ist die Aufzeichnungsempfindlichkeit bei Benutzung von speziellen Senkrechtaufzeichnungsköpfen um den Faktor 10 gesteigert worden. Darüber hinaus wurde in [4.31] nachgewiesen, daß auch die Feldkonzentration und das Verhältnis von Senkrecht- zu Längskomponente des Feldes durch die Hilfsschicht zunehmen. *Bloomberg* [3.87] geht dagegen davon aus, daß die Flußleithilfsschicht während der Aufzeichnung gesättigt und somit nicht maßgebend an der Feldbildung beteiligt ist.

Im Prinzip sind alle *Vakuumverfahren* für die Schichtabscheidung geeignet; gegenwärtig wird jedoch dem DC-Hochratesputtern von Kobalt-Chrom der Vorzug gegeben. Die Elektronenstrahlverdampfung von Kobalt-Chrom weist offensichtliche Nachteile auf: Entmischungserscheinungen aufgrund des hohen Dampfdrucks von Chrom und zu niedrige Bewegungsenergie der Teilchen für die Säulenbildung. Die vakuumtechnische Senkrechtspeichertechnologie baut völlig auf den Erfahrungen und gerätemäßigen Grundausrüstungen der Metalldünnschichttechnologie auf. Es bestehen die gleichen Substrat- und Oberflächenprobleme. Die Keimbildungs-, Material-, Temperatur-, Partialdruck- sowie die Meß-, Steuer- und Regelungsprobleme verschärfen sich. Dagegen entfällt die Schrägbeschichtung. Alle für die Metalldünnschicht genannten Vorzüge und Nachteile bleiben unverändert bestehen. Dazu kommt jedoch als neue und hervorzuhebende Qualität das überragende Speichervermögen bei höchsten Speicherdichten, so daß von revolutionären Applikationseigenschaften gesprochen werden kann. Diese unterbieten die Bitkosten nicht nur der Metalldünnschichten, sondern auch der Pulverschichten so weit, daß ihre Einführung auch bei hohen Investitions- und Produktionskosten langfristig gewinnversprechend sein dürfte.

Auch die *elektrolytische* Abscheidung von hexagonalem Kobalt oder von Kobaltlegierungen ist möglich. Hier gibt es Probleme bei der Temperatur- und Dichteregulierung. Dieses Verfahren kann aber für die Herstellung metallischer Plattenspeicher von Bedeutung werden.

4.4.   Vergleichende Betrachtungen

4.4.1.   Hystereseeigenschaften

Wie im Abschnitt 3.3. ausgeführt wurde, ist gegenwärtig nicht die Beschreibung des Speichermediums durch mikroskopische Größen (wie Strukturparameter und magnetische Parameter der Einbereichsteilchen), sondern durch phänomenologische mathematische Kenngrößen, wie Remanenz, Koerzitivfeldstärke, Remanenzkoerzitivfeldstärke und Permeabilität bzw. Schaltfeldverteilung, vorherrschend.

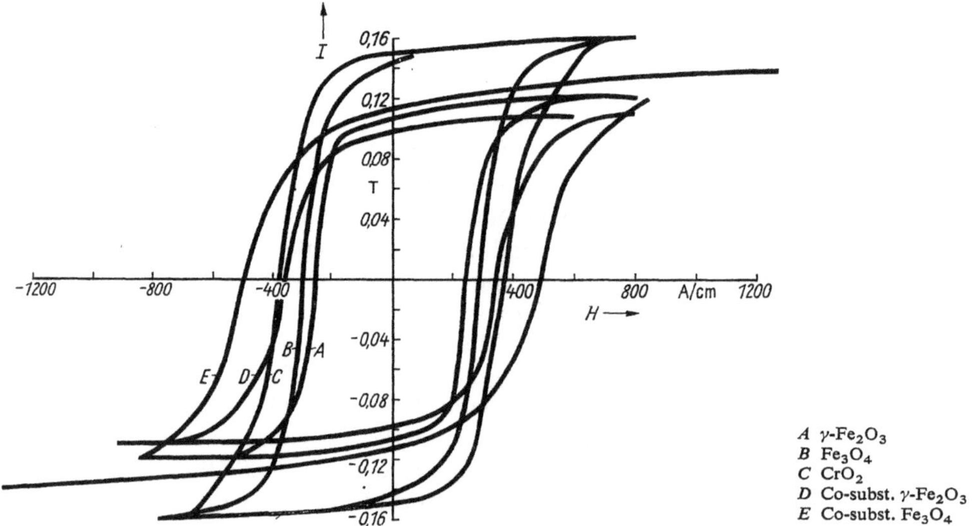

Bild 4.10. Hystereseschleifen von verschiedenen Magnetbandproben

Diese Größen können aus der makroskopisch gemessenen, d. h. über eine Probefläche von etwa 1 cm² gemittelten Hystereseschleife bestimmt werden. Sie sind dann in der Speichertheorie verwendbar, wenn die Anzahl der an der Aufzeichnung beteiligten Mikrobereiche groß ist. Anhand des Bildes 4.10 besteht die Möglichkeit, die Grenzhysteresen verschiedener Pulvermaterialien miteinander zu vergleichen. Bild 4.11 zeigt typische Familien von $M_r(H)$-Kurven mit inneren Schleifen für A sphärische Teilchen von γ-Fe₂O₃, B orientierte längliche Teilchen von γ-Fe₂O₃, C orientierte längliche Teilchen von CrO₂, D isotrope Elektrolytschichten und E anisotrope Aufdampfschichten.

Formisotrope Teilchen stehen heute den anisotropen Teilchen bezüglich Remanenz und Koerzitivfeldstärke nicht nach. Das zeigt der Vergleich in Tafel 4.5. Weiterhin ist den Tafeln 4.4 bis 4.6 zu entnehmen, daß die metallischen Medien gegenüber den oxidischen wesentlich höhere Remanenz und Koerzitivfeldstärke aufweisen.

Es ist bekannt, daß sich bei einigen Magnetbandtypen das Speichervermögen bei höheren Betriebstemperaturen verschlechtert. Die Ursache liegt außer in mechanischen Effekten in einer Veränderung der Hysteresekennwerte. Wird CrO_2 bis 80 °C erhitzt, so nehmen nach Bild 4.12 H_c und M_s etwa proportional zueinander um 20 % ab, so daß die Eigenschaften von γ-Fe_2O_3 erreicht werden. Über 80 °C nimmt H_c stärker als M_s ab, was auch mit einer Abnahme von μ'_m verbunden ist und zu einer erhöhten Selbstentmagnetisierung führt. Bei Co-substituiertem γ-Fe_2O_3 ist nur eine H_c-Abnahme zu beobachten. Andere Materialien, wie Fe_3O_4, zeigen den gleichen Effekt in abgeschwächter Form; bei γ-Fe_2O_3 ist er gerade noch meßbar [4.38]. Als Ursache für dieses Verhalten wurde von *Flanders* der Temperaturgang der Kristallanisotropie-Konstanten K_1 ermittelt.

Tafel 4.6 beinhaltet ausführlich die Anisotropiekennwerte der Anfangspermeabilität.

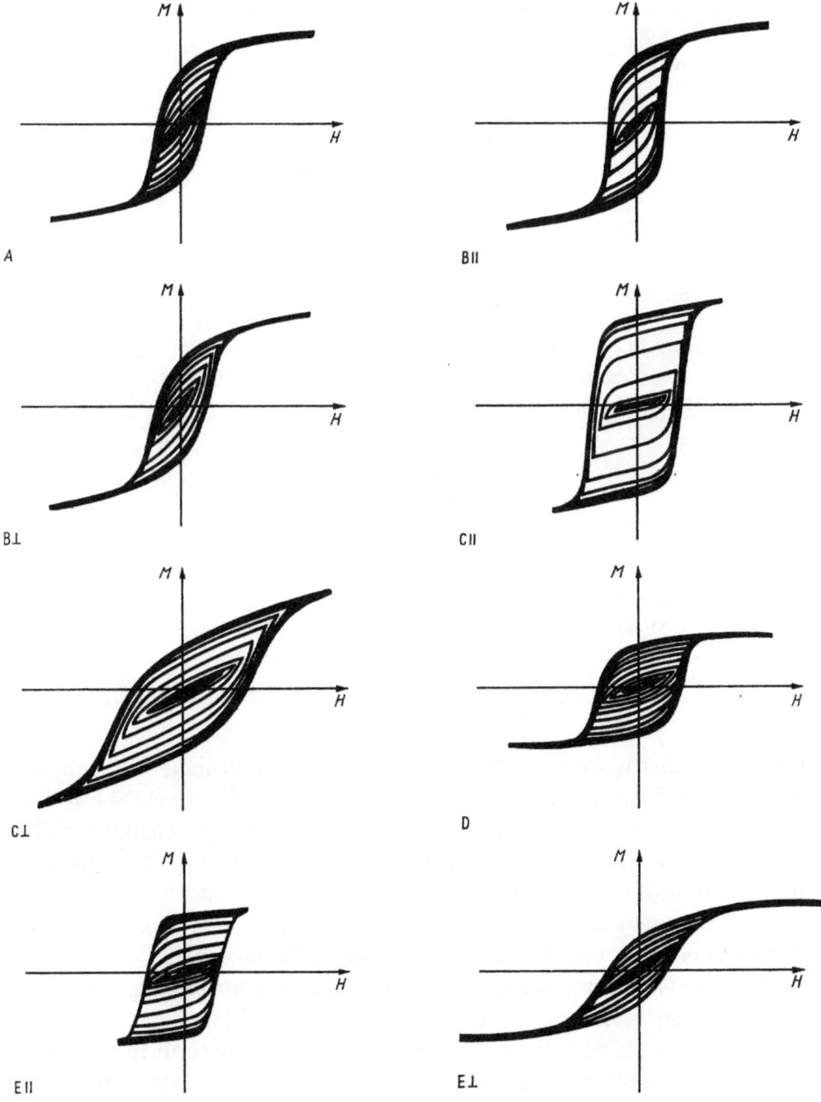

Bild 4.11. Verlauf der inneren Schleifen von Materialproben nach [4.37]

|| Messung in Vorzugsrichtung
⊥ Messung senkrecht zur Vorzugsrichtung
A sphärische Teilchen von γ-Fe_2O_3
B orientierte längliche Teilchen von γ-Fe_2O_3

C orientierte längliche Teilchen von CrO_2
D isotrope Elektrolytschichten
E anisotrope Aufdampfschichten

Tafel 4.5. Vergleich der Eigenschaften von Magnetspeichermedien

Eigenschaften	γ-Fe$_2$O$_3$	CrO$_2$	Co-dot.	Co-imp. Fe$_2$O$_3$	Metallpulver Fe$_2$O$_3$	Metall-schicht
Teilchenlänge [μm]	0,2 … 0,5	0,2 … 0,5	0,2 … 0,5	0,2 … 0,5	0,25	0,05 … 0,5
Längen-Breiten-Verhältnis	5 : 1	10 : 1	1 : 1	5 : 1	1 … 10 : 1	1 … 10 : 1
Koerzitivfeldstärke [A/cm]	200 … 300	400 … 550	200 … 500	450 … 550	800 … 1050	450 … 1200
Remanenz [T]	0,07 … 0,17	0,08 … 0,18	0,1 … 0,11	0,08 … 0,18	0,11 … 0,28	0,9 … 1,4
Größengleichmäßigkeit	mittel	gut	schlecht	mittel	mittel	
Dispergierbarkeit, Orientierbarkeit	mittel	gut	mittel	mittel	schlecht	—
Temperaturempfindlichkeit	gut	mittel	schlecht	schlecht	gut	—
Spannungsempfindlichkeit	gut	gut	schlecht	schlecht	gut	gut
Hochdichte Wiedergabe	schlecht	gut	mittel	gut	gut	gut
Abrasivität	mittel	schlecht	gut	gut	gut	gut
Kopfreinigend	mittel	gut	schlecht	schlecht	mittel	schlecht
Magnetische Zeitabhängigkeit	gut	schlecht	schlecht	mittel	mittel	gut
Durchlaufabh. der Pegel	mittel	gut	schlecht	mittel		schlecht
Mittlere Pigmentkosten [USD/kg]	1	10	3	4	18	—
Anwendung	Audioband Computerband Floppy-Disk Computerplatte	Audioband Videoband Floppy-Disk PCM-Band Computerband	—	Audioband Videoband Floppy-Disk PCM-Band	Audioband Videoband PCM-Band	Audioband Videoband PCM-Band Floppy-Disk Computerplatte

Im Abschnitt 3.5. war ausgeführt worden, daß das Anisotropieverhältnis μ^* die Schichtdickendämpfung günstig beeinflußt und daß sich der geometrische Mittelwert $\bar{\mu}$ mit dem realen Band-Kopf-Abstand a zu einem größeren effektiven Band-Kopf-Abstand multipliziert, wodurch sich die Abstandsdämpfung vergrößert. Letzteres erklärt zum Teil, warum beim Metallschichtband mit einem dreifachen effektiven Band-Kopf-Abstand gegenüber Oxidbändern gerechnet werden muß; vgl. Bild 6.33. Zweifellos trägt aber auch die geringere Oberflächenelastizität von Metallschicht und Folie dazu bei.

Die Größe μ_y ist nicht mittels direkter Messung in Schichtnormalenrichtung bestimmt, sondern mit einer Messung von μ_z in Querrichtung $\perp$ (Bild 4.11). Solange der Anisotropiewinkel ψ als Null angesehen werden kann, ist bei angenommener Isotropie in der Querschnittsebene $\mu_y = \mu_z$. Für $\psi = 90°$ muß etwa $\mu_y = 1$ sein. Allgemein gilt daher unter dieser Modellvorstellung

$$\mu_y = \mu_z - \frac{|\psi|}{90°} (\mu_z - 1). \tag{4.2}$$

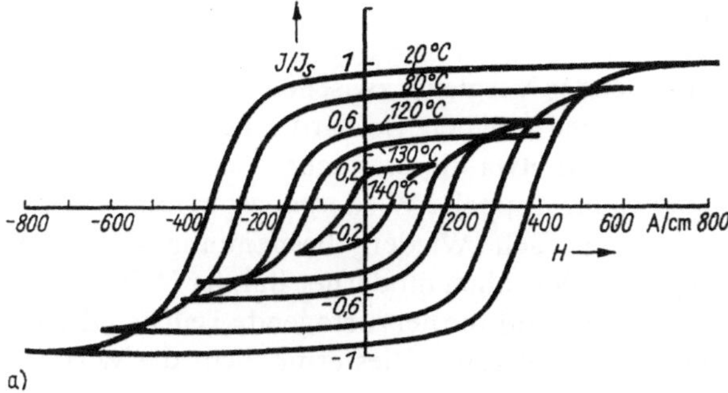

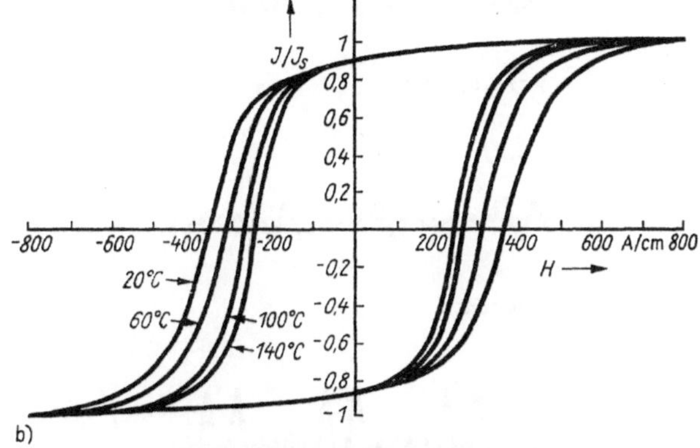

Bild 4.12
*Hystereseschleifen von Magnetbändern
als Funktion der Temperatur nach* [4.38]
a) CrO_2; b) Co-dot. γ-Fe_2O_3

Tafel 4.6. Einige wichtige Materialeigenschaften von Digital-Speichermedien

Material	Remanenz I_R in $\dfrac{V_s}{m^2}$	Koerzitiv-feldstärke H_c in $\dfrac{A}{cm}$	Anfangs-permeabilitäten				Diff. Maximal-permeabilität μ_m	Teilchen-Länge in µm	Durch-messer
			μ_x	μ_y	$\bar{\mu}$	μ^*			
Eisenoxid längsanisotrop	0,11	250	1,5	3,5	2,3	1,5	10 … 15	0,5	0,6
Chromdioxid längsanisotrop	0,15	500	1,4	2,8	2	1,4	10 … 15	0,5	0,05
Metallschicht isotrop (elektrolytisch abgeschieden)	1,0	600	4	4	4	1	30 … 45	0,5	0,5
Metallschicht längsanisotrop (streifend aufgedampft)	1,2	800	2	8	4	2	45 … 60	0,1	0,015
Metallschicht senkrechtanisotrop (senkrecht gesputtert)	0,4	1000	1	2,3	1,5	1,5	10 … 45	0,5	0,1

4.4.2.   Speichertechnische Eigenschaften

Anhand des Bildes 4.13 ist ein zusammenfassender Vergleich zwischen den Wiedergabespannungen der besprochenen Speichermaterialien möglich. So wird z. B. bei einer Wellenlänge $\lambda = 1,5$ µm von dem Metallpartikelband etwa die dreifache und von dem (unorientierten) Co-dotierten Eisenoxidband etwa die doppelte Wiedergabespannung gegenüber dem CrO_2-Band und etwa die sechs- bzw. vierfache Wiedergabespannung gegenüber dem klassischen γ-Fe_2O_3-Band erreicht. Die Überlegenheit moderner Bänder [4.26] [4.78] gegenüber den klassischen Medien kann z. T. auch auf die hervorragende Teilchengleichmäßigkeit und Oberflächenqualität zurückgeführt werden. Dies ermöglicht die Wiedergabe von 0,6 µm Wellenlänge (entsprechend 3150 Flw/mm).

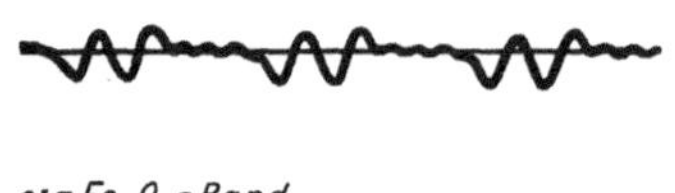

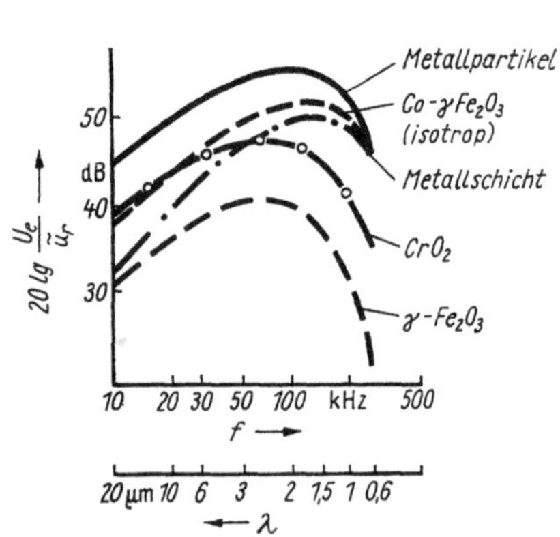

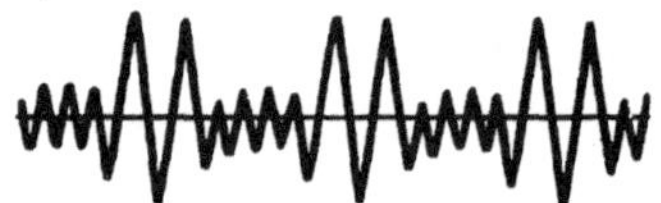

Bild 4.13. Wiedergabespannungsfrequenzgang verschiedener Speichermedien bei $v = 19$ cm/s

0 dB $\triangleq$ Breitbandrauschpegel (300 kHz Bandbreite)

Bild 4.14. Wiedergabeimpulsmuster von verschiedenen Medien bei einer linearen Speicherdichte von 1000 bit/mm NRZ

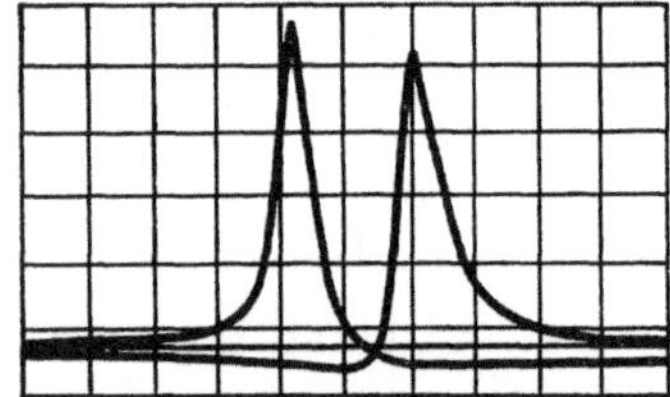

Bild 4.15
Gemessene Wiedergabeimpulse eines Metallschichtbandes mit $|\psi| = 20°$ und den $M(H)$-Parametern im Bild 3.13. in den beiden Bandlaufrichtungen ($\psi = \pm 20°$); vgl. auch Bild 3.14a)

Im Bild 4.13 ist auch ein Metallschichtband in seiner Wiedergabespannung mit anderen Speichermedien verglichen. Es ist bei höchsten Speicherdichten den Partikelbändern gleichwertig.

Bild 4.14 ermöglicht den Vergleich von Wiedergabeimpulsmustern zwischen verschiedenen Speichermedien.

Im Zusammenwirken mit dem Vektorfeld des Aufzeichnungskopfes führt ein von 0° und 90° abweichender Anisotropiewinkel ψ zu unterschiedlichen Speichereigenschaften in den beiden möglichen Bandlaufrichtungen. Bild 4.15 zeigt die Wiedergabeimpulse eines derartigen Metallschichtbandes mit $|\psi| = 20°$ in beiden Laufrichtungen. Ursache dafür ist weniger die entstehende y-Komponente der Magnetisierung, die wie eine lineare Phasenverzerrung der Größe ψ eine leichte Asymmetrie des Wiedergabeimpulses bewirkt, sondern die Veränderung des resultierenden Aufzeichnungsgradienten in Richtung der beiden möglichen Teilchenlagen bzw. des unterschiedlichen Anisotropiewinkels $\pm\psi$: In einer Laufrichtung nimmt der Aufzeichnungsgradient unter Einbeziehung der Querkomponente zu, in der anderen ab. Die Berechnungsergebnisse sind im Abschnitt 3.5.6. dargestellt worden.

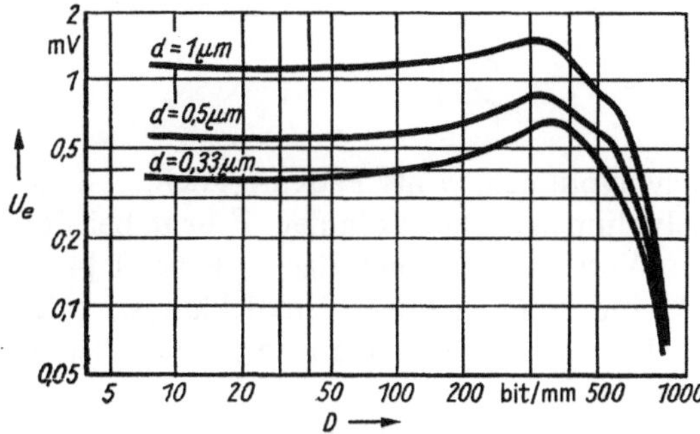

Bild 4.16
Wiedergabespannung
von Senkrechtaufzeichnungsmedien als Funktion der Speicherdichte nach [4.2]. Parameter: Schichtdicke d

Im Bild 4.16 ist ein älteres Ergebnis einer Senkrechtaufzeichnung dargestellt, das heute beträchtlich in der Speicherdichte überboten ist [4.41]. Hierbei bietet sich das ungewohnte Bild, daß die Impulsspannung – und damit das Signal-Rausch-Verhältnis – mit steigender Speicherdichte und steigender Schichtdicke wächst. Ebenso wird aber auch klar, daß dies mit einer weitreichenden Verbesserung des Auflösungsvermögens der Wiedergabewandler verbunden sein muß. Von besonderer Bedeutung ist, daß die Grenzspeicherdichte, soweit sie nicht durch die nichtlinearen Aufzeichnungsverzerrungen bedingt ist, durch die dominierende Wirkung der Querkomponente weit nach oben verschoben wird. *Iwasaki* spricht von der Gültigkeit der linearen Superposition bis 6000 Flw/mm [4.41]. Nichts ändert sich bei alledem an der exponentiellen Wirkung der Abstandsdämpfung, und schon Oberflächenstörungen von einem Zehntel Mikrometer werden zu Signalstörungen führen. Elektronische Korrekturverfahren gewinnen deshalb weiterhin an Bedeutung.

Die Berechnungen von *Potter*, *Beardsley* ergeben eine um 2,5 höhere Speicherdichte als die konventionelle Längsspeichertechnik. *Iwasaki* u. a. [4.41] gelang die Senkrechtaufzeichnung von 6000 Flw/mm. Die praktische Grenze zur Realisierbarkeit solcher Speicherdichten liegt im Wiedergabeprozeß.

Die geschilderten Speichermaterialien befinden sich meist noch im Stadium des Experiments, und ihre Zukunft ist im einzelnen durchaus noch umstritten. Es deuten sich mit ihnen jedoch diejenigen Möglichkeiten an, die den extrapolierenden Anforderungen nach wesentlich höheren Speicherdichten gerecht werden können, und Systeme mit mehr als 2000 bit/mm rücken damit in den Bereich des Realisierbaren.

4.5.   Bandrauschen

Jede reale Speicherschicht trägt aufgrund verschiedener Faktoren magnetische Inhomogenitäten, die zu einer Rauschüberlagerung des Nutzsignals führen. In einem wechselfeldgelöschten Band besteht die dominierende Rauschquelle in der statistischen Verteilung der magnetischen Momente und besonders in der Richtungsverteilung der spontanen Magnetisierung jedes einzelnen Teilchens. Es wird angenommen, daß dieses *Ruherauschen* ein stationärer Prozeß ist und sich unkorreliert zum Signal addiert. Unter der Annahme einer Gleichfeldverteilung der magnetischen Bereiche mit einer konstanten Teilchendichte und einer spontanen magnetischen Polarisation j_s ergibt die Berechnung des Wiedergabe-Rausch-Leistungsdichtespektrums nach *Daniel* [4.66]

$$\Delta \tilde{u}_0^2 / \Delta k = \frac{k}{2\pi} \frac{A_0^2 B_0}{R^2 p h_s} \left(\frac{\sin kw}{kw} e^{-ka} \right)^2 (1 - e^{-2kd}) \tag{4.3}$$

mit

$$A_0 = v n R j_s p h_s \delta, \qquad B_0 = \bar{V} \frac{1 + 2R}{3} \left(1 + \frac{\sigma_v^2}{\bar{V}^2} \right)$$

und $k = 2\pi/\lambda = 2\pi f/v$, $\bar{V}$ als mittleres Teilchenvolumen, p als Packungsdichte, R als Rechteckfaktor, σ_v als Streuung des Partikelvolumens. Das Volumen $\bar{V}$ liegt bei den gebräuchlichsten Oxidbändern etwa bei dem Wert $3 \cdot 10^{-3} \, \mu m^3$, das $\sigma_v/\bar{V}$ bei 1 [4.5]. Kleinere $\bar{V}$ und σ_v sind wegen der Rauschverminderung wichtiges Entwicklungsziel der Magnetpulvertechnologie. Die kleinen Partikeln ergeben aber andererseits auch Dispergierungsprobleme und damit Oberflächenprobleme.

Erfährt das wechselfeldgelöschte Band eine Aufmagnetisierung, erhöht sich das Rauschen *(Gleichfeldrauschen)*. Dies kann mit dem Rauschmodell der Einzelpartikel nicht erklärt werden. Es muß nämlich angenommen werden, daß sich 10 ... 20 % der Teilchen zu mehr oder weniger dichten Agglomeraten zusammenballen [4.68]. *Thurlings* [4.67] hat deshalb die Theorie des Bandrauschens auf nichtkonstante Teilchenverteilung (Kluster) erweitert. Danach erweitert sich (4.3) auf

$$\Delta \tilde{u}_B^2 / \Delta k = \frac{1}{2\pi} \frac{A_0^2}{R^2 p h_s} \left(k B_0 + \frac{k-1}{2d} \bar{V} e^{-(k^2/2\alpha)} \right) \left(\frac{\sin kw}{kw} e^{-ka} \right)^2 (1 - e^{-kd})^2.$$

$$\tag{4.4}$$

K ist die Anzahl der in einem Kluster (Durchmesser 1 ... 3 μm) normalverteilten Partikeln (Größenordnung 10 ... 100); $\sqrt{2}/\alpha$ ist die Streubreite der Teilchenverteilung innerhalb eines Klusters. Es wird deutlich, daß die Materialien mit den besten Dispergierungseigenschaften, d.h. niederremanente Oxidpartikeln, auch das geringste Gleichfeldrauschen haben.

Eine weitere Rauschquelle tritt in Erscheinung, wenn das Band nicht dem homogenen Gleichfeld einer Spule, sondern dem Streufeld eines Magnetkopfes ausgesetzt wurde. Letzteres führt zu einem (niederfrequenten) *oberflächeninduzierten Rauschen*. Das Rauschspektrum wurde von *Daniel* [4.66] unter der Vorstellung von lokalen, gleichverteilten Bandabhebungen mit glockenförmigem Profil $a(r) = \alpha \, e^{-2(V/\delta_a)^2}$ (s. Bild 4.22) zu

$$\Delta \tilde{u}_B^2 / \Delta k = \text{konst.} \; k^3 \, e^{-(k\delta_a/2)^2} \tag{4.5}$$

berechnet. δ_a ist ein Maß für die Abmessung der Störung, die auch von der Bandelastizität und vom Bandzug abhängt. Das Maximum des Rauschspektrums liegt im unteren, langwelligen Bereich der Übertragungsfunktion bei $f_m = \sqrt{\frac{3}{2}} \, v/\pi \delta_a$.

Bild 4.17 erlaubt den Vergleich der Rauschspektren verschiedener Magnetbandtypen und die Gegenüberstellung des Einflusses von homogenem Wechselfeld- und inhomogenem Gleichfeldlöschen. Deutlich zeigt die gleichfeldgelöschte Partikelschicht ein fast um eine Größenordnung höheres Rauschen als die Metallschicht und die im homogenen Wechselfeld gelöschte Partikelschicht. Das geringe Rauschen der Metallschichten erklärt sich z. T. aus den bedeutend kleineren Teilchenvolumina um $(1 ... 3) \, 10^{-4} \, \mu m^3$.

Systemtechnisch ist nur das *wechselfeldgelöschte Ruherauschen* relevant, während alle Formen des *Modulationsrauschens* multiplikativ mit dem Signal verknüpft sind und als *störende Amplitudenmodulation* (Abschn. 4.7.) behandelt werden.

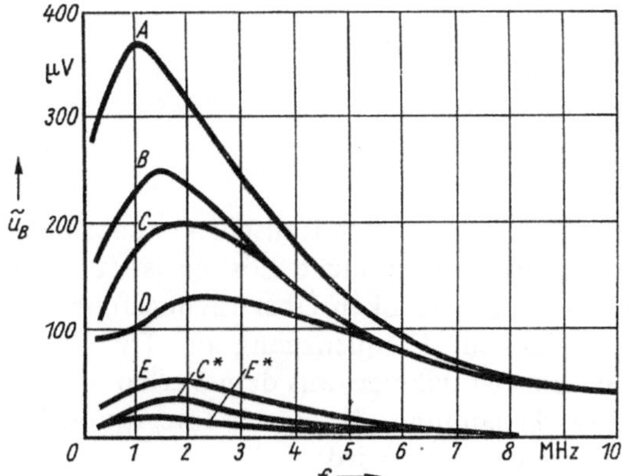

Bild 4.17
Rauschspannungsspektrum
für Gleichfeldlöschen mit Magnetkopf (A–E)
und Wechselfeldlöschen
im homogenen Feld (C^+, E^+)
nach [4.68] (Bandbreite 30 kHz)

A FeCo-Partikeln, $d = 1{,}8\,\mu$m
B γ-Fe_2O_3-Partikeln, $d = 3\,\mu$m
C γ-Fe_2O_3-Partikeln, $d = 1{,}8\,\mu$m
D CrO_2-Partikeln, $d = 1{,}5\,\mu$m
E Metallschicht, $d = 25 \dots 50$ nm

Zurückkommend auf (4.3) soll nun die Breitbandrauschspannung durch Integration bis zur ersten Spaltnullstelle ermittelt werden. Es ist für dünne Schichten ($d \ll a$)

$$\tilde{u}_B = \frac{A_0}{R\sqrt{ph_s}} \sqrt{\frac{B_0 d}{2}} \sqrt{\frac{1 - e^{-(2\pi a/w)}}{a\,(a^2 + w^2)}}. \tag{4.6}$$

Die Integration von 0 bis ∞ ergibt den etwas größeren Wert

$$\tilde{u}_B = \frac{A_0}{R\sqrt{ph_s}} \sqrt{\frac{B_0 d}{2}} \sqrt{\frac{1}{a\,(a^2 + w^2)}}. \tag{4.7}$$

Für beliebig dicke Schichten ist unter Vernachlässigung der Spaltdämpfung

$$\tilde{u}_B = \frac{A_0}{R\sqrt{ph_s}} \sqrt{\frac{B_0}{2\pi}} \frac{\sqrt{d\left(a + \dfrac{d}{2}\right)}}{a\,(a + d)}. \tag{4.8}$$

4.6. Signal-Rausch-Abstand

Der Schmalband-Signal-Rausch-Abstand ϱ_s berechnet sich aus (3.82) und (4.3) zu

$$\frac{\varrho_s}{\dfrac{1}{\sqrt{\Delta k}}} = 4\sqrt{\frac{2}{\pi k}}\, R \sqrt{\frac{ph_s}{B_0}} \frac{d'}{D'} \frac{\sin kD'}{\sqrt{1 - e^{-2kd}}}\, e^{-k(s/\pi)}. \tag{4.9}$$

d', D' sind durch den Aufzeichnungsstrom optimierte Werte. Anhand von (4.9) wird ein Nachteil der Teildurchdringungsaufzeichnung deutlich, da diese zwar die Anzahl der am Aufzeichnungsprozeß beteiligten Teilchen über d' verringert, nicht aber die am Rauschprozeß beteiligten. Die Verminderung der Bandschichtdicke d auf einen Optimalwert ist deshalb stets die günstigere Lösung. Der Ausdruck $R\sqrt{ph_s}/B_0$ besagt, daß ϱ_s mit dem Rechteckfaktor und der Wurzel aus Spurbreite und Teilchendichte zunimmt. Für die

Teilchenanzahl N je Einheitsvolumen gilt $N = p/\bar{V}$. Rauscharme Bänder sind deshalb auch sehr feinkörnig.

Der Breitband-Signal-Rausch-Abstand ϱ_B für eine einzige diskrete Nutzfrequenz errechnet sich, abhängig von der Schichtdicke d, der Durchdringungsdicke d' und dem Band-Kopf-Abstand a, aus (3.82) und (4.8) zu

$$\varrho_B = 4 \sqrt{\frac{2}{\pi}} R \sqrt{\frac{ph_s}{B_0}} \frac{d'}{D'} \sin kD' \frac{\sqrt{d\left(a + \dfrac{d}{2}\right)}}{a(a + d)} e^{-k(s/\pi + a)}. \tag{4.10}$$

Bei der Berechnung von ϱ_B für beliebige Signalspektren ist die vom Rauschen unterschiedliche Spektralverteilung zu beachten. Eine mathematisch einfache Lösung ist für den praktisch wichtigen Fall der Signalentzerrung mit der reziproken Übertragungsfunktion möglich. Der Speicherkanal weist dann einen „flachen" Frequenzgang auf. Der Breitband-Signal-Rausch-Abstand eines solchen Systems ist definiert aus dem Verhältnis der entzerrten Signalspannung zur entzerrten Rauschspannung, die durch Integration der Rauschleistungsdichte über die Kanalbandbreite gewonnen wird:

$$\varrho_B = \left[\int_{k_u}^{k_o} \frac{dk}{\varrho_s^2}\right]^{-1/2}. \tag{4.11}$$

Für Pulverschichten bei mittleren und hohen Speicherdichten kann nach *Middleton* [4.3] stets die Schichtdickendämpfung in (4.9) bei Optimierung des Aufzeichnungsstroms auf $1/kd'$ gehalten werden, so daß $kd' (\sin kD')/kD' \approx 1$ gilt. Dann ergibt die Integration von 0 bis $k_o \gg \pi/2s$

$$\varrho_B = \frac{8R \sqrt{\dfrac{ph_s}{nB_0}} e^{-k_o(s/\pi)}}{\sqrt{k_o\left(\dfrac{\pi}{s} - \dfrac{e^{-2k_o d}}{\dfrac{s}{\pi} - d}\right)}}; \qquad \frac{s}{\pi} > d \approx \frac{\lambda}{4}. \tag{4.12}$$

Für Pulverschichten bei geringen Speicherdichten und für dünne Schichten ($d/\lambda \ll 1/2\pi$) gilt dagegen eine andere Näherung:

$$\varrho_B = \frac{\dfrac{4}{\pi} \sqrt{2d_s} \sqrt{\dfrac{ph_s}{B_0}}}{\sqrt{e^{k_o(2s/\pi)} - e^{k_u(2s/\pi)}}}. \tag{4.13}$$

Wird im Integral die Aufzeichnungsdämpfung vernachlässigt ($s \approx 0$), erhält man den Ausdruck

$$\varrho_B = \frac{8R \sqrt{\dfrac{ph_s}{\pi B_0}}}{\sqrt{(k_o^2 - k_u^2) - \left(\dfrac{1}{2d}\right)^2}}; \qquad d \approx \frac{\lambda}{4} = \frac{\pi}{2k}. \tag{4.14}$$

Für $k_o d \gg 1$ geht ϱ_B^2 nach (4.14) in die von *Mallinson* [4.69] benutzte und experimentell bestätigte Formel für das Breitbandleistungsverhältnis über (wenn noch der Faktor $4/\pi$ beachtet wird, um den sich der Grundwellenspitzenwert der in (3.82) angenommenen Mäanderaufzeichnung von der Amplitude einer reinen Sinusaufzeichnung unterscheidet).

Aus allen Ausdrücken (4.12) bis (4.14) folgt, daß diejenigen Bänder beste Speichereigenschaften aufweisen, bei denen die Größe

$$\sqrt{N'} = R \sqrt{\frac{p}{B_0}} = R \sqrt{\frac{3p}{\bar{V}(1 + 2R)\left(1 + \frac{\sigma_v^2}{\bar{V}^2}\right)}}$$

$$= R \sqrt{\frac{3N}{(1 + 2R)\left(1 + \frac{\sigma_v^2}{\bar{V}^2}\right)}} \tag{4.15}$$

maximal ist, d. h., bei denen der Rechteckfaktor R und die Teilchendichte N möglichst groß sind und die Teilchengrößenstreuung σ_v möglichst klein ist. Dabei ist zu beachten, daß der Rechteckfaktor nicht unabhängig von der Packungsdichte p und damit von der Teilchendichte ist. Bemerkenswert ist, daß in den Gln. (4.12) bis (4.14) solche Kanalparameter, wie Bandgeschwindigkeit v, Band-Kopf-Abstand a und Teilchenmagnetisierung j_s, nicht enthalten sind. Sie gehören offensichtlich nicht zu den entscheidenden Bestimmungsgrößen für den Signal-Rausch-Abstand, wenn sich dieser – wie hier ausschließlich angenommen – nur auf das Bandrauschen bezieht. Die Unterdrückung des Kopf- und Verstärkerrauschens sowie sonstiger Störeinstreuungen ist aber durchaus nicht in jedem System möglich. Dann ist der Signalpegel die entscheidende Optimierungsgröße und nicht der bandbezogene Signal-Rausch-Abstand.

Für die praktische Digitalspeichertechnik ist es sehr anschaulich, den Zusammenhang zwischen Speicherdichte, Spurbreite und Signal-Rausch-Abstand darzustellen. Unter der Annahme, daß mit geeigneter Kanalkodierung eine Datenrate von 2 bit je Hz Bandbreite realisierbar ist, also $f_{\mathrm{bit}} = 2f_0$, beträgt die lineare Speicherdichte

$$D_{\mathrm{max}} = \frac{2}{\lambda_{\mathrm{min}}} = \frac{k_0}{\pi}.$$

Dies kann in (4.14) eingesetzt werden und ergibt die maximal mögliche lineare Speicherdichte

$$D_{\mathrm{max}} = \frac{3}{2} \cdot \frac{R \sqrt{\dfrac{p}{B_0}}}{\varrho_{\mathrm{B}}} \sqrt{h_{\mathrm{s}}} = \frac{3}{2} \frac{\sqrt{N'}}{\varrho_{\mathrm{B}}} \sqrt{h_{\mathrm{s}}}. \tag{4.16}$$

Unter Vernachlässigung der Spurzwischenräume kann die Flächenspeicherdichte zu

$$D_{\mathrm{F}} = \frac{D_{\mathrm{max}}}{h_{\mathrm{s}}} = \frac{3}{2} \frac{\sqrt{N'}}{\varrho_{\mathrm{B}}} \frac{1}{\sqrt{h_{\mathrm{s}}}} \tag{4.17}$$

angegeben werden.

Eine lineare Speicherdichte $D_{\mathrm{max}} = 1000$ bit/mm bei $\varrho_{\mathrm{B}} = 26$ dB wäre demnach mit γ-Fe_2O_3-Pulverschichten ($N' = 3 \cdot 10^{10}$/mm³) bei einer Spurbreite von 25 µm möglich. Daraus würde sich eine Flächenspeicherdichte von $D_{\mathrm{F}} = D_{\mathrm{max}}/h_{\mathrm{s}} = 40000$ bit/mm² errechnen. Voraussetzung dazu ist allerdings, alle anderen Rausch- und Störquellen außer dem Bandrauschen zu eliminieren. Weitere Reserven in der Entwicklung von Metallpulver- bzw. kompakten Metallschichten liegen darin, die Packungsdichte p um den Faktor 2 bzw. 3 zu erhöhen und das Teilchenvolumen $\bar{V}$ mindestens um den Faktor 10 zu verringern.

4.7.   Störende Amplitudenmodulation

Wie bereits erwähnt, ist der Speicherkanal besonders durch verschiedene Unzulänglichkeiten des Speichermediums zusätzlich zu Rauschprozessen durch Amplitudenmodulation gestört. In der Übertragungsfunktion (3.88) sind besonders die Parameter J_R, H_c, $\bar\mu$, μ_m, d, h_s und a mit örtlichen Schwankungen behaftet, so daß die daraus bestimmten Kanalparameter $\Phi_0 = J_\mathrm{R} d h_\mathrm{s}$ und s^* (s. Abschn. 3.4.) als Zufallsprozesse

$$\Phi_0(t) = \Phi_0\left[1 + m_\Phi(t)\right],$$

$$s^*(k, t) = \bar s(k)\left[1 + m_\mathrm{s}(k, t)\right] \tag{4.18}$$

zu betrachten sind. Wir müssen nach *Gitlitz* [4.70] zusätzlich mindestens noch zwei weitere mechanische Störgrößen hinzufügen: die Bandschiefstellung am Kopfspalt mit dem Winkel χ und die Bandabhebung vom Kopfspiegel in den Randspuren um den Winkel Θ. Die Störgrößen, die den Mittelwert Null haben, werden mit den Zufallsvariablen $\chi(t)$ und $\Theta(t)$ bezeichnet. Die Wiedergabespannung wird damit, unter Vernachlässigung einer Schichtdickendämpfung, zu einem Zufallsprozeß der Form

$$U(k, t) = kvn\delta\Phi_0(t)\, \mathrm{e}^{-ks^*(k,t)}\, si\left[\frac{kw}{\cos\chi(t)}\right] si\left[k\,\frac{h_\mathrm{s}}{2}\tan\chi(t)\right]$$

$$\times\, sih\left[k\,\frac{h_\mathrm{s}}{2}\tan\Theta(t)\right]; \tag{4.19}$$

si ist die Spaltfunktion, *sih* die hyberbolische Spaltfunktion. Entsprechend *Voigt* [4.48] kann (4.19) bei kleinen Störungen ($\chi(t) < 2{,}5/kh_\mathrm{s}$; $\Theta(t) < 2{,}1/kh_\mathrm{s}$) durch

$$U(k, t) \approx \bar U(k)\left[1 + m_\Phi(t)\right]\left[1 + \left(\mathrm{e}^{-k\bar s(k)\,m_\mathrm{s}(k,t)} - 1\right)\right]$$

$$\times\left[1 - \frac{1}{24}h_\mathrm{s}^2 k^2 \chi^2(t)\right]\left[1 + \frac{1}{24}h_\mathrm{s}^2 k^2 \Theta^2(t)\right] \tag{4.20}$$

mit

$$\bar U(k) = kvn\delta\Phi_0\, \mathrm{e}^{-k\bar s(k)}\, si\left[kw\right] \tag{4.21}$$

ausgedrückt werden. Allgemein gilt

$$U(k, t) \approx \bar U(k)\prod_{(i)}\left[1 + m_i(t)\right] \approx \bar U(k)\left[1 + \sum_{(i)} m_i(t)\right] = \bar U(k)\left[1 + m(t)\right]. \tag{4.22}$$

Können die Verteilungsdichtefunktionen der Zufallsvariablen $m_i(t)$ als Normalverteilungen angenommen werden, ergibt sich nach einem Grenzwertsatz der Statistik, daß sie auch in ihrer Verknüpfung gemäß (4.22) eine Normalverteilung mit der Streuung

$$\sigma_\mathrm{m}^2(k) = \sum_{(i)} \sigma_i^2(k)$$

um den Mittelwert $\bar m(k) = \sum_{(i)} m_i(k)$ ergeben:

$$p(m) \approx \frac{\mathrm{e}^{-(1/2)(m - \bar m/\sigma_\mathrm{m})^2}}{\sqrt{2\pi}\,\sigma_\mathrm{m}}. \tag{4.23}$$

Die analytischen Ausdrücke für Mittelwert und Streuung der störenden Amplitudenmodulation $m(k, t)$ sind von *Voigt* (4.48) angegeben worden:

$$\bar m(k) \approx \bar m_\mathrm{s} + \bar m_0 + \bar m_\varkappa,$$

$$\sigma_\mathrm{m}(k) \approx \sqrt{\sigma_\Phi^2(h_s) + \sigma_\mathrm{s}^2(k) + \sigma_\theta^2(k, h_s) + \sigma_\varkappa^2(k, h_s)} \tag{4.24}$$

mit

$$\bar{m}_\Phi = 0 \qquad\qquad \sigma_\Phi(h_\text{s}) = \frac{\sigma_\Phi}{\Phi}$$

$$\bar{m}_\text{s} \approx k^2\sigma_\text{s}^2 \qquad\qquad \sigma_\text{s}(k) \approx k\sigma_\text{s}$$

$$\bar{m}_\theta = \frac{1}{24}\,h_\text{s}^2 k^2\sigma_\theta^2 \qquad \sigma_\theta\,(k, h_\text{s}) = \frac{2}{24}\cdot k^2 h_\text{s}^2\sigma_\theta^2 \qquad (4.25)$$

$$\bar{m}_\varkappa = -\frac{1}{24}\,h_\text{s}^2 k^2\sigma_\varkappa^2 \qquad \sigma_\varkappa\,(k, h_\text{s}) = \frac{2}{24}\cdot k^2 h_\text{s}^2\sigma_\varkappa^2.$$

Bild 4.18a verdeutlicht die Wellenlängenabhängigkeit und Bild 4.18b die Spurbreitenabhängigkeit von $\sigma_\Phi(h_\text{s})$, $\sigma_\text{s}(k)$, $\sigma_\varkappa\,(k, h_\text{s})$ und $\bar{\sigma}_\text{m}\,(k, h_\text{s})$ für ein Beispiel.

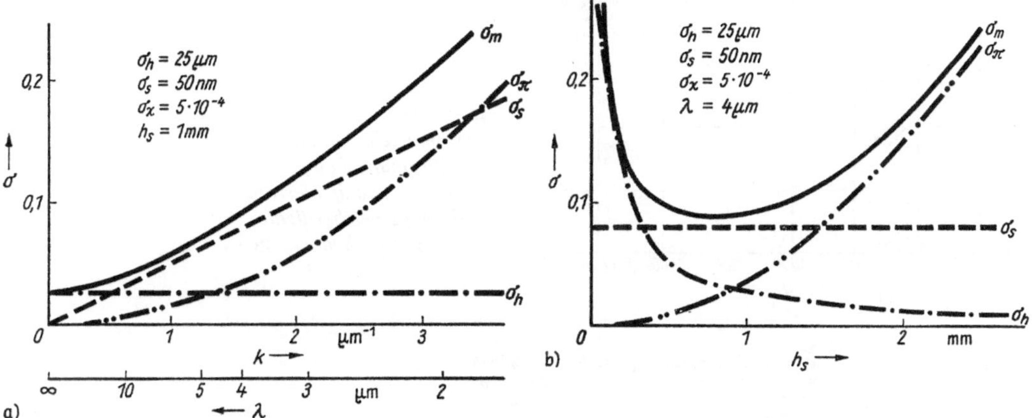

Bild 4.18. *Signalschwankungsparameter* $\sigma_\Phi(h_\text{s})$, $\sigma_\text{s}(k)$, $\sigma_\varkappa\,(k, h_\text{s})$, $\sigma_\text{m}\,(k, h_\text{s})$ *als Funktion a) der Wellenlänge* $\lambda = 2\pi/k$, *b) der Spurbreite* h_2 *nach* [4.48]

Mit (4.24) ergibt sich eine Signalamplitudenstatistik von

$$p(U_\text{m}) = \frac{1}{\sqrt{2\pi}\,\sigma_\text{m}\bar{U}}\,\text{e}^{-(1/2)\,(U_\text{m}-\bar{U}/\sigma_\text{m}\bar{U})^2}. \qquad (4.26)$$

$\bar{U}$ ist der Mittelwert $\bar{U} = (1 - \bar{m})\,U,$ $\qquad\qquad (4.27)$
U ist die ungestörte Wiedergabespannung und
$1/\sigma_\text{m} = \varrho_\text{m}$ der meßbare Effektivwert der störenden Amplitudenmodulation.

4.8.   Dropout-Störungen

4.8.1.   Experimentelle Ergebnisse

Die vielleicht bedeutendste Grenze für die Fehlerrate bzw. die erreichbare Flächenspeicherdichte des Speicherkanals ist die Oberflächenqualität des benutzten Magnetbandes. Obwohl eine moderne Digitalelektronik die Speichereigenschaften des klassischen Magnetbandspeichers wesentlich verbessern kann, ist die Zuverlässigkeit letzten Endes doch vom Speichermedium abhängig.

In [4.71] ist ein breites Spektrum von Bandspeichern verschiedener Firmen bezüglich unterschiedlicher Magnetbänder und eines weiten Geschwindigkeitsbereichs (36 cm/s bis 4,5 m/s) hinsichtlich der Fehlerrate ausgewertet worden. Bild 4.19 zeigt diese Darstellung über der linearen Speicherdichte. Danach liegt die Fehlerrate bei 1000 bit/mm zwischen 10^{-6} und 10^{-7}. Es wird jedoch erwähnt, daß ein solches Gerät im Laufe der Betriebszeit trotz sorgfältiger Konstruktion und Wartung und mit hochwertigem Magnetband Fehlerraten bis $5 \cdot 10^{-6}$ aufweisen kann.

Die Durchmesser der verschiedenen Inhomogenitäten der Magnetbandoberfläche liegen in der Größenordnung von (0,02 ... 0,1) mm und erzeugen aufzeichnungsfreie Störstellen im Größenbereich (0 ... 0,5) mm, wobei die Durchmesser um 0,2 mm den größten Anteil an der Unterschreitung der Erkennungsschwelle haben [4.42] [4.43].

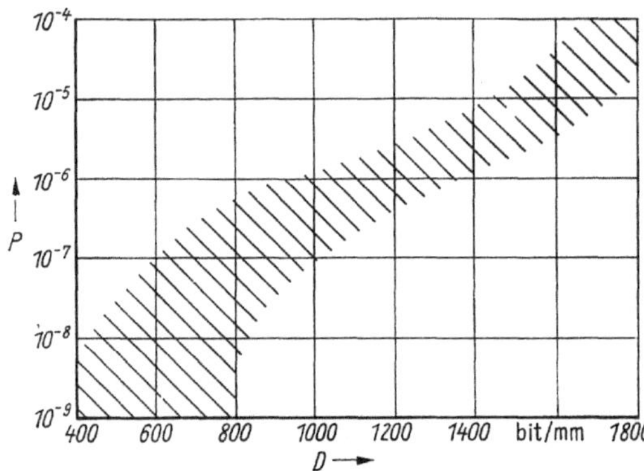

Bild 4.19
Schematische Darstellung
des Zusammenhangs
zwischen Grundfehlerrate
und Längsspeicherdichte
unter Betriebsbedingungen

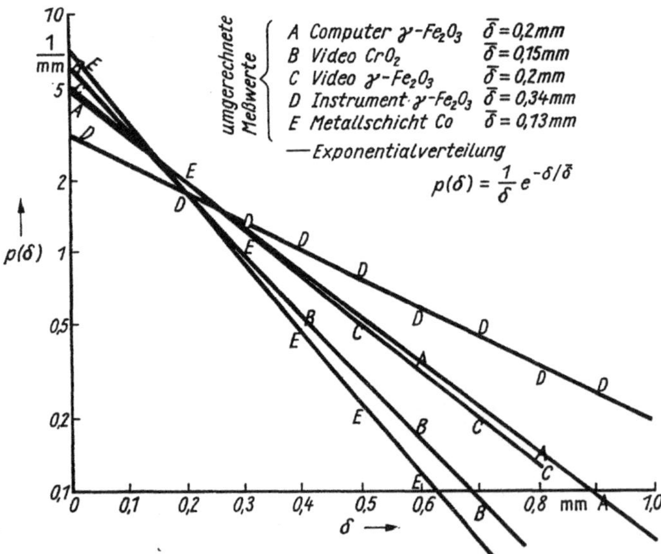

$$p(\delta) = \frac{1}{\bar\delta}\, e^{-\delta/\bar\delta}$$

Bild 4.20
Wahrscheinlichkeitsfunktion $p(\delta)$
für die Dropout-Länge δ

Von *Hoagland* u. a. [4.46] wurde gezeigt, daß die mit Spurbreiten von 12,5 ... 150 µm und einer Wellenlänge von 10 µm gemessene mittlere Dropout-Länge praktisch nicht von der Spurbreite abhängt. Die Störstellen sind in ihrer mittleren Ausdehnung also mindestens 0,15 mm. Eine Spurverbreiterung innerhalb dieses Bereichs würde keine signifikante Erhöhung der Störsicherheit ergeben.

Bild 4.20 zeigt eine durch Schwellwertmessung von *Alstad, Haynes* [4.42] ermittelte Statistik, soweit sie die Fehlstellen in ihrer wahren Größe und Häufigkeit richtig erfaßt. Das Bild zeigt weiterhin die Größenverteilung der Dropouts von Metallschichtbändern nach *Willaschek*, ermittelt aus den aufzeichnungsfreien Zonen einer Vielspuraufzeichnung, die mit Hilfe der Magnetpulvermethode sichtbar gemacht wurden (Kurve E) [4.44].

Trotz der sehr unterschiedlichen Untersuchungsmethoden – die sich auch in unterschiedlichen Störstellenflächendichten p_d^2 äußern – ist ein einheitliches exponentielles Verteilungsgesetz zu erkennen: Die eingezeichneten Geraden entsprechen der Wahrscheinlichkeitsdichtefunktion

$$p(\delta) = \frac{1}{\bar\delta}\, e^{-(\delta/\bar\delta)}. \tag{4.28}$$

Die mittlere wahrscheinliche Störstellengröße $\bar\delta$ ergibt sich für CrO_2-Band nach beiden Untersuchungsmethoden einheitlich zu $\bar\delta \approx 0{,}15$ mm. Die $\bar\delta$-Werte der anderen Bandtypen sind ebenfalls Bild 4.20 zu entnehmen.

Gl. (4.29) gestattet, eine Störstellenflächendichte p_d^2 aus der Störstellenhäufigkeit $a_s(\delta)$ zu berechnen, die durch Messung über die Bandlänge L und die Breite h_s ermittelt wurde und in Histogrammen der Klassenbreite $\Delta\delta$ dargestellt ist:

$$a_s(\delta) = p_d^2 L h_s \,\Delta\delta p\,(\delta),$$
$$p_d^2 = \frac{a_s\,(\delta = 0)}{L h_s\,\Delta\delta}\,\bar\delta. \tag{4.29}$$

Für die vergleichende Darstellung im Bild 4.20 ist von diesem Zusammenhang Gebrauch gemacht, ebenso im Bild 4.21.

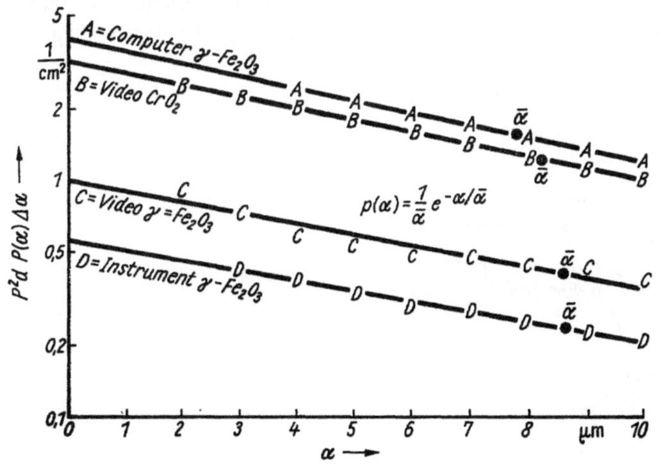

Bild 4.21
Berechnete Wahrscheinlichkeitsdichtefunktion $p_d^2 \cdot p(\alpha) \cdot \Delta\alpha$ für die Höhe von Störstellen

Die Höhen von Störstellen bei Oxidbändern wurden von verschiedenen Autoren ermittelt [4.42] [4.45] [4.75]. Wir wollen die Störstellenhöhe mit α bezeichnen und eine Verteilungsdichtefunktion $p(\alpha)$ einführen. Unter der Annahme eines gaußförmigen Abhebens des Magnetbandes vom Kopfspiegel bis zum maximalen Band-Kopf-Abstand $a + \alpha$ wurde aus den im Bild 4.20 zitierten Meßwerten für $a_s(\delta)$ von *Alstad, Haynes* [4.42] eine Verteilungsdichtefunktion $p(\alpha)$ berechnet. Bild 4.21 zeigt die entsprechenden Berechnungsergebnisse in einfach-logarithmischer Darstellung. Es ist von vornherein zu erwarten, daß zwischen α und δ eine starke Korrelation besteht. Auch hier gilt die Exponential-verteilung

$$p(\alpha) = \frac{1}{\bar{\alpha}}\, e^{-(\alpha/\bar{\alpha})}. \qquad (4.30)$$

Dies bedeutet, daß sich das „Gauß"-Modell von *Alstad, Haynes* im betrachteten Größen-bereich nicht wesentlich von dem linearen „Zelt"-Modell nach *Ashlock* unterscheidet, d. h., wenn die Beziehung

$$\alpha = \frac{1}{K}\, \delta \qquad (4.31)$$

gilt. Auf diese hat schon *v. Keuren* [4.75] hingewiesen.

K ist von verschiedenen mechanischen Bandeigenschaften, von dem Kopfprofil und den Betriebsbedingungen aufzeichnungsseitig und transportwerkseitig abhängig und liegt in der Größenordnung von 20 ... 40.

Bei Metallschichtbändern wurde optisch ein $\bar{a}$ von 8 μm ermittelt [4.72].

Ob das Dropout-Verhalten wellenlängenabhängig ist oder nicht, dürfte im wesentlichen davon abhängen, wie der Störprozeß räumlich abklingt. So stellte *Willaschek* bei Metall-schichtbändern mit Folienstärken um 20 μm keine signifikante Wellenlängenabhängig-keit fest; *Hoagland* u. a. wiesen diese dagegen bei flexiblen Oxidplatten der Folienstärke 70 μm nach.

4.8.2. Dropout-Modell

Ein Dropout-Modell muß u. a. dazu dienen, als Mittel zum Systementwurf die Frage nach der erreichbaren Flächenspeicherdichte und dem optimalen Verhältnis zwischen Längs- und Querspeicherdichte zu beantworten sowie wesentliche Beobachtungsergeb-nisse zu deuten und zu extrapolieren.

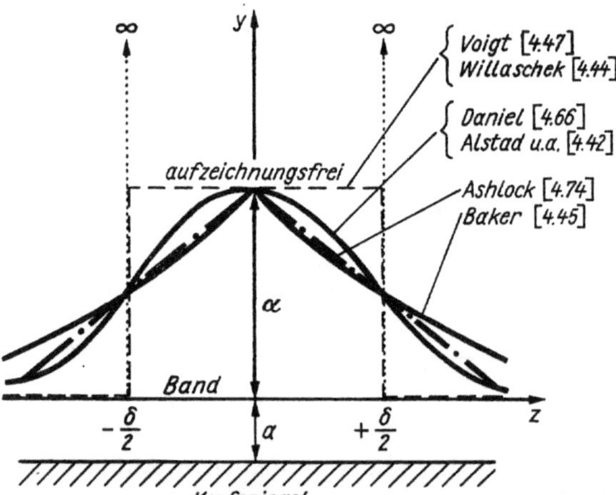

Bild 4.22
Vergleich der Dropout-Modelle

In der Literatur existiert eine Anzahl von Modellvorstellungen über das Zustandekom-men eines Pegeleinbruchs, über seine Ausdehnung und Wellenlängenabhängigkeit. *Skritek, Pichler* [4.76] geben hierzu einen Überblick. Allen gemeinsam ist eine sym-metrische Ausdehnung der Störstelle bezüglich der x,z-Ebene. Sie unterscheiden sich in der Form der Erhebung in y-Richtung. Bild 4.22 gibt eine Illustration über die neueren Modelle.

Das „Loch"-Modell von *Voigt, Mädiger* [4.47] und *Willaschek* [4.44] vernachlässigt den relativ unbedeutenden Übergangsbereich von gestörter zu ungestörter Fläche und ebenso den Signalanteil der gestörten Fläche. Dies beruht auf der berechtigten Vorstellung, daß die wesentliche Ursache für das Auftreten eines Dropout in der Nichtaussteuerung der relativ steilen Remanenzkennlinie beim Aufzeichnungsprozeß liegt und nicht in der Wiedergabedämpfung, wie sie in den anderen Modellen berechnet wird. Bei einem Erwartungswert der *Störstellenhöhe* von $\bar{a} = 8$ µm bedeutet dies, daß die Störstelle (selbst wenn sie magnetisch ist) aufzeichnungsfrei ist. Das wurde von *Willaschek* mit Hilfe der Pulvermethode beobachtet.

Störstellen von wesentlich geringerer Höhe erzeugen nach (4.31) auch wesentlich kleinere Störungen. Diese werden theoretisch in der störenden Amplitudenmodulation erfaßt. Im ausklingenden Fehlstellenbereich dürfte die Annahme einer exponentiellen Abstandsdämpfung ebenfalls gerechtfertigt sein, so daß die Umrechnung einer Schwellwert-Unterschreitungslänge in eine Fehlstellenhöhe mit dem Gauß-Modell nach [4.42] als richtig erscheint. Ebenso ist mit diesem Modell die Berechnung der Wellenlängenabhängigkeit von Einbruchlängen und deren Statistik möglich.

Das „Loch"-Modell mit quadratischer Grundfläche ermöglicht die Berechnung der Dropout-Statistik ohne Wellenlängenabhängigkeit. Die Abweichung von der realen Form einer Störstelle ist relativ unbedeutend, solange nur die Verteilungsdichtefunktion $p(\delta)$ und besonders $\bar{\delta}$ als repräsentative Meßresultate vorliegen.

Die Störung verursacht eine Aufteilung der Spur in einen gestörten Anteil

$$m_\delta = \frac{\delta'}{h_\mathrm{s}} \qquad 0 \leqq \delta' \leqq \delta \tag{4.32a}$$

und einen ungestörten Anteil $m_\mathrm{d} = 1 - m_\delta = 1 - \delta'/h_\mathrm{s}$. $\qquad$ (4.32b)

Der gestörte Signalpegel ergibt sich spurbreitenabhängig zu

$$U(k, t) = U_\mathrm{m}(k, t)\, m_\mathrm{d} = U_\mathrm{m}(k, t)\, [1 - m_\delta(t)]. \tag{4.33}$$

Die Verteilungsdichtefunktion $p(m_\mathrm{d})$ haben *Voigt, Mädiger* [4.47] mit der exponentiellen Verteilungsdichte $p(\delta)$ nach (4.28) berechnet. Es gilt

$$P(m_\mathrm{d}) = \begin{cases} p_\mathrm{d}^2 \bar{\delta}^2 \left(2 + \dfrac{h_\mathrm{s}}{\bar{\delta}}\right) \mathrm{e}^{-h_\mathrm{s}/\delta} & m_\mathrm{d} = 0 \\[2ex] 2p_\mathrm{d}^2 \bar{\delta} h_\mathrm{s} \left[1 + \dfrac{h_\mathrm{s}}{\bar{\delta}}\, m_\delta \left(1 + \dfrac{h_\mathrm{s}}{2\bar{\delta}}\, m_\mathrm{d}\right)\right] \mathrm{e}^{-(h_\mathrm{s}/\bar{\delta})\, m_\delta} & \text{bei}\ \ 0 < m_\mathrm{d} < 1 \\[2ex] 1 - p_\mathrm{d}^2 \bar{\delta}^2 \left(2 + \dfrac{h_\mathrm{s}}{\bar{\delta}}\right) & m_\mathrm{d} = 1 \\[2ex] 0 & \text{konst.} \end{cases} \tag{4.34}$$

Die Wahrscheinlichkeit für das Unterschreiten einer bestimmten Erkennungsschwelle $U_\mathrm{s} = m_\mathrm{d} U_\mathrm{m}$ errechnet sich durch Integration von (4.34) zu

$$P(U_\mathrm{s}) = p_\mathrm{d}^2 \bar{\delta}^2 \left[2 + \frac{h_\mathrm{s}}{\bar{\delta}} \left(1 + \frac{h_\mathrm{s}}{\bar{\delta}}\, m_\mathrm{d} m_\delta\right)\right] \mathrm{e}^{-(h_\mathrm{s}/\bar{\delta})\, m_\delta}. \tag{4.35}$$

Der tiefste Pegeleinbruch wird mit einer Wahrscheinlichkeit von

$$P(0) = p_\mathrm{d}^2 \delta^2 \left(2 + \frac{h_\mathrm{s}}{\bar{\delta}}\right) e^{-h_\mathrm{s}/\bar{\delta}} \tag{4.36}$$

erreicht.

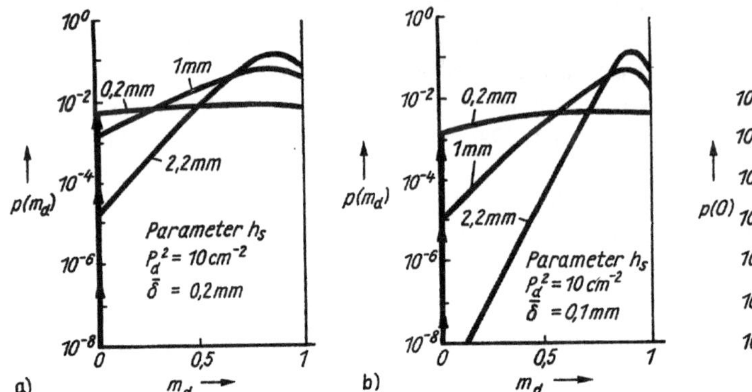

Bild 4.23. Wahrscheinlichkeitsdichte $p(m_\mathrm{d})$ für das gestörte Wiedergabesignal nach [4.48] mit hoher Fehlstellendichte $p_\mathrm{d}^2 = 10/\mathrm{cm}^2$

Bild 4.24. Einbruchwahrscheinlichkeit $P(0)$ in Abhängigkeit von der Spurbreite h_s. Fehlstellendichte $p_\mathrm{d}^2 = 10/\mathrm{cm}^2$

Bild 4.23 stellt die Verläufe $p(m_\mathrm{d})$ für drei Spurhöhen h_s und zwei Fehlstellendurchmesser δ dar. Bild 4.24 zeigt die Spurbreitenabhängigkeit der Einbruchwahrscheinlichkeit $P(0)$.

4.9.   Amplitudenstatistik

Für die nach Gl. (4.33) multiplikativ verknüpften Zufallsgrößen U, U_m und m_d gilt

$$p(U) = \int_{-\infty}^{+\infty} \frac{1}{m_\mathrm{d}} p\left(m_\mathrm{d}, \frac{U}{m_\mathrm{d}}\right) \mathrm{d}m_\mathrm{d} \tag{4.37}$$

und mit (4.26), (4.34)

$$p(U) = \frac{1}{\sqrt{2n}\,\sigma_\mathrm{m}\bar{U}} \int_0^1 \frac{p(m_\mathrm{d})}{m_\mathrm{d}} e^{-1/2((U/m_\mathrm{d}) - \bar{U}/\delta_\mathrm{m}\bar{U})^2} \mathrm{d}m_\mathrm{d}. \tag{4.38}$$

Im Bild 4.25 sind von *Voigt* [4.48] gemessene Amplitudenverteilungen $p(U)$ dargestellt.

Daraus können die Streuungen des normalverteilten Prozesses σ_hs (aus σ_Φ), σ_s und $\sigma_\varkappa$ sowie die Dropout-Parameter p_d^2 und δ berechnet werden, wenn die Messungen spurbreiten- bzw. wellenlängenabhängig ausgeführt werden. Die Streuungen folgen aus σ_m gemäß (4.24), (4.25), während die Dropout-Parameter aus der Beziehung (4.34)

$$p(U \to 0) = p(m_\mathrm{d} \to 0) = 2p_\mathrm{d}^2 h_\mathrm{s}(h_\mathrm{s} + \delta) e^{-h_\mathrm{s}/\delta} \tag{4.39}$$

ermittelt werden können.

In Tafel 4.7 sind entsprechende Meß- bzw. Rechenergebnisse für verschiedene Magnetbandtypen zusammengestellt.

Tafel 4.7. Parameter der gaußschen und nichtgaußschen Störprozesse auf dem Magnetband nach [4.48] ($\lambda = 4\,\mu$m, $v = 19$ cm/s)

Magnetband	Kopf	Meßergebnisse			Rechenwerte				
	h_s/mm	U/µV	σ_m	$p(0)$	σ_h/µm	σ_s/µm	σ_x/µm	p_d^2/cm^{-2}	$\bar\delta$/mm
γ-Fe$_2$O$_3$ Instrumen- tationsband	2,2 1 0,2	100 45 9	0,03 0,03 0,07	10^{-8} $2\cdot10^{-5}$ $3\cdot10^{-3}$	13	20	0	8,5	0,12
CrO$_2$- Videoband	2,2 1 0,2	56 25 5	0,03 0,04 0,08	$4\cdot10^{-8}$ $5\cdot10^{-5}$ $8\cdot10^{-4}$	14	28	0	2,8	0,14
Metall- schicht- Datenband	2,2 1 0,2	63 29 6	0,08 0,13 0,22	10^{-7} $3\cdot10^{-5}$ 10^{-3}	36	80	0	2,6	0,15

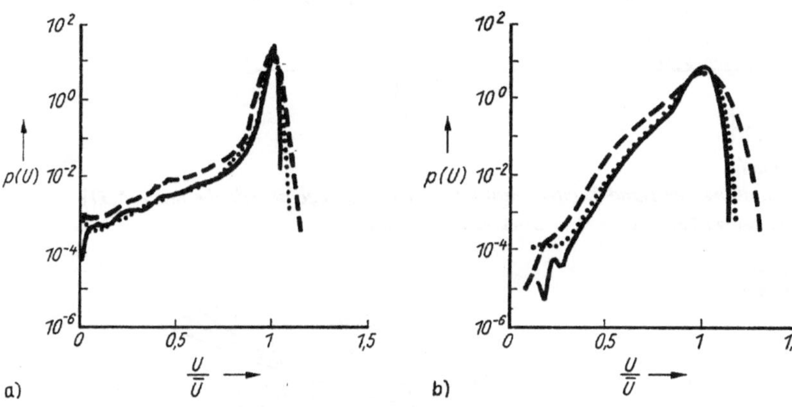

Bild 4.25. Wahrscheinlichkeitsdichte $p(U)$, bestehend aus der normalverteilten Amplitudenmodulation ($\bar U$, σ_m) *und dem Dropout-Anteil* (p_d^2, $\bar\delta$), *Spurbreite $h_s = 1$ mm*
a) Videoband; b) Digitalkassettenband
$------\ \lambda = \ \ 4\,\mu$m
$\cdots\cdots\ \lambda = \ \ 8\,\mu$m
$———\ \lambda = 16\,\mu$m

4.10. Modelle des Band-Kopf-Kontaktes

4.10.1. Anforderungen an den Verlauf der Magnetbandbiegelinie

An die Stabilität des Kontaktes zwischen dem Magnetband und dem Kopfprofil des Schreib-Lese-Kopfes eines Digitalbandspeichers werden strenge Anforderungen gestellt.

Besonders muß stets die sichere Anlage des Magnetbandes an dem Schreib- und Lese-spalt des Vielspursystem gewährleistet sein. Ist dies nicht der Fall, sind Schwankungen in der Leseamplitude die Folge.

Eine gute Anpassung zwischen Band- und Kopfeigenschaften besteht dann, wenn wie im Bild 4.26 Kopfprofil und Bandbiegelinie im Bereich der Arbeitsspalte übereinstimmen; und zwar muß dies trotz eines zulässigen Toleranzbereichs für die unvermeidlichen Band-zugschwankungen erfüllt sein. Aber auch zusätzliche Einflüsse, wie Schwankungen der

Banddicke und des Elastizitätsmoduls, die beide die Biegesteifigkeit bestimmen, können zu Kontaktproblemen führen. So besteht weiterhin die Forderung, daß der Kontaktbereich zu beiden Seiten des Spaltes nicht zu klein ist, um die Auswirkung von Schwankungen und Toleranzen bzw. von Verschleißprozessen nicht wirksam werden zu lassen. Das illustriert die Bildfolge im Bild 4.27. Weiterhin hätte ein solch schmaler Kontaktbereich wie im Bild 4.27b u. U. eine Spaltauswaschung zur Folge, wie sie im Bild 4.28 angedeutet ist.

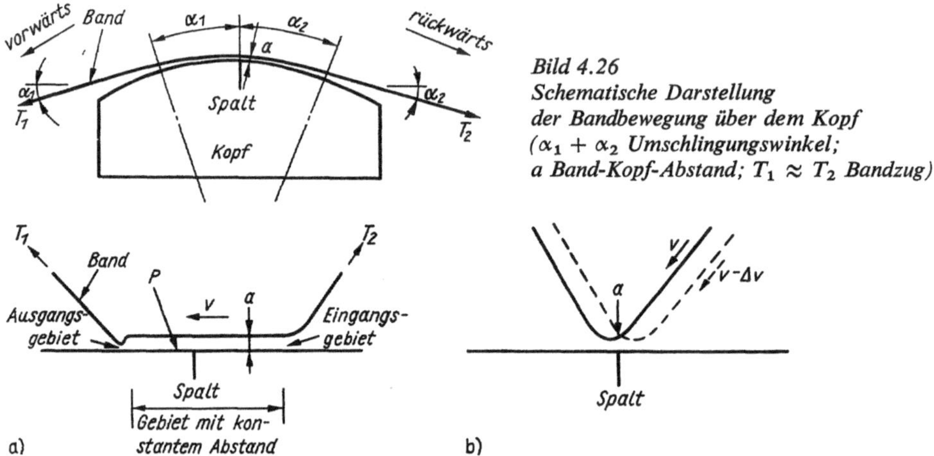

Bild 4.26
Schematische Darstellung
der Bandbewegung über dem Kopf
($\alpha_1 + \alpha_2$ Umschlingungswinkel;
a Band-Kopf-Abstand; $T_1 \approx T_2$ Bandzug)

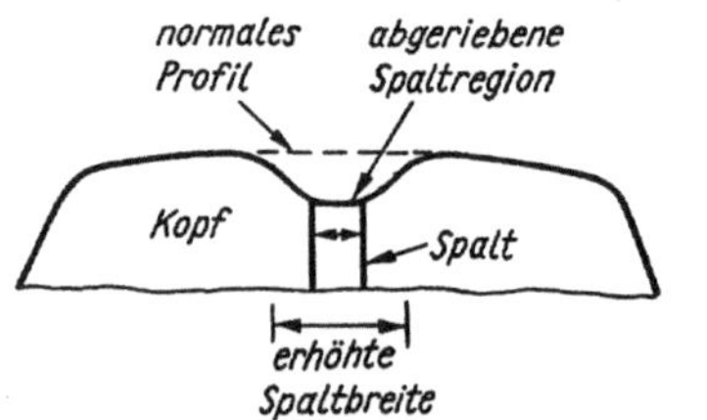

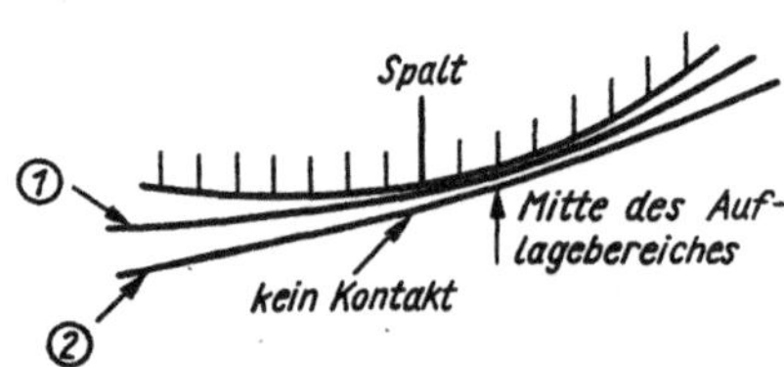

Bild 4.27. Überhöhte Darstellung des Band-Kopf-Kontaktes über der Spiegeloberfläche nach [4.97]
a) gute Bandlage; b) zu geringe Auflagefläche (p Druck; v Bandgeschwindigkeit)

Bild 4.28. Überhöhte Darstellung
einer Spalterosion durch falschen Bandlauf

Bild 4.29. Lage des Bandes zum Spaltbereich
① Bandlauf bei großem Bandzug oder kleiner Bandgeschwindigkeit
② Bandlauf bei kleinem Bandzug oder großer Bandgeschwindigkeit

Bild 4.29 demonstriert, wie eine höhere Bandgeschwindigkeit in einem nichtoptimierten System (Spalt sitzt nicht in der Mitte des Auflagebereichs) zum Abheben des Bandes am Spalt führt. Unterbunden werden müssen auch Bandschwingungen und die Ausbildung von Luftpolstern, die das Band vom Kopf abzuheben versuchen.

4.10.2. Berechnung der Magnetbandbiegelinie

4.10.2.1. Elastischer Biegebalken unter Zuglast

Die Differentialgleichung für den Verlauf $y(x)$ des Bandes, auf das ein beliebiger Querdruckverlauf $P_y(x)$ wirkt, lautet

$$D \frac{d^4 y}{dx^4} - T \frac{d^2 y}{dx^2} = P_y(x). \tag{4.40}$$

D ist die Biegesteifigkeit des Bandes, T ist der Bandzug.

(4.40) formuliert nur das zweidimensionale Problem. Das Verhalten des Bandes über die Breite bleibt unberücksichtigt. Auch darf der Umschlingungswinkel nur wenige Grad betragen. Dann ist die allgemeine Lösung von (4.40) möglich.

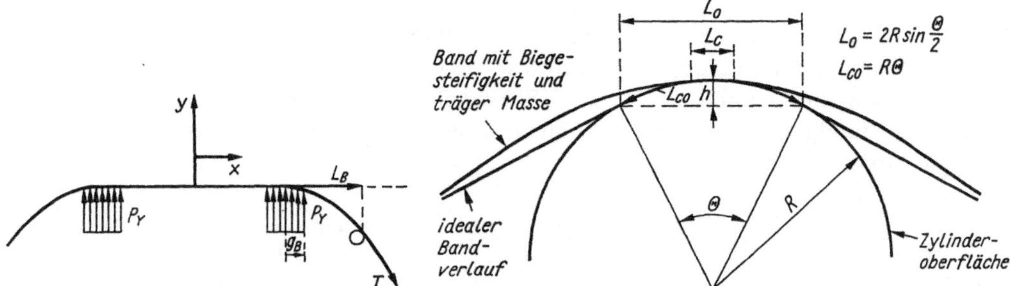

Bild 4.30. *Zur Berechnung der statischen Magnetbandbiegelinie über einem Magnetkopf mit zwei Auflageleisten*
(p_y Flächendruck; L_B Einspannlänge)

Bild 4.31. *Geometrische Verhältnisse beim Bandkontakt mit einem Zylinder (L_c reale Kontaktlänge)*

In [4.92] wurden zwei Felder mit $P_y(x) =$ konst. angenommen, die die zwei Spaltregionen darstellen. Dieses Problem ist im Bild 4.30 dargestellt. Zu einem Wert für P_y, der den Realitäten nahekommt, gelangt man durch die geometrische Betrachtung im Bild 4.31. Hierin ist $R\Theta = 2g_B = L_{co}$ die ideale Anlagelänge, R der Kopfradius und Θ der Umschlingungswinkel. Dann gilt

$$P_y = \frac{2T}{L_0} \sin \frac{\Theta}{2} = \frac{T}{R}. \tag{4.41}$$

Der analytische Ausdruck für die Magnetbandbiegelinie lautet unter diesen Bedingungen für den Kopfbereich $|x| \leqq 2g_B$

$$y(x) = \frac{D}{TR}\left[e^{-2\lambda g_B}(\cosh \lambda x - \cosh 2\lambda g_B) - \frac{\lambda^2}{2} x^2 - 4g_B^2) \right]$$

$$+ R\left(\cos \frac{\Theta}{2} - 1 \right). \tag{4.42}$$

Interessant ist die freie Bandkrümmung in der Mitte zwischen zwei Bandführungsstiften, die den Abstand $2L_B$ haben:

$$y''(0) = -\lambda\Theta\, e^{-\lambda L_B} \quad \text{mit} \quad \lambda = \sqrt{\frac{T}{D}} \tag{4.43}$$

Daraus kann der freie Biegeradius R des Bandes berechnet werden:

$$R \approx \frac{2}{\Theta} \sqrt{\frac{D}{T}}. \tag{4.44}$$

In [4.91] wurde von *Gatzen* die Berechnungsmethode auf ein Profil mit vier Auflagebereichen erweitert.

Nachteil dieser Betrachtungsweise ist, daß keine Flächendruckverläufe zwischen Band und Kopf berechnet werden können und keinerlei dynamische Einflüsse, wie Bandgeschwindigkeit, Luftbewegung usw., berücksichtigt werden. Infolgedessen ist die Methode für das vorliegende Problem wie folgt zu erweitern.

4.10.2.2. Hydrodynamische Grundgleichung

Um die Flugbahn des Bandes über den Kopfspiegel unter Beachtung der aerodynamischen Bedingungen zu berechnen, sind zwei Differentialgleichungen erforderlich. Die erste dieser Gleichungen, die „*Bandgleichung*", entspricht vom Grundanliegen her Gl.(4.40) für den stationären Fall, d.h., sie regelt die Bandlage in Abhängigkeit von der Biegesteifigkeit D und dem Bandzug T des Bandes sowie vom Druckverlauf $p(x)$. Dazu kommt allerdings noch das zeitabhängige bzw. Schwingungsverhalten, das durch die träge Masse m, die Bandgeschwindigkeit v und einen Koeffizienten der elastischen Dämpfung D_a bestimmt wird:

$$D \frac{\mathrm{d}^4 y}{\mathrm{d}x^4} - T \frac{\mathrm{d}^2 y}{\mathrm{d}x^2} + m \left(v^2 \frac{\mathrm{d}^2 y}{\mathrm{d}x^2} + 2v \frac{\mathrm{d}^2 y}{\mathrm{d}t^2} \right) + D_a \frac{\mathrm{d}y}{\mathrm{d}t} = p(x, t). \qquad (4.45)$$

$p(x, t)$ ist hier der Differenzdruck zwischen den beiden Seiten des Bandes, das als unendlich ausgedehnt angenommen wird. Über die Randbedingungen und weitere Bedingungen sowie über die Lösungsprozedur und numerische Prozedur zur Lösung von Gl.(4.45) gibt *Scholz* [4.106] Auskunft.

Während mit der statischen Theorie des elastischen Biegebalkens nach (4.40) die Drucklast $p(x)$ vorgegeben sein muß bzw. willkürlich angenommen werden muß, besteht bei der dynamischen Theorie die Möglichkeit der Berechnung von $p(x)$. Dazu dient die zweite Differentialgleichung, die *Druck- oder Strömungsgleichung*:

$$\frac{\partial}{\partial_x} \left\{ [a^3(x, t) p_r(x, t) + 6\lambda_a a^2(x, t) p_a] \frac{\partial}{\partial_x} p_r(x, t) \right\}$$

$$= 6\mu v \frac{\partial}{\partial_x} [p_r(x, t) a(x, t)] + 12\mu \frac{\partial}{\partial_t} [p_r(x, t) a(x, t)]. \qquad (4.46)$$

Es handelt sich hierbei um die stationäre *Reynolds*gleichung, die molekulare Strömungseffekte in luftgeschmierten hydrodynamischen Lagern beschreibt. $p_r(x, t)$ ist der Druck zwischen Band und Kopf, $a(x, t)$ der Band-Kopf-Abstand, p_a der Umgebungsdruck, μ die Zähigkeit der Luft und λ_a die mittlere freie Weglänge der Luftmolekeln.

Aus einer abgerüsteten Variante von Gl.(4.46) kann der bekannte Ausdruck für die mittlere Flughöhe a eines Bandes mit der Geschwindigkeit v und dem Bandzug T über dem Kopf mit dem Radius R abgeleitet werden:

$$a = 0{,}64 R \left(\frac{6\mu v}{T} \right)^{2/3}. \qquad (4.47)$$

Mit $\mu = 1{,}84 \cdot 10^{-9}$ ps/mm², gültig für Normaldruck und rund 20°C, ergibt sich die zugeschnittene Größengleichung

$$a/\mu m = \frac{1}{3} R/\mathrm{mm} \left(\frac{V \left/ \dfrac{\mathrm{m}}{\mathrm{s}} \right.}{T \left/ \dfrac{p}{\mathrm{mm}} \right.} \right)^{2/3}. \qquad (4.48)$$

Auch ein Zusammenhang zwischen dem Umschlingungswinkel Θ und dem Kontaktabstand a ist daraus abgeleitet worden [4.95]:

$$\Theta = 33{,}7 \frac{a}{R} \left(\frac{T}{6\mu v} \right)^{1/3}. \qquad (4.49)$$

4.10.2.3. Dynamisch-iteratives Modell

Wie schon erwähnt, liefert die exakte Lösung von (4.46) den Druckverlauf $p_r(x, t)$ zwischen Band und Kopf. Eingegeben werden muß dagegen der Band-Kopf-Abstand $a(x,t)$, der aus Gl.(4.45) durch die Biegelinie $y(x)$ und die Kopfspiegelkoordinaten folgt. Die konkreten Berechnungsbedingungen und Werte sind in [4.106] beschrieben. Man erkennt, daß das Gesamtproblem nur in Wechselbeziehung zwischen beiden Differentialgleichungen lösbar ist:

Zunächst wird in einer „Anfangsprozedur Band" eine Anfangsbandlage über dem Kopf $a(x, t)$ mehr oder weniger willkürlich (nach einem sinnvollen Programm [4.106]) geschätzt. Damit wird durch (4.46) ein erstes $p(x, t) = p_r(x, t) - p_a$ ermittelt und dann (4.45) gelöst, d.h. ein neues, realeres $a(x, t)$ berechnet.

Mit diesem $a(x, t)$ geht es dann wieder in (4.46), mit dem Ergebnis in (4.45) usw. bis zu einer genügend genauen Lösung $a(x, t_N)$. Diese numerische Lösungsmethode wird als iteratives Verfahren bezeichnet:

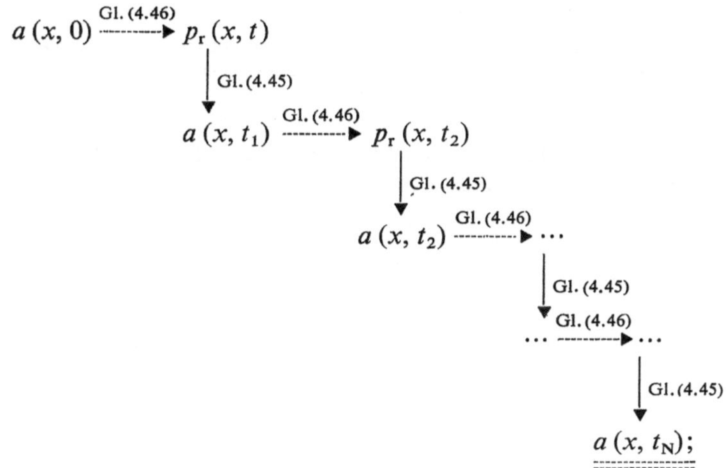

vgl. auch Abschnitt 3.4.2.

Die geschilderte Prozedur liefert ein von den konkreten Betriebs-, Band- und Kopfeigenschaften abhängiges Resultat für das Kontaktverhalten im Aufzeichnungs-Wiedergabeprozeß [4.93].

Probleme, die der genauen Bearbeitung bedürfen, sind die sogenannten Relaxationsprobleme, die die Rechenzeit bis zum Vorliegen eines ausreichend genauen Endergebnisses bestimmen. So ist aus der Literatur [4.94] bekannt, daß falsche Anfangswerte die monotone Annäherung an das Endergebnis verhindern. Wegen der starken Abhängigkeit zwischen (4.45) und (4.46) im Lösungssystem sind auch nur kleinste Zeitschritte $(t_2 - t_1)$ möglich, um die Iteration vor Divergenz und Oszillation zu bewahren, die u. U. eine reale Lösung verhindern könnten [4.93].

4.10.3. Einfluß der elastischen Oberflächendeformation

Bei dem bisherigen Modell wurde das Magnetband als homogen in seinen mechanischen Eigenschaften angenommen. Sollen Probleme der Oberflächenwechselwirkung zwischen Band und Kopf untersucht werden – wie dies für Verschleißcharakteristiken oder zur Untersuchung der sogenannten Spannungsentmagnetisierung [4.98] notwendig ist –, muß außer der Biegesteifigkeit D des Gesamtverbundes auch die Oberflächenkompression μ der Bindemittelschicht berücksichtigt werden. Nur mit dieser Erweiterung können lokale Spannungseffekte richtig erfaßt werden.

So wurde zur Spannungsentmagnetisierung bisher an Videobändern ermittelt, daß die Abnahme der Wiedergabespannung nach Biegung des Bandes um einen kleinen Radius nicht nur mit größer werdendem Bandzug T und kleiner werdendem Biegeradius R gemäß der Beziehung (4.41) anwächst, sondern auch mit kleiner werdendem Umschlingungswinkel Θ.

Dies ist nur zu erklären, wenn die Flächenpressung p auch von der elastischen Schichtdeformation bestimmt wird. Dies soll im 'Bild 4.32 angedeutet werden. Deutlich ist der Unterschied zwischen dem freien Bandbiegeradius und dem Bandführungsradius R zu erkennen.

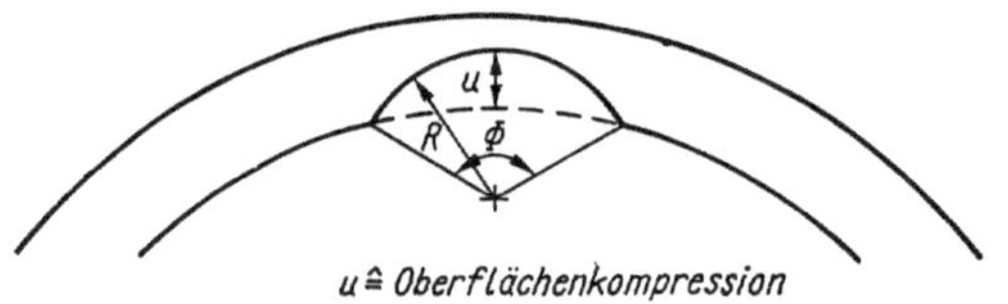

Bild 4.32
Oberflächenkompression des Bandes
an einem Zylinder

Die Biegespannung σ ist im Maximum der Oberflächenkompression nach [4.98] bis zu dreimal größer, als nach der klassischen Formel

$$\sigma = \frac{Ed}{2R} \tag{4.50}$$

berechnet wird;

E Gesamtelastizitätsmodul,
d Gesamtdicke

Folgende mathematische Lösung für dieses Problem ist von *Clurman* vorgeschlagen worden [4.98]:
In Gl.(4.40) werden die Substitutionen

$$\frac{\mathrm{d}^2 y}{\mathrm{d}x^2} = \left(\frac{\mathrm{d}^2 u}{\mathrm{d}x^2} - \frac{1}{R} \right), \quad (4.51) \qquad \frac{\mathrm{d}^4 y}{\mathrm{d}x^4} = \frac{\mathrm{d}^4 u}{\mathrm{d}x^4}, \tag{4.52}$$

$$p_y = -Ku \tag{4.53}$$

vorgenommen, so daß aus Gl.(4.40)

$$D \frac{d^4 u}{\mathrm{d}x^4} - T \frac{d^2 u}{\mathrm{d}x^2} + Ku = -\frac{T}{R} \tag{4.54}$$

wird. Die Konstante K wurde unter Annahme eines E-Moduls von 4,48 GPa (für PETP-Folie) zu 0,353 GPa je 1 μm Banddicke errechnet. Hierin ist also noch nicht der Schichtverbund berücksichtigt, ebenso noch nicht die Geschwindigkeit der Oberflächenkompression.

Ein Wert für K konnte auch experimentell aus einem Spannungskompressionsdiagramm zu 0,543 MPa/μm ermittelt werden; er unterscheidet sich von dem theoretischen Wert um fast 2 Zehnerpotenzen.

Hierzu ist also noch umfangreiche experimentelle und theoretische Arbeit zu leisten.

4.10.4. Berücksichtigung der Oberflächenrauhigkeit

In [4.99] wurde zwecks Abschätzung des Rauheitseinflusses auf die hydrodynamische Schmierung anstelle von (4.46) eine stochastisch modifizierte eindimensionale *Reynolds*-differentialgleichung verwendet. Sie lautet

$$\frac{\partial}{\partial x}\left\{a^3(x)\,\frac{\partial}{\partial x}\,p_r(x)\right\} = 6\mu\,(v_1 + v_2)\,\frac{\partial}{\partial x}\left\{\bar{a}(x) + \frac{v_2 - v_1}{v_1 + v_2}\,[\delta_1(x) - \delta_2(x)]\right\}$$

$$(4.55)$$

mit

$$a(x) = \bar{a}(x) + \delta_1(x) + \delta_2(x);$$

$\bar{a}(x)$ mittlere Dicke des Luftpolsters,
$\delta_1(x)$, $\delta_2(x)$ Rauheitsprofile der Kopf- und Bandoberflächen,
v_1, v_2 Gleitgeschwindigkeiten der Luft an den beiden Oberflächen.

In dem stochastischen Modell sind die Rauheitsparameter $\delta_1(x)$ und $\delta_2(x)$ Zufallsprozesse als Funktion von x und durch die Wahrscheinlichkeitsverteilung vorgegeben. Die Lösungsprozedur ist äußerst kompliziert und noch mit vielen Einschränkungen und Unsicherheiten behaftet.

4.10.5. Erweiterung auf ein dreidimensionales Modell für Band

Die Reproduzierbarkeit der hochdichten Magnetbandspeicherung erfordert nicht nur einen guten physikalischen Kontakt zwischen Kopf und Band schlechthin, sondern ganz speziell entlang der gesamten Spaltlinie über alle Spuren bzw. über die gesamte Bandbreite. Ein ähnlich gelagertes Problem ist die Kontaktsicherung beim Eingraben des Videokopfes in das Videoband oder in die Standbilddiskette. Schließlich ist auch das elastische Verhalten einer Digitaldiskette im Kontakt mit dem Kopf in Form einer Kugelkalotte von Bedeutung.

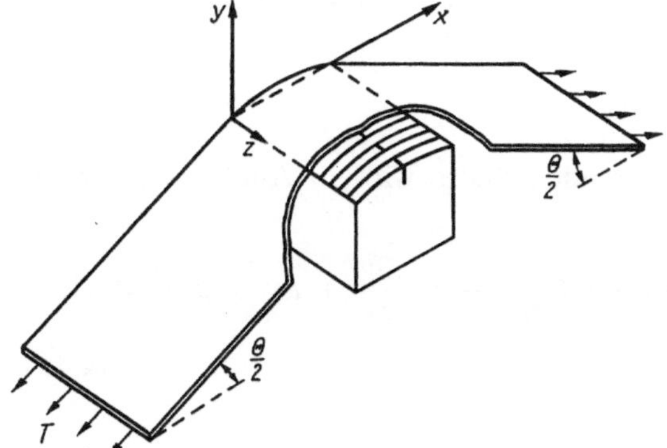

Bild 4.33
Geometrie beim dreidimensionalen Bandmodell

Alle die genannten Aufgaben erfordern die dreidimensionale Modellierung des viskoelastischen Problems.

Ausgangspunkt ist die dreidimensionale Version der Differentialgleichung (4.40), gültig also für eine Platte unter Biegespannung:

$$D\left[\frac{\partial^4 y}{\partial x^4} + 2\,\frac{\partial^4 y}{\partial x^2 \partial z^2} + \frac{\partial^4 y}{\partial z^4}\right] - T\,\frac{\partial^2 y}{\partial x^2} = p_y(x). \qquad (4.56)$$

Die Koordinatenbezeichnung geht aus Bild 4.33 hervor. In [4.100] wird auch der Weg gewiesen, wie in die Lösungsprozedur die elastische Oberflächendeformation gemäß Gl. (4.53) eingebaut werden kann.

Auch die Reynoldsgleichung für die viskose laminare Luftströmung kann dreidimensional formuliert werden [4.101]:

$$\frac{\partial}{\partial x}\left\{a^3(x,t)\,p_r(x,t)\,\frac{\partial}{\partial x}\,p_r(x,t)\right\} + \frac{\partial}{\partial z}\left\{a^3(z,t)\,p_r(z,t)\,\frac{\partial}{\partial z}\,p_r(z,t)\right\}$$

$$= 2\mu v\,\frac{\partial}{\partial x}\,[p_r(x,t)\,a(x,t)] + 12\mu\,\frac{\partial}{\partial t}\,[p_r(x,z,t)\,a(x,z,t)]. \tag{4.57}$$

4.10.6. Dreidimensionales Modell für rotierende flexible Platten

Um dynamische Effekte in dreidimensionalen Anordnungen, z. B. stehende Wellen auf flexiblen Platten, zu untersuchen, ist die statische Biegegleichung (4.56) nicht ausreichend. Hierfür müssen solche Parameter wie Plattendurchmesser, Plattendicke und Rotationsgeschwindigkeit mit einbezogen werden. Wieder ist, wie im Abschnitt 4.10.2., das Wechselspiel von zwei Differentialgleichungen, eine für die dynamische Plattenverbiegung und eine für den Abstand Platte–Kopf, erforderlich.

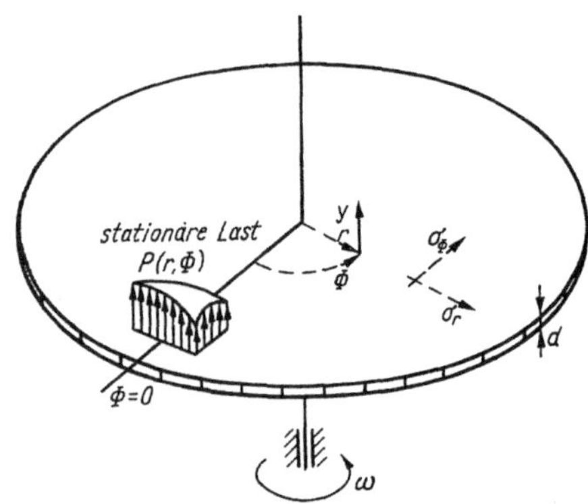

Bild 4.34
Geometrie beim dreidimensionalen Plattenmodell

Die transversale Auslenkung y einer rotierenden Platte wird in Analogie zu (4.45) durch

$$D\nabla^4 y - \sigma_\Phi(r)\,\frac{d}{r^2}\,\frac{\partial^2 y}{\partial \Phi^2} - \frac{d}{r}\,\frac{\partial}{\partial r}\left[\sigma_r(r)r\,\frac{\partial y}{\partial r}\right] + \varrho d\,\frac{\partial^2 y}{\partial t^2} + D_a\,\frac{\partial y}{\partial t} + ky = p\,(v,\Phi,t)$$

$$\tag{4.48}$$

beschrieben.

∇ Differentialoperator,
r, Φ Radius und Winkel als Variable in Polarkoordinaten; Bild 4.34,
σ_r, σ_Φ Spannungen in der Plattenebene,
d Dicke der Platte,
K elastische Konstante.

Der zweite und dritte Term der Gleichung beschreiben die Membranspannungen in der Platte, während der erste Term den Biegeanteil darstellt. Die letzten zwei Terme der linken Seite beschreiben die gedämpfte elastische Vermittlung des Luftpolsters zwischen der rotierenden Platte und dem feststehenden Kopf. Die freie Vibration der Platte wird durch den vierten Term geregelt. Die rechte Seite beschreibt die Störung des Systems durch den Kopfandruck [4.94].

Auch hierbei besteht der Zweck der numerischen Lösung darin, die Koordinaten der durch Kontakt mit dem Kopf verbogenen Fläche in die *Reynolds*druckgleichung einzugeben. Diese benötigt sehr genaue Werte $y\,(r, \Phi)$, die nur über eine große Anzahl von Rasterpunkten, besonders im Kopfbereich, erreichbar sind. In [4.94] wurde eine numerische Interpolationsmethode erarbeitet, die die Anzahl der Rasterpunkte außerhalb des Kopfbereichs geringer hält.

Die dreidimensionale stationäre *Reynolds*gleichung (also ohne zeitabhängigen Einschaltvorgang) für die Beschreibung der molekularen Wechselwirkung in Luftlagern wird wieder in Analogie zu (4.46) in kartesischen Koordinaten formuliert:

$$\frac{\partial}{\partial x}\left\{[a^3\,(x, z)\,p_\mathrm{r}\,(x, z) + 6\lambda_\mathrm{a}a^2\,(x, z)\,p_\mathrm{a}]\,\frac{\partial}{\partial x}\,p_\mathrm{r}\,(x, z)\right\}$$

$$+\,\frac{\partial}{\partial z}\left\{[a^3\,(x, z)\,p_\mathrm{r}\,(x, z) + a^2\,(x, z)\,p_\mathrm{a}]\,\frac{\partial}{\partial z}\,p_\mathrm{r}\,(x, z)\right\}$$

$$=\,6\mu v\,\frac{\partial}{\partial x}\,[p_\mathrm{r}\,(x, z)\,a\,(x, z)]. \tag{4.59}$$

Hieraus wird der Druckverlauf $p_\mathrm{r}\,(x, z)$ berechnet und dann das im Abschnitt 4.10.2.3. beschriebene Iterationsverfahren in Gang gesetzt.

4.10.7. Berücksichtigung der Gleitreibung bei realem Kontakt

Die bisher behandelte Methode zur Beschreibung der Bewegungsdynamik des Magnetbandes beruht auf der Theorie der flüssigen Reibung zwischen kompressiblen Gasen und schließt das Abreißen der laminaren Strömung durch harten Kontakt zwischen Band und Kopf ($a = 0$) konsequent aus. Dies wäre eine Singularität und mit der *Reynolds*differentialgleichung nicht lösbar.

Andererseits ist aber die reale trockene Gleitreibung im Kontaktbereich Band–Kopf nicht vernachlässigbar, insbesondere wenn die Lösung von Abriebproblemen im Vordergrund steht. Bestimmte Vereinfachungen ermöglichen eine Näherungslösung im Rahmen der Elastizitätstheorie:

In [4.102] wird auf der Grundlage des *d'Alembert*schen Prinzips die Form der elastischen Achse eines flexiblen Stabes, der einen Magnetbandstreifen repräsentiert, als dynamisches Problem berechnet. Auf die Elemente des Stabes wirken aktive Kräfte, Trägheitskräfte und Zwangskräfte. Zu den aktiven Kräften gehören die Zugkräftevektoren $\vec{T}$ des Stabes, die seitlich an die Streifen angreifenden elastischen Kräfte und aerodynamischen Kräfte. Auf jedes Element des Stabes wirkt weiterhin die Trägheitskraft, die der Beschleunigung und der spezifischen Masse m proportional ist. Die Zwangskräfte wirken von der Bandführung und die verteilten Reaktionskräfte vom Flächendruck des Magnetkopfes aus.

Die Gesamtheit der Kräfte bildet nach dem *d'Alembert*schen Prinzip ein Kräftesystem im Gleichgewicht. Die Trägheits- und Zwangskräfte lassen sich jedoch wegen der unterschiedlichen Belastung der einzelnen Bandabschnitte nicht geschlossen berechnen. So werden die Kontaktgebiete und die frei gespannten Gebiete getrennt untersucht.

In die Form der elastischen Achse des frei gespannten Bandes gehen das Biegemoment, das zentrale Flächenträgheitsmoment und der dynamische Elastizitätsmodul ein.

Im Kontaktgebiet bewegt sich das Band über die Oberfläche des Kopfes. Hierbei wirken auf das untersuchte Bandelement eine normale und eine tangentiale Kraftkomponente. Die Tangentialkraft ist die elementare Reibungskraft R_t; sie kann nach dem *Coulomb*schen Gesetz aus der Normalkraft R_n und dem Reibungskoeffizienten zu

$$R_t = R_n \mu_g \tag{4.60}$$

berechnet werden.

In [4.102] wurde mit $\mu_g = 0{,}22$ gerechnet. Hierin sind auch erste Untersuchungsergebnisse für Videosysteme dargestellt.

4.10.8. Simulation von Abriebprozessen

Die Berechnung von Verschleißprozessen zwischen Band und Kopf steht noch ganz am Anfang. Praktisch gibt es erst einen Vorschlag, der lediglich die dreidimensionale Biegegleichung (4.56) ausnutzt, um den lokalen Flächendruck zu berechnen und eine dazu proportionale Abriebrate für das Kopfprofil anzusetzen [4.100]. Die Proportionalität zwischen Flächendruck und Abriebrate ist experimentell und theoretisch gut fundiert [4.103] bis [4.105].

Mit der vorgeschlagenen Methode können Profiländerungen iterativ simuliert werden.

Ziel weiterführender Arbeiten muß sein, die abriebbestimmende und symmetrieverschiebende Wirkung der Gleitreibung, die abriebbestimmende Oberflächenrauheit sowie dementsprechende aerodynamische Wirkungen in das mathematische Modell der Kontaktprozesse einzubeziehen.

4.10.9. Bestimmung der mechanischen Grundgrößen des Magnetbandes

4.10.9.1. Berechnung der Biegesteifigkeit

Die für Gl. (4.45) erforderliche Biegesteifigkeit D ist eine auf die Bandbreite h_B normierte Größe. Es ist

$$D = \frac{1}{h_B} \frac{EJ}{1 - v^2}; \tag{4.61}$$

E Elastizitätsmodul in GPa = kN/mm² $\approx$ 100 kp/mm²,
J axiales Flächenträgheitsmoment,
v Querkontraktionszahl.

Das axiale Flächenträgheitsmoment errechnet sich aus der Banddicke d_B unter Vernachlässigung der Querkrümmung zu

$$J = \frac{h_B d_B^3}{12}, \tag{4.62}$$

so daß sich

$$D = \frac{E d_B^3}{12 (1 - v^2)} \tag{4.63}$$

ergibt. Die Querkontraktionszahl v ist für Metalle 0,3; auch für Magnetband wurde sie von *Glöß* mit $v = 0{,}3 \pm 10\%$ ermittelt [4.96].

Damit kann (4.63) in eine Größengleichung umgeformt werden:

$$D/\text{pmm} = \frac{E/G\,\text{Pa}\,(d_B/\mu\text{m})^3}{88\,800}. \tag{4.64}$$

4.10.9.2. Bestimmung des Elastizitätsmoduls

Der statische E-Modul wurde aus dem Spannungs-Dehnungs-Diagramm ermittelt.
Es gilt

$$E = \frac{\Delta\sigma}{\Delta\Sigma} = \frac{\Delta F}{h_B d_B \, \Delta\Sigma}; \qquad (4.65)$$

$\Delta\sigma$ Spannungsänderung,
ΔF Belastungsänderung, $\Big\}$ im linearen Bereich
$\Delta\Sigma$ relative Dehnungsänderung,
h_B Bandbreite,
d_B Banddicke.

4.10.9.3. Messung der Biegesteifigkeit

Die direkte Messung der Biegesteifigkeit erfolgt mit einem 150 mm langen Bandstück,
das horizontal eingespannt wird und sich unter der Längengewichtskraft F_L verbiegt. Das
Band wird so weit über eine Kante nach vorn geschoben, bis es um eine definierte Auslenkung durchbiegt. Aus der Länge L_B des überhängenden Bandstückes läßt sich eine
Biegesteifigkeit mit der Maßeinheit $p\cdot\text{mm}^2$ errechnen:

$$S = F_L L_B^3. \qquad (4.66)$$

Die für Gl. (4.45) benötigte Größe errechnet sich zu

$$D = \frac{S}{h_B}. \qquad (4.67)$$

Das gemessene D nach (4.67) ist realer, da es die Versteifung durch die Querkrümmung
berücksichtigt.

4.10.9.4. Ermittlung der spezifischen Masse

Die spezifische Masse ϱ wird aus dem Gewicht G eines z. B. $l = 150$ mm langen Band-
abschnitts der Breite $h_B =$ 12,7 mm bestimmt:

$$\varrho = \frac{G}{h_B d_B l} = \frac{G}{12,7 \text{ mm} \cdot 150 \text{ mm} \cdot d_B}, \qquad (4.68)$$

$$\varrho \left/ \frac{\text{mg}}{\text{mm}^3} \right. = \frac{G/\text{mg}}{1,9\, d_B/\mu\text{m}}. \qquad (4.69)$$

Für Gl. (4.45) wird

$$m = \varrho d_B = \frac{G}{h_B l} \qquad (4.70)$$

mit der Maßeinheit $\text{ps}^2/\text{mm}^3 = 10^{-2}\ \text{Ns}/\text{mm}^3$ benötigt. Es ist

$$1\, \frac{\text{mg}}{\text{mm}^2} = 1 \cdot 10^{-9}\, \frac{\text{Ns}^2}{\text{mm}^3}, \qquad (4.71)$$

also

$$m/10^{-2}\, \frac{\text{Ns}^2}{\text{mm}^3} = \frac{G/\text{mg}}{1,9}\, 10^{-10} = \varrho \left/ \frac{\text{mg}}{\text{mm}^3} \right. \cdot d_B/\mu\text{m} \cdot 10^{-10}. \qquad (4.72)/(4.73)$$

5. Magnetköpfe

5.1. Eigenschaften, Parameter und Entwicklungsprobleme

5.1.1. Technologische Probleme

Der Magnetkopf entwickelt sich mehr und mehr zum qualitätsbestimmenden Bauelement in der modernen Dichtspeichertechnik. Folgende Trends in der Magnetkopfentwicklung sind offensichtlich (s. auch Tafel 5.1):

a) Erhöhung der linearen Speicherdichte,
b) Erhöhung der Übertragungsfrequenz,
c) Erhöhung der Spurdichte,
d) Verringerung der Herstellungskosten je Spur,
e) Erhöhung der Lebensdauer.

Die Trends a) bis c) führen generell zur Verkleinerung aller geometrischen Abmessungen des Magnetkerns bis in Dimensionen, die einen diskreten Systemaufbau wesentlich verteuern bzw. unmöglich machen. Dieser Grund führte deshalb zur Technologie der simultanen Massenfabrikation von Magnetkernen mit numerisch gesteuerten Präzisions-Hartmetall- und -Keramik-Bearbeitungsmaschinen. So werden die Magnetkreise des *klassischen Ringkernkopfes* mit Spurbreiten unter 250 μm aus einem mechanisch zusammenhängenden Block simultan herausgearbeitet (batch fabricated). Die Entwicklung führt weiter zur integrierten Herstellungstechnik, die nach den Abscheidungsmethoden der Dünnschichttechnik und den Schichtstrukturierungsmethoden der Mikroelektronik arbeitet.

Viele komplexe Aufgabenstellungen werden durch hybride Schichtverbundsysteme gelöst. Dazu zählen die für Wellenlängen unter 1 μm erforderlichen aufgedampften oder glasverschmolzenen Spalteinlagen mit Stärken bis herab zu 0,2 μm. Dazu zählen auch die zur Erhöhung der Lebensdauer einsetzbaren, auf Permalloy- oder Ferritpolschuhe aufgesputterten Senduststützschichten. Weitere hybride Lösungen sind gesputterte Mehrfachsendustschichten, die ein hervorragendes Abrasivitäts-, Aufzeichnungs- und Frequenzverhalten aufweisen [5.5].

Bei sehr hohen Übertragungsfrequenzen ist der 1-Windungs-Kopf besonders wirksam, in Verbindung sowohl mit klassischem Kopfaufbau als auch mit hybriden oder integrierten Magnetkreisen.

Der 1-Windungswiedergabekopf in Verbindung mit elektrisch leitender Spalteinlage könnte aufgrund der minimalen Baugröße, der Spaltnähe des Leiters und des hohen Wirkungsgrades im MHz-Bereich vielen Anforderungen nach Tafel 5.1 gerecht werden. Ein Problem ist die optimale Übertragung der Signalenergie an die angekoppelten elektronischen Schaltkreise. Generell gibt es noch weitreichende Möglichkeiten bei der Einführung der integrierten Übertrager- und Schaltkreistechnik in den Kopfverbund.

Für die PCM-Speicherung mit Vielspurfestköpfen und hohen Linear- und Flächenspeicherdichten bieten sich die *Dünnschichtmagnetköpfe* geradezu an. Im Bild 5.1 ist eine

Tafel 5.1. *Darstellung relevanter Entwicklungslinien für die Magnetkopftechnik*

Anforderung an	Theorie	Funktionsweise	Technologie	Meß- und Prüftechnik	
a) Lineare Speicherdichte	Aufzeichnungs- und Wiedergabetheorie	kleine Spaltweite	Submikrometerspalte durch Aufdampfen, chem. Abscheiden, Sputtern, Kleben, Glasverschmelzen	optische, magnetische Messung und Abbildung im Submikrometer-Bereich. Dickenmessung Mikroanalyse. Messung der Spaltnullstelle	→ Verkleinerung der Kern- und Spaltabmessungen
b) Übertragungsfrequenz	Theorie des komplexen Wirkungsgrades	hoher Wirkungsgrad Verminderung des Wirbelstromeinflusses	nichtleitende Sintermaterialien, Lamellierung, Sputterschichten, Sandwichtechnik Dünnschichttechnik	Scheinwiderstands-, Permeabilitäts- und Wirkungsgradmessung	→ Ferrite, dünne kristalline und amorphe Ferromagnetika
c) Spurdichte	Modell der mechanischen und magnetischen Störeinflüsse	Systemabschirmung und -entkopplung	Ätztechnik Fotolithografie Maskentechnik	Abbildung und Messung von Mikrofeldern und magnetischen Eigenschaften	→ integrierte Dünnschicht-Köpfe
d) Herstellungskosten	Technische und technologische Optimierung	hoher Wiederholgrad	Batch-fabrication Dünnschichttechnik Einwindungskopf	Prozeßmeßtechnik magnetische Zwischenkontrollen	→ simultane Massenfabrikation
e) Lebensdauer	Mechanische und physikalische Wechselwirkung	Abriebunempfindlichkeit	Sputterstützschichten amorphe Ferromagnetica	Mikrohärte, Zugfestigkeit, Gefüge-Untersuchungen Abrasivität Mikroanalyse	→ hybride Schicht-Verbundsysteme
	↓ Rechnergestützte Auswahl- und Optimierungskriterien	↓ Dichtspeichertechnik	↓ Dünnschichttechnik	↓ Präzisionsmeßtechnik	

der möglichen Ausführungsformen mit 2 Windungen dargestellt. Das Substrat (Glas, Keramik oder Ferrit), auf das die verschiedenen Schichten aufgedampft oder -gesputtert werden, ist nicht dargestellt. Die magnetischen, unmagnetischen, elektrisch leitenden und nichtleitenden Strukturen werden in Masken- oder Ätztechnik hergestellt. Die Schichten haben Dicken von unter 1 μm bis maximal 10 μm und werden, sofern sie den Kopfspiegel bilden, vom hochabriebfesten Substrat vor einem Verschleiß durch den direkten Bandkontakt geschützt. Die Anzahl der Windungen von induktiven Dünnschichtköpfen ist derzeitig aufgrund der aufwendigen Fotolithografie- und Aufdampftechnik auf wenige beschränkt. Viellagige oder spiralförmige Spulen verhindern auch wegen der vergrößerten Abmessungen höhere Spurdichten. Die Folge kleiner Windungszahlen ist, daß mit hohen Aufzeichnungsströmen und geringen Wiedergabespannungen gearbeitet werden muß.

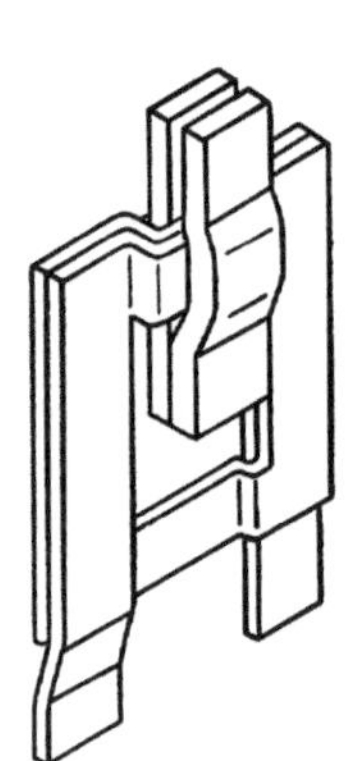

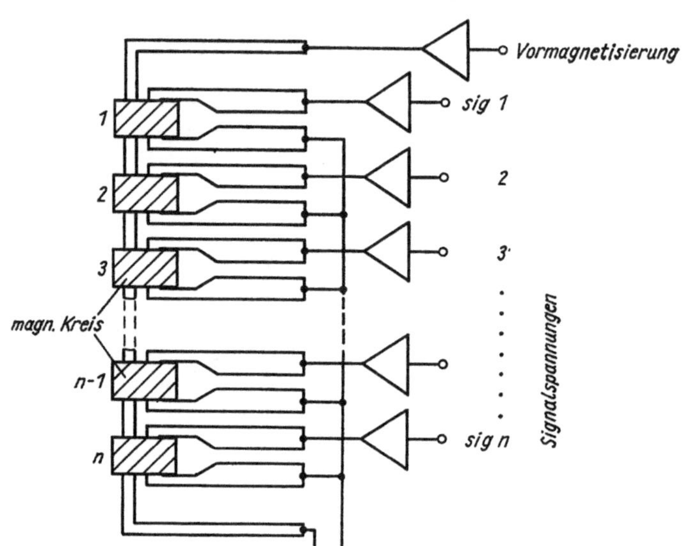

Bild 5.1. Einfache
Ausführungsform eines
integrierten Magnetkopfes
mit 2 Windungen

Bild 5.2. Dünnschichtmagnetköpfe
mit HF-Vormagnetisierungswindung
für hochdichte Spuranordnung nach [5.1]

Eine sehr effektive Lösung zur Verminderung des Aufzeichnungsstroms bei dennoch hohen Spurdichten ist eine Konfiguration mit einer durchgängigen HF-Vormagnetisierungswindung, wie sie Bild 5.2 darstellt. Durch den fortgeschrittenen Stand der UV-Fotolithografie lassen sich Vielspurdünnschichtköpfe für digitale Audiokassettenrecorder nach dem in den Bildern 5.1 und 5.2 dargestellten Konstruktions- und Funktionsprinzip in großen Stückzahlen und mit sehr hoher Genauigkeit herstellen. Die Vormagnetisierungsfrequenz beträgt 1 MHz [5.53].

Die Beschichtungs- und Strukturierungstechnologie bleibt dann am einfachsten und störunanfälligsten, wenn weitgehend mit Planarschichten gearbeitet werden kann. Das Problem ist, daß bei zu enger Nachbarschaft der Schichten, die den magnetischen Kreis bilden, der Wirkungsgrad stark vermindert wird. Eine Lösung bildet die Grubenstruktur im Ferritmaterial, das gleichzeitig Substrat und Teil des magnetischen Kreises ist. Die im Bild 5.3 zu sehende Grube wird durch Ätzen hergestellt und mit Glas vergossen, dann plan poliert und zum Aufdampfen vorbereitet. Der aufgedampfte oder -gesputterte magnetische Gegenpol besteht aus Permalloy (80 Ni 20 Fe). Die Spalt- und Isolationseinlage besteht aus SiO bzw. SiO_2. Dieser Kopftyp wird in einer Mehrwindungsvariante als 20-Spur-Aufzeichnungskopf für $\frac{1}{4}''$-Bänder in Ton-PCM-Speichern verwendet.

Für Wiedergabezwecke hat auch ein anderer Kopftyp, der *magnetoresistive Kopf*, einen festen Platz in der PCM-Speicherung gefunden. Der magnetoresistive Effekt besteht in einer Magnetfeldabhängigkeit des elektrischen Widerstandes von dünnen uniaxialen Magnetschichten (70Ni30Co; 89Ni11Fe). Der Vorteil dieser Köpfe, die wie die induktiven Köpfe in Dünnschichttechnik integriert ausgeführt werden können, ist eine hohe und weitgehend frequenzunabhängige Wiedergabespannung ohne die Notwendigkeit einer elektrischen Wicklung. Eine Aufzeichnung ist allerdings nur in Kombination mit dem induktiven Kopftyp möglich. Hierfür gibt es zwei Möglichkeiten:

1. Der magnetoresistive Streifen befindet sich im Spalt des induktiven Aufzeichnungskopfes [5.9], mit den bei Kombiköpfen stets auftretenden Optimierungsproblemen und Kompromißlösungen.
2. Beide Köpfe werden aufeinandergestapelt.

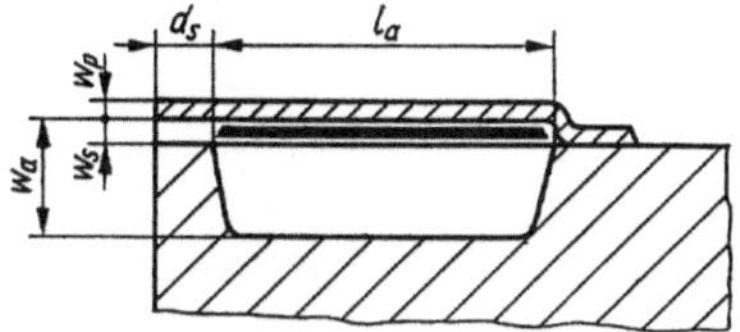

Bild 5.3. Querschnitt durch einen Dünnschichtkopf mit Grubenstruktur, vereinfacht nach [5.1]

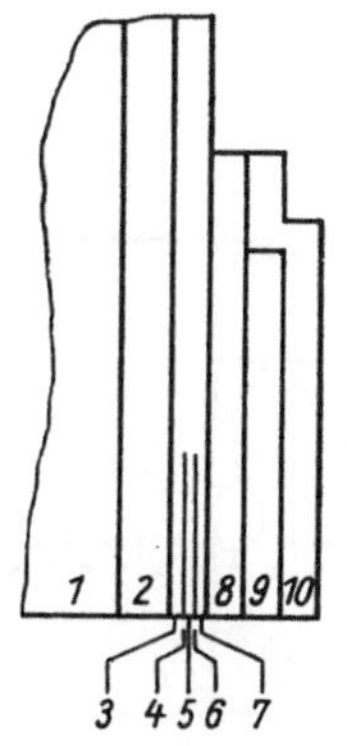

Bild 5.4. Querschnitt durch einen integrierten Aufzeichnungs- Wiedergabekopf

1 Substrat; *2, 8, 10* NiFe-Polschuhe (2,5 bzw. 2 µm); *3, 5, 7* SiO_2-Isolation (0,65 bzw. 0,5 µm); *4, 6* Ni-Fe-magnetoresistive Schichten (50 nm); *9* Cu-Aufzeichnungswindung und Spalteinlage (2 µm)

Bild 5.4 zeigt eine solche integrierte Kombination. Als Aufzeichnungswandler wird hier ein 1-Windungs-Kopf und als Wiedergabewandler eine magnetoresistive Doppelschicht verwendet. Die Vorteile der Doppelschicht sind doppelte Wiedergabespannung, Kompensation des thermischen Kontaktrauschens, reduziertes *Barkhausen*rauschen, höhere magnetische Stabilität durch Wechselwirkung. In [5.2] ist angegeben, daß dieser Kopf 8 Abscheidungsschritte (HF-Dioden-Sputtern) und 13 fotolithografische Schritte (chemisches und Sputterätzen) erfordert.

Bild 5.4 macht auch deutlich, daß diese Technologie einen sehr hohen Integrationsgrad zuläßt, wie er besonders bei der digitalen Bildspeicherung mit Vielspurfestköpfen unerläßlich ist. *Metzdorf* u. a. [5.3] geben ein realisiertes Spurraster von 100 µm an. Für die PCM-Technik, insbesondere für die Digitalaudiospeicherung, liegen noch weitere Lösungen vor, von denen hier nur noch [5.4] genannt werden soll.

5.1.2. Materialeigenschaften

Die richtige Auswahl von Technologie und Kernmaterial ist eine unumgängliche Voraussetzung für das Zustandekommen von hochpermeablen und hochstabilen Kernkreisen. Bei den klassischen Ringkernköpfen sorgen Materialien, wie amorphe Metalle, Sendust, heißgepreßter Ferrit und Einkristallferrit, für eine gute Spaltdefinition im Submikrometerbereich und für eine hohe Lebensdauer. Bei den erstgenannten Materialien gewährleistet ein hoher Stand der Sintertechnologie die nötigen Qualitätsmerkmale bezüglich Kantenfestigkeit, Rißfreiheit und geringer Porosität.

Der Magnetkopfspiegel unterliegt durch den engen Kontakt mit der Bandoberfläche vielfältigen Störerscheinungen. Nach einer Illustration in [4.97] zeigt Bild 5.5

Chicken tracks: fährtenähnliche Spuren kleiner Krater in Bandlaufrichtung, verursacht durch lose kleine, harte Partikeln, die vom Band über den Kopf bewegt werden;

Chips bzw. Voids: Materialeinbrüche an den Kanten bzw. Poren, die sich mit Schmutz oder Abriebprodukten füllen;

Crack: Materialausbruch, besonders bei Ferriten;

Scratches: lange schmale, geradlinige Kratzer auf der Spiegeloberfläche, verursacht durch den Läppungsprozeß, den Bandlauf oder die Handhabung;

Glue lines bzw. Glue areas: linien- bzw. flächenförmige klebrige Ablagerungen an der auflaufenden Spiegelkante, verursacht vom Bindemittel des Magnetbandes.

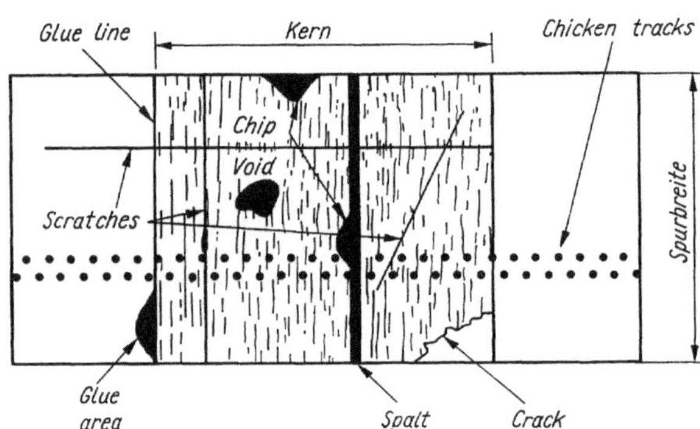

Bild 5.5
Illustration
verschiedener Störerscheinungen
auf dem Magnetkopfspiegel nach [4.57]

In den folgenden Abschnitten wollen wir uns mit den Möglichkeiten und Grenzen beschäftigen, die durch die Materialauswahl und den Schichtaufbau beim klassischen Magnetkopf gegeben sind. Tafel 5.2 zeigt zusammengefaßt und schematisiert einige wesentliche Kennwerte ausgewählter, vorhandener und in Entwicklung befindlicher Magnetkernmaterialien für klassische und integrierte Magnetköpfe. Die angeführten Blech- bzw. Schichtdicken d_F entsprechen etwa den gegenwärtigen technologischen Gegebenheiten. Dünnere Sputterschichten sind möglich. Die Gleichfeldpermeabilitäten μ_{10} sind zum großen Teil Erfahrungswerte, ähnlich [5.5] und [5.10] für den endbearbeiteten Zustand im fertigen Kopf. Diese Werte liegen bei metallischen Blechen deutlich unter den für geglühte Ringkernproben angegebenen. Ursache sind verschiedene Formen der „Arbeitshärtung", d.h. Änderungen des Materialzustands, besonders des Spannungszustands, durch das Stapeln, Zusammenpressen, evtl. Kleben, Läppen usw. Je höher die Permeabilität im „unberührten" Zustand, desto anfälliger ist das Material naturgemäß gegen diese Einflüsse [5.5].

Bei höheren Frequenzen wird die Permeabilität wesentlich durch Wirbelstrom- oder Spinrelaxationsdämpfung entsprechend der Grenzfrequenz f_G beeinflußt. Natürlich sagen Grenzfrequenz und frequenzabhängiger Verlauf der Permeabilität nicht genügend viel über die Eignung als Kopfwerkstoff aus. Wesentlich sind die Frequenzabhängigkeit des Kopfwirkungsgrades und die Höhe der erreichbaren Aufzeichnungsfeldstärke, die eben-

Tafel 5.2. Parameter ausgewählter Magnetkopfmaterialien

Material	Technologie	Eigenschaften	$d_F/\mu\text{m}$	$\varrho_F/\mu\Omega\cdot\text{cm}$	μ_{10}	B_s/T	f_g/MHz	Literatur
Permalloy	gewalzt (Muniperm)	wenig verschleißfest; gut verformbar	50/20	60	5000	0,8	0,04/0,15	[5.5]
	Zusätze zur Verschleißfestigkeit, z. B. Ti	ausgehärtet; Verschleiß geringer als bei Muniperm	50	90	5000	0,5	0,06	[5.6]
	gesputtert	wenig verschleißfest	10	80	2000	0,6	1	[5.7]
Sendust	gegossen, gezogen	Korngröße 40 μm; Verschleiß geringer als bei Ti-Permalloy	100/50	120	5000	1,0	0,02/0,08	[5.6]
Intermetallisch Amorph	gegossen, gesintert abgeschreckt	nicht heiß verarbeitbar; Rekristallisations-Temperatur 200 °C						[5.6]
Sinter-Sendust	isostatisch heiß gepreßt	Korngröße 20 μm; hohe Kantenstabilität, Verschleiß geringer als bei Guß-Sendust	30	150	5000	0,8	0,22	[5.8]
Sendust	gesputtert	härter als Guß-Sendust	10	200	1000	0,8	5,2	[5.11]
MnZn-Ferrit	Einkristall	Porosität <0,5%, hohe Kantenstabilität bei Glasverschmelzung; sehr spröde, Bruchgefahr; hohe Verschleißfestigkeit	100	10^6	1000	0,5	5	
	heißgepreßt		100	10^7	5000	0,5	1	[5.5]
NiZn-Ferrit	heißgepreßt		100	10^{10}	2000	0,4	2	

falls frequenzabhängig ist. Entsprechende Diagramme sind in den Abschnitten 5.4. und 5.5. berechnet.

Ein weiteres Problem stellt der Gebrauch der Magnetköpfe als kombinierte Aufzeichnungs-Wiedergabe-Wandler dar, wenn auf hochauflösende Magnetbänder mit entsprechend großer Koerzitivfeldstärke aufgezeichnet werden soll. Kompaktes Sendust (aufgrund der hohen Wirbelstromträgheit) und Ferrit (aufgrund der geringen Sättigungsmagnetisierung) garantieren bei sehr engen Spalten kein genügend hohes Aufzeichnungsfeld. Hierfür ist der Einsatz der Dünnschichttechnologien erforderlich; s. Abschnitt 6.6.2.

Die unterschiedlichen, schwer vergleichbaren Vor- und Nachteile lassen keine A-priori-Entscheidung für ein Material oder eine Technologie zu. Die Auswahl kann nur durch ständigen Vergleich der Betriebseigenschaften erfolgen. Einen gewissen Anhaltspunkt für eine rationelle Auswahl und Optimierung von Kopf- und Bandparametern, einschließlich der Materialauswahl, geben die im Abschnitt 6. aus der Theorie der komplexen Übertragungsfunktion des Band-Kopf-Systems abgeleiteten Berechnungsgrundlagen.

5.2.   Komplexe Permeabilität

5.2.1.   Frequenzabhängigkeit

Bei der Berechnung magnetischer Kreise aus hochpermeablen Kernen sind gewisse dynamische Vorgänge, nämlich die Wirbelströme, die Relaxationserscheinungen und die Hysterese bei höheren Frequenzen von großem Einfluß. Es ist zweckmäßig, die gesamte Wirkung des hochpermeablen Kerns seiner Permeabilität zuzuordnen [5.12]. Dazu muß statt der reellen Permeabilität μ_{10} eine komplexe Permeabilität $\mu^{\llcorner}$ eingeführt werden:

$$\mu^{\llcorner} = \mu_1 - j\mu_2,$$

$$|\mu^{\llcorner}|^2 = \mu_1^2 + \mu_2^2,$$

$$\varphi_\mu = -\arctan\frac{\mu_2}{\mu_1}.$$

Somit berechnet sich der komplexe magnetische Widerstand $R_F^{\llcorner}$ eines Kerns mit der geometrischen Konstanten R_F^* zu

$$R_F^{\llcorner} = \frac{R_F^*}{\mu^{\llcorner}} = (\mu_1 + j\mu_2)\,\frac{R_F^*}{|\mu^{\llcorner}|^2}.$$

Die Ableitung der Frequenzabhängigkeit der Permeabilität ergibt nach der *Wirbelstromtheorie für ebene Bleche*, s. z. B. [5.13],

$$\mu' = \frac{\mu_1}{\mu_{10}} = \frac{1}{\Gamma'}\,\frac{\sinh\Gamma' + \sin\Gamma'}{\cosh\Gamma' + \cos\Gamma'},$$

$$\mu'' = \frac{\mu_2}{\mu_{10}} = \frac{1}{\Gamma''}\,\frac{\sinh\Gamma'' - \sin\Gamma''}{\cosh\Gamma'' + \cos\Gamma''}$$

$$\tag{5.1}$$

mit

$$\Gamma' = \Gamma'' = 2\sqrt{\frac{f}{f_w}} = \frac{d_F}{\delta_F(f)},$$

$$\tag{5.2}$$

$$f_{w/MHz} = \frac{10^4 \varrho_F/\mu\Omega \cdot cm}{\mu_{10}d_F^2/\mu m^2}.$$

Die μ' bzw. μ'' sind die auf die *Gleichfeldpermeabilität* μ_{10} normierten Real- bzw. Imaginärteile der komplexen Permeabilität. $\delta_F(f)$ ist die effektive Eindringtiefe des magnetischen Flusses

$$\delta_F(f)/\mu m = 50 \sqrt{\frac{\varrho_F/\mu\Omega \cdot cm}{\mu_{10}f/MHz}}, \tag{5.3}$$

und Γ ist das Verhältnis von Blechdicke zur Eindringtiefe. Charakteristisch für die Wirkung der Wirbelströme ist ihre Grenzfrequenz f_w. Sie hängt vom spezifischen Widerstand ϱ_F des hochpermeablen Materials, von seiner Gleichfeldpermeabilität μ_{10} und von der Blechdicke d_F ab. Diese Größen sind für einige Beispiele in Tafel 5.2 aufgeführt.

Die komplexe Permeabilität hat den im Bild 5.6a dick gestrichelt dargestellten Verlauf der Ortskurve.

Bei den meisten Materialien sind Abweichungen zwischen der berechneten Grenzfrequenz und Meßwerten zu beobachten. Der Grund wird in einer gegenüber der klassischen Wirbelstromtheorie auftretenden Verlustanomalie durch eine ortsabhängige μ_{10}-Streuung gesehen. Unter der Annahme, daß das Magnetisierungsverhalten eines Bleches durch eine von der Blechmitte nach den Oberflächen hin abfallende lokale Anfangspermeabilität mit einer bereits von *Feldtkeller* [5.14] angenommenen Potenzbeziehung hinreichend gut beschrieben werden kann, wurde von *Dietzmann, Schaefer* [5.52] die Frequenzabhängigkeit der komplexen Permeabilität im gesamten Frequenzbereich berechnet und eine bemerkenswerte Übereinstimmung mit den Meßergebnissen an Permalloy-Blechen festgestellt.

Mit abnehmender Blechdicke werden die Wirbelströme, so wie bei den nichtleitenden *Ferriten*, derart geschwächt und praktisch ausgeschaltet, daß die Grenzfrequenz unabhängig von der Probenform wird und Gl.(5.2) nicht mehr zutrifft. Gleichzeitig tritt eine andere Dämpfungserscheinung, die *Spinrelaxation*, auf. Sie beruht auf der Trägheit der Elektronenspins, durch die die Wandverschiebungs- und Drehprozesse nicht beliebig schnell ablaufen können.

Nach [5.14] ist es physikalisch sinnvoll, dafür eine andere Grenzfrequenz, die Spinrelaxationsfrequenz

$$f_R/MHz = (0{,}8 \ldots 2{,}2) \cdot 10^4 \frac{B_s/T}{\mu_{10}}, \tag{5.4}$$

einzuführen, die im angegebenen Zahlenbereich mit der gyromagnetischen Grenzfrequenz übereinstimmt. Diese Gleichung war für Drehprozesse abgeleitet und später auf Wandverschiebungen ausgedehnt worden. *Boll* [5.15] hat darüber hinaus experimentell nachgewiesen, daß (5.4) sowohl für Metalle als auch für Ferrite gilt.

Die theoretische *Ortskurve* der komplexen Permeabilität für reine Relaxation ist ein Halbkreis, wie im Bild 5.6a dünn gestrichelt eingezeichnet ist. Reale, gemessene Ortskurven von dünnen Blechen und Ferriten liegen in der Regel zwischen der klassischen Ortskurve und dem Halbkreis. Es wird auf die zusammenfassenden Darstellungen zu den physikalischen Hintergründen [5.15] und zur analytischen Kurvenapproximation [5.16] [5.52] verwiesen.

Bild 5.6b zeigt eine Sammlung von Meßwerten der Permeabilitätskomponenten von Ferriten, besonders von heißgepreßten Ferriten (HP). Die Abszissenwerte sind auf die Grenzfrequenz

$$f_R/MHz = 10^4 \frac{B_s/T}{\mu_{10}} \tag{5.5}$$

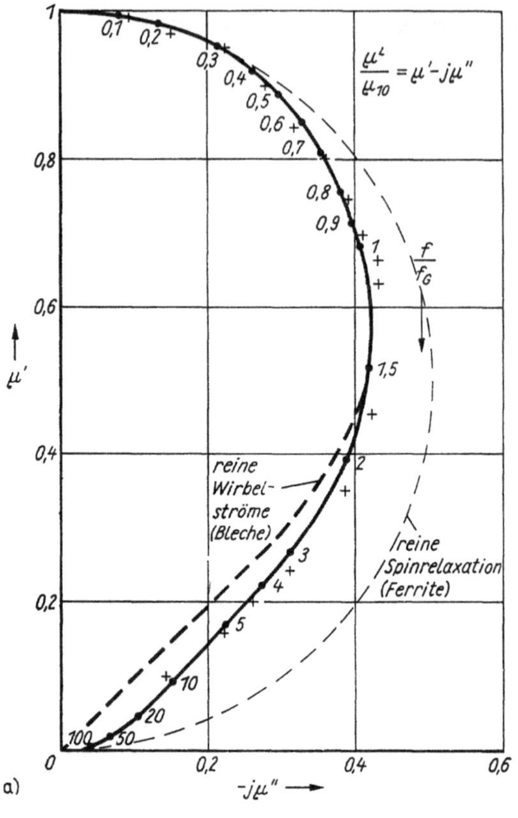

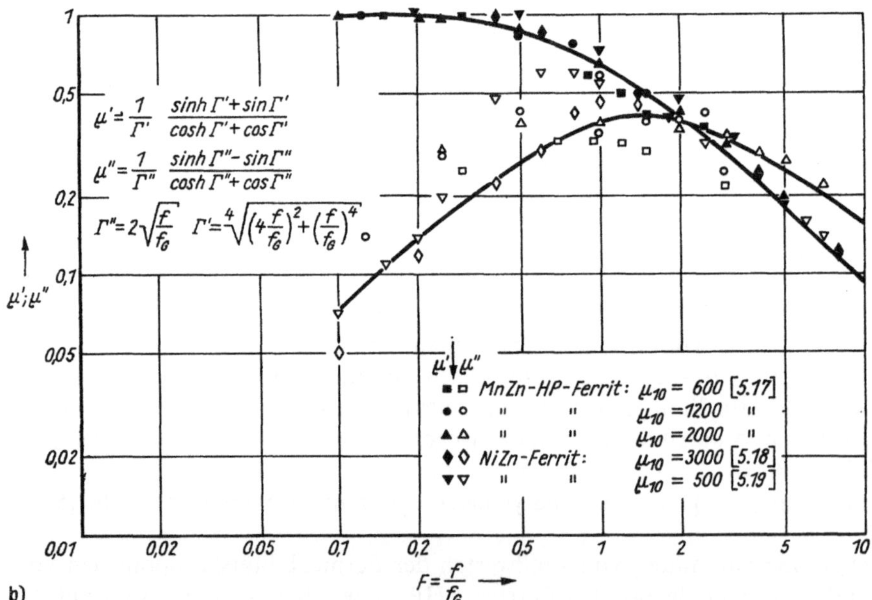

Bild 5.6 a) *Ortskurve der auf die Gleichfeldpermeabilität μ_{10} normierten komplexen Permeabilität μ von realen Blechen und Ferriten nach* [5.52]
+ *Meßpunkte für ein 0,1 mm dickes Permalloy-Blech; $\mu_{10} = 16850$; $f_w = 2,72$ kHz*
b) *Theoretisches Permeabilitätsspektrum im Vergleich mit einer Sammlung von Meßwerten an Ferriten*

normiert. Die Kurvenzüge sind nach (5.1) mit

$$\Gamma' = \sqrt[4]{\left(4\,\frac{f}{f_\mathrm{G}}\right)^2 + \left(\frac{f}{f_\mathrm{G}}\right)^4}\,, \qquad T'' = 2\,\sqrt{\frac{f}{f_\mathrm{G}}} \tag{5.6}$$

und $f_\mathrm{G} = f_\mathrm{R}$ berechnet. Diese Funktion mittelt gut die Meßwerte und beschreibt die im Bild 5.6a dick ausgezogene Ortskurve. Der Verlauf der Permeabilitäten μ_1 und μ_2 entspricht bei Frequenzen unterhalb von f_G praktisch der Wirbelstromtheorie ohne Anomalie. Bei hohen Frequenzen gilt das nur für den Imaginärteil μ_2, während der Realteil μ_1, wie experimentell oft bestätigt, mit $1/f$ abfällt. Die vereinheitlichte analytische Beschreibung des Frequenzverhaltens der komplexen Permeabilität von Metallen und Ferriten ist trotz der fehlenden Detailtreue sehr praktisch bei Diskussionen zur Material- und Technologieauswahl sowie beim komplexen rechnergestützten Systementwurf. Diese vereinheitlichte Beschreibung gelingt mit Hilfe der von *Boll* [5.20] eingeführten Grenzbanddicke d_G, die sich aus der Bedingung

$$f_\mathrm{w} = f_\mathrm{R}$$

zu

$$d_\mathrm{G}/\mu\mathrm{m} = 10^{-4}\left(\frac{\varrho_\mathrm{F}/\mu\Omega\cdot\mathrm{cm}}{B_\mathrm{s}/T}\right)^2$$

berechnet und für die gebräuchlichen metallischen Materialien in der Größenordnung um 1 µm liegt. Materialien mit Dicken größer als die Grenzbanddicke gehorchen der Wirbelstromdämpfung mit f_w; Materialien mit Dicken unterhalb der Grenzbanddicke gehorchen der Spinrelaxationsdämpfung mit f_R. So kann f_G in (5.6) folgendermaßen definiert werden:

$$f_\mathrm{G} = \begin{cases} f_\mathrm{w} & \text{bei} \quad d_\mathrm{F} \geqq d_\mathrm{G} \\ f_\mathrm{R} & \phantom{\text{bei}} \quad d_\mathrm{F} \leqq d_\mathrm{G}. \end{cases} \tag{5.7}$$

Im Bild 5.7 ist die so berechnete Frequenzabhängigkeit der Permeabilität mit experimentellen Kurven nach [5.14] für dünne Bänder und Ferrite zu vergleichen. Eine ähnliche Übereinstimmung läßt sich auch mit den Meßkurven in [5.10] nachweisen.

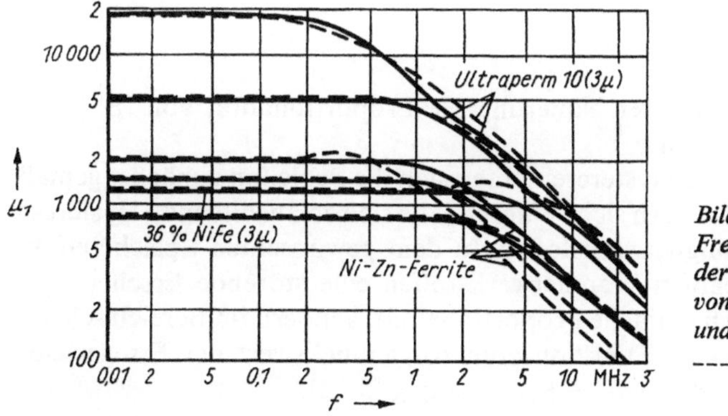

Bild 5.7
Frequenzabhängigkeit
der Permeabilität
von dünnen Bändern
und von Ferriten
---- experimentell; —— rechnerisch

Bild 5.8 illustriert das Permeabilitätsspektrum μ_1 für die Materialien nach Tafel 5.2. Aus diesen Verläufen folgt, daß bei höchsten Frequenzen eine Grenze für μ_1 entsprechend

$$\mu_1 \approx 10^4\,\frac{B_\mathrm{s}/T}{f/\mathrm{MHz}}$$

existiert. Darauf wurde schon von *Feldtkeller* [5.12] hingewiesen. Danach beträgt die maximal mögliche Permeabilität eines Bleches, einer dünnen Schicht oder eines Ferrits bei 100 MHz um 100; bei etwa 10 GHz ist die Permeabilität für alle Werkstoffe auf 1 gesunken. Dies ist bei der Diskussion der Frequenzgrenzen magnetischer Wandler und damit der gesamten magnetischen Speichertechnik zu beachten.

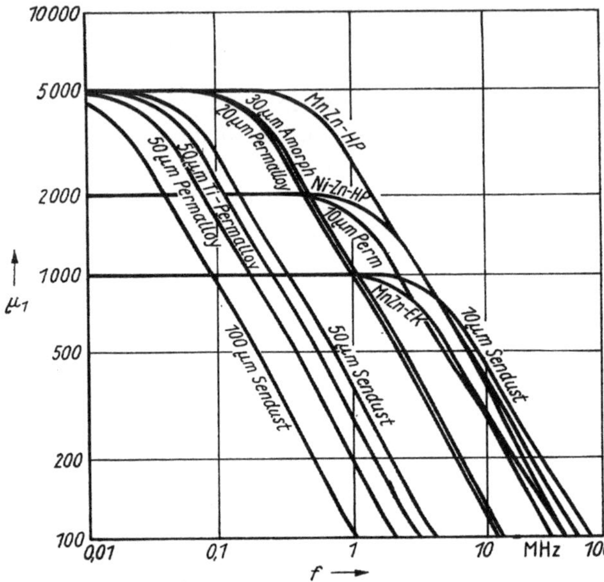

Bild 5.8
Verlauf der frequenzabhängigen Permeabilität μ_1 für ausgewählte Magnetkopfmaterialien

5.2.2.   Feldabhängigkeit

Die komplexe Permeabilität ist als Verhältnis zwischen dem Grundwellenspitzenwert $\hat{B}^{\llcorner}$ der Flußdichte $B^{\llcorner}$ und der Erregungsfeldstärke H_i einer Sinuserregung zu verstehen:

$$\mu^{\llcorner} = \frac{\hat{B}^{\llcorner}}{\mu_0 H_i}.$$

Bei kleinen Aussteuerungen gilt in guter Näherung die Proportionalität von $|B^{\llcorner}|$ und $|H^{\llcorner}|$ und damit die Wirbelstromtheorie.

Mit wachsender Aussteuerung der Hysterese richten sich die Schleifen zunächst gemäß der *Rayleigh-Theorie* auf und verbreitern sich. Während die sich so ausbildende Hysterese bei den hochkoerzitiven Dauermagnetwerkstoffen zu dem gewünschten Speichereffekt führt, ist sie bei den hochpermeablen Wandlerwerkstoffen eine störende Erscheinung. Die Flußdichte $|B^{\llcorner}|$ ist nicht durch einfache Proportionalität, sondern im Bereich schwacher Felder durch eine quadratische Funktion vom Augenblickswert der Erregerfeldstärke H und von der Vorgeschichte ($\pm B$, $\pm H_i$) abhängig [5.12]:

$$|B^{\llcorner}| = \mu_0 \mu_{10} \left[\left(1 + \frac{H_i}{H_2}\right) |H^{\llcorner}| \pm \frac{1}{2H_2} (|H^{\llcorner}|^2 - H_i^2)\right].$$

In dieser Rayleigh-Regel bezeichnet μ_{10} die Anfangspermeabilität und H_2 die sogenannte Verdopplungsfeldstärke, bei der $\mu_1 = 2\mu_{10}$ wird. Schwankt nun die Erregerfeldstärke mit $|H^{\llcorner}| = \hat{H} \cos \omega t$, wird die Flußdichte $|B^{\llcorner}|$ nichtlinear verzerrt. Die Grundwelle errechnet sich nach *Feldtkeller* [5.12] zu

$$B = \mu_0\mu_{10}\left[\left(1 + \frac{H_i}{H_2}\right) H_i \cos \omega t + \frac{4}{3\pi}\,\frac{H_i^2}{H_2}\,\sin \omega t\right],$$

und aus der komplexen Amplitude $B^\llcorner$ ergibt sich die wirksame Permeabilität

$$\frac{\mu^\llcorner}{\mu_{10}} = 1 + \left(1 - j\,\frac{4}{3\pi}\right)\frac{H_i}{H_2}$$

mit

$$\mu' = 1 + \frac{H_i}{H_2}, \qquad \mu_i = \mu_{10}\left(1 + \frac{H_i}{H_2}\right),$$

$$\mu'' = \frac{4}{3\pi}\,\frac{H_i}{H_2}, \qquad \chi_i = \chi_{10} + \mu_{10}\,\frac{H_i}{H_2}. \tag{5.8}$$

In der komplexen Ebene (Bild 5.9) ist die Ortskurve der Permeabilität mit der Feldstärke-skala H_i/H_2 dargestellt, die bei $\mu' = 1$ beginnt und mit der Ordinatenachse den sogenannten Hysteresewinkel von theoretisch arctan $4/3\pi = 23°$ einschließt.

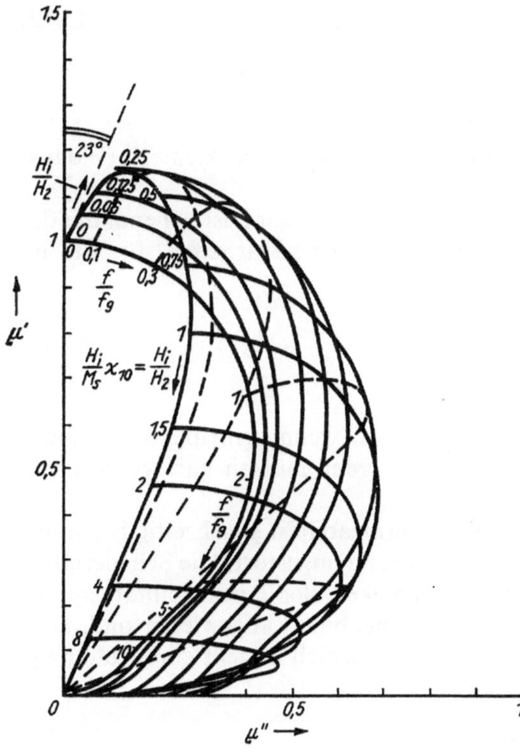

Bild 5.9
Ortskurven der Permeabilität in Abhängigkeit von Frequenz und Aussteuerung

Die mittlere Steigung der $M(H)$-Schleifen – und damit die Permeabilität – nimmt aber wieder ab, sobald sich in der Flußdichte die *Sättigung* bemerkbar macht.

Bei großer Feldstärke biegen die Spitzen der Schleifen um und überschreiten nicht die Sättigungsflußdichte

$$B_s = \mu_0\,(H_i + M_s) \approx \mu_0 M_s. \tag{5.9}$$

Die Berechnung der Wechselfeldpermeabilität über Fourierreihenentwicklung analog zu (5.8) ist in geschlossener analytischer Form nicht mehr möglich, aber eine analytische Approximation der Gestalt

$$\mu_{1i} = \frac{2}{\pi}\left(1 + \frac{M_s}{H_i}\right) \arctan\left[\mu_{10}\left(1 + \frac{H_i}{H_2}\right)\frac{\pi}{2}\frac{1}{1 + M_s/H_i}\right],$$

$$\mu_{2i} = \frac{8}{3\pi^2}\frac{M_s}{H_i}\arctan\left[\frac{H_i^2}{H_2}\frac{\pi}{2}\frac{\mu_{10}}{M_s}\right] \tag{5.10}$$

gibt angenähert den Verlauf der Ortskurven wieder (Bild 5.9). Für den Aussteuerungsbereich oberhalb des Maximums, d.h. bei $H_i/H_2 \gg 1$, ergibt sich der asymptotische Verlauf

$$\mu_{1i} = 1 + \frac{M_s}{H_i}, \qquad \mu_{2i} = \frac{4}{3\pi}\frac{M_s}{H_i}. \tag{5.11}$$

In der Literatur wird gewöhnlich das nichtlineare Verhalten von Aufzeichnungsköpfen [5.22] [5.23] mit dem von *Monson* [5.21] eingeführten Permeabilitätsverlauf für Gleichfeldaussteuerung

$$\mu_i = 1 + \chi_i = 1 + \frac{\chi_{10}}{1 + H_i\dfrac{\chi_{10}}{M_s}} \tag{5.12}$$

(bei vernachlässigbarem Imaginärteil) beschrieben.

Diese Darstellung vernachlässigt den Permeabilitätsanstieg bei kleinen Feldaussteuerungen.

Für grobe Abschätzungen zur Sättigungsaufzeichnung ist es sogar ausreichend, mit der im Bild 5.20 eingezeichneten Geradendarstellung für $M(H_i)$ zu arbeiten, für die im Arbeitsbereich bis zur halben Sättigung

$$\mu_i \approx 1 + \frac{\chi_{10}}{2} \tag{5.13}$$

gilt.

Davon wird z.B. im Abschnitt 6.6. Gebrauch gemacht, wenn prinzipielle Aussagen über die Eignung moderner Kopfwerkstoffe getroffen werden müssen und wo von speziellen Betriebsbedingungen abstrahiert werden muß.

Die bisher geschilderten Effekte, die die komplexe Permeabilität gleichzeitig beeinflussen, überlagern sich nach *Feldtkeller* nur in erster Näherung ungestört. Die Schwierigkeit besteht darin, daß die Theorien zur Frequenzabhängigkeit der Permeabilität auf die Annahme kleiner Feldänderungen oder konstanter Permeabilität angewiesen sind. Darüber hinausgehende Ansätze sind selten [5.25] [5.26]. Prinzipiell besteht eine Abhängigkeit der Form

$$\mu_i'(f) \approx \frac{\mu_{1i}}{\mu_{10}}\,\mu'(f, \mu_i),$$

$$\mu_i''(f) \approx \frac{\mu_{2i}}{\mu_{10}}\,\mu''(f, \mu_i), \tag{5.14}$$

wobei die μ', μ'' entsprechend (5.1) die frequenzabhängigen Permeabilitäten darstellen, deren Grenzfrequenzen f_G mit μ_i anstelle von μ_{10} gebildet werden.

Bild 5.9 zeigt den gemeinsamen Einfluß der Frequenz und der Feldstärke auf die Ortskurve der komplexen Permeabilität.

Sicher bedingen sich die verschiedenen Einflüsse, besonders bei höheren Frequenzen und größeren Wechselfeldstärken, in komplizierterer Weise. Ein Vergleich und gegebenenfalls die Korrektur von (5.10) und (5.14) anhand experimentell aufgenommener Ortskurven der komplexen Permeabilität ist daher unerläßlich. *Feldtkeller* [5.12] empfiehlt generell die Arbeit mit Diagrammen in diesem Bereich.

Aus den bisherigen Betrachtungen geht hervor, daß die Errregerfeldstärke H_i für die Permeabilität – und damit für deren Messung – von besonderer Bedeutung ist. Diese Feldstärke hängt sehr stark von der speziellen Probenform und der Art der Felderregung ab. Im einfachsten Fall wird ein planparalleler Probenkörper an eine Feldspule mit magnetisch leitenden Polschuhen angekoppelt. Dann herrscht im Probeninneren eine homogene Feldstärke, deren Größe sich aus der Meßanordnung eindeutig ergibt. Komplizierter sind die Verhältnisse bei Ringkernproben oder gar bei den magnetischen Kreisen von Magnetköpfen. Darauf wird in den folgenden Abschnitten näher eingegangen.

5.3.   Magnetischer Kreis

5.3.1.   Innere Feldstärke und magnetischer Widerstand

Ausgehend von der Integralform der 2. Maxwellschen Gleichung errechnet sich der magnetische Leitwert eines Körpers mit konstantem Querschnitt A, aber beliebiger Flußdichte- und Permeabilitätsverteilung über

$$\Theta = \oint H_i \, dl = \frac{1}{\mu_0} \oint \frac{dl}{\mu_i^{\llcorner}} \frac{d\Phi^{\llcorner}}{dA_i} = \frac{\Theta^{\rceil}}{\mu_0} \oint \frac{dl}{\mu_i^{\llcorner}} \frac{d}{dA_i} \left(\frac{1}{R_m^{\llcorner}} \right) \tag{5.15}$$

($\Theta = i \cdot n$ = magnetomotorische Kraft oder Amperewindungszahl; l Weglänge des Kreises; A_i Fläche senkrecht zu l)

zu

$$\frac{1}{R_m^{\llcorner}} = \mu_0 \int_{(A_i)} \frac{dA}{\oint \dfrac{dl}{\mu_i^{\llcorner}(l,r)}} \tag{5.16}$$

($\mu_i^{\llcorner}(l,r)$ Permeabilität im Gebiet (l, A); dA Flächenelement senkrecht auf l, z.B. $dA = h_s \, dr$).

Die innere Feldstärke ist

$$H_i(l,r) = \frac{\Theta}{\mu_i^{\llcorner}(l,r)} \frac{1}{\oint \dfrac{dl}{\mu_i^{\llcorner}(l,r)}}. \tag{5.17}$$

Wird angenommen, daß über einem beliebigen Kernquerschnitt $A(l)$ homogene Feldverteilung, d.h. konstante Flußdichte herrscht, dann ist $\mu_i^{\llcorner}$ nur noch eine Funktion von l, und es ergibt sich aus (5.15)

$$R_m^{\llcorner} = \frac{1}{\mu_0} \oint \frac{dl}{\mu_i^{\llcorner}(l) A(l)} \tag{5.18}$$

und

$$H_{\mathrm{i}}(l) = \frac{\Theta}{\mu_i^{\mathrm{L}}(l)\,A(l)} \; \frac{1}{\displaystyle\oint \frac{\mathrm{d}l}{\mu_i^{\mathrm{L}}(l)\,A(l)}}. \tag{5.19}$$

Nach (5.7) bis (5.12) ist die Permeabilität μ_i^{L} selbst von der jeweils herrschenden Feldstärke H_{i} abhängig, so daß (5.17) und (5.19) nichtlineare Integralgleichungen darstellen, die für Spezialfälle lösbar sind. So ist die magnetische Feldstärke im Innern eines *Ringkerns* der Höhe h_{s} in Abhängigkeit vom Radius $r_{\mathrm{i}} \leqq r \leqq r_{\mathrm{a}}$ gemäß (5.17)

$$H_{\mathrm{i}}(r) = \frac{\Theta}{2\pi r}. \tag{5.20}$$

Mit (5.12) und (5.20) ergibt die Lösung von (5.16) den aussteuerungsabhängigen magnetischen Widerstand des Ringkernes

$$R_{\mathrm{m}} = \frac{2\pi}{\mu_0 h_{\mathrm{s}}} \; \frac{1}{\ln\left(\dfrac{r_{\mathrm{a}}}{r_{\mathrm{i}}} + \chi_{10}\ln\dfrac{r_{\mathrm{a}} + \dfrac{\chi_{10}\Theta}{2\pi M_{\mathrm{s}}}}{r_{\mathrm{i}} + \dfrac{\chi_{10}\Theta}{2\pi M_{\mathrm{s}}}}\right)}. \tag{5.21}$$

Wegen seiner einfachen Berechenbarkeit ist der *Ringkern* eine beliebte Probenform für Materialuntersuchungen; s. Abschnitt 5.7.

Kompliziertere Formen, besonders unter gleichzeitiger Einbeziehung der Frequenz- und Aussteuerungsabhängigkeit der Permeabilität, verlangen sinnvolle Näherungsbetrachtungen, wie sie beispielsweise im Abschnitt 5.4. für die Berechnung der Spaltfeldstärke von Aufzeichnungsköpfen vorgenommen werden.

5.3.2.   Magnetischer Widerstand bei kleinen Feldern

Für die Belange der Wiedergabeköpfe mit ihrer geringen Feldaussteuerung und mit homogen verteilter Permeabilität geht (5.18) über in

$$R_{\mathrm{m}}^{\mathrm{L}} = \frac{1}{\mu_0 \mu^{\mathrm{L}}} \oint \frac{\mathrm{d}l}{A_i}.$$

Bei konstanter Kernhöhe h_{s} gilt mit $A_i = h_{\mathrm{s}} d_i$ (d_i Kernbreite)

$$R_{\mathrm{m}}^{\mathrm{L}} = \frac{1}{\mu_0 \mu^{\mathrm{L}} h_{\mathrm{s}}} \oint \frac{\mathrm{d}l}{d_i}. \tag{5.22}$$

Der Kreiswiderstand spaltet sich in den Spaltwiderstand $R_{\mathrm{s}}^{\mathrm{L}}$ und den Kernwiderstand $R_{\mathrm{F}}^{\mathrm{L}}$ auf:

$$R_{\mathrm{m}} = R_{\mathrm{s}}^{\mathrm{L}} + R_{\mathrm{F}}^{\mathrm{L}}. \tag{5.23}$$

5.3.2.1.   Spaltwiderstand

Es ergibt sich nach [5.27]

$$R_{\mathrm{s}}^{\mathrm{L}} = \frac{w_{\mathrm{s}}}{\mu_0 \mu_{\mathrm{s}}^{\mathrm{L}} d_{\mathrm{s}} h_{\mathrm{s}}} \tag{5.24}$$

mit

$$\mu_s^{\mathsf{L}} = \mu_s' - j\mu_s'';$$

$$\mu_s' = \frac{1}{\Gamma_s} \frac{\sinh \Gamma_s + \sin \Gamma_s}{\cosh \Gamma_s + \cos \Gamma_s},$$

$$\mu_s'' = \frac{1}{\Gamma_s} \frac{\sinh \Gamma_s - \sin \Gamma_s}{\cosh \Gamma_s + \cos \Gamma_s}$$

und

$$\Gamma_s = 2 \sqrt{\frac{f}{f_s}}\;;\quad f_s/\text{kHz} = \frac{10\varrho_F/\mu\Omega\cdot\text{cm}}{d_s^2/\text{mm}^2}.$$

Die Rechnung zeigt, daß bis zu Frequenzen von 1 MHz der Spaltwiderstand auch bei metallischen Spalteinlagen nahezu real und frequenzunabhängig ist:

$$R_s = \frac{w_s}{\mu_0 d_s h_s}\;;\qquad R_s' = \frac{w_s}{\mu_0 d_s}. \tag{5.25}$$

Aus [5.29] kann noch ein Korrekturfaktor zur Berücksichtigung des Streuwiderstandes – besonders zwischen den zugespitzten Polschuhflanken – entnommen werden. Dieser Anteil liegt unter 10 %, kann jedoch zur Diskussion von verschiedenen Polschuhformen und Winkelmaßen nützlich sein; s. auch [5.30].

5.3.2.2. Kernwiderstand

Der Kern eines klassischen Magnetkopfes läßt sich im allgemeinen aus Quadern und Trapezoiden zusammengesetzt vorstellen, die mit der Teillösung von Gl. (5.22)

$$R_F^{\mathsf{L}} = \frac{1}{\mu_0 \mu^{\mathsf{L}} h_s} \int_{(l_F)} \frac{dl}{d_i}$$

berechnet werden können.

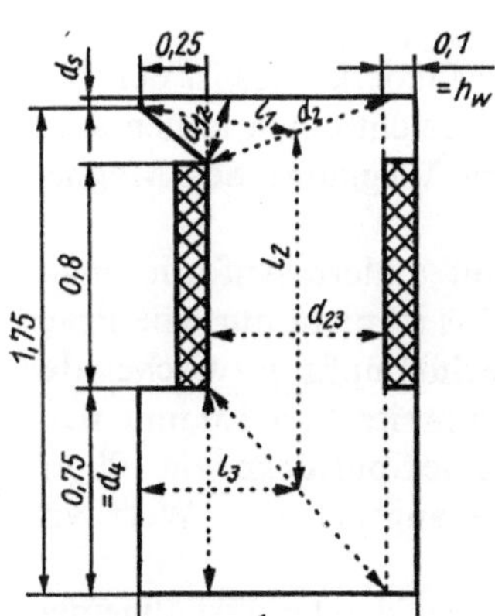

Bild 5.10
Bezeichnungen und Abmessungen
zur Berechnung eines Kernbleches

Mit den im Bild 5.10 angegebenen Bezeichnungen ergibt sich der magnetische Widerstand des Kerns nach [5.28] [5.29] in guter Annäherung zu

$$R_F^{\mathsf{L}} = \frac{1}{\mu_0 \mu^{\mathsf{L}}(f) h_s} \left(\sum_{i=1}^{g} \frac{l_i}{d_{i+1} - d_i} \ln \frac{d_{i+1}}{d_i} + \sum_{i=g+1}^{g+n} \frac{l_i}{d_{i,i+1}} \right); \tag{5.26}$$

g steht für die Anzahl der trapezoidförmigen Teilstücke mit großer Verjüngung: ($d_{i,i+1}/d_i > 2$; n ist die Anzahl der mehr quaderförmigen Teilstücke mit $d_{i,i+1}/d_i \leqq 2$.

So ergibt sich für einen Kreis aus zwei symmetrischen Kernblechen nach Bild 5.10 z. B. für den Gleichfeldwiderstand

$$R_{\mathrm{F}} = \frac{2}{\mu_0 \mu_{10} h_{\mathrm{s}}} \left(\frac{l_1}{d_2 - d_{\mathrm{s}}} \ln \frac{d_2}{d_{\mathrm{s}}} + \frac{l_2}{d_{23}} + \frac{l_3}{d_{34}} \right). \tag{5.27}$$

Zweckmäßig ist die Normierung des magnetischen Widerstandes auf die Spurbreite h_{s}, z. B. für den magnetischen Gleichfeldwiderstand,

$$R'_{\mathrm{F}} = R_{\mathrm{F}} h_{\mathrm{s}};$$

und als zweckmäßig hat sich auch die Arbeit mit dem Formfaktor

$$\mu'_{\mathrm{F}} = \mu_{10} R'_{\mathrm{F}}$$

oder mit

$$\mu'_{\mathrm{g}} = \frac{\mu_0 \mu_{10}}{2} R'_{\mathrm{F}} \tag{5.28}$$

erwiesen.

Mit den im Bild 5.10 angegebenen Abmessungen und $\mu_{10} = 5000$ beträgt z. B. $\mu'_{\mathrm{F}} = 8000 \, \mathrm{mm}/\mu\mathrm{H}$ bzw. $\mu'_{\mathrm{g}} = 5$, und mit $h_{\mathrm{s}} = 100 \, \mu\mathrm{m}$ wird

$$R_{\mathrm{F}} = \frac{R'_{\mathrm{F}}}{h_{\mathrm{s}}} = \frac{\mu'_{\mathrm{F}}}{\mu_{10} h_{\mathrm{s}}} \approx 16/\mu\mathrm{H}. \tag{5.29}$$

Diese Größen sind weitgehend unabhängig von der Spalttiefe d_{s}. Mit (5.25) und (5.28) ist das Verhältnis von Kern- und Spaltwiderstand

$$m = \frac{R'_{\mathrm{F}}}{R'_{\mathrm{s}}} = \frac{2\mu'_{\mathrm{g}} d_{\mathrm{s}}}{\mu_{10} w_{\mathrm{s}}}.$$

5.3.3.   Wirkungsgrad klassischer Magnetköpfe

Eine der wichtigsten Kenngrößen für die Konstruktion eines Magnetkopfes ist der Wirkungsgrad des Kernkreises. Der Kernschnitt nach Bild 5.10 erreicht einen hohen statischen und dynamischen Wirkungsgrad aufgrund der kurzen Weglänge des Magnetflusses.

Die Kopfkonstruktion muß aber darüber hinaus auch auf andere Anforderungen Rücksicht nehmen, z. B. auf die zu realisierende Spurdichte. Das ist nicht nur eine Frage der Wicklungshöhe h_{w}, sondern auch eine Frage der Übersprechdämpfung zwischen den benachbarten Kernsystemen. Diese wird stark von der Kernbreite ($2 \times 1{,}0 \, \mathrm{mm}$ nach Bild 5.10) bestimmt. Soll z. B. für einen Digitalaudiorecorder eine Spurlücke von $100 \, \mu\mathrm{m}$ erreicht werden, so darf die Kernbreite den im Bild 5.10 angegebenen Wert von $2 \times 1{,}0 \, \mathrm{mm}$ nicht überschreiten.

Der Wirkungsgrad als Verhältnis von Spaltwiderstand und Kreiswiderstand ist allgemein als komplexe Übertragungsfunktion

$$\delta^{\mathsf{L}}(f) = \frac{R_{\mathrm{s}}^{\mathsf{L}}}{R_{\mathrm{s}}^{\mathsf{L}} + R_{\mathrm{F}}^{\mathsf{L}}(f)} = \frac{R_{\mathrm{s}}^{\mathsf{L}}}{R_{\mathrm{s}}^{\mathsf{L}} + \dfrac{R_{\mathrm{F}}}{\mu' - \mathrm{j}\mu''}} = \frac{1}{1 + \dfrac{m}{\mu' - \mathrm{j}\mu''}} = \delta_1 - \mathrm{j}\delta_2$$

$$\tag{5.30}$$

mit

$$\delta_0 = \frac{1}{1 + m} = \frac{1}{1 + \dfrac{2\mu_g' d_s}{\mu_{10} w_s}}, \tag{5.31}$$

$$\delta_1 = \frac{m\mu' + \mu'^2 + \mu''^2}{(m + \mu')^2 + \mu''^2} \quad \text{und} \quad \delta_2 = \frac{m\mu''}{(m + \mu')^2 + \mu''^2} \tag{5.32}$$

aufzufassen.

Die Betragsbildung ergibt

$$\delta(f) = |\delta^{\llcorner}(f)| = \sqrt{\frac{\mu'^2 + \mu''^2}{\left(\dfrac{1}{\delta_0} - 1 + \mu'\right)^2 + \mu''^2}} = \sqrt{\frac{\mu'^2 + \mu''^2}{(m + \mu')^2 + \mu''^2}}. \tag{5.33}$$

Der Phasengang lautet

$$\varphi_\delta(f) = -\arctan \frac{m\mu''}{\mu'^2 + \mu''^2 + m\mu'} = -\arctan \frac{1}{Q} \tag{5.34}$$

mit der Kreisgüte

$$Q = \frac{\mu'^2 + \mu''^2 + m\mu'}{m\mu''}. \tag{5.35}$$

Bild 5.11 zeigt δ_0 für ein Beispiel als Funktion der Anfangspermeabilität μ_{10} mit der Spalttiefe d_s als Parameter.

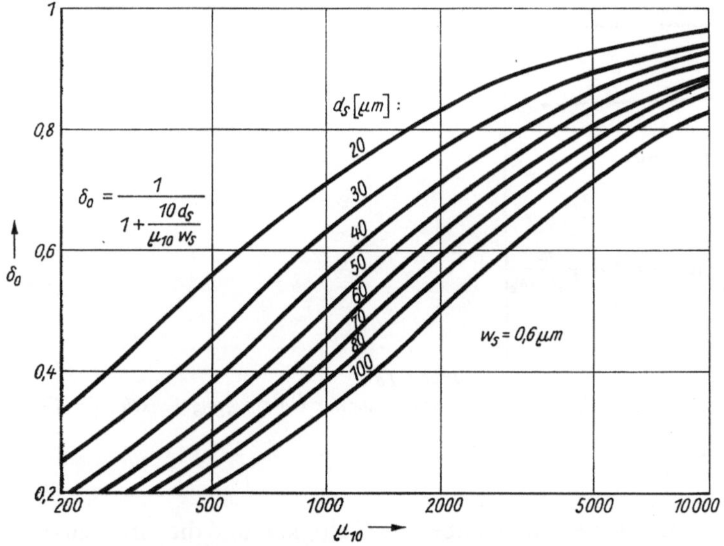

Bild 5.11. *Zur Parameterabhängigkeit des statischen Wirkungsgrades für einen Kernschnitt nach Bild 5.10*

Im Bild 5.12 ist $\delta(f)/\delta_0$ und im Bild 5.13 $\varphi_\delta(\omega)$ als Funktion der normierten Frequenz f/f_w mit δ_0 als Parameter dargestellt. Die Kurven gelten für Bleche und Ferrite mit einem Frequenzverhalten gemäß Gln. (5.1) und (5.5).

Wichtiges Hilfsmittel für die Material- und Technologieauswahl ist die entnormierte Darstellung des frequenzabhängigen Kopfwirkungsgrades. Für die Daten in Tafel 5.2 wurden die Wirkungsgradverläufe, die auch der Ausgangsspannung von Wiedergabeköpfen proportional sind, entsprechend (5.1) bis (5.6) ausgerechnet und im Bild 5.14 dargestellt. Zwecks guter Vergleichbarkeit aller Materialien und Technologien wurde ein einheitlicher magnetischer Kreis, wie es Bild 5.10 zeigt, festgelegt und berechnet. Nach diesen Angaben wurde ein Vielspurmagnetkopf gebaut und untersucht. Bild 5.15 ermöglicht den Vergleich mit experimentellen Daten, die durch eine im Abschnitt 5.5. erläuterte Impedanzmessung erhalten wurden.

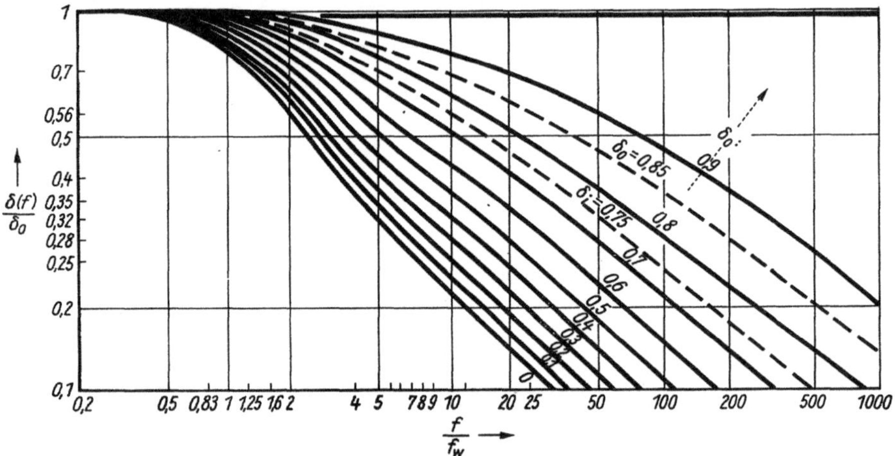

Bild 5.12. Amplitudengang der Übertragungsfunktion $\delta^{\llcorner}(f)$

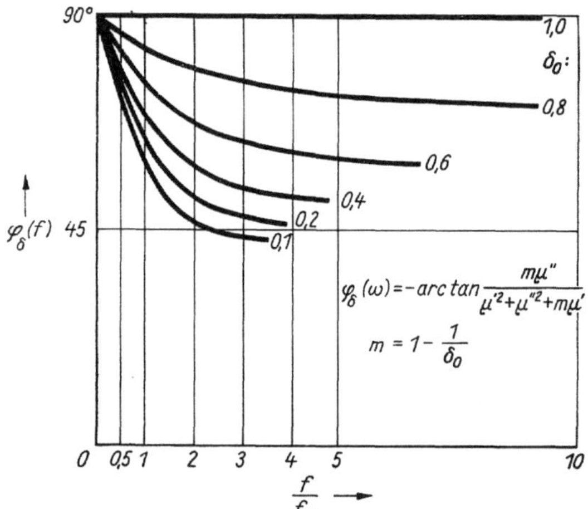

$$\varphi_\delta(\omega) = -\arctan \frac{m\mu''}{\mu'^2 + \mu''^2 + m\mu'}$$

$$m = 1 - \frac{1}{\delta_0}$$

Bild 5.13
Phasengang der Übertragungsfunktion $\delta^{\llcorner}(f)$

An dieser Stelle sind noch einige Bemerkungen über die Gültigkeit und die Grenzen der Magnetkreisberechnung nach der Methode der komplexen Permeabilität angebracht. Während die Spinrelaxationstheorie der Ferrite und dünnen Bleche probenformunabhängig ist, macht die Wirbelstromtheorie zur Voraussetzung, daß die Kernblechabmessungen in Länge und Breite deutlich größer sind als die Blechdicke. Wo das nicht der Fall ist, muß der magnetische Fluß aller Begrenzungsflächen entsprechend seiner Eindringtiefe $\delta_F(f)$ nach (5.3) berücksichtigt werden. Auf dieses Problem gehen *Bertram, Mallinson* [5.31] ein und definieren einen komplexen magnetischen Widerstand

$$R_{\mathrm{F}}^{\mathsf{L}} = \frac{1 + j}{2\mu_0\mu_{10}\delta_{\mathrm{F}}(f)} \int_{(l_i)} \frac{\mathrm{d}l_i}{d_i}, \tag{5.36}$$

der mit der Berechnung über die komplexe Permeabilität für den Grenzfall $\Gamma \gg 1$, also $\mu^{\mathsf{L}}(f) = (1 - j)/\Gamma$, identisch ist. Praktisch ist die Bedingung $f/f_{\mathrm{w}} > 2$ ausreichend. Ein Vergleich mit den Permeabilitätsortskurven im Bild 5.5 zeigt, daß zwecks Berücksichtigung der Wirbelstromanomalie auch die Einführung eines (frequenzabhängigen) Verlustwinkels von $\varphi_\mu(f) > 45°$ empfehlenswert ist.

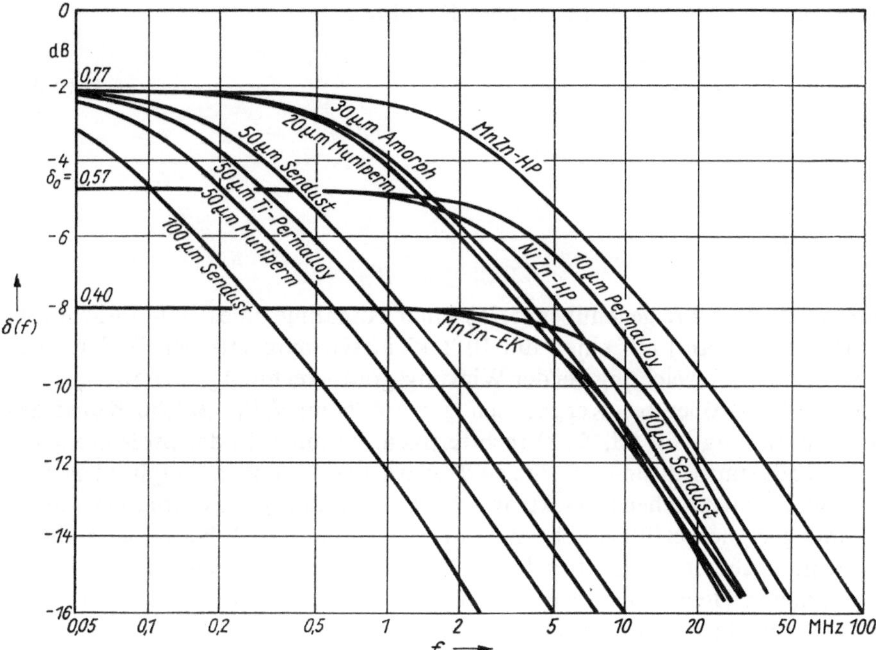

Bild 5.14. *Frequenzabhängiger Wirkungsgrad $\delta(f)$ für ausgewählte Magnetkopfmaterialien ($w_{\mathrm{s}} = 0{,}67$ µm; $d_{\mathrm{s}} = 100$ µm)*

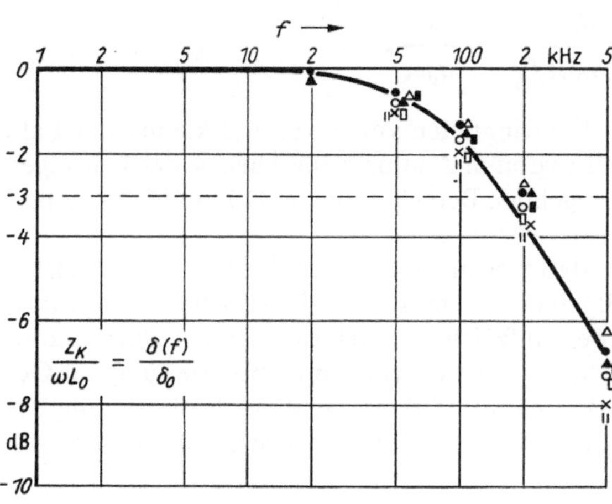

Bild 5.15
Frequenzabhängigkeit des Wirkungsgrades eines 8-Spurkopfes mit 100 µm Sendustblechen (— theoretisch)

Der gesamte Kernwiderstand berechnet sich für reine Wirbelstromdämpfung in metallischen Kernblechen für den durch die Bedingung $\delta_F(f) \ll d_F$ eingeschränkten Frequenzbereich zu

$$R_F^L = \frac{1+j}{\mu_0\mu_{10} \sum\limits_{(k)} \dfrac{1}{\displaystyle\int_{(l_k)} \dfrac{dl}{A_k}}} = \frac{1+j}{\mu_0\mu_{10}\delta_F(f)\left(\sum\limits_{(m)} \dfrac{d_F}{l_m} + \dfrac{2}{\displaystyle\int \dfrac{dl}{d_t}}\right)} \qquad (5.37)$$

als Leitwertsumme über die k Begrenzungsflächen inklusive m Stirnflächen. Mit der Notation von (5.26) bis (5.28) ist für den gesamten Kernkreis

$$R_F^L = \frac{1+j}{\mu_0\mu_{10}\delta_F(f)\left(\dfrac{d_F}{l_F} + \dfrac{1}{\mu_0}\right)} \qquad (5.38)$$

mit

$$l_F = \sum_{i=1}^{g+n} l_i.$$

Die Rechnung mit (5.38) führt gegenüber (5.26) unter Annahme eines 100-µm-Sendustkerns bei 1 MHz ($\delta_F \approx 8$ µm) auf einen um 10 % kleineren magnetischen Widerstand. Dies äußert sich in einer Abweichung bei der Wirkungsgradberechnung um etwa 2 %. Die Abweichungen werden größer bei Kernkreisen mit größerem d_F/l_1. Solche Konstruktionen, die die Anwendung von Gl. (5.38) rechtfertigen, kommen in der professionellen Videotechnik in Sendustausführung vor. Sie sind zwar trotz der hohen Amplituden- und Phasenverluste durch entsprechende elektronische Beschaltung für die frequenzmodulierte Videotechnik geeignet, erfüllen aber nicht die im Abschnitt 5.4. behandelten dynamischen Aufzeichnungsbedingungen für die PCM-Speicherung. In den für Ton-PCM-Speicherung geeigneten Helical-Scan-Recordern sind dagegen Köpfe dieser Konstruktion, aber in Ferritausführung, im Einsatz.

Die Berechnung des Spaltwiderstandes kann nicht mehr konventionell erfolgen, wenn der magnetische Oberflächenwiderstand auf der Polfläche in die Größenordnung des mit (5.24) oder (5.25) berechneten Spaltwiderstandes kommt, also etwa bei

$$\frac{d_s}{\mu_{10}d_F\delta_F(f)} \quad \text{bzw.} \quad \frac{d_F}{\mu_{10}d_s\delta_F(f)} \geqq \frac{w_s}{d_F d_s}.$$

Dies ist bei Frequenzen ab 10 MHz und Eindringtiefen von 1 µm und kleiner der Fall. Hierzu muß die Flußverteilung in der Spaltregion in Analogie zur Theorie der Leitungen berechnet werden [5.31], wie dies bei der folgenden Berechnung von Dünnschichtmagnetköpfen generell üblich ist.

Schließlich kann nachgewiesen werden, daß wegen Erfüllung der Bedingung $\mu_{10}\delta_F(f) \gg w_s$ das magnetische Potential im Spaltgebiet konstant ist und somit bei allen praktischen Eindringtiefen keine Deformation des Aufzeichnungsfeldes auftreten kann. Daran ändert auch die Materialsättigung bei höheren Aussteuerungen nichts; sie führt im Gegenteil zur Vergrößerung der Eindringtiefe [5.31] und damit zu einer Verbesserung des Frequenzverhaltens, so wie dies im Abschnitt 5.4. mit Hilfe der Theorie der komplexen Permeabilität berechnet wird.

5.3.4. Wirkungsgrad integrierter Magnetköpfe

Das einfachste Grundmodell der im wesentlichen von *Lazzari* [5.32] und *Romankiw* [5.33] eingeführten Dünnschichtmagnetköpfe ist der Spaltwindungskopf nach Bild 5.16. Wir wollen uns mit der zweckmäßigen Dimensionierung der angegebenen geometrischen Abmessungen beschäftigen. Während bei den klassischen Köpfen, soweit sie für die PCM-Speicherung geeignet sind, die magnetischen Widerstände als konzentrierte Elemente betrachtet werden können, müssen wir hier wie bei allen Dünnschichtköpfen aufgrund der geringen Abmessungen, die zur magnetischen Verkopplung des ganzen Kreises führen, mit der Feldgleichung für verteilte Parameter rechnen. Oft wird die Analogie zur Leitungstheorie angeführt.

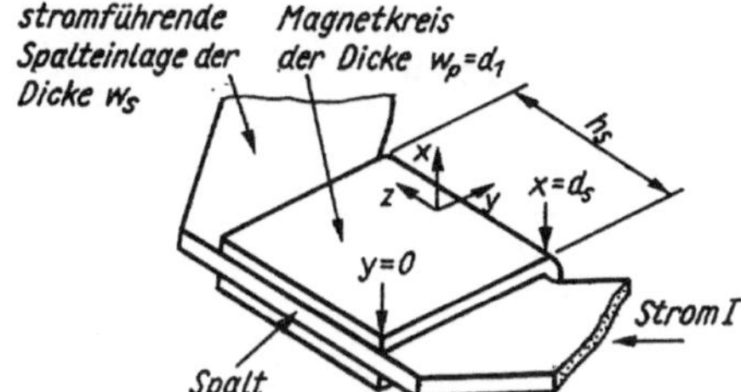

Bild 5.16
Typischer Dünnschichtmagnetkopf
mit Spaltwindung

Eine wesentlich vereinfachende Annahme ist die Konstanz der Permeabilität über das gesamte Material. Die folgende Darstellung, die [5.34] folgt, vernachlässigt auch die Inhomogenitäten in der z-Richtung. Berechtigt ist weiterhin die Annahme, daß die Magnetschichtdicke innerhalb der Hochfrequenzeindringtiefe $\delta_F(f)$ gehalten werden kann, so daß die Stromdichte nur eine Funktion von y ist und somit $\mu^L \rightarrow \mu_{10}$ für den gesamten Querschnitt gilt.

Die Anwendung der Maxwellschen Gleichungen führt über

$$\frac{\partial^2 H}{\partial y^2} = \frac{1}{\lambda_s^2} H - \frac{\mu_0}{\varrho_s} \frac{\partial H}{\partial t}$$

mit

$$\lambda_s = \sqrt{\tfrac{1}{2}\mu_{10} d_1 w_s} \, ,$$

(ϱ_s ist der spezifische elektrische Widerstand des Spaltmaterials)
auf den allgemeinen Lösungssatz

$$H = A \sinh ky + B \cosh kx$$

mit

$$k^L = \frac{1}{\lambda^2} - j\omega \frac{\mu_0}{\varrho_s} = \frac{1}{\lambda_s^2} - j \frac{2}{\delta_s^2}$$

(δ_s Eindringtiefe in die leitende Spalteinlage).

Unter den bereits genannten Annahmen und geometrischen Bedingungen errechnet sich bei einer Stromerregung I in der Spalteinlage das Spaltfeld zu

$$H_m = \frac{I}{w_s} \frac{k^2 \lambda_s^2 \tanh kd_s}{kd_s - j\omega \dfrac{\mu_0}{\varrho_s} \lambda_s^2 \tanh kd_s}$$

und bei einer sinusförmigen Flußerregung Φ bei $y = 0$ die Wiedergabespannung zu

$$U_\mathrm{w} = -\mathrm{j}\omega\Phi\;\frac{k^2\lambda_\mathrm{s}^2\,\tanh kd_\mathrm{s}}{kd_\mathrm{s} - \mathrm{j}\omega\,\dfrac{\mu_0}{\varrho_\mathrm{s}}\,\lambda_\mathrm{s}^2\,\tanh kd_\mathrm{s}}\,.$$

Analog zum klassischen Kopf und in Übereinstimmung mit dem Reziprozitätstheorem (bei Vernachlässigung von Sättigungserscheinungen) ergibt sich für Aufzeichnung und Wiedergabe der einheitliche Wirkungsgrad

$$\delta^{\llcorner}(f) = \frac{k^2\lambda_\mathrm{s}^2\,\tanh kd_\mathrm{s}}{kd_\mathrm{s} - \mathrm{j}\omega\,\dfrac{\mu_0}{\varrho_\mathrm{s}}\,\lambda_\mathrm{s}^2\,\tanh kd_\mathrm{s}}\,. \tag{5.39}$$

Unter Vernachlässigung des Einflusses der leitenden Spalteinlage ist

$$\delta^{\llcorner}(f) = \delta_0 = \frac{\tanh\dfrac{d_\mathrm{s}}{\lambda_\mathrm{s}}}{\dfrac{d_\mathrm{s}}{\lambda_\mathrm{s}}} = \frac{\tanh\dfrac{d_\mathrm{s}}{\sqrt{\tfrac{1}{2}\mu_{10}d_1 w_\mathrm{s}}}}{d_\mathrm{s}}\,\sqrt{\tfrac{1}{2}\mu_{10}d_1 w_\mathrm{s}}\,. \tag{5.40}$$

Erinnert sei an die (5.40) einschränkende Zusatzbedingung

$$d_1 \leqq 2\delta_\mathrm{F}(f) = 100\,\sqrt{\frac{\varrho_\mathrm{F}/\mu\Omega\cdot\mathrm{cm}}{\mu_{10}\,f/\mathrm{MHz}}}\,. \tag{5.41}$$

Wird dies als Definition einer Grenzschichtdicke $d_1(f)$ eingeführt, ergibt sich eine Frequenzabhängigkeit zu

$$\frac{\delta(f)}{\delta_0} = \frac{\tanh d_\mathrm{s}/\sqrt{\mu_{10}w_\mathrm{s}\delta_\mathrm{F}(f)}}{d_\mathrm{s}}\,\sqrt{\mu_{10}w_\mathrm{s}\delta_\mathrm{F}(f)}\,. \tag{5.42}$$

Bei sehr hohen Frequenzen ist der Abfall also $1/\sqrt[4]{f}$.

Bild 5.17 zeigt die grafische Darstellung von $|\delta^{\llcorner}(f)|$ nach (5.39) als Funktion des Konstruktionsparameters $d_\mathrm{s}/\lambda_\mathrm{s} = d_\mathrm{s}/\sqrt{\tfrac{1}{2}\mu_{10}d_1 w_\mathrm{s}}$. Der Parameter $\delta_\mathrm{s}/\lambda_\mathrm{s} = 2/\sqrt{\omega\mu_0\mu_{10}d_1 w_\mathrm{s}/\varrho_\mathrm{s}}$ demonstriert den Einfluß der leitenden Spalteinlage auf den Wirkungsgrad.

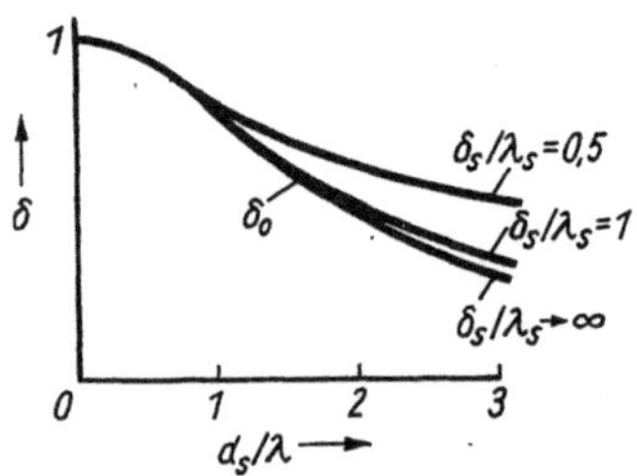

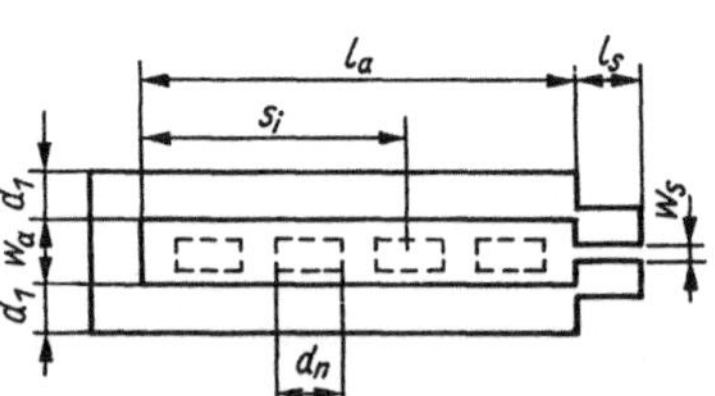

Bild 5.17. *Wirkungsgrad $\delta^{\llcorner}(f)$ als Funktion von $d_\mathrm{s}/\lambda_\mathrm{s}$ nach* [5.34]. *Der Parameter $\delta_\mathrm{s}/\lambda_\mathrm{s}$ ist der frequenzabhängigen Eindringtiefe in das elektrisch leitende Spaltmaterial proportional*

Bild 5.18. *Maßstabsgerechter Querschnitt durch einen Vielwindungskopf*

Der Mehrwindungskopf ist gegenüber dem 1-Windungs-Kopf technologisch wesentlich aufwendiger [5.35] [5.36], dafür arbeitet er mit geringerem Aufzeichnungsstrom und liefert eine größere Wiedergabespannung. Andererseits ist auch sein Wirkungsgrad geringer, da der notwendige Wicklungsraum den Magnetkreis vergrößert. Die Wirkungsgradberechnung geschieht in Weiterführung von [5.34] für die im Bild 5.18 dargestellte Struktur. *Jones* [5.37] errechnete über die Differentialgleichung

$$\frac{d^2\Phi}{dx^2} = \frac{1}{\lambda_a^2}\,\Phi - \frac{\mu_0 h_s}{\delta_i w_a}\,I \quad \text{mit} \quad \lambda_a = \sqrt{\frac{1}{2}\,\mu_{10} w_a d_1}$$

einen Wirkungsgrad für die *i*-te Windung von

$$\delta_i = \frac{2\lambda_a}{d_n T}\sinh\frac{d_n}{2\lambda_a}\cos\frac{s_i}{\lambda_a} \tag{5.43}$$

mit

$$T = \cosh\frac{l_a}{\lambda_a}\cosh\frac{l_s}{\lambda_s} + \frac{w_a\lambda_s}{w_s\lambda_a}\sinh\frac{l_a}{\lambda_a}\sinh\frac{l_s}{\lambda_s}$$

und für den über alle *n* Windungen gemittelten Wirkungsgrad

$$\delta = \frac{1}{n}\sum_{i=1}^{N}\delta_i, \tag{5.44}$$

der vereinfacht auch etwa durch

$$\delta \approx \frac{2\lambda_a}{d_n T}\sinh\frac{d_n}{\lambda_a}\cosh\frac{\frac{2}{3}s_i}{\lambda_a}$$

berechnet werden kann. Mit (5.41) kann auch wieder eine Frequenzabhängigkeit $\delta(f)$ abgeschätzt werden.

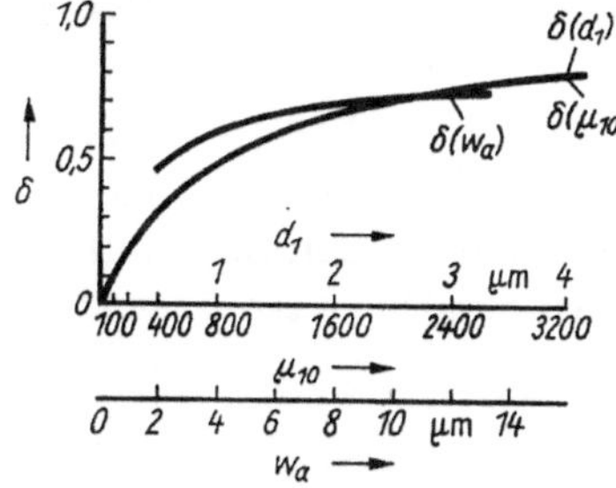

Bild 5.19
Wirkungsgrad eines 4-Windungs-Kopfes in Abhängigkeit von der Permeabilität μ_{10}, der Schichtdicke d_1 und der Wicklungshöhe w_a nach [5.37]

Mit (5.43) bzw. (5.44) kann der Parametereinfluß diskutiert werden. Im Bild 5.19 wird dies für die Permeabilität μ_{10}, die Schichtdicke d_1 und die Wicklungshöhe w_a eines 4-Windungs-Kopfes getan. Es ergibt sich, daß ein brauchbarer Wirkungsgrad bei Permeabilitäten ab 1000 und Schichtdicken ab 1 μm erhalten wird und daß der Wirkungsgrad im betrachteten Wertebereich mit der Wicklungshöhe w_a zunimmt. Ein typischer Parametersatz, der auch den Berechnungen des Bildes 5.19 zugrunde liegt, ist $\mu_{10} = 1600$; $d_1 = 2$ μm, $w_s = 1{,}5$ μm; $w_a = 6{,}5$ μm; $d_n = 10$ μm; $l_s = 5$ μm; $l_a = 92{,}5$ μm.

Weitere Wirkungsgradberechnungen von spezielleren Kopfausführungen befinden sich in [5.9] [5.38] [5.39] [5.40].

5.4.   Spaltfeldstärke

5.4.1.   Statisches Verhalten

Die Aufgabe des Aufzeichnungskopfes ist es, im Magnetband eine Feldstärke mit zeitlich definiertem Verlauf zu erzeugen. Wir wollen uns zunächst mit dem Zusammenhang zwischen der Spaltfeldstärke $H_0(i)$ und dem Aufzeichnungsstrom i im statischen Fall beschäftigen und erst danach das Zeitverhalten betrachten. Dabei können wir direkt an die Betrachtungen im Abschnitt 5.3.1. anknüpfen und lösen zunächst $H_i(l_i) = H_{is}$ nach Gleichung (5.19) für den Ort der Spaltinnenfläche $F(l_i) = d_s h_s$. Dies geschieht für die beiden Grenzfälle der Feldaussteuerung $H_i \ll M_s/\chi_{10}$ und $H_i \gg M_s/\chi_{10}$, die jeweils auf nahezu konstante Permeabilität im Kern führen. Schließlich erhält man für die Spaltfeldstärke mit χ_i nach (5.12) unter Vernachlässigung des Luftflusses

$$H_0(i) = H_{is}\mu_i = \begin{cases} \dfrac{\Theta}{w_s}\,\delta_0 & \Theta \ll \dfrac{w_s}{\delta_0}\,M_s \\[3mm] & \text{für} \\[3mm] M_s & \Theta \gg \dfrac{2d_s\mu_g'}{\chi_{10}}\,M_s. \end{cases} \qquad (5.45)$$

Wird in Analogie zu (5.12) eine gebrochene rationale Approximationsfunktion 1. Ordnung gebildet, ergibt sich

$$H_0 = \frac{\Theta}{w_s}\,\delta_i \qquad (5.46)$$

mit

$$\delta_i = \frac{M_s}{\dfrac{\Theta}{w_s}\,\delta_0 + M_s}\,\delta_0. \qquad (5.47)$$

Das Verhalten $H_0(i) \approx M(H_i)$ ist schematisch im Bild 5.20 dargestellt. Die nichtlineare Beziehung (5.46) gibt nur das pauschale Verhalten eines Magnetkerns wieder. In unmittelbarer Nähe des Luftspaltes sind die Flußdichte und die damit verbundene Kernpermeabi-

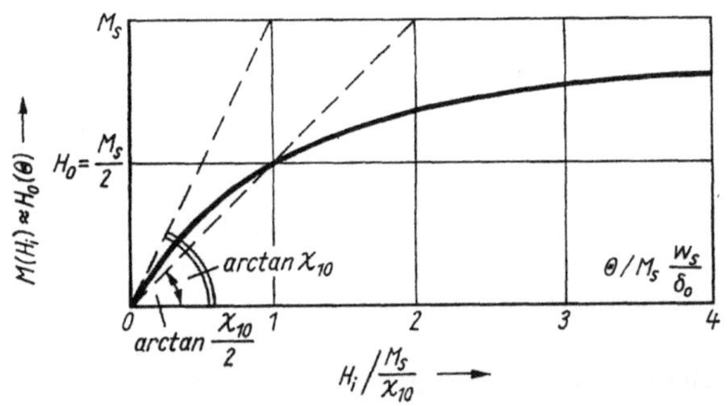

Bild 5.20
Abhängigkeit
zwischen Spaltfeldstärke
und Stromerregung

lität nicht bei jeder Aussteuerung konstant über den Querschnitt verteilt. Es kommt aufgrund der Flußkonzentration zuerst an den Spaltkanten zu Sättigungserscheinungen, die sich zwar nicht auf die bisher betrachtete Spaltfeldstärke H_0, wohl aber auf die Verteilung des Streufeldes außerhalb des Spaltes auswirken können. Quantitative Feldanalysen sind u. a. von *Monson* [5.21] und von *Bertram, Steele* [5.23] mit dem Resultat vorgenommen worden, daß sich die Spaltkantensättigung ab einer Aussteuerung von

$$H_0 \approx \frac{M_s}{2} \qquad (5.48\,\text{a})$$

im Feldverlauf und damit im Aufzeichnungsvorgang negativ bemerkbar macht. Dieser Wert sollte daher nicht überschritten werden.

Aus (5.48 a) leiten *Thornley, Bertram* [5.49] eine Relation zwischen der Sättigungsmagnetisierung M_s des Kopfmaterials und der Koerzitivfeldstärke H_c des Magnetbandes her. Es gilt für die Eindringtiefe d^* mit (3.1 a) die Aussteuerungsbedingung

$$H_c = \frac{2}{\pi} H_0 \arctan \frac{w_s/2}{a + d^*}.$$

Daraus folgt mit (5.48 a) die Bedingung

$$\frac{M_s}{H_c} \leq \frac{\pi}{\arctan \dfrac{w_s/2}{a + d^*}}. \qquad (5.48\,\text{b})$$

Dieser Wert liegt bei den klassischen Speichersystemen um 4, bewegt sich jedoch mit kleiner werdenden Aufzeichnungsspaltweiten w_s gegen 10, wie in [5.49] auch experimentell nachgewiesen wurde.

Ausführliche Betrachtungen zur Kernsättigung stellte *Scholz* [5.50] an. Die Permeabilitätsverteilung im Spaltkantenbereich ist in [5.22] für verschieden hohe Feldaussteuerungen untersucht worden.

5.4.2. Wechselstromverhalten

Wir wollen nun die bisher aus Gründen der besseren Verständlichkeit vernachlässigte Frequenzabhängigkeit der Feldgrößen charakterisieren. Es ist

$$H_0^{\llcorner}\,(i,f) = H_{is}^{\llcorner}\,(i,f)\,\mu_i^{\llcorner}(f) = \frac{\Theta}{w_s}\,\delta^{\llcorner}(f)\,\frac{M_s}{\dfrac{\Theta}{w_s}\,\delta^{\llcorner}(f) + M_s} = \frac{\Theta}{w_s}\,\delta_i^{\llcorner}(f).$$

$$(5.49)$$

Der Ausdruck $\delta_i^{\llcorner}(f)$ ist als frequenz- und stromabhängiger Aufzeichnungswirkungsgrad aufzufassen. Die Aufspaltung in Betrag und Phase ergibt

$$H_0\,(i,f) = \frac{\Theta}{w_s}\,\delta(f)\,\frac{M_s}{\dfrac{\Theta}{w_s}\,\delta(f) + M_s},$$

$$(5.50)$$

$$\varphi_H\,(i,f) = -\arctan \frac{M_s \delta_2}{\dfrac{\Theta}{w_s}\,(\delta_1^2 + \delta_2^2) + M_{s1}}.$$

Das für die Ableitung erforderliche $\mu_i^{\llcorner}(f)$ ergibt sich durch Substitution von (5.12) in (5.14). Die weitere Ableitung geht von den gleichen Voraussetzungen wie im Abschnitt 5.4.1. aus.

Die frequenzabhängige Aufzeichnungsfeldstärke

$$H_x(f) = H_0(f)\,\frac{2}{\pi}\,\arctan\frac{w}{a}$$

ist für den im Bild 5.20 angegebenen Arbeitspunkt $H_0 = M_s/2$; $\Theta = M_s w_s/\delta_0$ im Bild 5.21 dargestellt.

Bei der geringen Spaltweite von $w_s \leqq 0,6\,\mu\text{m}$, wie sie beim kombinierten PCM-Aufzeichnungs-Wiedergabekopf notwendig ist, garantieren die klassischen Sendust-bleche aufgrund der hohen Wirbelstromträgheit und die Ferrite aufgrund der geringen Sättigungsmagnetisierung kein genügend hohes Aufzeichnungsfeld, um hochkoerzitive und damit hochauflösende Magnetbänder zu betreiben. Nach Bild 5.21 ist hierfür der Einsatz der modernen, noch in Entwicklung befindlichen Dünnschichtmaterialien vorteilhaft. In diesem Ergebnis spiegelt sich der positive Einfluß der hohen Sättigungsmagnetisierung der metallischen Legierungen wider.

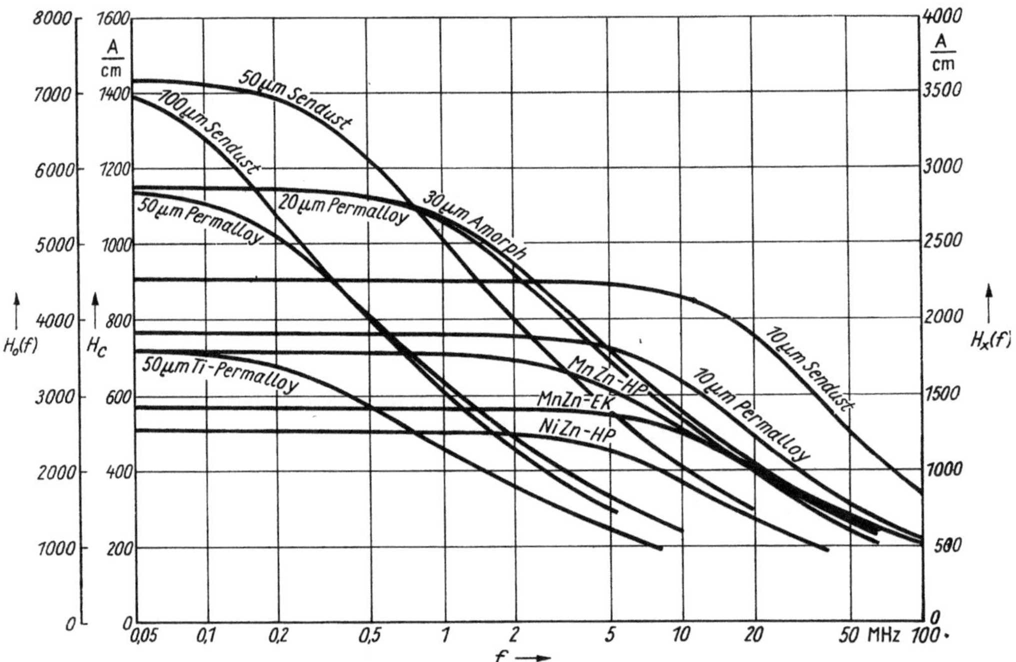

Bild 5.21. Spaltfeldstärke $H_0(f)$, Aufzeichnungsfeldstärke $H_x(f)$ und maximal mögliche Band-Koerzitivfeldstärke H_c für verschiedene Kopfmaterialien nach Tafel 5.2
$a = 0,3\,\mu\text{m}$; $w_s = 0,6\,\mu\text{m}$; $d_s = 100\,\mu\text{m}$

Werden Magnetbänder mit höherem H_c eingesetzt, oder wird der Kopf bei höheren Frequenzen betrieben, gibt es nach Bild 5.20 die Möglichkeit, durch eine größere Aussteuerung die wirksame Kernsuszeptibilität χ_{eff} auch unter $\chi_{10}/2$ zu reduzieren. Dies ist mit einer Vergrößerung von δ/δ_0 verbunden und bewirkt eine zunehmende Spaltfeldstärke. Bei dieser Übersteuerung wirkt sich nachteilig aus, daß die Spaltkantensättigung immer mehr voranschreitet und den Aufzeichnungsgradienten verkleinert. Dagegen ist der Wirbelstromeinfluß auf den Feldverlauf vergleichsweise gering, wie *Hodder, Monson* in [5.41] nachwiesen.

5.4.3. Lineares dynamisches Verhalten

Für die Impulsaufzeichnung interessiert besonders die dynamische Reaktion auf Schaltvorgänge des elektrischen Aufzeichnungskreises. Der zeitliche Verlauf des sich bei einer Stromänderung aufbauenden Magnetfeldes H_0 (i, t) ist vom zeitlichen Verlauf $i(t)$ des Aufzeichnungsstroms und von der magnetischen Trägheit des Kernmaterials abhängig, die durch die Sprungantwort $\delta(t)$ ausgedrückt werden kann. Die Verknüpfung zwischen den Eingangs- und Ausgangsgrößen des Systems (Bild 5.22) kann durch die Faltungsoperation

$$H_0 (i, t) = \frac{n_1}{2 w_s} \int_{-\infty}^{+\infty} i (t - \tau)\, \delta(\tau)\, d\tau \tag{5.51}$$

oder durch die *Fourier*transformation (für einen Sprung von $-i$ auf $+i$)

$$H_0 (i, t) = \frac{1}{2\pi} \int_{-\infty}^{+\infty} H_0^{\mathsf{L}} (i, \omega)\, e^{j\omega t}\, \frac{d\omega}{j\omega} = \frac{2\Theta}{w_s} \int_0^{+\infty} \delta^{\mathsf{L}}(\omega)\, e^{j\omega t}\, \frac{d\omega}{d\omega} \tag{5.52}$$

dargestellt werden.

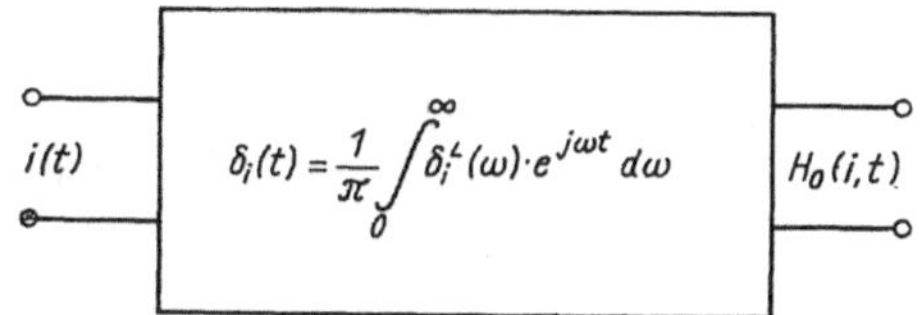

Bild 5.22
Zur Verkopplung der elektromagnetischen
Systemparameter im Aufzeichnungskopf

Eine andere Betrachtungsweise umgeht die Fouriertransformation und löst das Feldanstiegsproblem nach der Wirbelstromtheorie im Zeitbereich. *McColl*, zitiert in [5.42], berechnete nach dieser Methode den Flußdichteverlauf und damit den Permeabilitätsverlauf als Reaktion auf eine sprungförmige Felderregung. Bei einem Sprung von 0 auf $+H_i$ ergibt sich

$$\mu'(t) = \frac{B_i(t)}{\mu_0 \mu_{10} H_i} = 1 - \frac{8}{\pi^2} \sum_{m=0}^{\infty} \frac{e^{-(2m+1)^2 \beta_i t}}{(2m+1)^2}$$
$$= 1 - \frac{8}{\pi^2} \left(e^{-\beta_i t} + \frac{1}{9} e^{-9\beta_i t} + \frac{1}{25} e^{-25\beta_i t} + \dots \right), \tag{5.53}$$

und für einen rampenförmigen Erregungsanstieg

$$H(t) = \begin{cases} 0 & t \leqq 0 \\[2mm] \dfrac{H_i}{l_i} \cdot t & 0 \leqq t \leqq T_i \\[2mm] H_i & t \geqq T_i \end{cases}$$

ist

$$\mu'(t) = \begin{cases} \dfrac{t}{T_i} - \dfrac{8}{\pi^2 \beta_i T_i} \sum_{m=0}^{\infty} \dfrac{1 - e^{-(2m+1)^2 \beta_i t}}{(2m+1)^4} & \text{bei} \quad 0 \leqq t \leqq T_i, \\[5mm] 1 - \dfrac{8}{\pi^2 \beta_i T_i} \left[\sum_{m=0}^{\infty} \dfrac{1 - e^{-(2m+1)^2 \beta_i t}}{(2m+1)^4} - \sum_{m=0}^{\infty} \dfrac{1 - e^{-(2m+1)^2 \beta_i (t-T_i)}}{(2m+1)^4} \right] \\[2mm] \text{bei} \quad t \geqq T_i. \end{cases} \tag{5.54}$$

Daraus wird zunächst für $0 \leq i(t) \leq (M_s w_s / n_1 \delta_0)$ (also jeweils für konstante Permeabilität im Kern)

$$H_0(t) = \frac{\Theta}{w_s}\,\delta(t) \quad \text{mit} \quad \delta(t) = \frac{1}{1 + \dfrac{m}{\mu'(t)}}, \qquad m = \frac{1}{\delta_0} - 1. \qquad (5.55)$$

Da die Kopferregung in der Sättigungsspeicherung stets bipolar erfolgt, interessiert die Systemantwort auf bipolare Wechsel:

$$H_0(t) = \frac{\Theta}{w_s}\,[2\delta(t) - \delta_0], \qquad (5.56)$$

und zwar für den idealen Stromsprung von $-i$ auf $+i$ mit $\mu'(t)$ nach (5.53) und für den rampenförmigen Stromverlauf, wie er z. B. in einem Aufzeichnungskreis mit Gegentaktverstärker herrscht, mit $\mu'(t)$ nach (5.54). Wegen der schnellen Konvergenz der Summe (5.53) braucht man, wenn die Feldamplitude $H_0\,(i, T_m)$ bei $T_m > (1/\beta_i)$ interesssiert, nur mit dem ersten Glied von $\mu'(t)$ zu rechnen und erhält

$$H_0(t) = \frac{\Theta}{w_s}\,\delta_0\; \frac{1 - (2 - \delta_0)\dfrac{8}{\pi^2}\,e^{-\beta_i t}}{1 - \delta_0\,\dfrac{8}{\pi^2}\,e^{-\beta_i t}}. \qquad (5.56\,\text{a})$$

Für alle anderen Stromverläufe $i(t)$, wie exponentielles An- und Abklingen oder Überschwingen durch Kopfresonanz u. a., ist $H_0\,(i, t)$ über die Faltungsoperation (5.51) mit

$$\delta(\tau) = \frac{m\mu(\tau)}{[m + \mu'(\tau)]^2}; \qquad \mu(\tau) = \frac{8\beta_i}{\pi^2}\sum_{m=0}^{\infty} e^{-(2m+1)^2\,\beta_i \tau} \qquad (5.57)$$

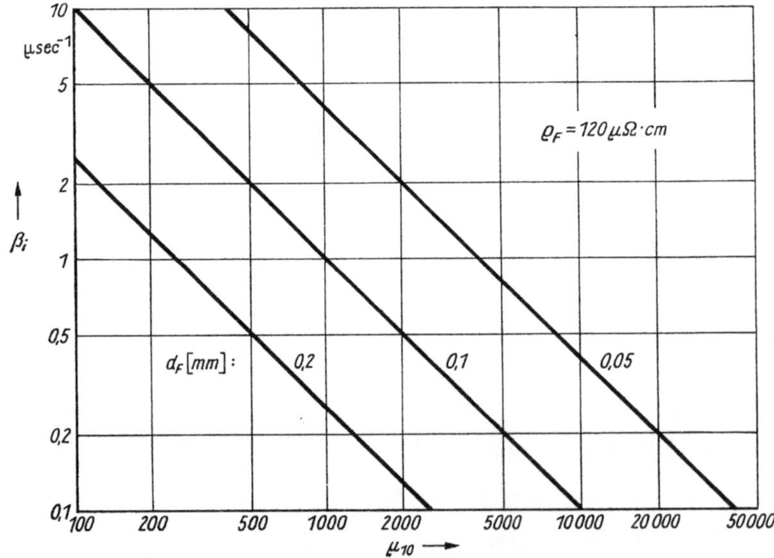

Bild 5.23. Grundfrequenz f_w und β_i bei verschiedenen Permeabilitäten und Blechdicken bei Sendust

lösbar oder mit Hilfe der *Fourier*transformation analog zu (5.52). Die Größe β_i ist entsprechend ihrer Definition

$$\beta_i = \frac{\pi^2 \varrho_F}{\mu_0 \mu_{10} d_F^2} = 7{,}8 f_w \tag{5.58}$$

im Bild 5.23 über μ_{10} mit d_F als Parameter für Sendustmaterial dargestellt.

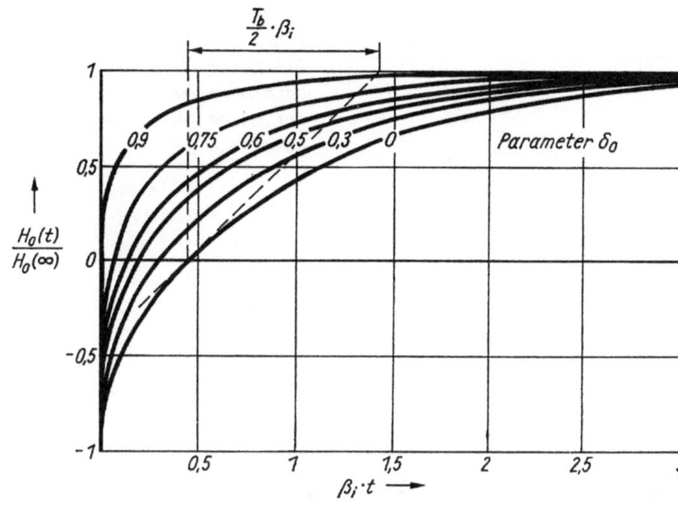

Bild 5.24
Sprungantwort
der Spaltfeldstärke
auf einen kleinen Stromsprung
für verschiedene statische
Wirkungsgrade δ_0

Bild 5.24 zeigt den Verlauf $H_0(t)$ für sprungförmigen Stromanstieg. Die Berechnung über die numerische Fouriertransformation gemäß (5.52) ergibt identische Resultate mit der Berechnung nach Gl. (5.56) mit (5.53). Letztere bewährte sich bei *Strese* [3.90].

Mit dem Ansatz von *McColl* kann auch die Sprungantwort des Wiedergabeflusses berechnet werden, wie *Vajda* [5.48] gezeigt hat.

5.4.4. Nichtlineares dynamisches Verhalten

Der zeitliche Verlauf des Spaltfeldes unter Wirkung starker Aufzeichnungsströme läßt sich in Analogie zu den Überlegungen des Abschnitts 5.4.2. durch

$$H_0(i, t) = \frac{\Theta}{w_s} \delta_i(t)$$

mit

$$\delta_i(t) = \frac{M_s}{\dfrac{\Theta}{w_s} \delta(t) + M_s} \delta(t) \tag{5.59}$$

approximieren. Der Sprung von $-i$ auf $+i$ ergibt entsprechend

$$H_0(i, t) = \frac{\Theta}{w_s} [2\delta_i(t) - \delta_i] \tag{5.60}$$

mit δ_i nach (5.47).

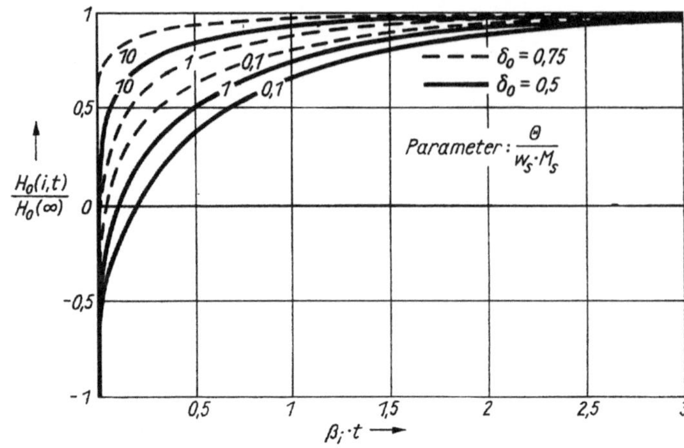

Bild 5.25
Feldstärke $H_0\,(i,t)$
bei Erregungssprüngen von $-i$
auf $+i$ für verschiedene δ_0
und $\Theta/w_s M_s$

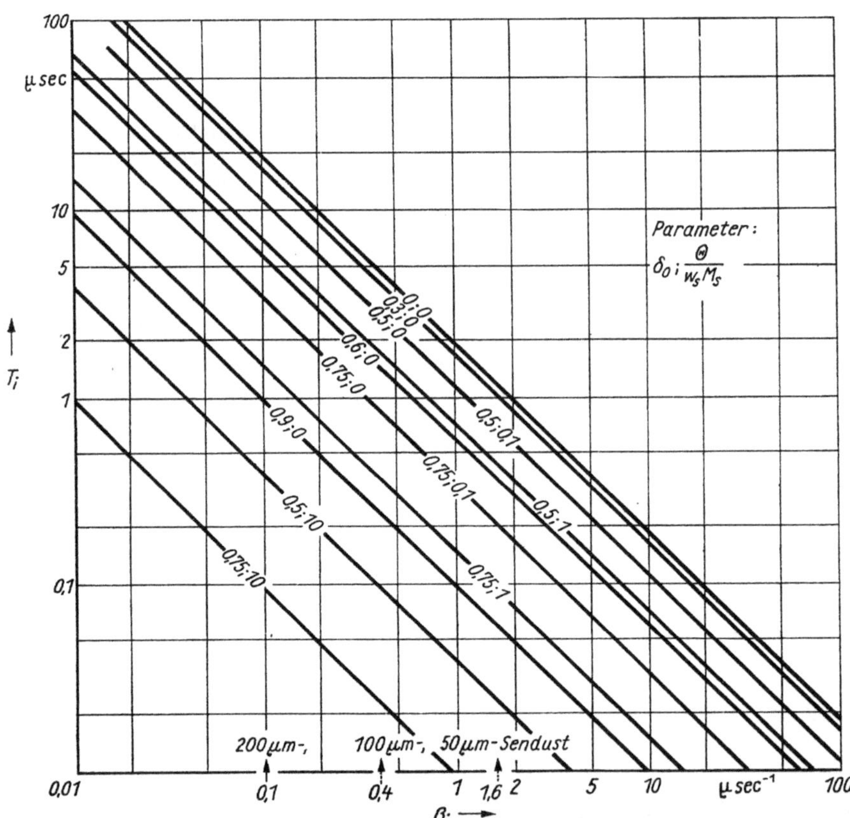

Bild 5.26. Feldanstiegszeit T_i in Abhängigkeit vom Grenzfrequenzparameter β_i und von dem statischen Kopfwirkungsgrad δ_0

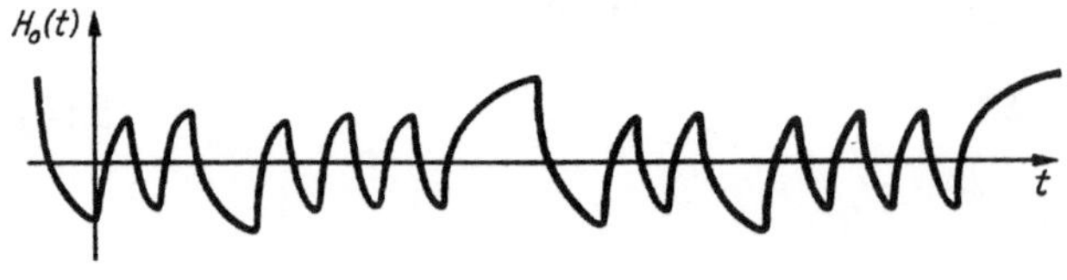

Bild 5.27
Feldverlauf einer NRZ-Folge
bei einem Magnetkopf mit der
Wirbelstromkonstanten $\beta_i = 0,39/\mu s$,
dem Wirkungsgrad $\delta_0 = 0,56$
sowie $(\Theta/w_s M_s) = 1$

Bild 5.25 zeigt diesen Verlauf als Funktion der normierten Zeit $\beta_i t$. Parameter sind δ_0 und $\Theta/w_s M_s$. Die Näherung mit dem ersten Glied von (5.53) lautet hier

$$H_0\,(i,\,t) = \frac{\Theta}{w_s}\,\delta_0 \left\{ 2\,\frac{1 - \dfrac{8}{\pi^2}\,\mathrm{e}^{-\beta_i t}}{\dfrac{\Theta\delta_0}{w_s M_s} + 1 - \left(\dfrac{\Theta}{w_i M_s} + 1\right)\delta_0\,\dfrac{8}{\pi^2}\,\mathrm{e}^{-\beta_i t}} - \frac{1}{\dfrac{\Theta\delta_0}{w_s M_s} + 1} \right\}.$$

$$(5.60\,\mathrm{a})$$

Für den groben Überschlag ist es zweckmäßig, eine Anstiegszeit T_b, wie im Bild 5.24 definiert, anzugeben.

Bild 5.26 zeigt die aus den Bildern 5.24 und 5.25 ermittelte Abhängigkeit von β_i, δ_0 und $\Theta/w_s M_s$.

Leicht läßt sich aus der Bedingung

$$f_T \leqq \frac{1}{2T_b} \tag{5.61}$$

abschätzen, welcher Magnetkopf für welche Betriebsfrequenz f_T und für welche Betriebsbedingungen geeignet ist. Im Zusammenhang mit den Anstiegszeitkriterien nach Abschnitt 3.4.5. erhält man andererseits eine Dimensionierungsvorschrift für β_i, das durch Materialauswahl und Blechdicke d_F beeinflußt werden kann.

Ist die Bedingung (5.61) nicht erfüllt, müssen die konkreten musterabhängigen Feldverläufe untersucht werden; denn von großem Einfluß auf die Verzerrung des Aufzeichnungsvorgangs ist die Feldstärke $H_{0v}\,(i,\,T_m)$ im Zeitpunkt T_m der Polarisationswechsel. T_m kann verschiedene Werte zwischen $T_{\min}$ und $T_{\max}$, definiert durch den Aufzeichnungskode, annehmen. Für den Feldstärkeverlauf eines beliebigen Musters gilt zwischen zwei Stromsprüngen im Abstand $T_m = (\mu_{v+1} - \mu_v)\,T_{\min}$ mit $t_v = \mu_v T_{\min}$ und $v = 0, 1, 2, \ldots$

$$H_{0v}\,(t - t_0) = \left[(-1)^v\,\frac{\Theta}{w_s} - \frac{H_{0v}}{\delta_i}\right]\delta_i\,(t - t_v) + H_{0v}. \tag{5.62}$$

Bild 5.27 gibt den so berechneten Feldverlauf bei Erregung mit der NRZI-Bitfolge 1111011111110010 wieder. Die Darstellung zeigt deutlich die stark informationsabhängigen Feldamplituden, die den Aufzeichnungsprozeß beeinflussen können.

5.5. Elektrischer Kreis

5.5.1. Impedanz, Induktivität und Verlustwiderstand

Die Ankopplung des magnetischen Kreises an die elektrische Schaltung geschieht mit Hilfe der Kernwicklung. Die Windungszahl n gehört zu den bedeutenden Baudaten eines Magnetkopfes. An den Klemmen einer Magnetkopfwicklung wirkt ein komplexer Scheinwiderstand, die Impedanz

$$Z^L = \mathrm{j}\omega\,\frac{n^2}{R_s + R_F^L} + R_{Cu} = Z_K^L + R_{Cu}, \tag{5.63}$$

wobei R_{Cu} der ohmsche Widerstand der Spule ist. Wir wissen aus Abschnitt 5.3., daß R_F^L in verwickelter Weise von Frequenz und Amplitude der Erregung – des Feldes im hochpermeablen Kern bzw. des Ringstroms um den Kern – abhängt. Wir hatten die gesamte

Wirkung des hochpermeablen Materials seiner Permeabilität zugeordnet. Das erlaubt die Darstellungsweise

$$Z_K^L = j\omega \cfrac{n^2}{R_s + R_F \cfrac{1}{\mu' - j\mu''}} = R_v + j\omega L \tag{5.64}$$

mit der Induktivität $\quad L = \dfrac{L_0}{\delta_0} \delta_1 = \dfrac{n^2}{R_s} \delta_1 \tag{5.65}$

und dem Verlustwiderstand $R_v = \dfrac{\omega L_0}{\delta_0} \delta_2 = \omega \dfrac{n^2}{R_s} \delta_2 . \tag{5.66}$

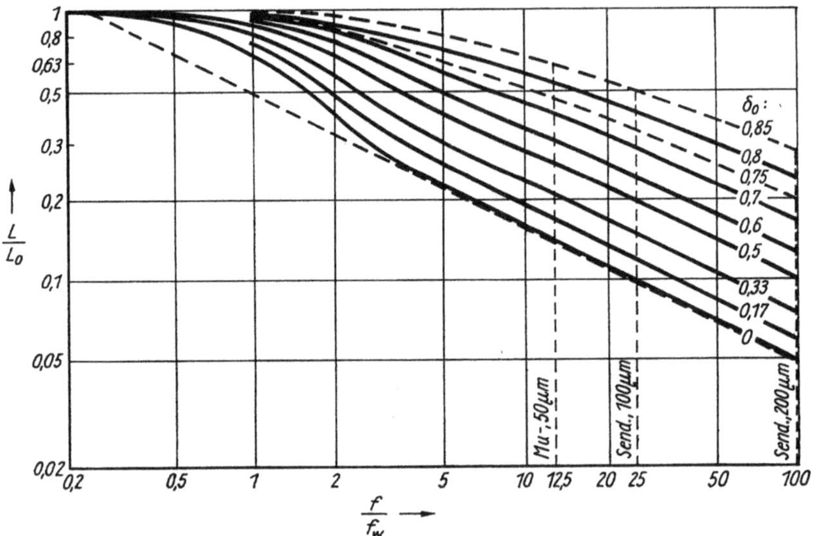

Bild 5.28. Frequenzabhängigkeit der Induktivität

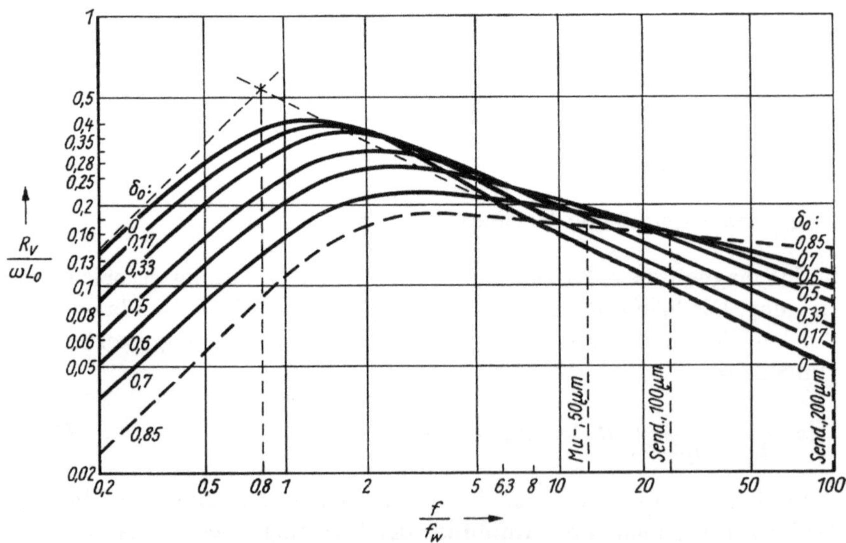

Bild 5.29. Frequenzabhängigkeit des Verlustwiderstandes

Dabei wurden die Kennwerte für niedrige Frequenzen

$$L_0 = \frac{n^2}{R_s + R_F}, \qquad \delta_0 = \frac{R_s}{R_s + R_F} = \frac{1}{1 + m}$$

bzw.

$$\frac{L_0}{\delta_0} = \frac{n^2}{R_s}, \qquad m = \left(\frac{1}{\delta_0} - 1\right) = \frac{R_F}{R_s}$$

$$(5.67)$$

eingeführt.

In den Bildern 5.28 bis 5.30 sind die Größen L/L_0 und $R/\omega L_0$ über der normierten Frequenz f/f_w und als Ortskurve mit den μ' und μ'' entsprechend der Wirbelstromtheorie dargestellt.

Für $\delta_0 = 0$ entspricht die Darstellung den Permeabilitätsverläufen μ' bzw. μ''.

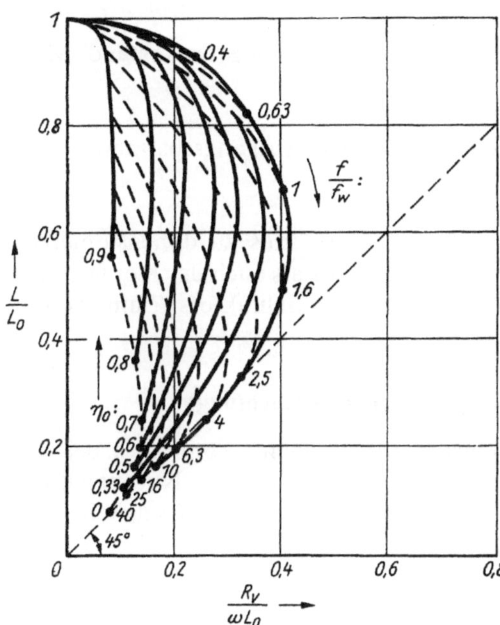

Bild 5.30
Ortskurve des komplexen Widerstandes ($\eta_0 \equiv \delta_0$)

Voigt [5.43] hat gezeigt, daß wegen der aus (5.30), (5.63) und (5.67) folgenden Beziehung

$$\frac{\delta^{\llcorner}(\omega)}{\delta_0} = \frac{Z_K^{\llcorner}(\omega)}{j\omega L_0}$$

$$(5.68)$$

die Bestimmung der Frequenzabhängigkeit des Wirkungsgrades auf eine Messung der Kopfimpedanz zurückgeführt werden kann.

Die Methode ist auch auf die Bestimmung der Aussteuerungsabhängigkeit des Wirkungsgrades zu erweitern (solange keine Spaltfelddeformation durch Spaltkantensättigung auftritt, wodurch die Voraussetzungen des Reziprozitätstheorems sowie von Gl. (5.67) verletzt werden):

$$\frac{\delta_i^{\llcorner}}{\delta_0} = \frac{Z_K^{\llcorner}(\Theta)}{j\omega L_0}.$$

$$(5.69)$$

δ_0 ist hierbei der statische Wirkungsgrad für kleine Feldaussteuerungen. L_0 ist die für gleiche Feldaussteuerung gemessene (oder berechnete) Gleichstrominduktivität.

Bei hinreichend genau bekannter Spaltgeometrie kann auch direkt mit

$$\delta_i^{\mathsf{L}} = \frac{R_{\mathrm{s}}}{\mathrm{j}\omega n^2}\, Z_{\mathsf{K}}^{\mathsf{L}}(\Theta) \tag{5.70}$$

gerechnet werden.

5.5.2. Wiedergabewicklung und Signal-Stör-Abstand

5.5.2.1. Problemstellung

Bei der Maximierung des Signal-Stör-Abstandes durch die Kopfwindungszahl haben wir drei Fälle zu unterscheiden:

a) *Die Störung streut in den Kopf ein:*
Die Windungszahl hat theoretisch keinen Einfluß auf den Signal-Stör-Abstand. Man ist auf Experimente angewiesen.

b) *Die Störung streut nach dem Kopf ein:*
Die Windungszahl bzw. ein Übertrager ist auf maximale Ausgangsspannung nach Abschnitt 5.5.2.2. zu dimensionieren.

c) *Die Störung wird durch den Kopf verursacht:*
Die Windungszahl ist auf maximales Signal-Rausch-Verhältnis zu dimensionieren. Dies läuft aufgrund der Proportionalität sowohl des Signals als auch der Kopfrauschspannung zur Windungszahl auf eine Minimierung des Rauschfaktors F hinaus, die im Abschnitt 6.1. behandelt wird.

5.5.2.2. Windungszahl und Wiedergabespannung (Resonanzbetrachtung)

Wird der Störpegel nur vom Elektronikübersprechen verursacht, kommt es bei der Dimensionierung der Wiedergabewindungszahl lediglich darauf an, das Nutzsignal am Kopf maximal zu gestalten. Dabei wird die Windungszahl wegen der Abhängigkeit

$$L_{\mathrm{res}} = \frac{n_2^2}{R_{\mathrm{m}}(f_{\mathrm{res}})}$$

durch die Kopfresonanz

$$f_{\mathrm{res}} = \frac{1}{2\pi\,\sqrt{L_{\mathrm{res}}C}} \tag{5.71}$$

bestimmt. f_{res} kann in die Nähe der oberen Übertragungsbereichsgrenze gelegt werden, ist aber konkret von der Elektronikkonzeption bestimmt.

Die Kapazität der Wicklungslagen berechnet sich nach [5.12] zu

$$C_{\mathrm{w}} = 0{,}3\,\frac{\mathrm{pF}}{\mathrm{mm}}\,\frac{b_{\mathrm{w}}l_{\mathrm{w}}}{h_{\mathrm{w}}}$$

mit b_{w} Wicklungsbreite; h_{w} Wicklungshöhe; l_{w} mittlere Windungslänge, $l_{\mathrm{w}} \approx 2\,(d_{23} + h_{\mathrm{s}}) + 4h_{\mathrm{w}}$; h_{s} Kerndicke; d_{23} Kernbreite.

Mit den aus Bild 5.10 ersichtlichen Abmessungen ($h_{\mathrm{s}} = 200\,\mu\mathrm{m}$) errechnet sich ein $C_{\mathrm{w}} = 9\,\mathrm{pF}$.

Werden die Wicklungen auf beiden Schenkeln eines Magnetkopfes wie üblich hintereinandergeschaltet, halbiert sich die an den Klemmen liegende Wicklungskapazität.

Die für die Resonanzfrequenz maßgebende Gesamtkapazität wird sich in der elektronischen Zusammenschaltung mindestens aus der Wicklungskapazität C_w, der Erdkapazität C_K, der Leitungskapazität C_L und der Verstärkerkapazität C_e entsprechend

$$C = \tfrac{1}{2}C_w + C_K + C_L + C_e$$

zusammensetzen.

Erfahrungswerte sind

$$C_w \approx 0{,}3\ \frac{\mathrm{pF}}{\mathrm{mm}}\ \frac{b_w l_w}{h_w}, \qquad C_L' \approx 0{,}1\ \frac{\mathrm{pF}}{\mathrm{mm}}, \qquad C_e \approx 10\ \mathrm{pF}$$

(C_L' Kapazität je mm Leitungslänge).

C_K ist bei erdfreiem Verstärkeranschluß am kleinsten. Ist eine solche Schaltung nicht möglich, ist der mittlere Wicklungsanschluß zu erden, um die große Kapazität zwischen innerer Lage und Kern kurzzuschließen.

Aus (5.65) und (5.71) ergibt sich:

$$n_2 = \frac{1}{2\pi f_{\mathrm{res}}}\ \sqrt{\frac{R_s}{\delta_1(f_{\mathrm{res}})\,C}}. \tag{5.72}$$

5.5.2.3. Windungszahl und Signal-Rausch-Verhältnis (Kopf-Elektronik-Anpassung)

Das aus der Rauschspannung $\tilde{u}_K$ und der Wiedergabespannung U_e des Kopfes im Abschnitt 6. abgeleitete Signal-Rausch-Verhältnis ϱ_e nach Gl. (6.11) ist zwar von der Spalttiefe, der Spaltweite, der Kernkreisform und der komplexen Permeabilität abhängig, nicht aber von der Windungszahl.

Diese Verhältnisse ändern sich, wenn der Kopf mit einem Wiedergabeverstärker beschaltet wird, da dessen Rauschfaktor von der Quellimpedanz und damit von der Kopfwindungszahl abhängt.

Aus der Definition des Rauschfaktors F, der u. a. von dem minimal erforderlichen Quellwiderstand $R_{\min}$ des Eingangsverstärkerbausteins oder -transistors und der Generatorimpedanz $n_2^2 Z'$ des verlustbehafteten Magnetkopfes abhängt, kann die Kopfelektronikrauschspannung $\tilde{e}_r = \tilde{u}_K \sqrt{F}$ berechnet werden. Entsprechend (6.21) ist die optimale Windungszahl

$$n_{\mathrm{opt}} = \sqrt{\frac{R_{\min}}{Z'}}, \tag{5.73}$$

mit der das Signal-Rausch-Verhältnis $\varrho_a = \varrho_e/\sqrt{F}$ zum Minimum wird. Die Rauschparameter einiger Transistortypen sind in Tafel 6.1, S. 205, enthalten. Im Bild 6.3 ist F und im Bild 6.4 ϱ_a für zwei Transistorschaltungen als Funktion der Windungszahl n_2 dargestellt. Die Extremwertabszissen entsprechen der optimalen Windungszahl. Die Darstellungen zeigen, daß die Extrema sehr flach verlaufen, so daß andere Gesichtspunkte der Dimensionierung, z. B. technologische und schaltungstechnische, in gewissen Grenzen ohne speichertechnische Nachteile berücksichtigt werden können.

5.5.3. Aufzeichnungswicklung und Wickelraum

Die Kopfwicklung soll soviel Windungen n_1 wie möglich tragen, um den Aufzeichnungsstrom so klein wie möglich zu machen. Dem steht entgegen, daß die Aufzeichnungselektronik eine bestimmte Stromanstiegszeit T_a realisieren muß, die kleiner sein soll als die im Abschnitt 3.* abgeschätzte Feldanstiegszeit T_i. Mit Hilfe von T_a kann über die Beziehung

$$T_a = \begin{cases} \dfrac{2L_0}{R} = \dfrac{2L}{U_s} \\[2ex] \dfrac{L_0}{R} = \dfrac{L}{U_s} \end{cases} \text{bei} \begin{cases} \text{exponentiellem} \\[2ex] \text{rampenförmigem} \end{cases} \text{Stromanstieg}$$

die Windungszahl

$$n_1 \leqq \begin{cases} \dfrac{T_a U_s}{4\mu_0 h_s d_s M_s} \\[2ex] \dfrac{T_a U_s}{2\mu_0 h_s d_s M_s} \end{cases} \text{bei} \begin{cases} \text{exponentiellem} \\[2ex] \text{rampenförmigem} \end{cases} \text{Stromanstieg} \qquad (5.74)$$

bestimmt werden (U_s Betriebsspannung).

Bei Mehrspurköpfen ist stets eine Begrenzung des Wickelraumes

$$S_w = b_w h_w$$

durch den effektiven Abstand zwischen Kern und Abschirmblech zur nächsten Spur, der *Wicklungshöhe h_w*, zu beachten. Damit ist auch n_1 entsprechend

$$n_1 \leqq \frac{S_w}{0{,}8q^2}; \qquad q = q_{Cu} + q_i \quad \text{(Summe aus Kupfer- und Isolationsdicke)}$$

bzw. nach Tafel 5.3 festgelegt. Danach existiert für 30-μm-Draht (lackisoliert) und beidschenkliger Bewicklung die Beziehung

$$n = 2n_1 = 2 \cdot 400 b_w h_w \quad (b_w \text{ und } h_w \text{ in mm}).$$

Die tatsächlich erreichbare Wickeldichte ist stark konstruktiv und technologisch bedingt.

q_{Cu}/μm	n'
30	400
40	260
50	200
60	150
80	90
100	60

Tafel 5.3
Zum Zusammenhang zwischen Kupferdrahtstärke und Windungszahl

$n = n' S_w/\text{mm}^2$

Die Wicklungsbreite b_w (Bild 5.10) ist mit der Schenkellänge des Kerns vorgegeben, die wiederum den statischen Wirkungsgrad über R_F beeinflußt. Mit Gln. (5.27) und (5.31) läßt sich dieses Problem berechnen.

Die Wicklungshöhe h_w ergibt sich aus der Differenz zwischen Spurabstand und Abschirmdicke. Bei einem Spurabstand von 500 μm und einer Abschirmdicke von 200 μm steht eine Bruttowicklungshöhe von 150 μm zur Verfügung. Erweist sich eine Schirmdicke von 50 μm als ausreichend, erhöht sich die Bruttowicklungshöhe um die Hälfte. Mit der tatsächlich erforderlichen Schirmdicke wollen wir uns deshalb im folgenden Abschnitt beschäftigen.

5.5.4.   Abschirmung

Folgende Abschirmaufgaben müssen generell in der PCM-Speichertechnik gelöst werden [5.29]:

– äußere Abschirmung des Kopfes mit Abschirmkappe aus hochpermeablem weichmagnetischem Material zur Verringerung der Fremdfeldempfindlichkeit;
– Zwischensystemabschirmung bei Mehrspurköpfen, vorwiegend aus parallelen Blechen der Kombination Cu–Mu–Cu, aber auch Ferritabschirmungen (MU $\cong$ Muniperm, Permalloy).

Letztere Aufgabe ergibt sich aus den folgenden Überspvecheffekten:

bei Aufzeichnung – Einschreiben in die Nebenspur durch seitliche Feldstreuung,
– elektrische Signaleinstreuung in das Nachbarsystem;
bei Wiedergabe – Feldeinstreuung von der Nebenspur in den Wiedergabespalt,
– elektrische Signaleinstreuung vom Nachbarsystem.

Das elektrische Übersprechen zwischen den Systemen ist bei Aufzeichnung und Wiedergabe nahezu gleich. Es kann wiederum durch zwei Einflüsse verursacht werden:

– kapazitives Übersprechen zwischen den elektrischen Leitern,
– induktives Übersprechen zwischen den magnetischen Kreisen.

Wegen der räumlich sehr gedrängten Anordnung und der vergleichsweise geringen Wiedergabepegel der Systeme für Mehrspur-PCM-Speicherung und wegen der Gegenwart energiereicher Digitaltrakte ist eine wirkungsvolle Abschirmung zur Schwächung des elektrischen Übersprechens unerläßlich. Während die Leitungsabschirmung ein allgemeines Problem der Schaltungstechnik darstellt, ist die Schirmung gegenüber magnetischen Impuls- und Wechselfeldern ein spezielles Problem, dessen Lösung auch wesentlich für die Kopfkonstruktion ist. Wir wollen uns im Rahmen dieser Abhandlung auf die Gesichtspunkte der Materialzusammenstellung und der Blechdicken konzentrieren.

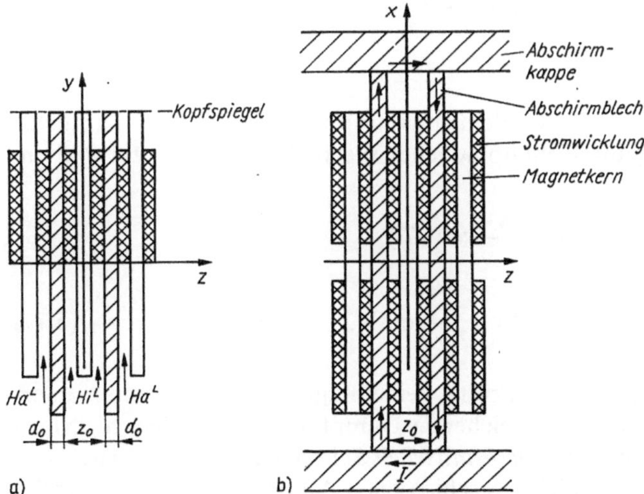

Bild 5.31
Modell der Schirmhülle
aus zwei parallelen Platten
innerhalb eines realen Kopfstapels
a) Seitenansicht ; b) Draufsicht

Der Abstand zweier Abschirmbleche betrage z_0, deren Dicke d_0, die Permeabilität sei μ_{10}, und der spezifische elektrische Widerstand sei ϱ_F. Der Magnetkern mit der Stromwicklung in x-Richtung möge ein homogenes magnetisches Störungsfeld H_a^L in y-Richtung erzeugen, also parallel zu den Abschirmblechen (Bild 5.31).

Ausgehend von der Differentialgleichung für quasistationäre Felder

$$\frac{\mathrm{d}^2 H^\mathrm{L}}{\mathrm{d}x^2} = k^2 H^\mathrm{L}$$

kommt *Kaden* [5.13] über Grenzwert- und Symmetriebetrachtungen zunächst zu dem komplexen Schirmfaktor

$$S^\mathrm{L} = \cosh k^\mathrm{L} d_0 + \frac{Z_0}{2\mu_{10}} \sinh k^\mathrm{L} d_0 \quad \text{mit} \quad k^\mathrm{L} = \frac{1 + \mathrm{j}}{\delta_\mathrm{F}} \tag{5.75}$$

und δ_F nach (5.3).

Als praktisches Maß soll die Schirmdämpfung

$$a_\mathrm{s} = 20 \lg |S^\mathrm{L}|$$

definiert werden. Außer der Feldschwächung tritt auch eine zeitliche Phasenverschiebung zwischen H_a^L und H_i^L auf, die gegebenenfalls (z. B. zwecks Störkompensation) aus (5.75) berechnet werden kann.

Für die maximale Feldschwächung im Inneren einer ebenen, unendlich ausgedehnten Platte erhält man sehr einfache Ausdrücke. Es ist nach *Domsch* [5.51]

$$a_\mathrm{s/dB} = 20T \lg \mathrm{e} = 8{,}68T, \quad \text{mit} \quad T = \frac{d_0}{\delta_\mathrm{F}}, \tag{5.76}$$

entsprechend (5.2). Die Anzahl T, die angibt, wie oft die Eindringtiefe δ_F in der Blechdicke d_0 enthalten ist, ist also gleichzeitig ein Maß für die mit der Blechdicke d_0 exponentiell ansteigende Feldschwächung im Inneren einer (unendlich ausgedehnten) Platte.

Aus (5.76) ergibt sich bereits, daß die Blechdicke d_0 für alle Arten von elektromagnetischen Schirmen ein Mehrfaches der Eindringtiefe δ_F betragen muß. Die Bemessungsregel (5.76) fordert für eine Schirmdämpfung $a_\mathrm{s} = 40$ dB eine Blechdicke $d_0 = 4{,}6\delta_\mathrm{F}$, also die vier- bis fünffache Dicke der Eindringtiefe.

5.5.4.1. Einlagige Abschirmungen

Aus (5.75) folgt nach *Kaden* [5.13] für die Schirmdämpfung zwischen zwei parallelen unendlichen Platten bei Erregung durch ein homogenes Wechselfeld parallel zur Plattenebene

$$a_\mathrm{s} = 10 \lg \left[\left(\frac{z_0}{2\mu_{10}\delta_\mathrm{F}} \right)^2 (\cosh 2T - \cos 2T) \right.$$

$$\left. + \frac{z_0}{2\mu_{10}\delta_\mathrm{F}} (\sinh 2T - \sin 2T) + \frac{1}{2} (\cosh 2T + \cos 2T) \right]. \tag{5.77}$$

Es besteht nur elektromagnetische Schirmwirkung, keine magnetostatische, und man erkennt, daß nur hochpermeable Bleche ausreichende Dämpfungswirkung bei niedrigen Frequenzen aufweisen. Bei einer quasi*magnetostatischen Schirmung* ($d_0 < \delta_\mathrm{F}$) wirkt sich der magnetische Nebenschluß der möglichst geschlossenen Abschirmung aus. Je größer Blechdicke und Permeabilität sind, desto größer ist die Wirkung; vgl. auch die Meßergebnisse von *Scholz* [5.29].

Dagegen ist bei hohen Frequenzen ($d_0 > \delta_\mathrm{F}$) die Flußverdrängung so stark, daß nur noch die *elektromagnetische Schirmung* wirksam ist. Diese Schirmwirkung, die bei unmagnetischen Abschirmungen ($\mu_{10} = 1$) ausschließlich auftritt, beruht auf einer Feldschwächung durch das von den induzierten Wirbelströmen erzeugte Sekundärfeld. Schon dünnwandige unmagnetische Bleche bewirken eine hohe Schirmwirkung.

Für viele praktische Zwecke genügen aus (5.75) abgeleitete Näherungsgleichungen. Im Bereich kleiner Frequenzen ist $d_0 < \delta_F$ und der Ringstrom I gleichmäßig über die Plattendicke verteilt. Im Bereich hoher Frequenzen ist der Ringstrom entsprechend $d_0 > \delta_F$ an die Plattenoberfläche verdrängt. Es ergibt sich durch Reihenentwicklung

$$a_s \approx \begin{cases} 10\lg\left[1 + \left(\dfrac{z_0 d_0}{\mu_{10}\delta_F^2}\right)^2\right] & d_0 < \delta_F \\[2mm] \quad\quad\quad\quad\quad\text{für} \\[2mm] \dfrac{d_0}{\delta_F} + 20\lg\dfrac{z_0}{2\sqrt{2}\,\mu_{10}\delta_F} & d_0 > \delta_F. \end{cases} \tag{5.78a}$$

Eine typische Aufgabenstellung für den Kopfkonstrukteur ist die Bestimmung der Blechdicke d_0 bei den vorgegebenen Größen Schirmdämpfung, Frequenz, Spurabstand und den Materialparametern.

Aus (5.78a) ergibt sich

$$d_0 \geqq \begin{cases} \dfrac{\mu_{10}\delta_F^2}{z_0}\sqrt{10^{0,1 a_s} - 1} & d_0 < \delta_F \\[2mm] \quad\quad\quad\quad\quad\text{für} \\[2mm] \delta_F\left(a_s - 20\lg\dfrac{z_0}{2\sqrt{2}\,\delta_F}\right) & d_0 > \delta_F. \end{cases} \tag{5.78b}$$

Das Zeichen $\geqq$ soll daran erinnern, daß man d_0 nach der sicheren Seite hin erhöhen sollte, da die Abschirmwirkung wegen des Umgriffs elektromagnetischer Streufelder um die endlichen Abschirmbleche in Wirklichkeit geringer ist. Weiterhin sei noch darauf hingewiesen, daß für eine gut leitende Verbindung der Schirmbleche nach Bild 5.31 b zu sorgen ist, damit sich die Ströme I rings um den Schirmraum schließen können.

5.5.4.2. Mehrlagige Abschirmungen

Kombinationen aus hochpermeablen und gutleitenden Blechen haben, wie sich zeigen wird, im wesentlichen für tiefe und mittlere Frequenzen Vorteile gegenüber Einzellagen gleicher Dicke. *Kaden* beschreibt, daß mehrlagige isolierte Abschirmungen aus gleichem Material nicht sinnvoll sind, weil die resultierende Schirmdämpfung kleiner ist als die Summe der Einzeldämpfungen. Das erklärt sich aus einer starken Rückwirkung der Schirme aufeinander.

Dagegen wird die gesamte Schirmdämpfung um 6 dB gegenüber der Summe der Einzeldämpfungen erhöht, wenn ein hochpermeables und ein gutleitendes Blech beteiligt sind. Dies gilt für kleine Frequenzen im Bereich $(z_0/\delta_F\mu_{10}) \ll 1$. Ursache ist eine erhebliche Schwächung des Feldes zwischen den beiden Schichten infolge Vielfachreflexion und Auslöschung.

Bei kombinierten zweilagigen Abschirmungen, bestehend aus dem nichtmagnetischen Schirm (I) und dem magnetischen Schirm (II), wird nach [5.13] aus dem Produkt der einzelnen Schirmfaktoren

$$S^L = 2S_I^L S_{II}^L = \frac{\mu_{II} k_I^L}{2 k_{II}^L}\sinh k_I^L d_I \sinh k_{II}^L d_{II}. \tag{5.79}$$

Dies gilt unter den Nebenbedingungen $z_0 d_I/\delta_I^L$, $\mu_{II} d_{II}/z_0$, $\mu_I d_I/z_0 \gg 1$, d.h. nicht für beliebig tiefe Frequenzen, weil da nur noch der Schirm II magnetostatisch wirksam ist.

Für die Schirmdämpfung erhält man bei $d_I < \delta_I$, $d_{II} < \delta_{II}$ näherungsweise

$$a_s = 20 \lg \frac{\mu_{II} d_I d_{II}}{\delta_I^2}. \tag{5.80}$$

Bei gegebener Gesamtdicke $d_0 = d_I + d_{II}$ wird a_s durch die Vorschrift $d_I = d_{II} = (d_0/2)$ maximal

$$a_s = 20 \lg \frac{\mu_{II} d_0^2}{4\delta_I^2}, \qquad d_I = d_{II} = \frac{d_0}{2}. \tag{5.81}$$

Beim Ton-PCM-Magnetkopf mit seinen symmetrischen Abschirmproblemen und bei der erforderlichen hohen Schirmdämpfung in den mittleren Frequenzlagen bildet man die Abschirmung dreilagig aus, wobei die Magnetschicht (II) von zwei gutleitenden Schichten (I, III) umgeben wird, die gleich dick sind ($d_I = d_{III}$). Die gutleitenden Außenbleche (Kupfer, Berylliumbronze) schirmen den größten Teil des Störfeldes ab, und das durchgehende Feld wird vom Eisen (Permalloy, Muniperm) zurückgehalten. Da dieses Feld nur noch schwach ist, bleiben die Wirbelstrom- und Hystereseverluste in der Magnetschicht klein. Hierfür lautet der Schirmfaktor

$$S^\llcorner = 4S_I^2 S_{II}^\llcorner = \frac{\mu_{II} k_I^2 z_0}{2k_{II}^\llcorner} \sinh^2 k_I^\llcorner d_I \sinh k_{II}^\llcorner d_{II}. \tag{5.82}$$

Für den Bereich ohne Stromverdrängung ($d_0 < 3\delta_I$) ist die Schirmdämpfung

$$a_s = 20 \lg \frac{2\mu_{II} z_0 d_I^2 d_{II}}{\delta_I^4}. $$

Hierbei ist bei gegebener Gesamtdicke $d_0 = 2d_I + d_{II}$

$$d_I = d_{II} = \frac{d_0}{3}$$

optimal, mit

$$d_0 = \sqrt[3]{\frac{27\delta_I^4}{2\mu_{II} z_0} \, 10^{a_s/20}}. \tag{5.83}$$

Bild 5.32 zeigt den Verlauf der Schirmdämpfung ein- und dreilagiger Bleche für verschiedene Gesamtblechdicken als Funktion der Frequenz. Die Darstellung erlaubt den Vergleich gegenüber der Wirksamkeit von einlagigen Schirmen.

Im oberen Frequenzbereich bei starker Stromverdrängung ($d_0 > 3\delta_I$) macht man die Dicke der Magnetschicht d_{II} gleich der Eindringtiefe δ_I der gutleitenden Schicht; d. h., die Eisenschicht wird dann dünner als die Außenbleche:

$$d_I = \frac{d_0 - \delta_I}{2}, \qquad d_{II} = \delta_I.$$

Die Aussagen für die Dimensionierung mehrlagiger Schirme unterliegen mehreren Einschränkungen. Die angesetzte Verkopplung zwischen den Schirmen gilt nur für den mittleren Frequenzbereich. Im Bereich höchster Frequenzen arbeitet man ohnehin besser nur mit Kupferabschirmungen, da die magnetischen keine Wirkung mehr haben. Weiterhin gilt Gl. (5.82) exakt nur für zylinderförmige Schirme. *Kaden* wies aber darauf hin, daß die Ableitung für einfache Abschätzungen (außer für tiefe Frequenzen) immer verwendbar ist, da sich die für verschiedene idealisierte Schirmformen berechneten Schirmfaktoren nicht wesentlich unterscheiden. Der Berechnungsfehler bleibt stets klein, solange nur die Wanddicke d_0 exakt berücksichtigt wird.

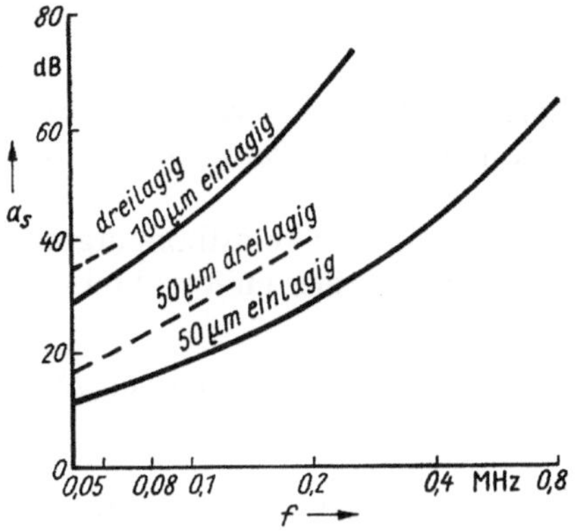

Bild 5.32
Schirmdämpfung a_s ein- und dreilagiger Abschirmung mit verschiedener Gesamtblechdicke d_0

Weiterhin ist zu beachten, daß (5.75) und (5.82) für in y-Richtung unendlich ausgedehnte Schirme abgeleitet wurden. Der Umgriff des elektromagnetischen Streufeldes von Kopfspalt, Magnetkern und Wicklung um die am Kopfspiegel endenden Abschirmbleche übt eine restliche Influenz auf die benachbarten Systeme aus und verringert die Schirmdämpfung. Deshalb sollte die errechnete Schirmdicke d_0 nach der sicheren Seite hin erhöht werden. Hierbei ist man auf Experimente bzw. kompliziertere Rechnungen (z.B. [5.44]) angewiesen. Bei fortschreitender Beherrschung der Rechentechnik sind praktikable dreidimensionale Modelle zu erwarten, besonders für integrierte Vielspurköpfe mit Abschirmungen.

5.6. Ermittlung von Kenngrößen am fertig montierten Magnetkopf

5.6.1. Magnetische Widerstände und Permeabilitäten

Am fertig montierten Kopf mit bekannter Kernkreisgeometrie (μ'_g, h_s, d_F) sind u. a.
- die Kopfimpedanz $Z^L = R_v + jwL$,
- der Wirkungsgrad δ_0 (mit Bezugsband) und
- der Wiedergabespannungsfrequenzgang $U_e(k)$

meßbar.
Daraus lassen sich eine Anzahl von Kopfparametern mittelbar bestimmen:

• die im magnetischen Kreis wirksamen Widerstände

$$R_m = \frac{n^2}{L}, \qquad R_s = R_m \delta_0, \qquad R_F = R_m - R_s;$$

• die Kernpermeabilität

$$\mu_{10} = \frac{2\mu'_g}{\mu_0 R_F h_s}. \tag{5.84}$$

Die Kernpermeabilität läßt sich auch aus der Frequenzabhängigkeit der Kopfimpedanz $|Z^L(f)|$ bestimmen:

Wenn der statische Wirkungsgrad δ_0 bekannt ist, kann aus Bild 5.12 die Wirbelstromgrenzfrequenz f_w ermittelt werden. Damit ist

$$\mu_{10}^{(w)} = \frac{10^4 \varrho_F/\mu\Omega\cdot\text{cm}}{d_F^2/\text{mm}^2\, f_m/\text{MHz}}. \tag{5.85}$$

Mit Hilfe der Ausdrücke für μ_{10} und $\mu_{10}^{(w)}$ ist es möglich, eine evtl. während der Bearbeitung, Montage und Endbearbeitung aufgetretene Änderung der Permeabilität des Kernkreises zu verfolgen.

Herrscht zwischen den beiden ermittelten μ_{10}-Werten keine Übereinstimmung im Rahmen der Meßgenauigkeit, können Rückschlüsse auf weitere Fehler im Kernkreis gezogen werden:

$\mu_{10} < \mu_{10}^{(w)}$ – Nebenspalt oder verbreiterter hinterer Spalt $w_h/\mu\text{m} = 1{,}26 d_h/\text{mm}$
$\qquad\qquad\times\ (R_F'/(\text{mm}/\mu\text{H}) - \mu_F'/\mu_{10}^{(w)})$,
$\qquad\qquad d_h$ Tiefe des Nebenspaltes;

$\mu_{10} > \mu_{10}^{(w)}$ – Möglichkeit von Haarrissen im Kernmaterial in Abständen $< d_F$, die wie eine zusätzliche Lamellierung wirken.

5.6.2. Magnetische und speichertechnische Spaltweite

Die *magnetisch wirksame Spaltweite* w_s kann aus R_s errechnet werden:

$$w_s = \mu_0 d_s h_s R_s. \tag{5.86}$$

Die *speichertechnisch wirksame Spaltweite* w_s' läßt sich aus dem gemessenen Frequenzgang ermitteln; auch dann, wenn keine Spaltnullstelle explizit nachgewiesen wurde. Erforderlich sind die 3 Meßwerte $U_1(\lambda_1)$, $U_2(\lambda_2)$, $U_4(\lambda_4)$, wobei die Bedingung

$$\lambda_1 = 2\lambda_2 = 4\lambda_4$$

gelten muß. λ_4 sollte im Interesse der Genauigkeit der Spaltweitenbestimmung eine kürzestmögliche Wellenlänge sein, also möglichst nahe der Spaltnullstelle liegen. Dann ist unter der Voraussetzung eines Frequenzgangverlaufs der Form

$$U_e(\lambda) \sim \frac{1}{\lambda}\, e^{-(2\pi/\lambda)s*}\, \frac{\sin\dfrac{\pi w_s'}{\lambda}}{\dfrac{\pi w_s'}{\lambda}} \tag{5.87}$$

die Spaltweite

$$w_s' = \frac{\lambda_4}{2\pi}\, \text{arccos}\, \frac{A_{4/2}}{A_2^2 - A_{4/2}} \tag{5.88}$$

mit

$$A_2 = \frac{U_2(\lambda_2)}{U_1(\lambda_1)}, \qquad A_{4/2} = \frac{U_4(\lambda_4)}{U_2(\lambda_2)}.$$

Da in Gl. (5.87) frequenzabhängige Dämpfungen nicht berücksichtigt sind, müssen diese vor der Bestimmung von A_2 und $A_{4/2}$ über $\delta(f)$ korrigiert werden.

5.6.3. Sättigungsfeldstärke, Remanenz und Koerzitivfeldstärke

Die Sättigungsfeldstärke eines Magnetkopfes interessiert dann, wenn mit geringen Spaltweiten auf hochkoerzitive Magnetschichten aufgezeichnet werden soll. Dann müssen die Aussteuermöglichkeiten des Kopfmaterials gut bekannt sein.

Am fertig montierten Kopf ist eine mittelbare Bestimmung der Sättigungsfeldstärke möglich: Es wird auf ein extrem hochkoerzitives Magnetband mit verschiedenen Aufzeichnungsgleichströmen eine remanente Magnetisierung aufgezeichnet, die anschließend mit einem Vibrationsmagnetometer bestimmt wird. Ist die Remanenzkurve des Magnetbandes bekannt, kann eine Zuordnung zwischen Remanenz und Aufzeichnungsfeldstärke gefunden werden.

Bei Kombiköpfen entsteht ebenfalls das Problem der Beeinflussung der Aufzeichnung bzw. des Wiedergabeflusses durch eine Restremanenz im Kernmaterial. Sie berechnet sich aus der Koerzitivfeldstärke H_c (Kopf) zu

$$M_r = \chi_{10} H_c \,(\text{Kopf})$$

und bewirkt eine Spaltfeldstärke

$$H_0 = M_r = \chi_{10} H_c \,(\text{Kopf}).$$

Diese Restfeldstärke kann je nach Verhältnis $\hat{H}(\text{Kopf})/H_c(\text{Band})$ eine irreversible oder eine reversible Verfälschung des Aufzeichnungs- bzw. des Wiedergabeflusses bewirken.

Im ersten Fall wird ein von der Anzahl der Kopfberührungen abhängiger Abfall der Wiedergabespannung bis zu einem Endwert beobachtet. Das gleiche Verhalten wird bei Bandbewegung durch ein homogenes bekanntes Gleichfeld H_{dc} und Wiedergabe mit einem remanenzfreien Kopf bewirkt. Aus dem Feld $\hat{H} = H_{dc}$, das den gleichen Anlöscheffekt verursacht, läßt sich die Kopfremanenz zu

$$M_r = \chi_{10} H_c \,(\text{Kopf}) = \hat{H}\,\frac{\pi}{2}\,\frac{1}{\arctan \dfrac{w_1}{a}}$$

abschätzen.

Im zweiten Fall entsteht eine reversible Signaldeformation. Der Vergleich zwischen der gemessenen und der für verschiedene H_c (Kopf) nach Abschnitt 3. berechneten Signalform liefert den Wert der vorhandenen Restremanenz.

Die Koerzitivfeldstärke H_c (Kopf) kann auch an fertig montierten Köpfen direkt mit dem Koerzimeter ermittelt werden.

5.7. Ermittlung von Materialkenngrößen durch Zwischenkontrolle an Ringkernproben

5.7.1. Impedanzmessung

Aus der Messung der Impedanz $Z_i^{\llcorner}$ eines mit n Windungen homogen bewickelten Ringkerns läßt sich die wichtigste Materialeigenschaft – die komplexe Permeabilität mit ihrer Frequenz- und Aussteuerungsabhängigkeit – ermitteln. Übliche Meßmittel sind die Gegeninduktivitätsmeßbrücke nach *Wilde* oder die Scheinwiderstandsmeßbrücke [5.45]. Es ist für Sinuserregung mit (5.64) bis (5.66) und (5.32)

$$Z_K^{\llcorner} = j\omega L_0 \,(\mu_i' - j\mu_i'')$$

und daraus die normierte Ortskurve der mittleren komplexen Permeabilität

$$\frac{\mu_i^{\llcorner}}{\mu_{10}} = \mu_i' - j\mu_i'' = \frac{Z_K^{\llcorner}}{j\omega L_0} \tag{5.89}$$

ableitbar.

„Mittlere komplexe Permeabilität" soll darauf hinweisen, daß – außer bei kleinen Erregungen – über dem Ringkernquerschnitt praktisch keine konstante Permeabilität $\mu_i^{\llcorner}(H_i)$ herrscht und mit der Messung nur ein Mittelwert erfaßt wird. Ursache dafür ist die im Abschnitt 5.3.1. abgeleitete inhomogene Flußdichte- und Feldstärkeverteilung $H_i = \Theta/2\pi r$. Als mittlere Feldaussteuerung kann der Ausdruck

$$\bar{H}_i = \frac{H_i(r_i) + H_i(r_a)}{2} = \frac{\Theta}{4\pi}\left(\frac{1}{r_a} + \frac{1}{r_i}\right) \tag{5.90}$$

dienen.

Je schlanker der Ringkern ist ($r_a/r_i < 2$), desto genauer wird die Bestimmung der Abhängigkeit $\mu_i^{\llcorner}(H_i)$.

Zur Entnormierung von (5.89) ist noch die wichtige Materialkonstante μ_{10} aus einer Induktivitätsmessung (L_0) mit kleiner Frequenz und kleiner Aussteuerung zu bestimmen. Es ist mit (5.21)

$$\mu_{10} = \frac{2\pi}{\mu_0 h_s \ln\dfrac{r_a}{r_i}} \frac{L_0}{n^2}. \tag{5.91}$$

5.7.2. Hysteresemessung

Nicht nur aus der Impedanzmessung $Z^{\llcorner} = \mu^{\llcorner}/i^{\llcorner}$, sondern auch aus der Hysteresemessung (mit getrennter Erreger- und Meßwicklung)

$$\tfrac{1}{2}\int u^{\llcorner}\, dt = f(i^{\llcorner})$$

lassen sich Aussagen über Materialeigenschaften der Probe treffen. Die Feldeichung $\bar{H}_i(i)$ ist wieder durch (5.90) gegeben, und der Zusammenhang zwischen Magnetfluß und Ausgangsspannung ist

$$|u^{\llcorner}| = n\omega\Phi_i.$$

Weiterhin gilt

$$\beta_i = \frac{\Phi_i}{h_s(r_a - r_i)} = \mu_0(H_i + M),$$

so daß schließlich eine $M(\bar{H}_i)$-Kurve aufgenommen werden kann. Daraus läßt sich neben den Permeabilitäten sowohl die Sättigungsmagnetisierung M_s als auch die Koerzitivfeldstärke H_0 des Materials ermitteln.

6. Speicherkanal

6.1. Signal-Rausch-Anpassung

6.1.1. Wiedergabeelektronik

Aufgabe des unmittelbar an den Magnetkopf angeschalteten Wiedergabeverstärkers ist es, möglichst ohne Verringerung des Signal-Rausch-Verhältnisses das im Kopf induzierte Signal aus dem störungsempfindlichen Pegelbereich herauszuführen. Dabei darf

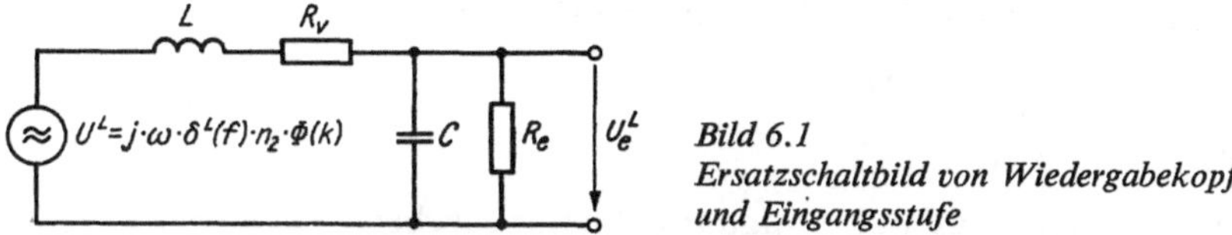

Bild 6.1
Ersatzschaltbild von Wiedergabekopf
und Eingangsstufe

es nicht zu einer Phasenverzerrung kommen; d.h., die Resonanz des Systems Kopfwicklung, Leitung, Eingangsstufe muß beachtet werden. Die Übertragungsfunktion dieser Anordnung, deren Ersatzschaltbild im Bild 6.1 dargestellt ist, lautet

$$\frac{U_e^L}{\Phi(k)} = \frac{j\omega R_e n_2 \delta^L(f)}{R_e + R_v - \omega^2 R_e CL + j\,(\omega C R_e R_v + \omega L)} \tag{6.1}$$

bzw.

$$\left|\frac{U_e^L}{\Phi(k)}\right| = \frac{\omega n_2 \delta(f)}{\sqrt{\left(1 + \dfrac{R_v}{R_e} - \omega^2 CL\right)^2 + \left(\dfrac{L}{R_e} + \omega C R_v\right)^2}} \tag{6.2}$$

und

$$\varphi_e = \frac{\pi}{2} - \arctan\frac{\omega C R_e R_v + \omega L}{R_e + R_v - \omega^2 R_e CL} + \varphi_\delta(f). \tag{6.3}$$

In den meisten praktischen Fällen wird im „Leerlaufbetrieb" gearbeitet, d.h , der Eingangswiderstand erfüllt die Bedingung

$$R_e > 2\,\sqrt{(\omega_g L)^2 + R_v^2(f_g)}\,,$$

und die Dämpfung der Leerlaufwiedergabespannung U_w ist kleiner als 1 dB. $\omega_g = 2\pi f_g$ ist die obere Grenzfrequenz des zu übertagenden Spektrums. Unter diesen Bedingungen ist vereinfachend

$$\frac{U_e^L}{\Phi(k)} = \frac{j\omega n_2 \delta^L(f)}{1 - \omega^2 CL + j\omega C R_v} \tag{6.4}$$

bzw.

$$\frac{U_e^L}{\Phi(k)} = \frac{\omega n_2 \delta(f)}{(1 - \omega^2 CL)^2 + (\omega C R_v)^2} \tag{6.5}$$

und

$$\varphi_e = \frac{\pi}{2} - \arctan \frac{\omega C R_v}{1 - \omega^2 C L} + \varphi_\delta(\omega).$$ (6.6)

Der Amplitudengang soll im wesentlichen eine Signalübertragung bis $\frac{3}{2} f_{res}$ erlauben, eine Bedingung, die bei geeigneter Wahl der Kopfwindungszahl leicht zu erfüllen ist. Im Resonanzgebiet ist dem Phasenverlauf Aufmerksamkeit zu schenken, da er zu Signalverzerrungen führt. Eindeutige Kriterien für den zulässigen Phasengang sind nur in Verbindung mit den kodeabhängigen Signalmustern und den aufzeichnungsseitigen Phasenverzerrungen möglich. Die strengste allgemeingültige Bedingung für Verzerrungsfreiheit wird mit einem Linearphasengang im Übertragungsbereich erfüllt:

$$\varphi_e = (2n - 1) \frac{\pi}{2} - \text{konst.} \ \omega, \qquad \omega_n \leqq \omega \leqq \omega_0 \quad (n \text{ ganze Zahl}),$$ (6.7)

d. h. Gruppenlaufzeit $d\varphi_e/d\omega = \text{konst.}$

Oft wird in der Nachrichtentechnik auch die Phasenlaufzeit

$$\Delta\tau = \frac{\Delta\varphi}{\omega}, \qquad \frac{\Delta\tau}{T_{bit}} = \frac{\Delta\varphi}{2\pi}$$

als Toleranzmaß für zulässige Phasenübertragungsfehler angegeben.

6.1.2.   Rauschquellen

Die hauptsächlichen Rauschquellen im Wiedergabetrakt sind das Bandrauschen $\tilde{u}_B$, das Kopfrauschen $\tilde{u}_K$ und das Verstärkerrauschen, das entsprechend der vereinfachten Rauschersatzschaltung im Bild 6.2 über den Rauschfaktor F beschrieben wird. Aus der

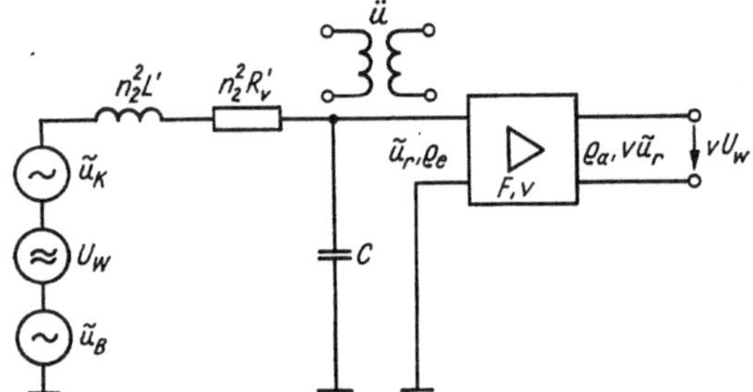

Bild 6.2
Rauschersatzschaltbild von Band,
Wiedergabekopf und Eingangsstufe

Definition des *Rauschfaktors F* als das Verhältnis der Signal-Rausch-Abstände von Eingangs- zu Ausgangsleistung

$$F = \left(\frac{\varrho_e}{\varrho_a}\right)^2 = \left(\frac{U_e / \sqrt{\tilde{u}_B^2 + \tilde{u}_K^2}}{v U_e / v \tilde{u}_r}\right)^2$$ (6.8)

errechnet sich die Gesamtrauschspannung, bezogen auf Verstärkereingang, zu

$$\tilde{u}_r = \sqrt{\tilde{u}_B^2 + \tilde{u}_K^2} \ \sqrt{F}.$$ (6.9)

Welche der drei Rauschgrößen in einem Speichersystem überwiegt, hängt von den Betriebs- und Kanalparametern, wie Bandgeschwindigkeit, Spurbreite, Bandbreite, Magnetschicht, Magnetkopf, Verstärkertyp usw., ab.

Zur Abschätzung der physikalischen Grenzen verschiedener Speichermedien unter idealisierten Bedingungen wird, wie im Abschnitt 4.5., nur das Bandrauschen herangezogen. Das Bandrauschen ist als rein additiver Störanteil aufzufassen, der im vollständig gelöschten Band gemessen werden kann. Sämtliche sogenannte multiplikative, also signalabhängige Rauscheinflüsse werden über die Signalstatistik nach Abschnitt 4.7. erfaßt.

Für die Fehlerwahrscheinlichkeit realer Systeme ist das Bandrauschen selbst dann von untergeordneter Bedeutung, wenn es sich als der dominierende stationär gemessene Zufallsprozeß erweist. Ursache dafür ist, daß die Fehlerwahrscheinlichkeit im optimierten Speicherkanal maßgebend von den nichtstationären multiplikativen Störprozessen bestimmt wird, die wegen der eng verwandten Übertragungsfunktionen von Signal- und Bandrauschen beide Größen in nahezu konstantem Verhältnis zueinander belassen.

Dagegen ist das Kopfrauschen signalunabhängig und ein beständiger Störprozeß. Der Wiedergabekopf wirkt wie ein thermischer Rauschgenerator. Die Schmalbandrauschspannung berechnet sich zu

$$\tilde{u}_K = \sqrt{4kTR_v\,(f)\,\Delta f} \approx 0{,}126\,\mu V\,\sqrt{R_v/k\Omega \cdot \Delta f/kHz}. \tag{6.10}$$

Der frequenzabhängige Realteil R_v der Kopfimpedanz ist sowohl von den magnetischen als auch von den elektrischen Verlusten abhängig. Die erst bei sehr hohen Frequenzen wirkenden Windungsverluste oder dielektrischen Verluste sollen nicht weiter beachtet werden. Es verbleiben im wesentlichen die Kupferverluste und die magnetischen Wirbelstrom- und Spinrelaxationsverluste.

Der Signal-Rausch-Abstand ergibt sich mit (3.86), (3.88), (5.25), (5.32), (5.66), (5.67), (6.10) zu

$$\varrho_e = \frac{U_e}{\tilde{u}_K} = \frac{\lambda}{\sqrt{2\pi}\,\mu_0 d_s}\,\Phi_a'(\lambda)\,\sin\frac{\pi w_s}{\lambda}\,\sqrt{\frac{1}{kT\mu_{10}R_F}}\,\sqrt{\frac{\mu_1^2 + \mu_2^2}{\mu_2}}. \tag{6.11}$$

Dieser ist abhängig von der Spalttiefe, der Spaltweite, dem Kernkreis, der komplexen Permeabilität und dem auf die Spurbreite h_s bezogenen wellenlängenabhängigen äußeren Bandfluß $\Phi_a'(\lambda)$.

ϱ_e wird maximal bei der Spaltweite $w_s = \lambda/2$.

Bedeutsam für die Materialauswahl sind die Beziehungen zwischen dem Signal-Rausch-Abstand und der komplexen Permeabilität bzw. der Güte. Es ist nach (6.11)

$$\varrho_e \sim \sqrt{\frac{\mu_1^2 + \mu_2^2}{\mu_2}} \tag{6.12}$$

und

$$\varrho_e \sim |\mu^{\llcorner}|\,\sqrt{\frac{Q}{\mu_1}} \tag{6.13}$$

mit

$$|\mu^{\llcorner}| = \sqrt{\mu_1^2 + \mu_2^2} \quad \text{und} \quad Q = \frac{\omega L}{R_v} = \frac{\mu_1}{\mu_2}.$$

6.1.3. Elektronikrauschen

Der Rauschfaktor F ist nach [6.1] abhängig vom minimalen Rauschfaktor $F_{\min}$, von dem äquivalenten Rauschwiderstand R_n, der Generatoradmittanz $Y_G^{\llcorner} = G_G + jB_G$ und der minimalen Quelladmittanz $Y_{\min}^{\llcorner}$ sowie gegebenenfalls vom Anpassungsverhältnis $\ddot{u}$

eines als ideal angenommenen Übertragers zwischen Kopf und Verstärkereingang:

$$F = F_{min} + \ddot{u}^2 \frac{R_n}{G_G} \left| \frac{1}{\ddot{u}^2} Y_G^L - Y_{min}^L \right|^2 . \tag{6.14}$$

Daraus geht hervor, daß der Rauschfaktor dann sein Minimum hat, wenn

$$\frac{1}{\ddot{u}^2} Y_G^L = Y_{min}^L$$

ist. Geht man davon aus, daß

$$Y_{min}^L \approx G_{min}$$

ist, so erreicht der Verstärker nur an einem reellen Quellwiderstand seinen minimalen Rauschfaktor. Da Magnetköpfe induktive Quellen sind, muß die induktive Komponente weggestimmt und R_v in R_{min} transformiert werden (Resonanzanpassung):

$$F = F_{min} + \frac{R_n}{n^2 R_v'} \left(\frac{R_v'}{Z'} - n^2 \frac{Z'}{R_{min}} \right)^2 , \tag{6.15}$$

$$n_{opt\,res} = \frac{\sqrt{R_v' R_{min}}}{Z'} ; \qquad C_{res} = \frac{1}{n^2} \frac{1}{\omega_{res}^2 L'} + \frac{L'}{Z'^2} ; \tag{6.16}$$

$$Z' = \sqrt{(\omega L')^2 + R_v'^2} ; \tag{6.17}$$

C_{res} Gesamtkapazität,
R_v' Verlustwiderstand bei $n = 1$,
L' Kopfinduktivität bei $n = 1$ (A_L-Wert),
Z' Kopfimpedanz-Betrag bei $n = 1$,
n $\ddot{u} n_2$,
$n^2 Z'$ Generatorimpedanz.

n ist hierbei als Produkt aus dem Übertragungsfaktor $\ddot{u}$ des eventuell angeschlossenen idealen Übertragers und der Kopfwindungszahl n_2 aufzufassen.

Bei Magnetköpfen hoher Güte ist die Anpassung nur in einem engen Frequenzbereich erfüllt, so daß sich bei breitbandigem Betrieb ein höherer Rauschfaktor einstellen wird. Die Spektraldichte der Rauschspannung nach (6.9) mit (6.10) und (6.15) unter Vernachlässigung des Bandrauschens ist

$$\tilde{u}_r/\sqrt{\Delta f} = \sqrt{4kT} \sqrt{n^2 R_v'(f) F_{min} + R_n \left[\frac{R_v'(f)}{Z'(f)} - n^2 \frac{Z'(f)}{R_{min}} \right]^2} . \tag{6.18}$$

Bei großen Übertragungsbandbreiten ist es erforderlich, nur eine Transformation der Quelladmittanz durchzuführen. Das Optimum errechnet sich nach *Voigt* [6.2] mit der transformierten Quelladmittanz $Y_G = Y/\ddot{u}^2$ aus

$$F = F_{min} + \frac{R_n}{n^2 R_v'} \left\{ 1 - 2 \frac{n^2 R_v'}{R_{min}} + \frac{n^4 Z'^2}{R_{min}^2} \right\} \tag{6.19}$$

zu

$$F_{opt} = F_{min} + 2 \frac{R_n}{R_{min}} \left\{ \frac{Z'}{R_v'} - 1 \right\} \tag{6.20}$$

mit

$$n_{opt} = \sqrt{\frac{R_{min}}{Z'}} . \tag{6.21}$$

Auch bei dieser Admittanzanpassung verschlechtert sich der Rauschfaktor mit größerer Bandbreite. Der Spektraldichteverlauf der Rauschspannung ist hierfür

$$\tilde{u}_\mathrm{r}/\sqrt{\Delta f} = \sqrt{4kT}\,\sqrt{n^2 R_\mathrm{v}'\,(f)\,F_\mathrm{min} + R_\mathrm{n}\left(1 - 2\,\frac{n^2 R_\mathrm{v}'(f)}{R_\mathrm{min}} + \frac{n^4 Z'^2}{R_\mathrm{min}^2}\right)}.$$

$$(6.22)$$

Mit der Spektraldichte des Signal-Rausch-Abstandes beschäftigte sich *Byers* [6.3].

Transistortyp	F_min	$R_\mathrm{n}/\mathrm{k}\Omega$	$R_\mathrm{min}/\mathrm{k}\Omega$
bipolar (BCE 179)	1,8	0,8	4
bipolar (SC 239)	1,5	0,4	3
MOSFET (KP 303)	1,3	0,2	20

Tafel 6.1
Rauschparameter von Transistoren nach [6.4]

Tafel 6.2. Rausch- und Signalparameter von Magnetköpfen (Betriebsfrequenz und Rauschbandbreite 1 MHz)

Magnetkopftyp	$n^2 Z'/\Omega$	$n^2 R_\mathrm{v}'/\Omega$	$\tilde{U}_\mathrm{K}/\mu\mathrm{V}$	$U_\mathrm{e}/\mu\mathrm{V}$	ϱ_e	$\varrho_\mathrm{e}/\mathrm{dB}$
Sendust ($d_\mathrm{F} = 200\ \mu\mathrm{m}$)	190	120	1,2	25	20,8	26
Muniperm ($d_\mathrm{F} = 50\ \mu\mathrm{m}$)	440	120	1,2	75	62,5	36
HP-Ferrit (NiZn)	140	10	0,4	70	175	45

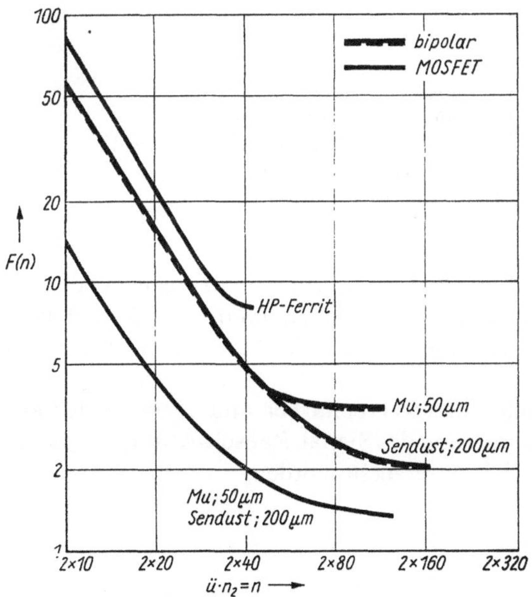

Bild 6.3
Rauschfaktor F in Abhängigkeit von der Windungszahl n der induktiven Quelle, Kopfmaterialien nach Tafel 6.2

Tafel 6.1 zeigt die Rauschparameter F_min, R_n, R_min für einige Transistortypen. Die Frequenzabhängigkeit dieser Parameter ist im Betriebsbereich 10 kHz … 1 MHz vernachlässigbar gegenüber den Exemplarstreuungen, so daß mit den angegebenen Mittelwerten gerechnet werden kann. Tafel 6.2 soll eine Vorstellung über die Rausch- und Signalgrößen von verschiedenen Magnetköpfen verschaffen. Die zur Berechnung der frequenzabhängigen Permeabilitäten erforderlichen Parameter sind Tafel 5.2 entnommen. Die Kernkreisform entspricht Bild 5.10. Die Übertragungsbandbreite f wurde gleich der Betriebsfrequenz $f_i = 1$ MHz gesetzt. U_e gilt für $\lambda = 2$ μm. Im Bild 6.3 sind aus der Darstellung des Rauschfaktors F in Abhängigkeit von n für verschiedene Kombinationen von Transistorstufen (F_{min}, R_n'', R_{min}) und Magnetköpfen (Z', R_v') die optimalen Anpassungsverhältnisse zu entnehmen. Die Z' und R_v' sind auf die Windungszahl 1 bezogen, so daß n sowohl die Kopfwindungszahl n_2 (bei Betrieb ohne Übertrager) als auch das Produkt von Kopfwindungszahl und Übertragungsfaktor $n = ün_2$ bedeuten kann.

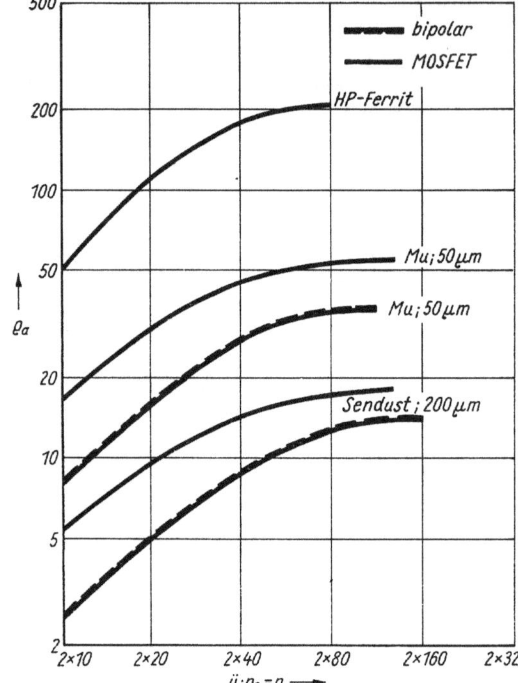

Bild 6.4
Signal-Rausch-Verhältnis ϱ_a
in Abhängigkeit von der Windungszahl n
der induktiven Quelle

Im Bild 6.4 ist schließlich $\varrho_a = U_e/\tilde{u}_k \sqrt{F}$ als Funktion von n entsprechend den in Tafel 6.2 angegebenen Werten dargestellt. Die Darstellungen zeigen u. a. auch die Überlegenheit des Ferritmaterials gegenüber den lamellierten Blechen für Wiedergabezwecke.

Dem Wiedergabeverstärker schließen sich Entzerrerverstärker und aktive Filter an. Das Rauschverhalten und Aspekte der Maximierung des Signal-Rausch-Abstandes dieser Baugruppen sind von *Skritek* in [6.4] und [6.5] untersucht worden.

6.2.   Symbolinterferenz

Werden die einzelnen Magnetisierungsübergänge zu Signalmustern entsprechend einer Kodierungsvorschrift zusammengesetzt, entsteht ein Wiedergabesignal der Form

$$e(t) = \sum_{\mu=-\infty}^{+\infty} c_\mu u_s (t - \mu T_w), \tag{6.23}$$

wobei $u_s (t - \mu T)$ die Einzelimpulsantwort nach Abschnitt 3.5.4. ist und

$$T = T_{min} + \Delta x_\mu$$

Tafel 6.3. *Peakshift* T'_p, *Abtastverlustfaktor* d_a *und Abtastsignalrauschabstände* ϱ_a, ϱ_r, ϱ_E, ϱ_{Er} *(in dB) verschiedener Kodes und Speicherdichten für die Kanalparameter* $s^* = 0{,}6\ \mu m$, $d \to 0$; $w_s = -0{,}9\ \mu m$; $\varrho_e\ (\lambda_T = 2\ \mu m) = 29\ dB$; $\varphi' = 8\%$; $\delta' = 0$

Kode	$\dfrac{T'_{max}}{T'_{min}}$	500 bit/mm					880 bit/mm					1200 bit/mm				
		$\lambda_T/\mu m$	$T'_p/\%$	d_a/dB	ϱ_a / ϱ_r	ϱ_E / ϱ_{Er}	$\lambda_T/\mu m$	$T'_p/\%$	d_a/dB	ϱ_a / ϱ_r	ϱ_E / ϱ_{Er}	$\lambda_T/\mu m$	$T'_p/\%$	d_a/dB	ϱ_a / ϱ_r	ϱ_E / ϱ_{Er}
PE	2	2	8,7	−1	28	29	1,1	14	−2	11	13	0,8	14	−2	4	6
					−	−				−	−				−	−
DM	2	4	2,6	−5	20	23,5	2,3	22	−10	0	21,5	1,7	28	−∞	0	18
					27	29				20	27				0	23
ZM 3/4	2	3	4,5	−6	26	27	1,8	22,5	−17	11	23	1,25	28	−∞	0	23
					−	−				−	−				−	−
G 2/3	2	2,7	5,9	0	27	27,5	1,5	27	−3	15	20,5	1,1	28	−3	6	9,5
					31	31				21	24				10	13
HM 3/5	2,5	4,8	0	−4	20	22	2,7	18	−7	5	21	2	35	−∞	0	19
					28	29				24	28				0	26
M²	3	4	4	−5	27	29	2,3	32	−16	14	27	1,7	42	−∞	0	23
					−	−				−	−				−	−
GCR 4/5	3	3,2	7,7	0	27	27,5	1,8	42	−9	0	23,5	1,3	42	−11	0	14,5
					32	32				19	28				8	19
HM 2/3	3,5	5,3	0	−4	15	18,5	3,0	24	−8	0	18,5	2,2	49	−∞	0	16,5
					28	29				24	29				0	27
3PM	4	6	0	−7	0	0	3,4	24	−15	0	0	2,5	56	−∞	0	0
					25	26				17	26				0	25
ENRZ	8	3,5	16	−1	16	22	2	106	−∞	0	17	1,5	112	−∞	0	12
					31	22				0	29				0	24

entsprechend den nichtlinearen Aufzeichnungsverzerrungen Δx_μ nach Abschnitt 3.4.4. Für $\Delta x_\mu \equiv 0$ und ohne Berücksichtigung von Zeitfehlern berechnet sich die vertikale Augenöffnung zum Sollzeitpunkt zu

$$V_e = 2 \left[u_s(0) + \sum_{\substack{\mu = -\infty \\ \mu \neq 0}}^{+\infty} e_\mu u_s (\mu T_{\min}) \right] = 2 \sum_{\mu = -\infty}^{+\infty} c_\mu u_s (\mu T_{\min}). \tag{6.24}$$

Selbst bei $\Delta x_\mu \equiv 0$ wird man feststellen, daß die Maxima von $e(t)$ nicht zu diesem Zeitpunkt, sondern – informationsabhängig – um den Betrag T_p' versetzt vorhanden sind. Dieser Effekt wird in der Nachrichtentheorie Intersymbolstörung, Nachbarimpulsstörung oder Symbolinterferenz genannt; in der Speichertheorie wird T_p als *Peakshiftfehler* bezeichnet. Der relative Peakshiftfehler T_p' ist als Abweichung der wiedergegebenen Bitlänge $\hat{T}_b$ zur Sollbitlänge T_{bit} definiert:

$$T_p' = \frac{|\hat{T}_b - T_{bit}|}{T_{bit}}. \tag{6.25}$$

Von *Voigt* [6.6] wurde die Abhängigkeit des maximalen Peakshiftfehlers T_p' vom Frequenzgang des Speicherkanals beim PE-Kode untersucht. Die Berechnung von Signalverläufen mit der linearen Superposition ergab für Metallschichtbänder, daß T_p' näherungsweise aus dem Wiedergabespannungsverhältnis

$$A_3(T_{\min}') = 20 \lg \frac{U_e \left(\frac{2}{3}\lambda_T\right)}{U_e (2\lambda_T)} = 20 \lg \frac{U_e (f_3 = \frac{3}{4} T_{\min}^{-1})}{U_e (f_1 = \frac{1}{2} T_{\min}^{-1})} \tag{6.26}$$

abgeleitet werden kann. In Verallgemeinerung dieser Untersuchung auf $T_{\min}$-$T_{\max}$-Folgen von lauflängenbegrenzten Kodes kann mit dem empirischen Ausdruck

$$T_p' \approx \begin{cases} 0{,}7 A_3 \, T_{\max}' & \qquad A_3 \geqq -0{,}2/T_{\min}' \\ -0{,}14 T_{\max}'/T_{\min}' & \text{bei} \qquad A_3 \leqq -0{,}2/T_{\min}' \end{cases} \tag{6.27}$$

überschlagmäßig gerechnet werden.

In Tafel 6.3' sind die Beträge der T_p'-Werte und die *Abtastverlustfaktoren* d_a nach Gl. (2.20) für einige wichtige Kodierungsverfahren aufgeführt. Wir sind uns im klaren darüber, daß die $T_{\min}$-$T_{\max}$-Folge nicht in jedem Kode zugelassen ist und Gl. (6.27) auch nicht für beliebig große Lauflängen $T_{\max}'$ zulässig ist. (Beim Kode PE wurde eine 01-Folge angenommen. Hierfür ist $T_{p\,(\max)}' = 14\,\%$.) Für A_3 wurde der aus (3.87) mit $D \to 0$ und mit (6.26) berechenbare Ausdruck

$$A_3 = 20 \lg \left[3 e^{-2\pi (s^*/\lambda_T)} \left(1 - \frac{4}{3} \sin^2 \frac{\pi}{2} \frac{w_s'}{\lambda_T} \right) \right] \tag{6.28}$$

verwendet.

Genauere Peakshiftberechnungen nach dem dynamisch-iterativen Modell wurden von *Speliotis* [6.7] [6.8] in Abhängigkeit von den Kodeparametern $T_{\max}'/T_{\min}'$ für Teilchenschichten und Metallschichten durchgeführt. Bild 6.5 zeigt abermals den Vorteil von Kodes mit kleinem $T_{\max}/T_{\min}$.

Eine mit Recht immer wieder gestellte Frage ist die nach der Gültigkeit der *linearen Superposition* bei der Ermittlung der Symbolinterferenz. Die einfache additive Überlagerung der Einzelimpulse ist sicher dann zulässig, wenn sich der nichtlineare Aufzeichnungs- und Entmagnetisierungsprozeß, verursacht durch die nichtlineare Remanenzkurve, bei jedem Magnetisierungswechsel weitgehend unabhängig von den vorausgehenden und nachfolgenden vollzieht. Nach Abschnitt 3.4.3. ist die über den Aufzeichnungs- und Entmagnetisierungsvorgang eines Einzelimpulses summierte charakteristische Ausdehnung gleich πs. Solange diese Größe kleiner als der Abstand benachbarter Magnetisierungsübergänge bzw. Flußwechsel ist, wird für die Praxis die Rechnung mit linearer Superposition genügend genau sein. Dies bedeutet eine Grenze für die Gültigkeit der linearen Superposition bei einer Flußwechseldichte D_{LSP} von

$$D_{LSP} \approx \frac{1}{\pi s}. \tag{6.29}$$

Diese errechnet sich unter den Bedingungen der Längsaufzeichnung für $\gamma\text{-Fe}_2\text{O}_3$-Schichten zu 300 Flw/mm, für CrO_2-Schichten zu 700 Flw/mm und für Co-Metalldünnschichten mit $H_c \geqq 1000$ A/cm zu 1000 Flw/mm. Vergleichende Berechnungen zeigen, daß bei

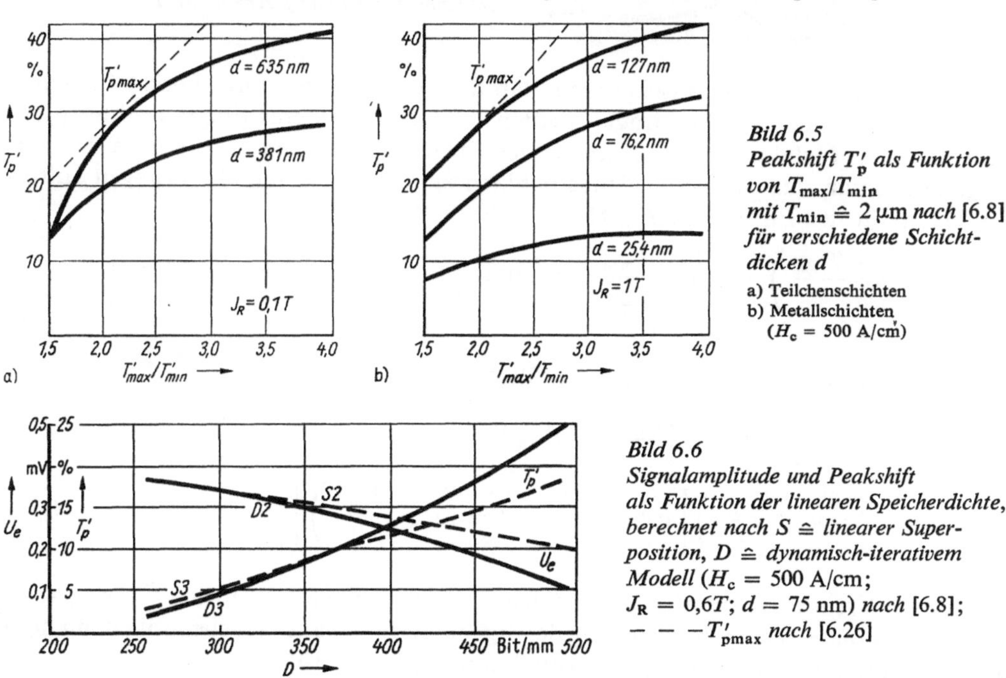

Bild 6.5
Peakshift T'_p als Funktion von T_{max}/T_{min} mit $T_{min} \triangleq 2\ \mu m$ nach [6.8] für verschiedene Schichtdicken d

a) Teilchenschichten
b) Metallschichten
($H_c = 500$ A/cm)

Bild 6.6
Signalamplitude und Peakshift als Funktion der linearen Speicherdichte, berechnet nach $S \triangleq$ linearer Superposition, $D \triangleq$ dynamisch-iterativem Modell ($H_c = 500$ A/cm; $J_R = 0,6 T$; $d = 75$ nm) nach [6.8];
$- - - T'_{pmax}$ nach [6.26]

Metallschichten mit Koerzitivfeldstärken um 500 A/cm schon bei mittleren Speicherdichten Abweichungen in Amplitude und Peakshift zwischen linearer Superposition und exakter iterativer Berechnung auftreten (Bild 6.6). Wesentlich günstiger verhalten sich die Senkrechtaufzeichnungsmedien [6.9].

6.3. Signalerkennung

6.3.1. Bedingungen für interferenzfreie Signale

Verfolgen wir nun die Übertragung der Informationsfolge (6.23). Es wird gewünscht, daß $u_s(t)$ so entzerrt wird, daß keinerlei Nachbarimpulsstörungen auftreten können. Die Bedingung dafür ist das 1. *Nyquist*kriterium

$$u_s\,(t = \mu T_{min}) = 0, \qquad \mu \neq 0,$$

bzw.

$$u_s(t) \sum_{\mu=-\infty}^{\infty} \delta\,(t - \mu T_{\min}) = u_s(0)\delta(t). \tag{6.30}$$

$\delta(t)$ ist hier der Dirac-Impuls. Die $\mu T_{\min}$ sind die Abtastzeitpunkte mit der Taktperiode $T_{\min}$, und nach (6.30) hat $u_s(t)$ zu allen Zeiten $\mu T_{\min}$ (außer $\mu = 0$) Nullstellen. Den möglichen Verlauf eines solchen Impulses zeigt Bild 6.7. Wünschenswert wäre gleichzeitig ein Maximum der Funktion bei $t = 0$.

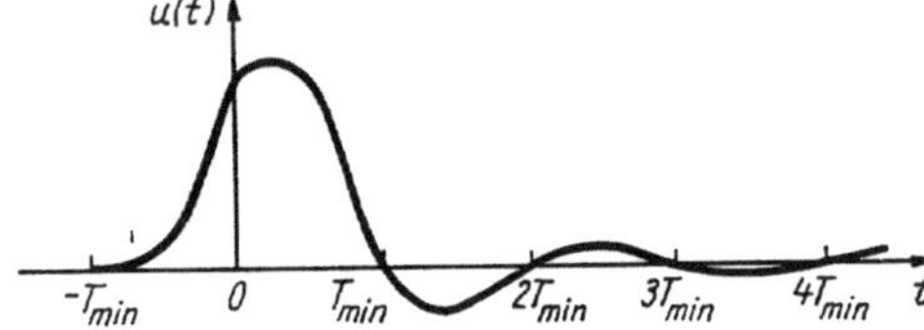

Bild 6.7
Impulsresponse $u(t)$,
der keine Symbolinterferenz bewirkt

Wir waren bisher davon ausgegangen, daß die Signalmaxima unverfälscht bezüglich Höhe und zeitlicher Lage übertragen werden sollen. Ein weiteres Empfangsprinzip besteht darin, die Nulldurchgänge zwischen den Elementarimpulsen auszuwerten. Die Bedingungen dafür, daß an diesen Abtastpunkten keine Nachbarimpulsstörungen auftreten, lauten für den Einzelimpuls $u_s(t)$

$$u_s\left(\frac{T_{\min}}{2}\right) = u_s\left(-\frac{T_{\min}}{2}\right) = \text{konst.}; \qquad u_s\left(\frac{T_{\min}}{2} + \mu T_{\min}\right) = 0;$$

$$\text{für} \quad \mu \neq 0, \mu \neq -1. \tag{6.31}$$

Daraus läßt sich für den Zeitbereich die Gleichung

$$u_s(t) \sum_{\mu=-\infty}^{\infty} \delta\left(t - \frac{T_{\min}}{2} - \mu T_{\min}\right)$$

$$= u_s\left(\frac{T_{\min}}{2}\right)\left[\delta\left(t - \frac{T_{\min}}{2}\right) + \left(t + \frac{T_{\min}}{2}\right)\right] \tag{6.32}$$

angeben.

Dieses 2. *Nyquist*kriterium besagt für den Frequenzbereich: Wenn die Überlagerung von Einzelimpulsen keine Verfälschung der Signalnulldurchgänge ergeben soll, dann muß die Spektralfunktion $\hat{u}_s(f)$ eine Kosinusfunktion ergeben [6.10].

Es ist leicht nachprüfbar, daß ein Kanal mit der reellen Übertragungsfunktion

$$G(f) = \begin{cases} \cos^2 \dfrac{\omega T_{\min}}{4} & |f| \leqq \dfrac{1}{T_{\min}} \\ & \text{bei} \\ 0 & |f| > \dfrac{1}{T_{\min}}, \end{cases} \tag{6.33}$$

der mit *Dirac*-Impulsen im Abstand $T_{\min}$ erregt wird, beide *Nyquist*bedingungen erfüllt [6.10] [6.11].

Die Impulsantwort hat (bei linearem Phasengang) den Verlauf

$$u_s(t) = \frac{1}{T_{\min}} \frac{\text{si}\,\dfrac{2\pi}{T_{\min}}t}{1 - \left(2\dfrac{t}{T_{\min}}\right)^2}. \tag{6.34}$$

Aus (3.87) und (6.33) folgt der für den Speicherkanal zu realisierende Entzerrerfrequenzgang

$$jkG_{\mathbb{E}}(f) = \begin{cases} e^{ks^*} \dfrac{kD}{\sin kD} \dfrac{kw_2'}{\sin kw_2'} \cos^2 \dfrac{\omega T_{\min}}{4} & |f| \leqq \dfrac{1}{T_{\mathrm{mia}}} \\[2ex] & \text{bei} \\[1ex] 0 & |f| > \dfrac{1}{T_{\min}}. \end{cases} \qquad (6.35)$$

bei „Differenzierentzerrung"; d.h., die unverfälschten Signalmaxima werden als Signalnulldurchgänge erkannt.

Eine andere Lösung für beide *Nyquist*kriterien wurde in [6.12] angegeben. Sie lautet

$$G(f) = \mathrm{j} \sin \omega \, \frac{T_{\min}}{2}. \qquad (6.36)$$

In der zitierten Arbeit wurden auch Realisierungsvarianten für eine solche Speicherkanalentzerrung angegeben.

Ein weiterer Versuch einer Entzerrerschaltung nach den Nyquistkriterien ist in [6.13] beschrieben.

6.3.2.   Übersicht über Filterausführungen

Alle Filterrealisierungen sind mehr oder weniger gute Approximationen an eine ideale Übertragungsfunktion, wobei Kompromisse mit dem Bauelemente- und Abgleichaufwand und der Stabilität einzugehen sind. Meist strebt man nur eine Impulsverschmalerung an *(Pulse slimming)* und verzichtet von vornherein auf die exakte Erfüllung der Nyquistkriterien oder der inversen Entzerrung zur Frequenzgangkompensation. Ein weiterer Grund dafür ist auch die Tatsache, daß die frequenzgangbestimmenden Parameter des Band-Kopf-Systems nicht so konstant sind, daß eine exakte nichtadaptive Kanalentzerrung möglich wäre.

Die einfachste Methode der Informationsrückgewinnung leitet sich aus dem Tieffrequenzverhalten des Speicherkanals ab, der aufgrund der Gleichspannungsfreiheit besser den Nachweis der Bitübergänge gestattet als der Bits selbst. Hierzu ist nur eine *90°-Phasenkorrektur* erforderlich, die mit einer Differentiation oder Integration verbunden sein kann. Dies ist jedoch mit einer weiteren Beschneidung der unteren oder oberen Bandgrenze verbunden. Einen Ausweg bietet das in den letzten Jahren vervollkommnete Konzept der *quantisierten Rückkopplung* mit Sampler und binärem Entscheider. Damit ist auch eine exakte *d.c.-Restorierung* möglich [6.40] [6.51].

Die 90°-Phasenkorrektur ist auch oft mit einer *inversen Filterung* verbunden worden [6.33] bis [6.37]. Die Arbeiten [6.19] [6.32] und [6.41] geben eine Beschreibung von häufig verwendeten Bitdetektoren und ihren Eigenschaften. Tafel 6.4 zeigt den Versuch einer Klassifizierung der Literatur über die Entzerrerfilter für die Magnetbandspeichertechnik.

Eng verbunden mit den Nyquistkriterien und der Optimalfiltertheorie sind die *Kosinuspotenzfilter* [6.21]. So wurde von *Huber* [6.15] nachgewiesen, daß die $\cos^4$-Entzerrung quasioptimal bezüglich des Signal-Rausch-Verhältnisses ist. Bei Systemen mit Reserven im Signal-Rausch-Verhältnis wird wegen des beträchtlichen Pulsverschmalerungseffektes der $\cos^2$-Entzerrung bzw. Vorentzerrung, wie in [6.24] beschrieben, der Vorzug eingeräumt.

Die größte Bedeutung hat in diesem Zusammenhang der Einsatz von *Transversalfiltern* erlangt: Nimmt das Spektrum eines Wiedergabeimpulses einen angenähert exponentiellen Verlauf, so kann gezeigt werden, daß das inverse Entzerrerfilter, das ein Spektrum des verschmalerten Impulses von $\cos^2 f/f_0$ erzeugen soll, eine Übertragungsfunktion

$$F(f) = 1 - K \cos \frac{f}{f_\mathrm{e}} \tag{6.37}$$

mit Linearphasengang aufweisen muß [6.14] bis [6.16].

Inverse Filter	1963 *Sierra* [6.33]
	1963 *Schlaepfer* [6.34]
	1968 *Jacoby* [6.35]
	1971 *Byers* [6.36]
	1975 *Schneider* [6.37]
Transversalfilter	1967 *Vermeulen* [6.39]
	1971 *Ashlock* [6.38]
	1976 *Kameyama* [6.18]
	1981 *Harman* [6.20]
	1982 *Scarrott* [6.50]
	1983 *Nishimura* [6.52]
Quasioptimalfilter (Matched filter)	1966 *Sierra* [6.43]
	1976 *Tahara* [6.13]
	1977 *Geffon* [6.14]
	1977 *Huber* [6.15]
	1977 *Tachibana* [6.16]
	1981 *Barbosa* [6.42]
	1983 *Huber* [6.51]
Vorentzerrung	1979 *Jacoby* [6.24]
	1980 *Voigt* [6.25]
	1981 *Thornley* [6.26]
Maximum-likelihood-Empfangsfilter	1971 *Kobayashi* [6.28]
	1981 *Burkhardt* [6.30]
	1982 *Wood* [6.31]

Tafel 6.4
Literaturübersicht über Entzerrerfilter

K ist die Filterdämpfung, die elektronisch justiert werden kann. Dieser Filtertyp wird u.a. mittels Transversalfilters mit der Eingangsimpedanz

$$Z^\mathrm{L} = -\mathrm{j}Z_0 \cot \omega T_\mathrm{D} \tag{6.38}$$

realisiert, wobei T_D die Filterlaufzeit ist. Dieser Filtertyp wurde erstmals von *Kallman* [6.17] beschrieben. Am Eingang liegt eine Spannung

$$E_\mathrm{s} = E_\mathrm{i} \cos \omega T_\mathrm{D} \mathrm{e}^{-\mathrm{j}\omega T_\mathrm{D}}, \tag{6.39}$$

wenn die Quelle mit der Impedanz Z_0 angepaßt ist und die Spannung E_i besitzt. Am Ausgang der Verzögerungsleitung liegt

$$E_\mathrm{L} = E_\mathrm{i} \, \mathrm{e}^{-\mathrm{j}\omega T_\mathrm{D}} \tag{6.40}$$

vor. Subtrahiert man $E_\mathrm{L} - KE_\mathrm{s} = E^\mathrm{L}$, ergibt sich die Übertragungsfunktion

$$\frac{E^\mathrm{L}}{E_\mathrm{i}} = (1 - K \cos \omega T_\mathrm{D}) \, \mathrm{e}^{-\mathrm{j}\omega T_\mathrm{D}}, \tag{6.41}$$

deren Betrag im Bild 6.8 dargestellt ist. Das einfachste Prinzipschaltbild eines solchen Filters zeigt Bild 6.9. Die Schaltung besteht im wesentlichen aus der Verzögerungsleitung und dem Differenzverstärker.

Kameyama u. a. [6.18] erreichten mit $K = 0,7$ und $T_D = 0,35(s_{1/2}/v)$ eine Reduzierung der Halbwertsbreite auf 60 % gegenüber dem $s_{1/2}$ vom unkompensierten Impuls und eine Verbreiterung des Zeitfensters um 30 %; s. auch [6.19] bis [6.21]. Damit ist z. B. eine Erhöhung der linearen Speicherdichte von 1000 bit/mm auf 1600 bit/mm möglich, wenn das verschlechterte Signal-Rausch-Verhältnis ohne Einfluß bleibt. Bei einem $\varrho = 35$ dB ist nur noch eine Verbesserung auf 1300 bit/mm möglich. Bei $\varrho = 30$ dB ist der Pulse-slimming-effect sogar von Nachteil, denn es sind mit obigen Filterkonstanten nur noch 870 bit/mm möglich, wie Berechnungen des Amplitudenfensters für diesen Fall ergaben.

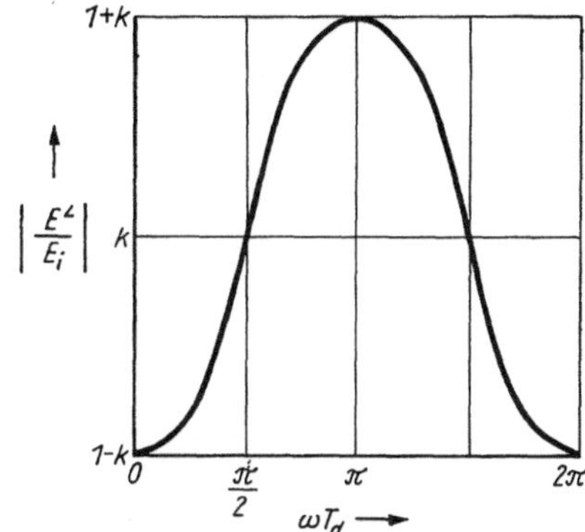

Bild 6.8. Frequenzcharakteristik
eines Transversalfilters

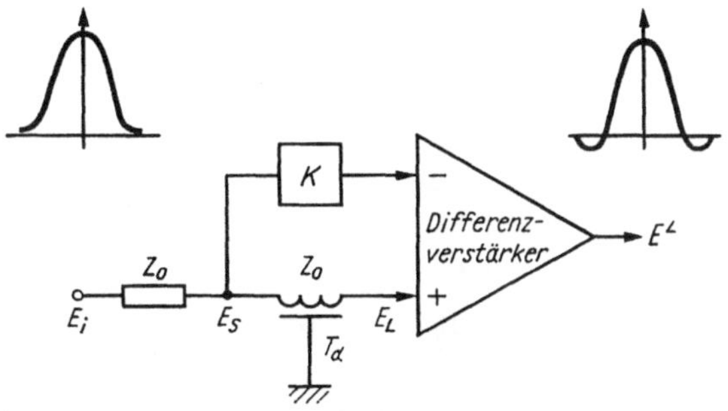

Bild 6.9. Blockdiagramm und Impulsformen
eines Transversalfilters

Parallel zur Entwicklung der linearen Entzerrungstechnik laufen Untersuchungen zu *Signalschätzverfahren*, die unter dem Namen *Maximum-likelihood-Dekoder* bekannt wurden. Näheres dazu wird in den Abschnitten 6.3.6. und 6.3.7. ausgeführt.

Eine Vorstellung von der Wirkung der verschiedenen Entzerrungsmaßnahmen vermittelt Tafel 6.3. Hierin sind u. a. die nach Abschnitt 2.4.2. berechneten Abtast-Signal-Rausch-Abstände

$$\varrho_a = \varrho_e\,[d_a - d_c] \qquad \text{ohne Entzerrung, Gl.(2.21),}$$

$$\varrho_r = \varrho_e\,[d_a] \qquad \text{mit d.c.-Restorierung,}$$

$$\varrho_E = \varrho_e\,[d_a\,(T'_p = 0) - d_c] \qquad \text{mit Peakshiftentzerrung,}$$

$$\varrho_{Er} = \varrho_e\,[d_a\,(T'_p = 0)] \qquad \text{mit kompletter Entzerrung}$$

angegeben. Hier wird deutlich, daß bei mittleren Speicherdichten der *Miller*-Kode (DM) und der Gruppenkode (GCR 415) mit mittlerem Entzerreraufwand (Bild 2.9) ausreichend große Amplitudenfenster aufweisen. Bei hohen Speicherdichten muß der Entzerreraufwand weiter ansteigen, und es werden Kodes wie 3PM oder HM 2/3 effektiv. Diese Aussagen sind jedoch am konkreten Anwendungsfall zu überprüfen, da in der Praxis verschiedene, hierbei nicht berücksichtigte Restfehler die Wirksamkeit einer Entzerrungsmaßnahme beeinträchtigen können.

6.3.3. Optimalfilterung

Wir hatten bisher die Entzerrung von Übertragungsfunktionen zum Zweck der Beseitigung von Nachbarimpulsstörungen betrachtet. Eine andere – ebenfalls idealisierte – Aufgabenstellung besteht darin, ein Filter mit $G_E(f)$ zu finden, das das Signal-Rausch-Verhältnis

$$\varrho_a = \frac{u_s(0)}{2\sqrt{r_{nn}(0)}} \tag{6.42}$$

zum Maximum macht.

Mit der Spektralfunktion $u_1(f)$ des Eingangsimpulses und der konstanten Rauschleistungsdichte ψ_0 ergibt sich

$$u_s(0) = \int_{-\infty}^{+\infty} u_1(f)G_E(f)\,\mathrm{d}f,$$

$$r_{nn}(0) = \psi_0 \int_{-\infty}^{+\infty} |G_E(f)|^2\,\mathrm{d}f \tag{6.43}$$

und

$$\varrho^2 = \frac{\left[\int_{-\infty}^{+\infty} U_1(f)\,G_E(f)\,\mathrm{d}f\right]^2}{4\psi_0 \int_{-\infty}^{+\infty} |G_E(f)|^2\,\mathrm{d}f}. \tag{6.44}$$

Mit den Hilfsmitteln der Variationsrechnung (*Cauchy-Schwarz*sche Ungleichung) entsteht nach [6.22] der Ausdruck

$$\varrho^2 \leqq \frac{\int_{-\infty}^{+\infty} |U_1(f)|^2\,\mathrm{d}f}{4\psi_0} = \frac{\int_{-\infty}^{+\infty} U_s^2(t)\,\mathrm{d}t}{4\psi_0} = \frac{E_1}{4\psi_0}. \tag{6.45}$$

Das maximale Signal-Rausch-Verhältnis

$$\varrho_{max} = \frac{1}{2}\sqrt{\frac{E_1}{\psi_0}} \tag{6.46}$$

ist also nur von der Energie des Eingangssignals – die durch das maximale magnetische Energieprodukt des Speichermediums begrenzt ist – und von der Rauschleistungsdichte abhängig.

Für die Filterfunktion ergibt sich ein der konjugiert komplexen Amplitudendichtefunktion des Eingangsimpulses proportionaler Ausdruck

$$G_E(f) = \frac{1}{\lambda}\,U_1^*(f). \tag{6.47}$$

λ ist ein Proportionalitätsfaktor. Ein solches konjugiertes Filter wird als *optimales Suchfilter* oder *Matched filter* bezeichnet, da es die Energie des Eingangssignals durch Anpassung an dessen Impulsform maximal auszunutzen gestattet.

Das Ausgangssignal ergibt sich über die Gewichtsfunktion des Matched-filter

$$g_{E\,opt}(t) = \frac{1}{\lambda}\,U_s(-t), \tag{6.48}$$

die dem zeitlich invertierten Eingangsimpulsverlauf entspricht, zu

$$u(t) = u_{\rm s}(t) * g_{\rm Eopt}(t) = u_{\rm s}(t) * \frac{1}{\lambda}\, u_{\rm s}(-t) = \frac{1}{\lambda}\, r_{\rm ss}(t). \qquad (6.49)$$

Am Filterausgang liegt also die Autokorrelationsfunktion $r_{\rm ss}(t)$ des Eingangsimpulses $u_{\rm s}(t)$ an. Für jedes andere Eingangssignal $u_{\rm t}(t)$ entsteht am Filterausgang die Kreuzkorrelationsfunktion

$$u(t) = u_{\rm t}(t) * g_{\rm E\,opt}(t) = \frac{1}{\lambda}\, r_{\rm st}(t). \qquad (6.50)$$

Im Bild 6.10 ist dies für ein Nutzsignal $u_{\rm s}(t)$ und für ein dazu orthogonales Signal $u_{\rm t}(t)$ illustriert. Das Prinzip der Ausfilterung orthogonaler Signale kann für spezielle Kodierungsspektren (z. B. Orthomatch) zunutze gemacht werden.

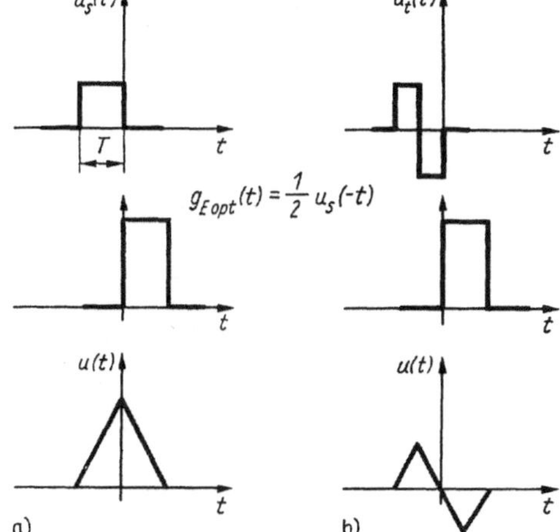

Bild 6.10
Zur Funktionsweise
des optimalen Suchfilters
a) Nutzsignal; b) orthogonales Eingangssignal

Der Wert der Autokorrelationsfunktion $r_{\rm ss}(0)$ kann auch von einer einfachen frequenzinvarianten Anordnung erhalten werden. Eine solche Korrelatorempfangsanordnung besteht aus Funktionsgenerator, Multiplikator, Integrator und Abtaster. Die Besonderheit liegt im Funktionsgenerator, der zum erwarteten Zeitpunkt die erwartete Impulsform des Nutzsignals erzeugen muß (kohärenter Empfang). Dies erfordert eine möglichst exakte Synchronisation.

Der *Korrelationsempfänger* führt auf das gleiche maximale Abtast-Signal-Rausch-Verhältnis (6.46) wie das Suchfilter, z. B. nach [6.23]. Oft wird dem Matched-filter ein idealer Differentiator und Nulldurchgangsdiskriminator nachgeschaltet. Die Kombination dieses Signals mit der Originalkorrelationsfunktion in Schwellenbewertung ergibt eine sehr zuverlässige Spitzendetektion, die speziell für die stark amplitudenmodulierten Speicherkanäle geeignet ist.

Im Überblicksschaltbild 6.11 ist dies dargestellt, wobei dem Matched-filter ein *Noise Whitener* vorausgeht, der zunächst die Vorbedingung (6.43) realisiert.

Darüber hinaus zeigt Bild 6.11 noch Maßnahmen, die die Verschmalerung der Autokorrelationsfunktion des Signalimpulses betreffen und bei hohen Speicherdichten die gegenseitigen Impulsstörungen reduzieren. Bild 6.11 vereinigt demnach die Methoden zur Reduzierung von Peakshift mit den Methoden zur Maximierung des Signal-Rausch-Verhältnisses. Dabei ist unvermeidbar, daß das Pulse-slimming die Anpassung im Sinne des Suchfilters stört. Diese „Überallesdimensionierung" auf minimalen mittleren Zeitfehler der Nulldurchgänge ist der Radartechnik entlehnt und in [6.15] dargestellt. Die Konzeption wird als *quasioptimaler Korrelationsempfänger* bezeichnet.

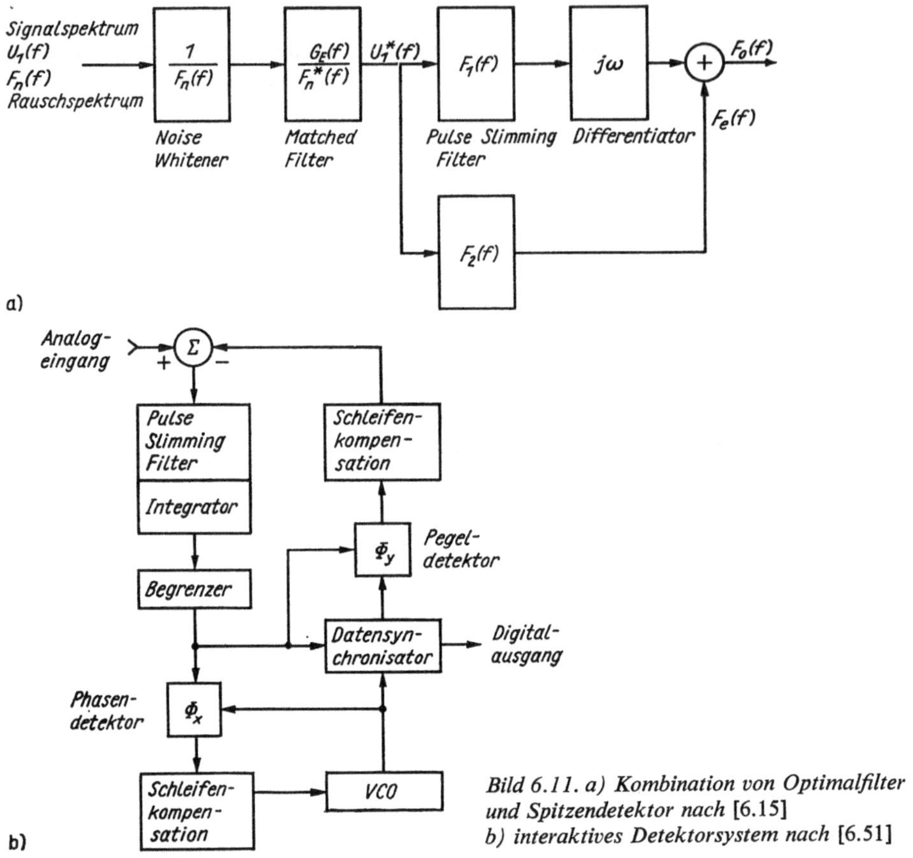

a)

b)

Bild 6.11. a) Kombination von Optimalfilter und Spitzendetektor nach [6.15]
b) interaktives Detektorsystem nach [6.51]

Als Gütekriterien für die Annäherung eines Filterproblems an den Idealfall des Korrelationsempfängers kann die Energieausnutzung in Form des relativen Signal-Rausch-Verhältnisses

$$\varrho_\mathrm{r} = \frac{\varrho_\mathrm{w}}{\varrho_\mathrm{max}} \qquad (6.51)$$

betrachtet werden.

ϱ_w ist das Worst-case-Signal-Rausch-Verhältnis

$$\varrho_\mathrm{w} = \frac{u_\mathrm{w}(0)}{\sqrt{r_\mathrm{nn}(0)}} \qquad (6.52)$$

zum Zeitpunkt $t = 0$, wobei u_w die kleinste Störamplitude ist, die zu einem Erkennungsfehler führt.

ϱ_max ist der maximal mögliche Signal-Rausch-Abstand nach (6.46) bei Betrieb eines optimalen Suchfilters mit bipolaren Sendeimpulsen.

Huber wies in [6.51] nach, daß die beste Annäherung an den Idealfall des Korrelationsempfängers ein Detektorsystem ist, das statt der Anordnung Matched-filter/Differentiator eine integrative Amplitudendetektion mit interaktiv gekoppelter Taktregenerierung benutzt. Das im Bild 6.11 b dargestellte Detektorsystem bedient sich der effektiveren Bandbreiteausnutzung der Integration und löst das Problem der Gleichspannungsregenerierung durch Entscheidungsrückkopplung *(decision feedback)* ähnlich wie in [6.40]. Zu erkennen sind die beiden hintereinandergeschalteten Rückkopplungsschleifen für die Amplituden- und die Taktregenerierung, die zusätzlich über den Datensynchronisator interaktiv verkoppelt sind. Der Pegeldetektor sorgt für die Rückführung eines Gleichspannungskomparationssignals in den Analogkanal; der Phasendetektor steuert den VCO (Voltage Controlled Oszillator) im Phasenregelkreis zur Taktregenerierung. VCO- und Begrenzersignal erzeugen im Datensynchronisator das NRZ-Ausgangssignal zur weiteren Verarbeitung (Demodulation).

6.3.4. Vorentzerrung des Sendesignals

6.3.4.1. Grundprinzip

Bisher haben wir uns ausschließlich mit der Optimierung des Speicher- und Übertragungssignals bei vorgegebenem Sendesignal beschäftigt. Wir wollen uns nunmehr die Optimierungsaufgabe stellen, bei gegebenem Empfangselementarimpuls $u(t)$ mit der spektralen Amplitudendichte $\breve{U}(f)$ und gegebener Übertragungsfunktion $G(f)$ des Speicherkanals nicht nur die Übertragungsfunktion $\breve{G}_E(f)$ des Empfangsfilters, sondern auch die spektrale Amplitudendichte $\breve{U}_s(f)$ des Elementarsendesignals so zu bestimmen, daß der relative Signal-Rausch-Abstand nach Gl. (6.51) maximal wird. Dies bedeutet eine Aufspaltung des Entzerrungsproblems in eine Vor- und eine Nachentzerrung.

Informationsparameter sei die Polarität des Elementarsendesignals $u_s(t)$, dessen Energie durch das maximale magnetische Energieprodukt des Speichermediums begrenzt ist. Das Elementarempfangssignal möge als Zeitfunktion so vorgegeben sein, daß es die *Nyquist*bedingungen erfüllt. Dann entspricht $u_w(0)$ dem Momentanwert der Empfangsfunktion $u(0)$ im Abtastzeitpunkt, und mit der mittleren Leistung $r_{nn}(0)$ des additiv auf den Speicherkanal einwirkenden weißen Rauschens wird

$$\varrho_w = \varrho = \frac{u(0)}{\sqrt{r_{nn}(0)}} = \frac{\displaystyle\int_{-\infty}^{+\infty} U(f)\,\mathrm{d}f}{\sqrt{\psi_0 \displaystyle\int_{-\infty}^{+\infty} |G_E(f)|^2\,\mathrm{d}f}}\,. \tag{6.53}$$

Weiterhin ist

$$\varrho_B = \frac{E_s}{\psi_0} = \frac{\displaystyle\int_{-\infty}^{+\infty} u_s^2(t)\,\mathrm{d}t}{\psi_0} = \frac{\displaystyle\int_{-\infty}^{+\infty} |U_s(f)|^2\,\mathrm{d}f}{\psi_0}\,, \tag{6.54}$$

so daß sich

$$\varrho_r^2 = \frac{\left[\displaystyle\int_{-\infty}^{+\infty} U(f)\,\mathrm{d}f\right]^2}{\displaystyle\int_{-\infty}^{+\infty} |U_s(f)|^2\,\mathrm{d}f \int_{-\infty}^{+\infty} |G_E(f)|^2\,\mathrm{d}f} \tag{6.55}$$

ergibt. Im Nenner stehen die beiden zu optimierenden Funktionen $U_s(f)$ und $G_E(f)$, die sich über mehrere in [6.23] dargestellte Zwischenüberlegungen zu

$$|U_s(f)|^2 = c^2 \left| \frac{U(f)}{G(f)} \right|,$$

$$|G_E(f)|^2 = \frac{1}{c^2} \left| \frac{U(f)}{G(f)} \right|, \tag{6.56}$$

$\arg\{U_s(f)G_E(f)\} = \arg\{U_s(f)\} + \arg\{G_E(f)\} = \arg\{U(f)\} - \arg\{G(f)\}$ bestimmen lassen. c ist eine dem Wiedergabeimpulsspitzenwert proportionale reelle Konstante.

Das Ergebnis sagt u. a. aus, daß die spektrale Amplitudencharakteristik des Sendesignals und der Betrag der Übertragungsfunktion des Empfangsfilters einander proportional sein sollen und daß die Phasengänge beliebig auf Vorentzerrung und Nachentzerrung aufgeteilt werden können. Letzteres ermöglicht die Konstruktion von Minimalphasensystemen als Nachentzerrer und von digitalen Vorentzerrern.

Das maximierte relative Signal-Rausch-Verhältnis ergibt sich zu

$$\varrho_{r\,max} = \frac{\displaystyle\int_{-\infty}^{+\infty} U(f)\,\mathrm{d}f}{\displaystyle\int_{-\infty}^{+\infty} \left| \frac{U(f)}{G(f)} \right| \mathrm{d}f}, \tag{6.57}$$

und das Signal-Rausch-Verhäitnis ϱ wird

$$\varrho = c\,\frac{\displaystyle\int_{-\infty}^{+\infty} U(f)\,\mathrm{d}f}{\sqrt{\psi_0 \displaystyle\int_{-\infty}^{+\infty} \left| \frac{U(f)}{G(f)} \right| \mathrm{d}f}}. \tag{6.58}$$

Die vorliegende Lösung der Optimierungsaufgabe ist insofern von praktischer Bedeutung, als das gleiche Resultat (6.56) auch für Fälle mit Nachbarsymbolstörungen gilt. Dies erklärt sich daraus, daß in (6.55) nur der Zähler verändert wird, der für die Variationsaufgabe ohne Einfluß ist. Es verringert sich der Worst-case-Abtast-Signal-Rausch-Abstand auf

$$\varrho_w = \varrho \left[1 - \frac{\displaystyle\sum_{\mu \neq 0} c_\mu \,|u\,(\mu T_{min})|}{u(0)} \right]. \tag{6.59}$$

6.3.4.2. Ausführungsformen

In der Magnetbandspeichertechnik geht man aus praktischen Gründen bis heute nicht soweit, die besprochenen Lösungen exakt zu realisieren. Für die Vorentzerrung gibt es eine Reihe von Ansätzen zur Sendeimpulsformung bzw. zur besseren Anpassung des Sendeimpulsspektrums an Gl.(6.55); das ist im allgemeinen eine Höhenanhebung. *Jocoby* [6.24] übertrug die Kosinuspotenzfilterung zur symbolinterferenzfreien Übertragung auf den Aufzeichnungsvorgang. Praktisch wird der Entzerrungseffekt – wie bei der oft angewendeten Wiedergabeimpulsverschmalerung – durch Subtraktion kleinerer schmalerer Impulse [6.19] erreicht. Statt des normalen Stromsprungs im Bild 6.12a werden zusätzlich Hilfswechsel – wie im Bild 6.12b – aufgezeichnet, die dem normalen Sprung vorausgehen und folgen. Die Fouriertransformierte des vorentzerrten Aufzeichnungs-stromverlaufs im Bild 6.12b (die Entzerrerfunktion) lautet

$$1 + K \sin^2 \omega T_D/2 = K_1 (1 - K_2 \cos \omega T_D) \tag{6.60}$$

$$\text{mit } \omega \frac{T_D}{2} = \frac{\pi f}{f_0}, \quad K_1 = 1 + \frac{K}{2}, \quad K_2 = \frac{K}{K+2}, \quad K = \frac{2b}{1-b}.$$

Mit der Wahl der Parameter f_0 und b kann die Potenz des $\cos^n$-Spektrums festgelegt werden. Das optimale n liegt zwischen 2 und 4. Der Effekt ist ein schmalerer, aber auch kleinerer Summenimpuls. In einem Test bewirkte die Entzerrung eine Reduzierung der Signalamplitude von 5,2 dB und eine Verschmalerung von 40 % [6.24]. Es wurde mit HF-Vormagnetisierung (mit Phasenkopplung) gearbeitet, was u. a. die Rauschspannung um 8,2 dB senkte. Damit verbesserte sich effektiv das Signal-Rausch-Verhältnis, und es konnte die Speicherdichte um (33 ... 50) % erhöht werden.

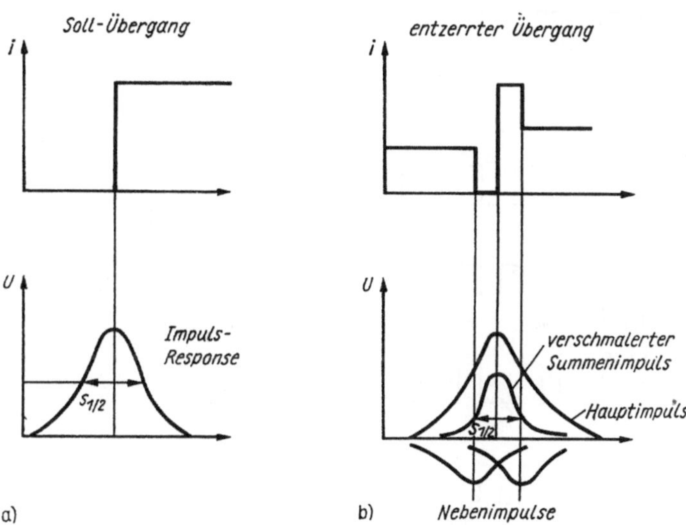

Bild 6.12. $\cos^n$-*Spektralformung durch Vorentzerrung*

Eine andere Version der Vorentzerrung durch Mehrfachwechsel hat *Voigt* [6.25] für die Sättigungsspeicherung ohne HF-Vormagnetisierung vorgeschlagen. Die Informationsfolgen werden so umkodiert, daß der kleinste Flußwechselabstand $T_{\min}$ beibehalten wird und alle Kodeteile mit größerem Abstand einen *zusätzlichen Wechsel* im Abstand $T_{\min}$ erhalten. Der darauffolgende Restbereich bis zum nächsten Informationssprung erhält zusätzlich eine beliebige ungerade Anzahl von Wechseln, wobei der Abstand kleiner oder gleich $\frac{1}{2}T_{\min}$ sein muß (Bild 6.13). Diese letztere Folgefrequenz muß im Wiedergabesystem ausreichend unterdrückt werden. Es wird also über ein effektives $T^*_{\max} \approx 2T^*_{\min}$ auch bei Kodes mit großen Lauflängen ein möglichst kleiner Peakshiftfehler erreicht. Das Ziel des Verfahrens war primär die Signaldifferenzierung ohne Verminderung des Signal-Rausch-Abstandes (Bild 6.14). Dies gelingt wegen der allen Vorentzerrungen innewohnenden Signalverminderung nur bedingt.

Eine Vorentzerrung, die den Peakshiftfehler durch *Flankenversatz* im Aufzeichnungsstrom kompensiert, wurde von *Thornley* vorgeschlagen [6.26]. In den Mustern 011 und 110 des NRZI-Kodes wurde die Lage der mittleren 1 entsprechend experimentellen Erfahrungswerten korrigiert. Peakshift verringerte sich von 18 auf 7 %. Ein störender

Nebeneffekt ist auch hierbei, daß sich durch den geringeren Abstand T^*_{min} der entzerrten Magnetisierungswechsel die Magnetisierungssteilheit und -amplitude verringern. Dies führt nicht nur zu einer geringeren Wiedergabespannung, sondern auch zu einem verminderten Überschreibvermögen. Eine Nachentzerrung weist solche Nachteile nicht auf und ist auch weniger empfindlich gegen Parameterschwankungen. Sinnvoll ist die Kombination beider Entzerrungsarten.

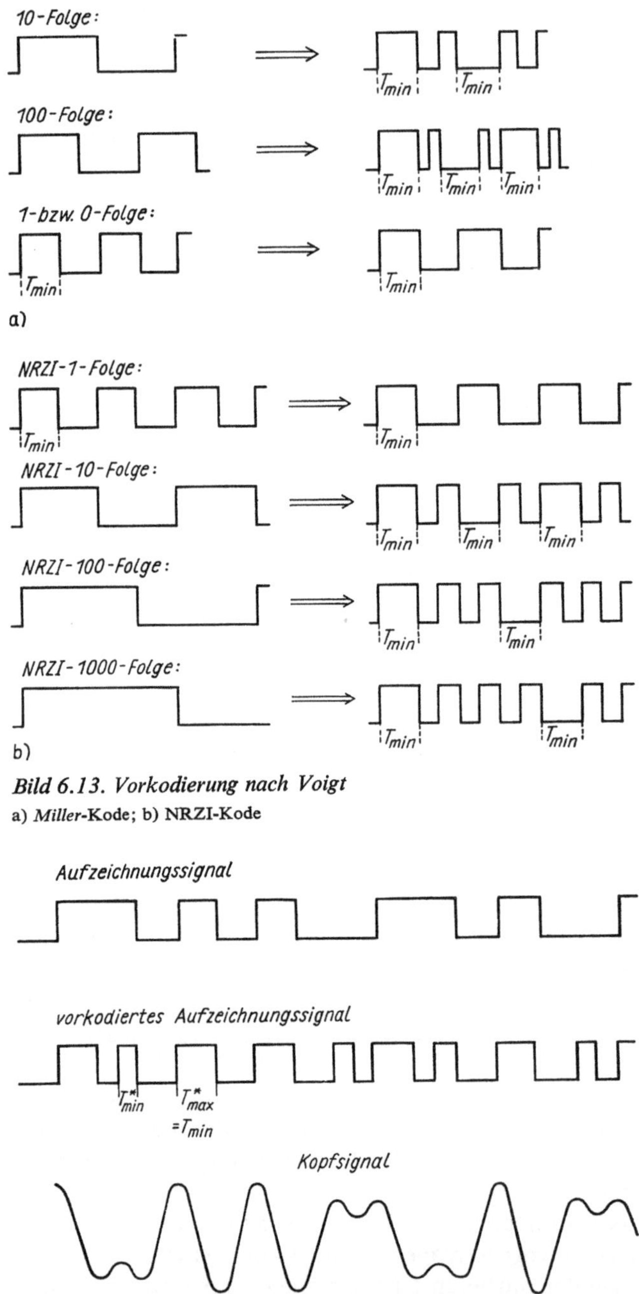

Bild 6.13. Vorkodierung nach Voigt
a) Miller-Kode; b) NRZI-Kode

Bild 6.14. Signaldifferenzierung durch Vorkodierung

6.3.5.   Partial-Response-Kodierung

6.3.5.1.   Grundprinzip

Wir wollen – wie bereits in den Abschnitten 1. und 2. – die Bitfolge als Potenzreihe des Verzögerungsoperators X darstellen. Die Folge $\{a_k\}$ kann dann als

$$A(X) = \sum_{\mu=1}^{\infty} a_\mu X^\mu \tag{6.61}$$

geschrieben werden. Der Partial-Response-Kanal (auch als Korrelativpegelkanal bezeichnet) ist ein lineares System, das durch die digitale Übertragungsfunktion

$$G_0(X) = \sum_{i=0}^{L} g_i X^i \tag{6.62}$$

charakterisiert ist (g_i als ganze Zahl). Das erste Glied g_0 der Reihe stellt den Signalwert dar; die höheren Koeffizienten sind die Anteile der Symbolinterferenzen benachbarter Symbole.

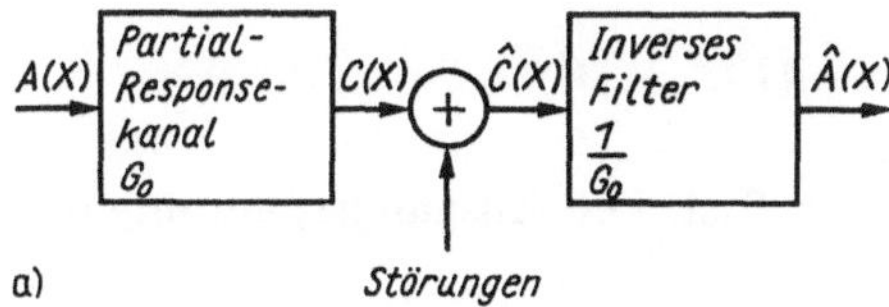

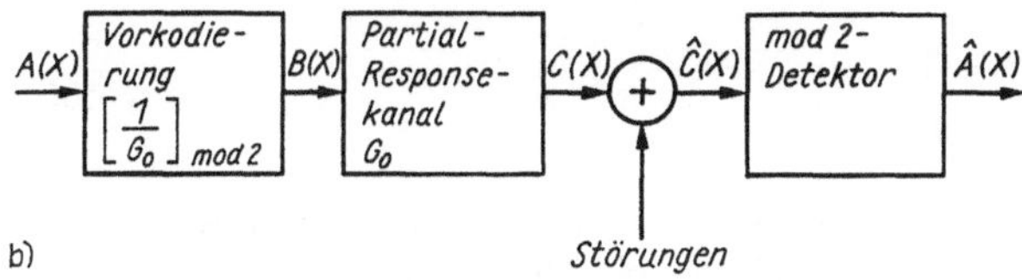

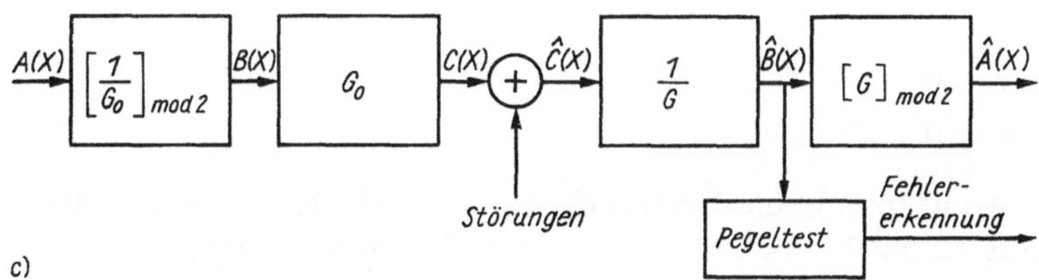

Bild 6.15. Partial-Response-System
a) ohne Vorkodierung; b) mit Vorkodierung; c) mit Fehlererkennung

Die kodierte Ausgangsfolge ergibt sich zu

$$C(X) = \sum_{\mu=1}^{\infty} c_\mu X^\mu = G_0(x)\, A(X). \tag{6.63}$$

Wird ein kontrollierter Anteil an Symbolinterferenz $g_i \neq 0\ (i \neq 0)$ zugelassen, kann die Kanalentzerrung vereinfacht werden.

Ist $A(X)$ eine Binärfolge, so ist $C(X)$ eine Folge aus m Pegelstufen, wobei m von dem Koeffizienten g_i abhängt.

Ist die Ausgangsfolge $\hat{C}(X)$ fehlerfrei ($\hat{C} = C$), dann kann $A(X)$ gewonnen werden, indem $\hat{C}(X)$ über ein inverses Filter mit der diskreten Übertragungsfunktion $1/G_0(X)$ geführt wird. Dieses im Bild 6.15a dargestellte System hat den Nachteil, daß sich ein Fehler in $\hat{C}(X)$ in der dekodierten Folge $\hat{A}(X)$ ständig fortsetzt. Abhilfe schafft eine Vorkodierung mit einem nichtlinearen digitalen Filter der Übertragungsfunktion $[1/G_0(X)]$ mod 2. Es entsteht ein

$$B(X) = \frac{A(X)}{G_0(X)} \bmod 2, \tag{6.64}$$

und es wird $c_\mu \equiv a_\mu \bmod 2$.

Um das $\hat{A}(X)$ aus dem $\hat{C}(X)$ zu regenerieren, bedarf es nur der modulo-2-Operation von $\{c_\mu\}$ (Bild 6.15b).

6.3.5.2. NRZ

Die Beziehung zwischen einer Binärfolge $\{b_\mu\}$ (mit $b_\mu = 0; 1$) und dem normierten Aufzeichnungsstrom im NRZ-Format ist

$$i(t) = \sum_{\mu=-\infty}^{\infty} (2b_\mu - 1)\, R\,(t - \mu T),$$

wobei $R(t)$ ein Rechteckimpuls der Breite T ist. Die Ausgangsspannung ist entsprechend

$$e(t) = \sum_{\mu=-\infty}^{\infty} c_\mu h\,(t - \mu T) \tag{6.65}$$

mit

$$c_\mu = \begin{cases} b_\mu - b_{\mu-1} \\ b_0 \end{cases} \text{bei} \quad \begin{matrix} \mu \geq 1 \\ \mu = 0 \end{matrix} \tag{6.66}$$

eine diskrete Differenziervorschrift, die der analogen Differentiation des Wiedergabevorgangs entspricht. $h(t)$ ist die normierte Impulsresponsefunktion. Wird sie mit der Bitfrequenz abgetastet, so gilt bei *Nyquist*entzerrtem Kanal, d.h. bei $\cos^2$-Entzerrung, an den Abtastpunkten

$$h\,(nT) = \begin{cases} 1 & n = 0 \\ 0 & n \neq 0. \end{cases}$$

Die Ausgangsspannung ist mit (6.66) eine Dreipegelfolge. Deshalb kann der Speicherkanal als Partial-Response-Kanal betrachtet werden, der eine diskrete Übertragungsfunktion

$$G_0(X) = 1 - X, \tag{6.67}$$

also differenzierendes Verhalten besitzt.

6.3.5.3. NRZI

Die inverse Operation, die zur Vorkodierung genutzt werden kann, lautet mit (6.67) also $[1/(1 - X)]_{\mathrm{mod}\,2}$. Das bedeutet, daß das Eingangssignal $\{a_\mu\}$ mit dem Ausgangssignal $\{b_\mu\}$ durch

$$b_\mu = a_\mu + b_{\mu-1} = \sum_{i=0}^{\mu} a_i \bmod 2$$

verknüpft ist. Dies ist praktisch die Umkodierung von NRZ in NRZI, denn aus jeder 1 in der Eingangsfolge $\{a_\mu\}$ wird ein Symbolwechsel in $\{b_\mu\}$.

Diese von *Kobayashi, Tang* [6.27] gewonnene Erkenntnis erlaubt die Anwendung der für Partial-Response-Nachrichtenkanäle entwickelten Empfangsverfahren in der Magnetbandspeichertechnik, insbesondere die Ausnutzung der Redundanz des ternären Wiedergabesignals [6.48] [6.49]. Bild 6.15c zeigt die Möglichkeit der *Fehlererkennung*, wobei der ursprüngliche mod-2-Operator durch eine Kombination des inversen Filters mit der diskreten Übertragungsfunktion $(1 - X)^{-1}$ und eines Dekoders mit der Übertragungsfunktion $(1 - X)_{\text{mod}\,2}$ ersetzt wird. Ein einfacher Fehlernachweis kann darin bestehen, daß die in der Sättigungsspeicherung notwendige Polarisationsumkehr in $\{c_\mu\}$ überprüft wird und verbotene Koeffizientenfolgen angezeigt werden.

6.3.5.4. Interleaved NRZI

Wird die Samplingrate um 50% erhöht, findet die Probennahme alle $T' = \frac{2}{3}T$ statt (Bild 6.16).

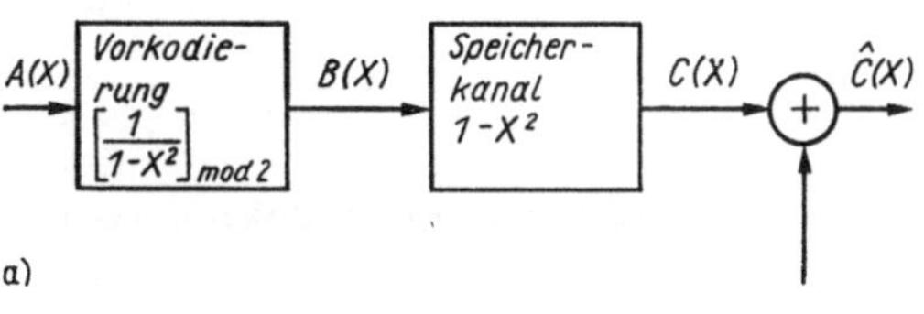

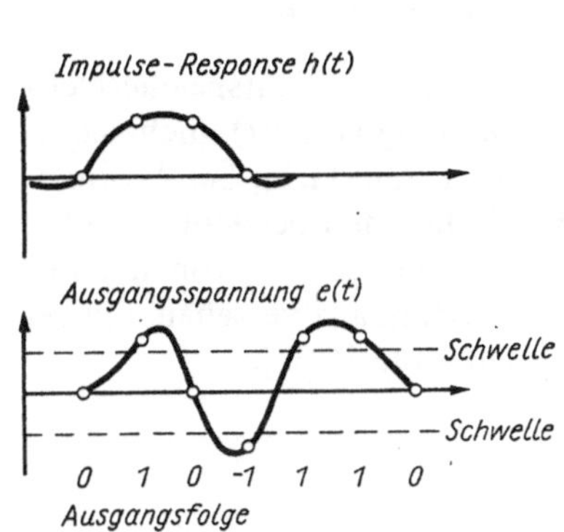

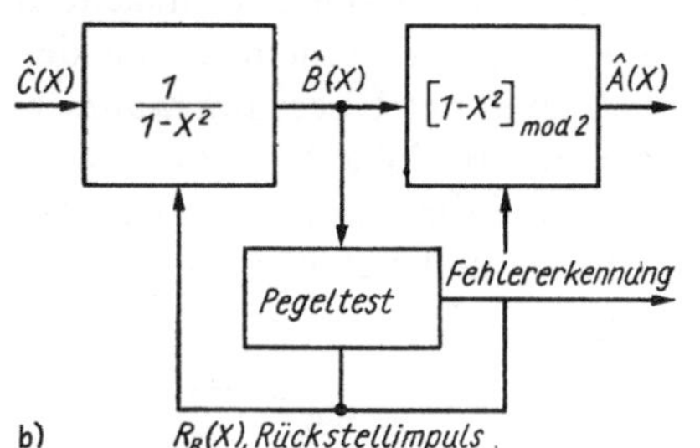

Bild 6.16. Signalabtastung
im Interleaved-NRZI-System

Bild 6.17. Interleaved-NRZI-System

Die normierten Abtastwerte des Impulsresponse sind jetzt

$$h\,(nT') = \begin{cases} 1 & n = 0{,}1 \\ \approx 0 & n \neq 0{,}1. \end{cases} \tag{6.68}$$

Entsprechend lautet die diskrete Übertragungsfunktion

$$F(X) = \sum_{n=-\infty}^{\infty} h\,(nT')\,X^n = 1 + X. \tag{6.69}$$

Die gesamte Übertragungsfunktion ist damit

$$G_1(X) = G_0(X)\,F(X) = 1 - X^2. \tag{6.70}$$

Der entsprechende Vorkodierer hat die Übertragungsfunktion $[1/(1 - X^2)]_{\text{mod}\,2}$. Eingang und Ausgang sind über

$$b_\mu = a_\mu + b_{\mu-2} \bmod 2 \tag{6.71}$$

verknüpft. Das Übersichtsschaltbild eines solchen Systems zeigt Bild 6.17. Ein Beispiel möge das Verfahren verdeutlichen. In Tafel 6.5 sind die Informationsfolge $\{a_\mu\}$, die vorkodierte Folge $\{b_\mu\}$, die fehlerfreie Wiedergabefolge $\{c_\mu\}$ sowie eine fehlerbehaftete Folge $\{\hat{c}_\mu\}$ mit einem Fehler auf Position *2* dargestellt. Dementsprechend ist die Berechnung von $\{b_\mu\}$ fehlerhaft; der Fehler tritt bei dem verbotenen Pegel auf Position *6* zutage. Ein Rückstellimpuls r_μ verhindert die weitere Fehlerausbreitung.

Tafel 6.5. Berechnungsbeispiel im Interleaved NRZI-System

μ	0	1	2	3	4	5	6	7	8
a_μ	0	1	1	0	0	0	1	1	1
$b_\mu = b_{\mu-2} + a_\mu \,(\text{mod } 2)$	0	1	1	1	1	1	0	0	1
$c_\mu = b_\mu - b_{\mu-2}$	0	1	1	0	0	0	-1	-1	1
$\hat{c}_\mu$	0	1	0	0	0	0	-1	-1	1
$\hat{b}_\mu = \hat{c}_\mu + (\hat{b}_{\mu-2} + r_{\mu-2})$	0	1	0	1	0	1	-1	0	1
r_μ	0	0	0	0	0	0	1	0	0
$\hat{a}_\mu = \hat{b}_\mu + (\hat{b}_{\mu-2} + r_{\mu-2})$	0	1	0	0	0	0	1	1	1
$\quad = \hat{c}_\mu \,(\text{mod } 2)$									

6.3.6. Wahrscheinlichkeitsdekodierung im Partial-Response-Kanal

Die Dreipegelfolge (6.66), bestehend aus $-1, 0$ und $+1$, wird in der Dichtspeichertechnik durch die Symbolinterferenz, verursacht durch die Ausdehnung von $h(t)$, nicht sichtbar. Die Methode der Wahrscheinlichkeitsdekodierung besteht nun darin, bei A-priori-Kenntnis von $h(t)$ und der Übergangswahrscheinlichkeit zwischen den benachbarten b_μ, $b_{\mu-1}, \ldots$ auf die ternäre Folge $\{c_\mu\}$ zurückzurechnen. Während die b_μ, $b_{\mu-1}$ voneinander unabhängig sind, sind die c_μ, $c_{\mu-1}$ stark korreliert, d.h. mit Redundanz versehen, die bei der Signalerkennung und Fehlerkorrektur ausgenutzt werden kann [6.28].

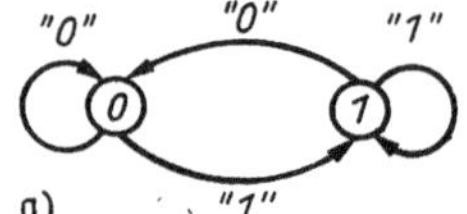

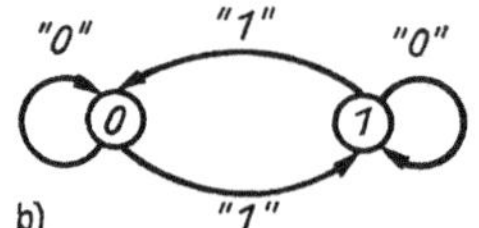

Bild 6.18
a) NRZ-System
b) NRZI-System als endlicher Automat

Zunächst kann $e(t)$ der bereits beschriebenen Pulse-slimming-Filterung unterworfen werden. Das Ergebnis ist eine verminderte, aber nicht völlig beseitigte Symbolinterferenz, die zusammen mit dem Rauschen den exakten Abtastwert c_μ stört. Die Störung soll in der Zufallsvariablen z_μ zusammengefaßt sein. Dann ist der reale Abtastwert

$$y_\mu = c_\mu + z_\mu. \tag{6.72}$$

Der im Bild 6.18 als *Korrelativpegelkodierer* dargestellte Speicherkanal kann als einfache Form eines linearen endlichen Automaten aufgefaßt werden. Somit können auch Prozesse im magnetischen Speicherkanal mit Hilfe des *Viterbi*algorithmus [6.29] dekodiert werden. Wir definieren s_μ als Zustand des Speicherkanals in Abhängigkeit vom Eingangssignal, also $s_\mu = a_\mu$ (NRZ) bzw. $s_\mu = b_\mu$ (NRZI). Das *Entscheidungsgitter* im Bild 6.19 illustriert die weitere Vorgehensweise. Es zeigt die möglichen Statusübergänge als Funktion der diskreten Zeit μ. Ausgehend von s_0 folgt der Kanal einem Pfad gemäß der Eingangsfolge $\{a_\mu\}$. Eine Eingangsfolge der Länge L $(a_1 a_2 \ldots a_L]$ kann verschiedene Pfade (Trajektorien) zur Folge haben. Ein optimaler Dekoder wird aus der Beobachtungsfolge

$\{y_\mu\}$ die wahrscheinlichste Trajektorie (Überlebende) aus den 2^L Möglichkeiten auswählen.

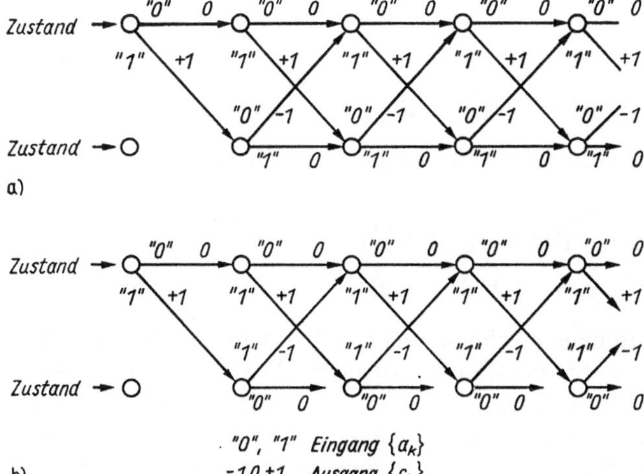

Bild 6.19. *Entscheidungsgitter der Statusübergänge*
a) im NRZ-System; b) im NRZI-System
———— = „1 1 1 0"-Folge

Wir wollen annehmen, daß das Rauschen $\{z_\mu\}$ von Bit zu Bit unabhängig ist. Dann ist die Wahrscheinlichkeitsfunktion der Ausgangsfolge $[y_1 y_2 \dots y_L]$ für die Trajektorie $[s_0; a_1 a_2 \dots a_L]$ gegeben durch das Produkt der Einzelwahrscheinlichkeiten für die L Übergänge:

$$p(y_1 y_2 \dots y_L/s_0; a_1 a_2 \dots a_L) = \prod_{\mu=1}^{L} p(y_\mu/s_{\mu-1}; a_\mu),$$

$$\ln p(y_1 y_2 \dots y_L/s_0; a_1 a_2 \dots a_L) = \sum_{\mu=1}^{L} \ln p(y_\mu/s_{\mu-1}; a_\mu) \tag{6.73}$$

mit

$$s_{\mu-1} = a_{\mu-1} \quad (\text{NRZ}),$$

$$s_{\mu-1} = b_{\mu-1} = a_{\mu-1} + s_{\mu-2} \quad (\text{NRZI}).$$

Auf der rechten Seite stehen die Wahrscheinlichkeitsfunktionen aller Zweige. Der Dekoderalgorithmus ist folgendermaßen zu beschreiben: Wir definieren ein Abstandsmaß für die μ-ten Knoten, die die Zustände $i = 0$ und 1 darstellen:

$$m_\mu(i) = \ln p(y_\mu/s_{\mu-1}; i). \tag{6.74}$$

Dann vergleicht der Dekoder die Maße für die zwei möglichen Wege zu den folgenden Knoten zur Zeit $k + 1$ und entscheidet sich für den Pfad mit der größeren Wahrscheinlichkeit.

Allgemein ergibt sich ein Algorithmus

$$m_\mu(i) = \max\{m_{\mu-1}(0) + \ln p(y_\mu/0; i); m_{\mu-1}(1) + \ln p(y_\mu/1; i)\}, \quad i = 0, 1.$$

$$\tag{6.75}$$

15 Siakkou

Für die Berechnung der Abstandsmaße werden außer dem Abtastwert y_μ der Maximalpegel $\pm A$ und die Varianz σ^2 des Gaußschen Rauschens benötigt. Dann kann

$$\ln p\,(y_\mu/0;0) = \ln p\,(y_\mu/1;1) = -y_\mu^2/2\sigma^2 - \ln \sqrt{2\pi}\sigma,$$

$$\ln p\,(y_\mu/0;1) = -(y_\mu - A)^2/2\sigma^2 - \ln \sqrt{2\pi}\sigma \tag{6.76}$$

und

$$\ln p\,(y_\mu/1;0) = -(y_\mu + A)^2/2\sigma^2 - \ln \sqrt{2\pi}\sigma$$

berechnet werden. Da der erste der drei Ausdrücke in jeder Gleichung vorkommt, wird vereinfacht ein Abstandsmaß

$$\tilde{m}_\mu(0) = \max\,\{\tilde{m}_{\mu-1}(0); \tilde{m}_{\mu-1}(1) - y_\mu - A/2\},$$

$$\tilde{m}_\mu(1) = \max\,\{\tilde{m}_{\mu-1}(0) + y_\mu - A/2; \tilde{m}_{\mu-1}(1)\} \tag{6.77}$$

definiert. Die Varianz σ^2 des Rauschens erscheint nicht mehr in (6.77); die Dekoderstruktur ist also unabhängig vom Signal-Rausch-Abstand. Die wahrscheinlichsten Trajektorien $[\dots \hat{a}_{\mu-L} \dots \hat{a}_{\mu-3}\hat{a}_{\mu-2}, 0]$, $[\dots \breve{a}_{\mu-L} \dots \breve{a}_{\mu-3}\breve{a}_{\mu-2}, 1]$, die zur Zeit $\mu - 1$ auf „0" und auf „1" führen, werden in je einem Schieberegister gespeichert. Für jeden neuen Abtastwert y_μ entsteht ein neues Paar solcher Überlebender mit den dazugehörigen Abstandsmaßen $\tilde{m}_\mu(0)$ und $\tilde{m}_\mu(1)$. Sind die Schieberegister der Länge L gefüllt, werden die letzten Bits $\hat{a}_{\mu-2}$ bzw. $\breve{a}_{\mu-2}$ ausgelesen. Diese beiden werden fast immer übereinstimmen; wenn nicht, wird das Bit aus der Trajektorie mit der größeren Wahrscheinlichkeit $\max\,\{\tilde{m}_\mu(0); \tilde{m}_\mu(1)\}$ vom Dekoder ausgesendet.

6.3.7.   Maximum-likelihood-Spitzendetektor im unentzerrten Kanal

Die heute gebräuchlichste Methode der Bitregenerierung ist die Spitzenfindung aus dem entzerrten Signal nach der Integrationsmethode. Je größer die Speicherdichten werden, desto schwieriger sind die Probleme der Symbolinterferenz mit den klassischen Methoden der Signalfilterung beherrschbar. Deshalb gewinnen die nichtlinearen Schätzverfahren, die die A-priori-Information über den Speicherkanal besser nutzen, ständig an Bedeutung. Neben der quantisierten Rückkopplung mit binärem Entscheider bietet sich auch hierfür der Maximum-likelihood-Detektor an, der den *Viterbi*-Schätzalgorithmus ähnlich zu Abschnitt 6.3.6. implementiert.

Die Menge der Sollwerte der Impulsspitzen möge $\{c_\mu\}$ sein. Deren Elemente c_μ werden durch die Symbolinterferenz $T_{\mathrm{p}}^{(\mu)}$ zu y_μ verzerrt:

$$y_\mu = c_\mu + T_{\mathrm{p}}^{(\mu)}. \tag{6.78}$$

$\{T_{\mathrm{p}}^{(\mu)}\}$ ist eine Funktion der Kode- und Kanalparameter. Gehen in das Verfahren nur die Abstände zwischen den Spitzenwerten

$$\Delta y_\mu = y_{\mu+1} - y_\mu = \Delta c_\mu + \Delta T_{\mathrm{p}}^{(\mu)} \tag{6.79}$$

ein, dann ist es unabhängig von der Phasenablage oder dem Phasenjitter des Taktgenerators. Für den DM-Kode gilt z. B.

$$\Delta c_\mu \in \{2, 3, 4\},$$

wobei die Normierung der zeitlichen Abstände auf die Länge T_{min} eingeführt wurde. Es ist also ein Algorithmus aufzustellen, der zwischen den 3 ursprünglich möglichen Signalpositionen im Abstand 2, 3 oder 4 entscheidet, wobei das Kriterium die maximale Wahrscheinlichkeit für diese Position ist. Das Problem kann mit Hilfe des Entscheidungsgitters nach *Forney* [6.29] veranschaulicht werden (Bild 6.20). Es enthält die 9 Zustände

$$\{X_i\} = \{(4,4); (4,3); (4,2); (3,4); \dots; (2,3); (2,2)\}$$

und die 27 Übergänge

$$\{X_i, X_j\} = \{\xi_{i,j}\} = \{(4,4,4); (4,4,3); (4,4,2); (4,3,4); \dots; (2,2,3); (2,2,2)\}.$$

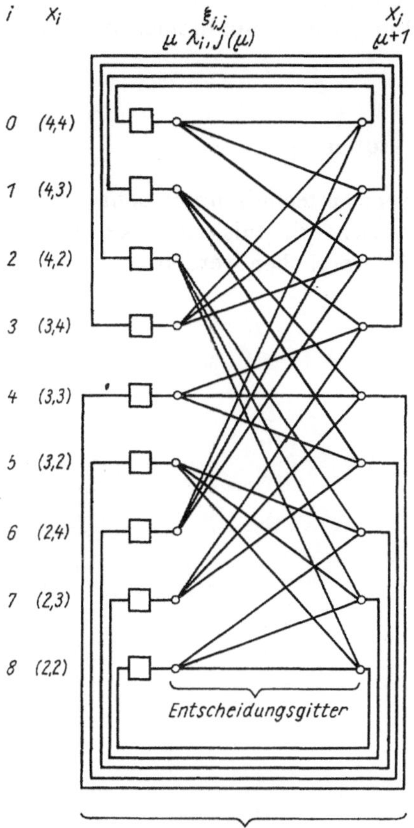

Es muß angenommen werden, daß die beobachtete Spitzenposition $\Delta\hat{y}_\mu$ nicht nur durch Symbolinterferenz $\Delta T_\mathrm{p}^{(\mu)}$, sondern auch durch die Zufallsvariable z_μ gestört ist:

$$\Delta\hat{y}_\mu = \Delta T_\mathrm{p}^{(\mu)} + z_\mu. \tag{6.80}$$

Die Aufgabe besteht nun darin, unter Kenntnis der Wahrscheinlichkeit von X_i (z.B. Gleichwahrscheinlichkeit) und der Kanaleigenschaften $T_\mathrm{p}(X_i)$ auf die wahrscheinlichste gesendete Signalfolge zu schließen. *Burkhardt* [6.30] gibt eine Lösung dieses Problems. Bild 6.21 zeigt die angenommenen Peakshiftwerte $T_\mathrm{p}(X_i)$. Zur Wichtung der möglichen Entscheidungen dient das Abstandsmaß

$$\lambda_{i,j}(\mu) = [\Delta\hat{y}_\mu - \Delta y_\mu(X_i, X_j)]^2$$

$$= [\Delta\hat{y}_\mu - \Delta y_\mu(\xi_{i,j})]^2. \tag{6.81}$$

Bild 6.20
Viterbi-Detektor als Implementierung des Maximum-likelihood-Entscheidungsgitters

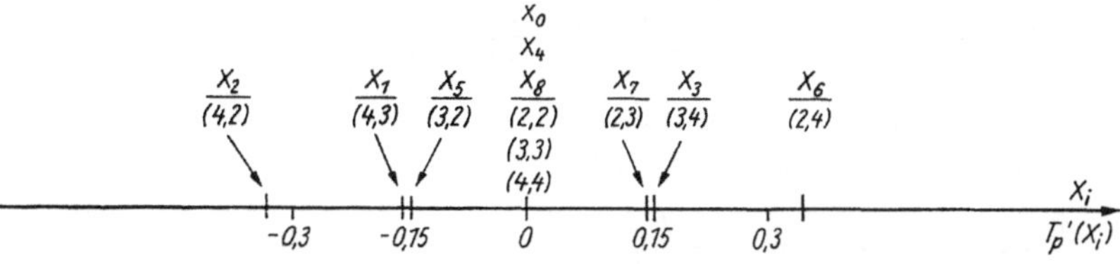

Bild 6.21. Beispiel für Peakshiftwerte $T_\mathrm{p}'(X_i)$ von Übergängen X_i im DM-Kode nach [6.30]

Die Struktur eines solchen *Viterbi-Detektors* entspricht der Struktur des Entscheidungsgitters. Die zeitlich aufeinanderfolgenden Entscheidungen werden jeweils durch das Eintreffen des nächsten Spitzenwertes ausgelöst, und der Prozessor kann somit rekursiv arbeiten.

Wood [6.31] untersuchte die Möglichkeiten des *Viterbi*-Detektors am M²-Kode im entzerrten Speicherkanal eines Rotationsdigitalspeichers bei einer Bitrate von 11,5 Mbit/s unter Verwendung von 24 integrierten Hochgeschwindigkeitsschaltkreisen. Ziel war es, den 3-dB-Abtastverlust des klassischen Empfängers mit Hilfe der Analogabtastung mit nachfolgender Maximum-likelihood-Entscheidung zugunsten einer geringeren Fehlerrate zu vermindern. Nach Computersimulation wurde ein theoretischer Gewinn von 2 dB erwartet, entsprechend einer Verbesserung der Fehlerwahrscheinlichkeit um 2 Größenordnungen. Der Test am Recorder ergab, daß sich die Verbesserungen nur auf Einzelbitfehler und kurze Bursts beziehen. Ein dem Aufwand entsprechender Gewinn im realen Speicherkanal ist daher nur in Verbindung mit wirkungsvollen Burstfehlerkorrekturkodes zu erwarten.

6.3.8.   Vergleich zwischen verschiedenen Bitdetektoren

In diesem Abschnitt sollen drei in der digitalen Videospeichertechnik untersuchte NRZ- bzw. NRZI-Detektoren hinsichtlich effektivem Signalrauschverhältnis, zulässigen Band-Kopf-Abstandsschwankungen und zulässiger Spurdichte verglichen werden:

- der Integrationsdetektor (Bild 6.22),
- der Amplitudendetektor (Bild 6.23) und
- der Partial-Response-Detektor (Bild 6.24).

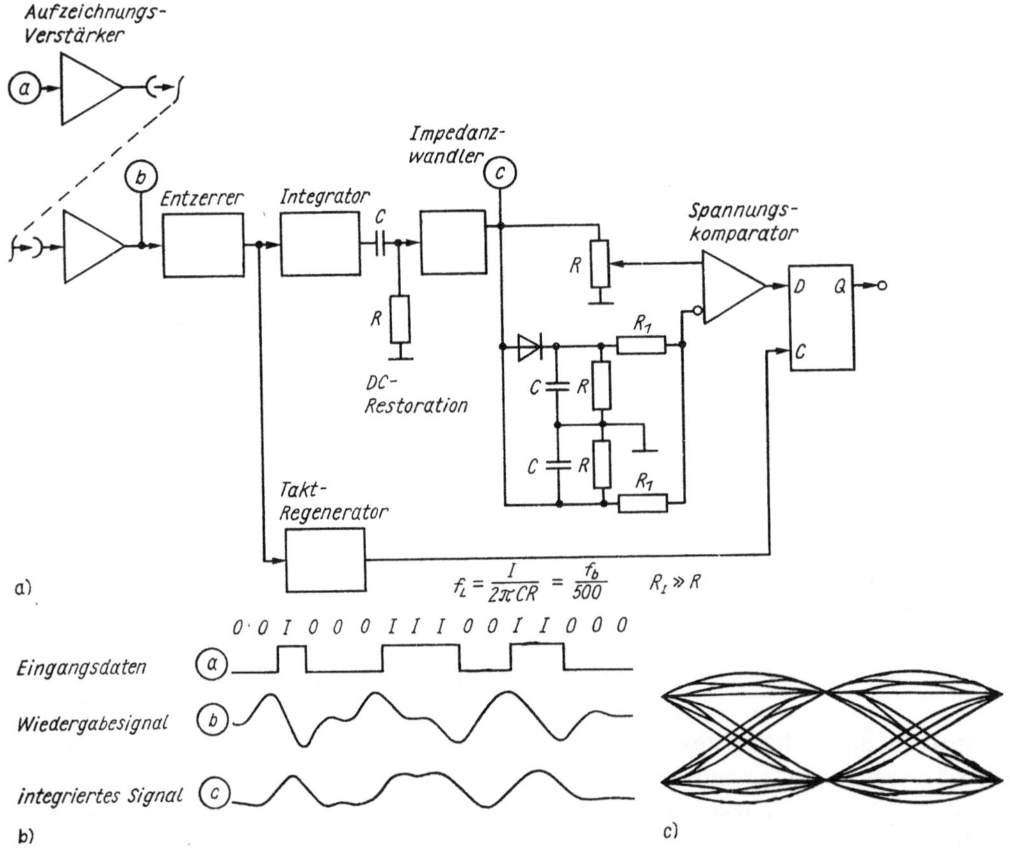

Bild 6.22. a) Integrationsdetektor im NRZ-System; b) Signalverläufe; c) Augendiagramm

Beim Integrationsdetektor wird das Wiedergabesignal integriert und begrenzt. Im Bild 6.22 a ist die Dimensionierungsvorschrift für die untere Grenzfrequenz f_u und ihre Beziehung zur Entladezeitkonstanten des d.c.-Restorers angegeben. Dieser verhindert die Nullinienüberschreitung durch die Frequenzanteile unter $0{,}01\,f_u$.

Bei den anderen beiden Detektoren wird der Schwellwert des Komparators vom Spitzengleichrichter ATC (Automatic threshold controller) gesteuert. Beim Amplitudendetektor liegt praktisch eine Dreipegelbewertung, ähnlich dem NRZI-Partial-Response-System vor.

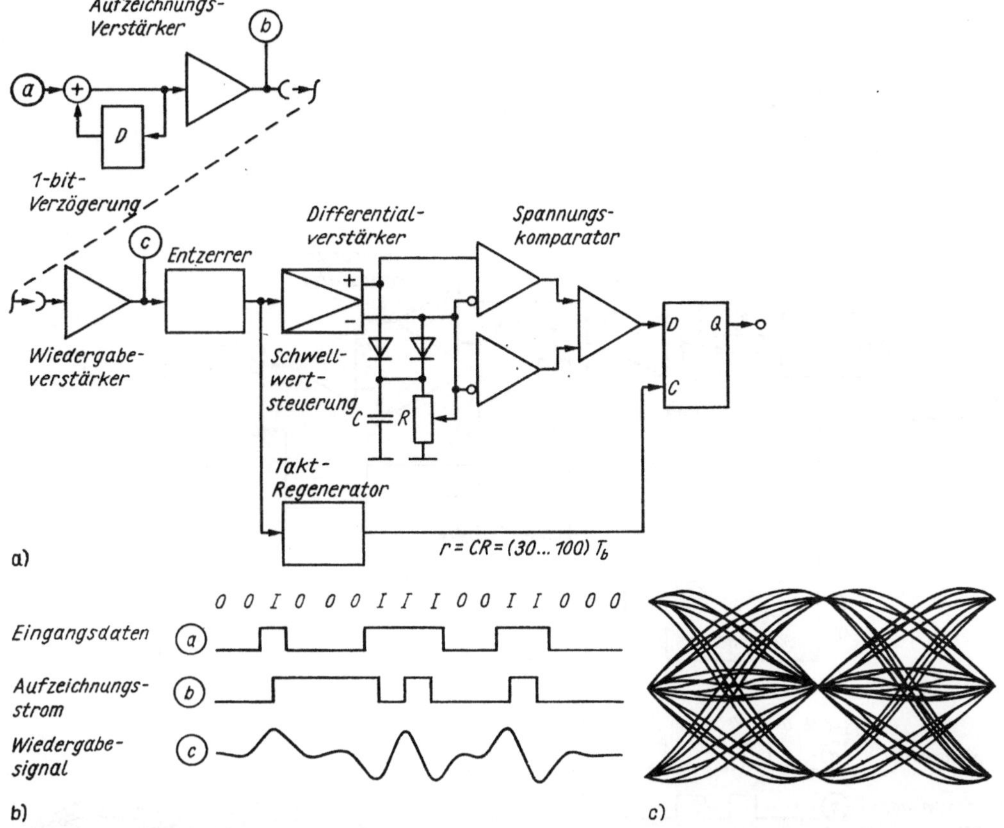

Bild 6.23. a) Amplitudendetektor im NRZI-System; b) Signalverläufe; c) Augendiagramm

Im Bild 6.24 a und b ist die Vorkodierung durch modulo-2-Addition zwischen den Eingangsdaten und den um 2 bit verschobenen Eingangsdaten zu erkennen, die zum Interleaved-NRZI führt. Im Partial-Response-Detektor wird die lineare Summe des Wiedergabesignals und dessen 1-bit-Verzögerung gebildet. Der Partial-Response-Detektor weist noch die Besonderheit auf, daß vor dem ATC das Signal im Entscheidungspunkt gesampled wird. Damit wird der Einfluß größerer Amplituden zwischen den Bitsamplingzeiten, die im berechneten Augendiagramm nach Bild 6.24 c zu sehen sind, ausgeschaltet, und damit bestimmt wirklich nur der Erwartungswert im Entscheidungspunkt (größte Fensteröffnung) den Schwellwert. Die Entladezeitkonstante der Spitzengleichrichter beträgt unter Berücksichtigung der Wahrscheinlichkeit langer 0-Folgen und niederfrequenter Komponenten durch Pegelschwankungen $\tau = (30 \ldots 100)\,T_{bit}$. Die drei ausgewählten

Detektorausführungen sind aufgrund des ähnlichen Entwicklungsstandes und Aufwands gut vergleichbar [6.32]. Inzwischen ist der Integrationsdetektor zu einer interaktiv rückgekoppelten Einheit mit dem Taktregenerator weiterentwickelt worden [6.51]; vgl. auch Abschnitt 6.3.3.; und der Kosinusentzerrer des Partial-Response-Kanals ist zu einem hochleistungsfähigen Transversalfilter optimiert worden [6.52]. Für beide Verbesserungen wird eine Speicherdichteerhöhung bis zu 50 % angegeben, so daß die im folgenden dargestellten Relationen in etwa gewahrt bleiben.

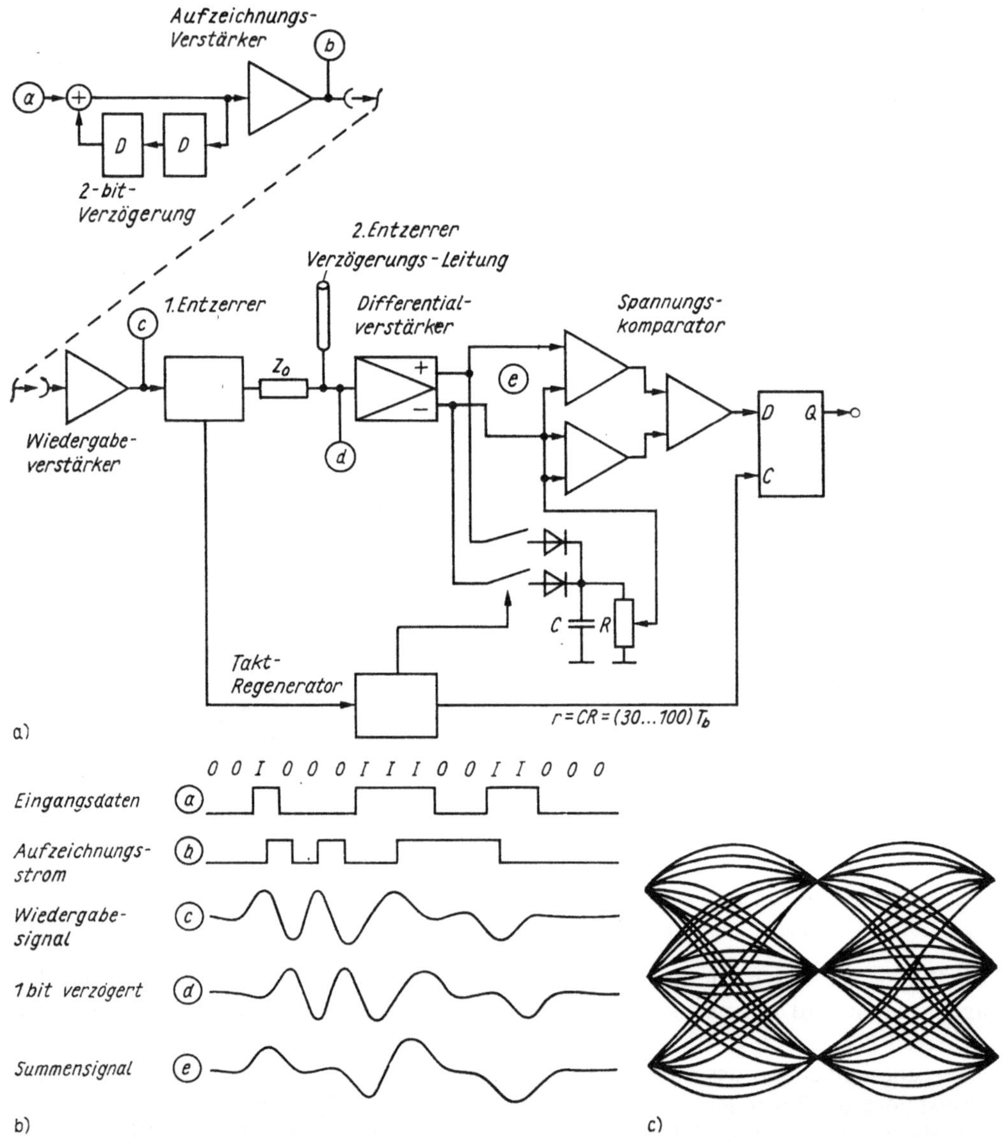

Bild 6.24. a) *Partial-Response-Detektor im Interleaved-NRZI-System;*
b) *Signalverläufe; c) Augendiagramm*

6.3.8.1. Signal-Rausch-Verhältnis

Zum Vergleich der Leistungsfähigkeit der drei Bitdetektoren wird von einer interferenzfreien Signalform mit dem Spektrum

$$F(f) = \frac{1}{f_{bit}} \cos^2 \frac{\pi}{2} \frac{f_o + f - f_{bit}}{2f_o - f_{bit}} \quad \text{im Bereich} \quad f_{bit} - f_o \leqq f \leqq f_o, \quad (6.82)$$

$F(f) = 0$ sonst, ausgegangen. f_o ist die obere Grenzfrequenz des Entzerrersystems.

Das Spektrum des so entzerrten, d. h. auf die Halbwertsbreite von $s^*_{1/2}$ verschmalerten Wiedergabeimpulses möge

$$G(f) = \frac{1}{f_{bit}} \, e^{-\frac{s_{1/2}^*}{T_b} \frac{\pi}{v} \frac{f}{f_{bit}}} = \frac{1}{f_{bit}} \, e^{-\pi\frac{f}{v} s_{1/2}^*} = \frac{1}{f_{bit}} \, e^{-\frac{k}{2} s_{1/2}^*} \quad (6.83)$$

betragen.

Die Detektoren entsprechen der folgenden Spezialformung:

$$P(f) = \begin{cases} \dfrac{1}{2 \sin \pi \dfrac{f}{f_{bit}}} & \text{beim Integrationsdetektor,} \\[2em] 1 & \text{beim Amplitudendetektor} \\[1em] 2 \cos \pi \dfrac{f}{f_{bit}} & \text{beim Partial-Response-Detektor.} \end{cases}$$

Aus diesen Spektren läßt sich z. B. das Signal-Rausch-Verhältnis als Funktion der oberen Grenzfrequenz f_o/f_{bit} berechnen. Bild 6.25a zeigt, daß dieses bis $f_o/f_{bit} = \frac{3}{4}$ nahezu konstant ist, wobei die Werte für den Amplitudendetektor um 3 dB tiefer liegen. Diese Verläufe sind aber nur in Verbindung mit der Zeitfensterbreite im Bild 6.25b zu werten. Hierbei gibt es den erwarteten Abfall bei $f_o/f_{bit} \leqq \frac{3}{4}$, so daß $f_o/f_{bit} \approx \frac{3}{4}$ als Kompromißlösung möglich ist [6.32].

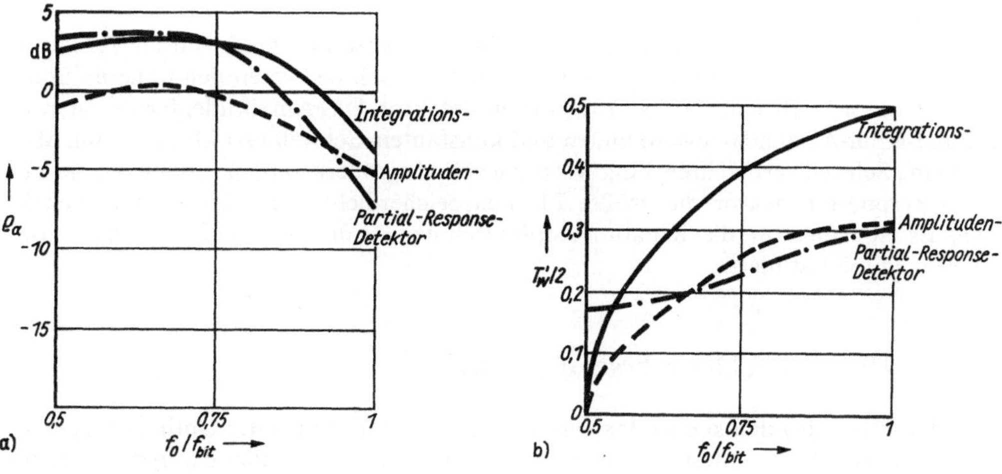

Bild 6.25. a) relatives Signal-Rausch-Verhältnis ϱ_a der 3-bit-Detektoren
b) Zeitfenster $T_w/2$ der 3-bit-Detektoren, jeweils abhängig von der relativen Filterbandbreite f_o/f_{bit} nach [6.32]

6.3.8.2. Amplitudenschwankungen

Es wurden von *Nakagawa* u. a. [6.32] die Amplitudenfenster mit linearer Superposition unter dem Einfluß von Band-Kopf-Abstandsschwankungen Δa berechnet. Bild 6.26 zeigt das Resultat. Die oberen Kurven sind die normierten „1"-Pegel, die unteren die „0"-Pegel. Hieraus ist zu erkennen, daß der Integrationsdetektor gewisse Vorteile aufweist, die aber von den anderen Detektoren, nur mit einer automatischen Nachsteuerung auf kleinere Schwellwerte, ebenfalls erreicht bzw. leicht übertroffen werden.

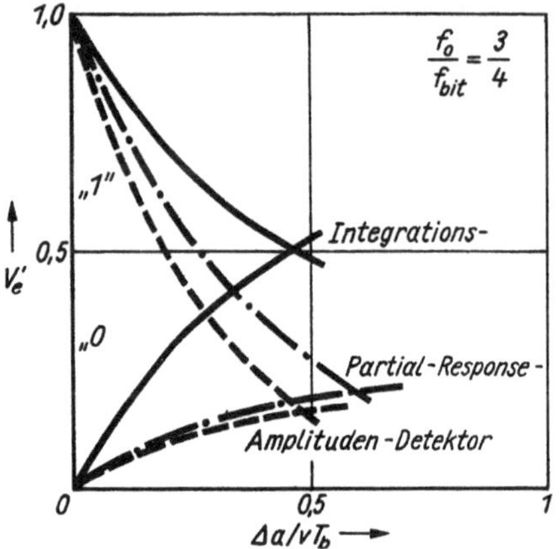

Bild 6.26
Verhalten der 3-bit-Detektoren bei wachsender Symbolinterferenz mit zunehmendem Band-Kopf-Abstand Δa anhand der relativen Augenöffnung $V_e'($„1"$) - V_e'($„0"$)$

6.3.8.3. Spurübersprechen

Werden die Spurdichten erhöht, muß der Einfluß des Spurübersprechens mit seinem niederfrequenten Störspektrum auf das Verhalten der Bitdetektoren beachtet werden. In [6.32] wurde die Streufeldenergie einer Pseudorandomfolge für verschiedene Spurdichten ermittelt. Das Ergebnis ist, daß sich die Spurdichten bei Verwendung der Detektoren (Integration: Amplituden: Partial-Response) wie 0,2 : 1 : 0,7 verhalten können, wenn jeweils 30 dB Signalstörabstand zugelassen sind.

Zusammenfassend kann festgestellt werden, daß der Integrationsdetektor den Vorteil des besseren Signal-Rausch-Verhältnisses und des größeren Zeitfensters gegenüber dem Amplitudendetektor hat, aber wegen seiner Empfindlichkeit gegenüber niederfrequenten Störungen geringere Spurdichten zuläßt. Er ist also vorwiegend für die Festkopflongitudinalspeicherung geeignet.

Der Partial-Response-Detektor weist ebenfalls ein besseres Signal-Rausch-Verhältnis auf als der Amplitudendetektor. Wichtig ist, daß er noch bei wesentlich höheren Spurdichten (Faktor 3,5) arbeitet als der Integrationsdetektor. Das Amplitudenfenster ist zwar bei Band-Kopf-Abstandsschwankungen und konstantem Schwellwert kleiner, kann aber durch eine Schwellwertnachregelung wirkungsvoll vergrößert werden. Somit erlaubt der Partial-Response-Detektor die größte Flächenspeicherdichte der untersuchten Detektoren. Er ist daher für die Rotationskopfmaschinen in der digitalen Bild- und Tonspeicherung prädestiniert.

6.4.   Überallesfehlerwahrscheinlichkeit

Die Fehlerwahrscheinlichkeit ist das entscheidende Kriterium bei der Optimierung eines Nachrichtenkanals. Die Magnetbandspeichertechnik weist gegenüber den meisten anderen Nachrichtenkanälen die Besonderheit auf, daß neben den additiven Störsignalen noch *multiplikative Störsignale* auftreten. Auch letztere werden durch ihr Spektrum und ihre Statistik beschrieben (s. Abschn. 4.). Die Dropouts mit ihrem niederfrequenten Störspektrum gehen praktisch unbeeinflußt von der Entzerrung in die Fehlerwahrscheinlichkeit ein. Dagegen wird das höherfrequente normalverteilte multiplikative Störspektrum $\varrho_m(f)$ durch die Modulationsübertragungsfunktion des Empfangsfilters $G_A(f)$ [6.44] beeinflußt:

$$\frac{1}{\varrho_{m\,2}^2(f)} = \int_0^\infty |G(f)|^2\, \frac{df}{\varrho_{m\,1}^2(f)}. \tag{6.84}$$

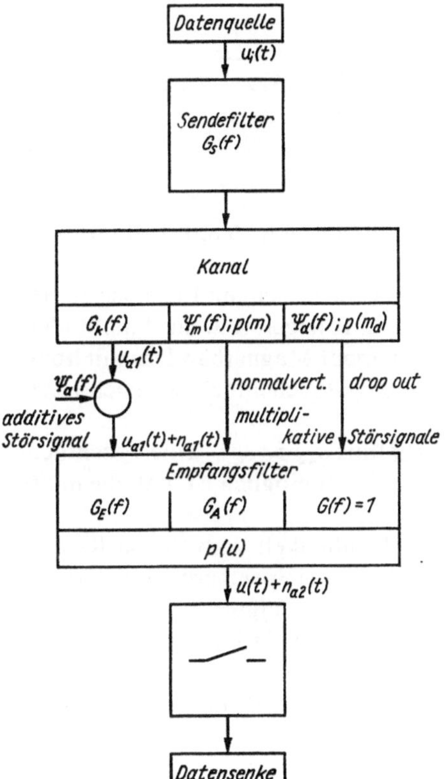

Bild 6.27
Nachrichtentechnisches Modell des gestörten
Magnetbandspeicherkanals nach Voigt [6.45]

Das *additive Störsignal* wird durch die Übertragungsfunktion $G_E(f)$ des Empfangsfilters zu

$$U_{a\,2} = |G_E(f)|\,U_{a\,1};$$

$$\sigma_{a\,2}^2 = \int_0^\infty |G_E(f)|^2\, \sigma_{a\,1}^2(f)\, df \tag{6.85}$$

verändert. Die gesamte, durch die Entzerrung veränderte Amplitudenstatistik läßt sich gemäß (4.38) zu

$$p(U) = \frac{\varrho_{m\,2}}{\sqrt{2\pi}\, U_{a\,2}} \int_0^1 \frac{p(m_d)}{m_d}$$

$$\times\, e^{-\frac{1}{2}\varrho_{m2}^2\,(U/U_{q2md}-1)^2}\, dm_d \tag{6.86}$$

berechnen. Bild 6.27 zeigt das komplette nachrichtentechnische Modell des gestörten Magnetbandspeicherkanals.

Die Fehlerwahrscheinlichkeit P berechnet sich mit

$$p(U_n) = \frac{1}{\sqrt{2\pi}\, \sigma_{a\,2}}\, e^{-\frac{1}{2}(U_n/\sigma_{a2})^2}; \qquad p\left(\frac{U_n}{U}\right) = \int_0^\infty Up\,(U_n,\,U)\, dU \tag{6.87}$$

zu

$$P = \frac{1}{2} - \int_0^1 p\left(\frac{U_a}{U}\right) d\left(\frac{U_a}{U}\right)$$

$$= \frac{1}{2}\left[1 - \frac{\varrho_{m\,2}}{\sqrt{2\pi}\, U_{a\,2}} \int_0^\infty \Phi\left(\frac{U}{\sigma_{a\,2}}\right) \int_0^1 \frac{p(m_d)}{m_d} \right.$$

$$\left. \times\, e^{-\frac{1}{2}\varrho_{m2}^2\,(U/m_d U_{a2}-1)^2}\, dm_d\, d\left(\frac{U}{U_{a\,2}}\right)\right]; \tag{6.88}$$

s. *Voigt* [6.45]. Φ ist das Gaußsche Fehlerintegral. Vernachlässigt man in (6.88) die hochfrequenten multiplikativen Störungen bzw. schlägt sie näherungsweise den additiven

Störungen zu, so läßt sich die Fehlerwahrscheinlichkeit aus dem Signal-Rausch-Verhältnis $\varrho_a = U/\sigma_{a2}$ und der Dropoutstatistik $p\,(U/U_{a2})$ berechnen:

$$P = \frac{1}{2}\left[1 - \int_0^\infty \Phi\left(\frac{U}{\sigma_{a\,2}}\right) p\left(\frac{U}{U_{a\,2}}\right) \mathrm{d}\left(\frac{U}{U_{a\,2}}\right)\right]. \tag{6.89}$$

Andererseits ist unter Vernachlässigung der Dropoutstatistik, d. h., $p(m_d) \approx \delta\,(m_d - 1)$, die Fehlerwahrscheinlichkeit

$$P = \frac{1}{2}\left[1 - \Phi\left(\frac{U_a}{\sqrt{\sigma_{a2}^2 + \sigma_{m2}^2}}\right)\right] = \frac{1}{2}\left[1 - \Phi\left(\frac{1}{\sqrt{1/\varrho_{a\,2}^2 + 1/\varrho_{m\,2}^2}}\right)\right] \tag{6.90}$$

mit

$$\varrho_{a2} = \frac{U_{a\,2}}{\sigma_{a\,2}}; \qquad \varrho_{m2} = \frac{U_{a\,2}}{\sigma_{m\,2}}.$$

Ohne multiplikative Störungen ($\sigma_{m2} = 0$) und ohne Empfangsfilter (6.85) wird Gl. (6.90) zur vorn angeführten Gl. (2.24) abgerüstet.

Im Bild 6.28a ist die nach (6.89) berechnete Fehlerwahrscheinlichkeit für mehrere Beispiele von Band-Kopf-Systemen dargestellt. Der Berechnung liegen u. a. die Amplitudenverteilungsfunktionen nach Bild 4.25 zugrunde. Das entspricht Magnetbändern mit hoher Fehlerbelastung. Bild 6.28c zeigt den Verlauf der Fehlerwahrscheinlichkeit nach (6.90) in Abhängigkeit von $\varrho_{a2} = U_{a2}/\sigma_{a2}$.

Es wird deutlich, daß bei einem Signal-Rausch-Verhältnis $\varrho_{a2} > 3\varrho_{m2}$ eine wesentliche Verbesserung der Fehlerwahrscheinlichkeit vor allem dadurch möglich ist, daß die multiplikativen Störungen verringert werden.

Baker [4.45] hat die Abhängigkeit der Fehlerwahrscheinlichkeit vom Signal-Rausch-Verhältnis in dem weiten Spurbreitenbereich (25...500) μm bei Speicherdichten (400 bis 1000) bit/mm experimentell ermittelt. ϱ_a wurde durch additiv eingespeistes Gaußsches Rauschen variiert. Bild 6.28b zeigt, ebenso wie die theoretischen Verläufe, daß die Dropouts bei hohem Rauschpegel von den normalverteilten Störungen verdeckt werden (gestrichelte Verläufe in den Bildern 6.28a und b). Bei geringeren Rauschpegeln werden die Dropouts zur dominierenden Fehlerquelle.

6.5.   Systementwurf

Bild 6.29a stellt zunächst eine konventionelle grafische Entwurfshilfe für *Vielspursysteme* dar. Es ist ein Beispiel mit einer seriellen Eingangsdatenrate von 200 Mbit/s eingezeichnet, die auf einer 16-Zoll-Spule mit 4000-m-Band über 11 min aufgezeichnet werden soll. Die lineare Speicherdichte ist mit 1000 bit/mm angesetzt. Die Konstruktionslinie ① ergibt die Speicherkapazität je Spur zu $3,2 \cdot 10^9$ bit. Da ein 42-Spur-Gerät mit 2 Sync-Spuren angenommen wird, ergibt Konstruktionslinie ② eine Spulenkapazität von $1,3 \cdot 10^{11}$ bit. Serieller Datenstrom und Spieldauer sind durch Linie ③ verknüpft; die Bandgeschwindigkeit von 4,5 m/s kann an Linie ④ abgelesen werden.

Analog zu dieser Vorgehensweise, aber der Bedeutung entsprechend detaillierter, wollen wir – den Ausführungen von *Habermann* [7.40] folgend – die Beziehungen zwischen den wichtigsten Parametern des digitalen *Schrägrotationsverfahrens* für die Videoaufzeichnung betrachten. Da alle Kenngrößen voneinander abhängig sind, kann nur ein Teil frei gewählt werden. Obwohl die mathematischen Abhängigkeiten einfacher linearer

Natur sind, ist wegen der Vielzahl der Parameter die Nomogrammdarstellung für die Entscheidungsfindung am hilfreichsten.

Unabhängige bzw. vorgegebene Parameter mögen sein

– die Bitrate F', im wesentlichen zusammengesetzt aus der Bitrate für Bild und Ton und den Zusatzinformationen sowie der Fehlererkennungs- und Korrekturredundanz und der Synchroninformation;
– die lineare Speicherdichte D;
– die Spurrate S in Spuren je Sekunde;
– der Umschlingungswinkel α um die Kopftrommel;
– die Spurzahl N der rotierenden Mehrspurköpfe.

Mit diesen Größen sind die folgenden eindeutig bestimmbar:

– die Spurlänge l der Rotationsspur;
– der Kopftrommeldurchmesser d_K;
– die Relativgeschwindigkeit v_K zwischen Band und Kopf;
– der Expansionsfaktor ε, entsprechend dem Verhältnis von Bitrate F' zur Spurrate f_b bzw. entsprechend dem Faktor der Serien-Parallel-Wandlung.

Es wird empfohlen, sich zunächst für F' und D zu entscheiden. Das Verhältnis der beiden ist die Weglänge je Sekunde, die – geteilt durch die Spurrate S – die Spurlänge l ergibt:

$$l = \frac{F'}{DS}.$$

Diese Beziehung ist im 1. Quadranten des Bildes 6.29 b mit der Spurrate S als Parameter dargestellt.

Mit Hilfe der Spurlänge l kann man im 2. Quadranten den Kopftrommeldurchmesser ablesen. Parameter ist der Kopftrommelumschlingungswinkel α, denn es gilt

$$d_\mathrm{K} = \frac{360° \cdot l}{\alpha\pi}.$$

Aus dem Trommeldurchmesser d_K wird im 3. Quadranten die Band-Kopf-Relativgeschwindigkeit v_K über

$$v_\mathrm{K} = Ud_\mathrm{K}\pi$$

bestimmt. Parameter ist die Trommeldrehzahl U, die sich aus der Spurrate S und der Anzahl N der Parallelspurköpfe entsprechend

$$U = \frac{S}{N}$$

ebenfalls im Nomogramm des 3. Quadranten ermitteln läßt. Der Expansionsfaktor ε für das aufzuzeichnende Signal ergibt sich nach

$$\varepsilon = \frac{F'}{Dv_\mathrm{K}}$$

im 4. Quadranten des Bildes 6.29 b.

Die im Nomogramm weiterhin eingezeichneten schraffierten Gebiete und Pfeile weisen den Weg zu Vorzugsvarianten der Standardvideodigitalspeicherung, wie sie im Abschnitt 7.1. diskutiert werden.

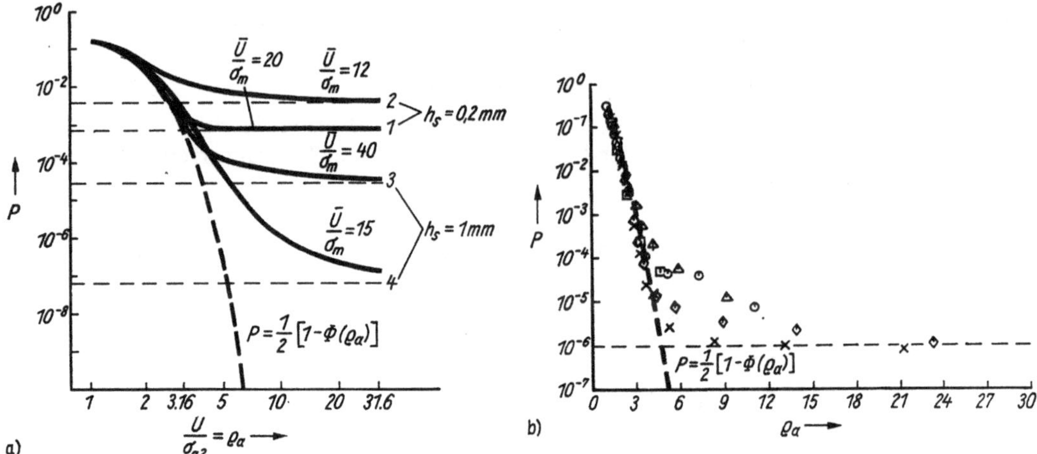

Bild 6.28. Fehlerwahrscheinlichkeit P als Funktion des Signal-Rausch-Verhältnisses ϱ_a bzw. ϱ_{a2}

a) berechnete Verläufe nach *Voigt* [6.45]:
  Kurven 1, 3: $p_d^2 = 60\ \mu m^2$, $\delta = 0,2$ mm,
  Kurven 2, 4: $p_d^2 = 148\ \mu m^2$, $\delta = 0,065$ mm;

b) experimentelle Resultate nach *Baker* [4.45];
c) für verschiedene bewertete Störmodulationen ϱ_{m2}

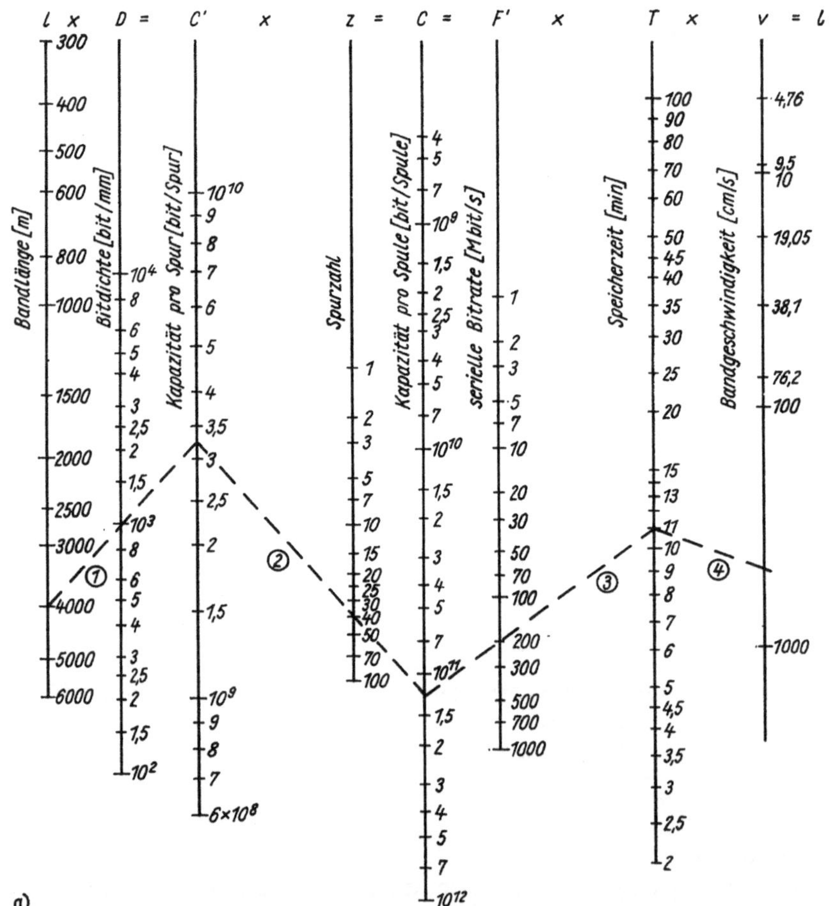

a)

Bild 6.29. Nomogramm für die Kenngrößen eines digitalen Bildspeichers
a) mit Mehrspurfestköpfen nach [6.53]; b) mit Mehrspurrotationsköpfen nach [7.40]

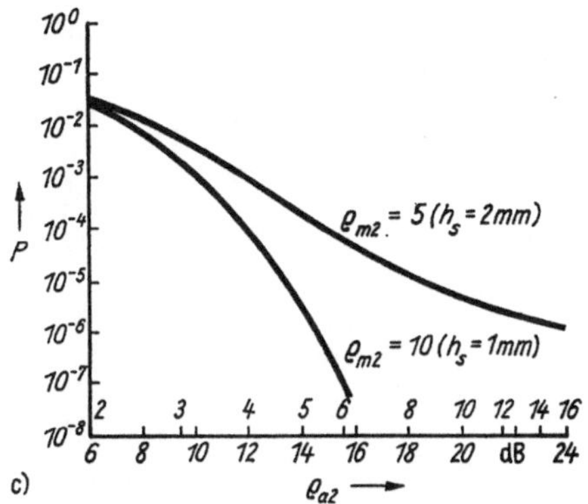
10^0
10^-1
10^-2
10^-3
10^-4
10^-5
10^-6
10^-7
10^-8
P
ϱ_m2 = 5 (h_s = 2mm)
ϱ_m2 = 10 (h_s = 1mm)
2 3 4 5 6 8 10 12 14 16
6 8 10 12 14 16 18 20 dB 24
ϱ_a2
c)

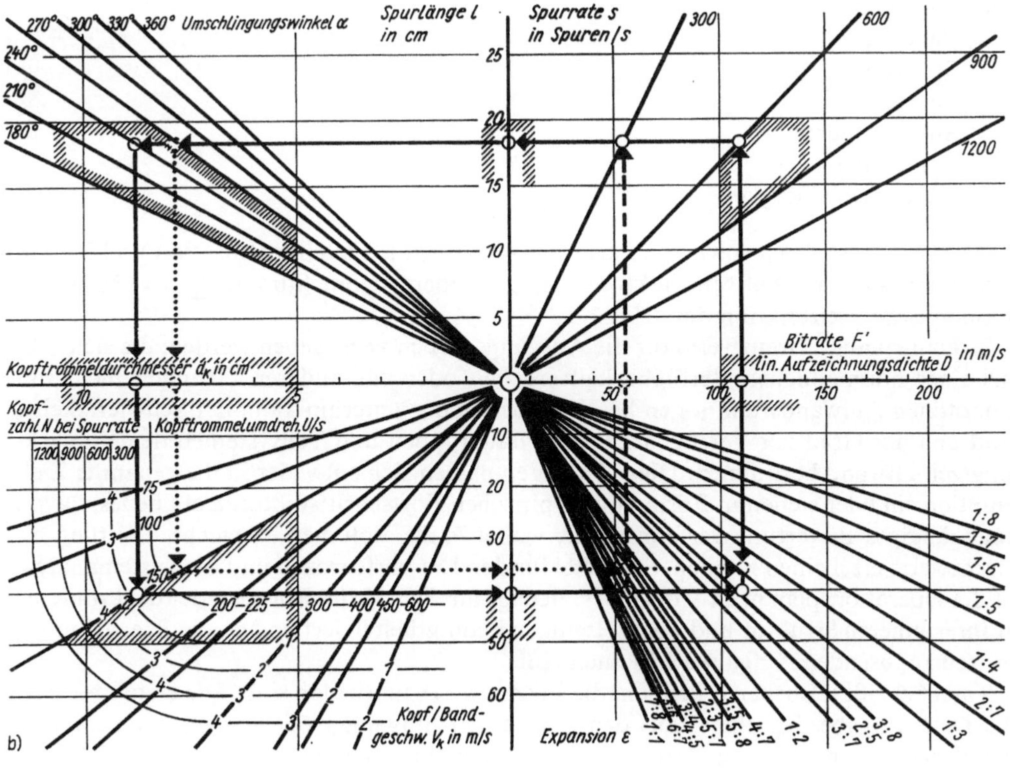

270° 300° 330° 360° Umschlingungswinkel α
240°
210°
180°
Spurlänge l in cm
Spurrate s in Spuren/s
300
600
900
1200
25
20
15
10
5
Kopftrommeldurchmesser d_K in cm
Kopfzahl N bei Spurrate
Kopftrommelumdreh. U/s
1200 900 600 300
Bitrate F'
lin. Aufzeichnungsdichte D
in m/s
50 100 150 200
10
20
30
50
60
75
100
150
200-225-300-400 450-600
Kopf/Band-geschw. V_K in m/s
Expansion ε
1:8
1:7
1:6
1:5
7:4
2:7
1:3
3:8
3:7
2:5
1:2
4:1
3:5:8
5:7
6:7
7:8
1:1
b)

Solche einfachen Nomogramme geben natürlich keinerlei Aufschluß über die Realisierbarkeit der Parameter. Allein zur Beantwortung der Frage nach der optimalen Linearspeicherdichte D und der Spurzahl N bei vorgegebener Systemfehlerrate P wäre der wesentliche Inhalt aller vorhergehenden Buchabschnitte heranzuziehen bzw. (je nach Optimierungskriterium) noch um andere Gesichtspunkte zu erweitern. Wir wollen deshalb den Versuch unternehmen, eine heuristische Methodik zum interaktiven Systementwurf mit Hilfe der im Buch vorgestellten Teilmodelle zu skizzieren.

6.5.1.   Konzeption

Gegeben seien die Eingangsgrößen

T Speicherzeit,
F' Übertragungsrate,
C Speicherkapazität,
P Systemfehlerrate.

Die Zielfunktion des Entwurfs, unter der die Eingangsgrößen zu realisieren sind, ist primär durch ökonomische Gesichtspunkte in Form von Aufwandsfaktoren festgelegt. Auch Einschränkungen und Grenzbedingungen (z.B. hinsichtlich Preises, Volumens, Gewichts, Leistung) sind zu formulieren.
Gesucht seien die Ausgangsgrößen

h_s Spurbreite,
h_B Bandbreite,
z Spurzahl,
f_b Spurrate,
D Speicherdichte,
l Bandlänge,
v Bandgeschwindigkeit.

Die Ausgangsgrößen sowie die Parametersätze für die Datenorganisation und Signalerkennung sind an Aufwandsfaktoren A_l gebunden, deren Summe $\sum A_l = \text{MIN}$ die ökonomische Zielfunktion darstellt.
Es können auch Grenzwerte für die Ausgangsgrößen vorgegeben werden, die sich z.B. aus einer mutmaßlichen Verfügbarkeit ergeben oder aus anderen Gründen nicht mit monotonen Aufwandsfunktionen beschreibbar sind. Weiterhin kann der Schwierigkeitsgrad und der Grad der Verfügbarkeit von Baugruppen und Teilsystemen den Entwicklungszeitaufwand bestimmen. Diese Faktoren passen sich entweder in die genannte Zielfunktion ein oder stellen in Form von empirischen Fortschrittsfaktoren ein neues, davon unabhängiges Bewertungsverfahren dar, wobei Preis, Volumen, Gewicht, Leistung als Grenzwerte erscheinen können. Schlüssel für den Entwurfsprozeß und die Systemanalyse ist der Operationsplan nach Tafel 6.6 (s. Beilage am Schluß des Buches), der die Probleme in ihrer inneren Struktur und wechselseitigen Bedingtheit fixiert und die im Bearbeitungsprozeß zu lösenden Aufgaben erkennen läßt.
Tafel 6.6 läßt 8 Ebenen erkennen, die sukzessive abzuarbeiten sind. Die erste Ebene ist die Dateneingabe, bestehend aus den konstanten Eingangsgrößen, den Anfangswerten der Variablen und 6 Datensätzen, die unabhängig voneinander variiert werden können. Die zweite Ebene besteht aus dem Unterprogramm Magnetkopf, in dem abgeleitete Kopf-

parameter für die dritte und vierte Ebene berechnet werden. Je nach dem Stand der Forschung können weitere Unterprogramme hinzugefügt werden, wie z. B.

- die Berechnung der Hysteresekennwerte des Magnetbandes aus technologischen oder mikromagnetischen Datensätzen;
- die Berechnung des Band-Kopf-Abstandes aus kinematischen oder elastomechanischen Datensätzen;
- die iterative Berechnung des Entzerrers aus der Kanalübertragungsfunktion, dem Rauschspektrum und dem Ausgangssignal-Rausch-Verhältnis;
- die Berechnung des Zeitfehlers aus Datensätzen für das Transportwerk und den Bitsynchronisator.

Die Speichertheorie stellt die dritte Ebene dar. Sie liefert im wesentlichen alle Daten für das Signalmodell der vierten Ebene. Zu dieser gehören noch die Modelle der multiplikativen und additiven Signalstörungen. In der fünften Ebene, dem Empfangsfilter, kommt es zur Berechnung der Kanalfehlerrate. Hieraus ergibt sich in der sechsten Ebene die notwendige Kodeeffektivität der fehlererkennenden und fehlerkorrigierenden Kodierung und über den erforderlichen Redundanzfaktor die Kanalspeicherkapazität. Das Suchprogramm der siebenten Ebene sucht nach zu entwickelnden Algorithmen die Variablen Spurbreite, Spurzahl und Speicherdichte, um das Aufwandsminimum auf kürzestem Wege zu ermitteln.

Ergebnis sind in der achten Ebene die Ausgangsgrößen, die, selbst mit Aufwandsfaktoren behaftet, verschiedene nicht gezeichnete Iterationsschleifen in Gang setzen und das Programm beim Erreichen des absoluten Minimums für X stoppen.

Es werden drei Aspekte des Entwurfsprogramms deutlich: Es handelt sich um ein iteratives, adaptives und rechnergestütztes Entwurfsprinzip. Dies sei an folgendem Beispiel erläutert: Am Start sei ein Datensatz *Magnetkopf* vorgegeben, der auf Sendusttechnologie mit 100-μm-Blechen beruht. Das Suchprogramm liefert als Optimalvariante $z = 16$, $f_{bit} = 1$ MHz. Gleichzeitig liefert das dem Datensatz angeschlossene Unterprogramm *Magnetkopf* den Rechnerausdruck $T_a > \frac{1}{2}T_{min}$; d.h., daß nichtlineare Aufzeichnungsverzerrungen die Signalmuster stören. Es ist damit zu rechnen, daß die Bedingung $T_a < \frac{1}{2}T_{min}$ ein tieferliegendes Aufwandsminimum X liefert.

Deshalb wird ein Datensatz *Magnetkopf* mit 30-μm-Sendustblechen eingegeben. Das Ergebnis ist $z = 4$, $f_{bit} = 4$ MHz und (nach einer Durchmusterungsroutine) ein Kode, der gegenüber dem ersten ein um $\frac{1}{2}$ kleineres T_{min} hat. Wieder ist $T_a > \frac{1}{2}T_{min}$.

Daraufhin wird ein dritter Datensatz *Magnetkopf* für NiZn-Ferrit eingegeben, und es ergibt sich bei noch höheren Spurraten ein noch kleinerer Minimalaufwand. (Die Bandlängenbegrenzung war durch den Faktor A_l für die Antriebsleistung gegeben, nicht durch eine Zeitfehlerabhängigkeit oder Verfügbarkeitsschranke.)

Die Datensätze müssen nicht vollständig eingelesen werden, sondern die eine oder andere nicht oder ungenau bekannte Grundgröße kann durch einen komplexeren Meßwert, z. B. Bandrauschen, stochastische Störamplitude, ersetzt werden. Natürlich schränkt dies den Gültigkeitsbereich ein, da keine Parameterabhängigkeit erfaßt wird.

Bei der Abarbeitung eines konkreten Auftrages ist damit zu rechnen (und zu hoffen), daß einschränkende Umstände die Komplexität reduzieren. Dazu gehören

- die Vorgabe bevorzugter Systemlösungen oder Technologien, z. B. Laufwerkstyp;
- die Einhaltung von Standards, z. B. Bandbreite, Bandtypen;
- technologisch bedingte Typenbereinigung, z. B. Spurkonfiguration, Kopfmaterial;
- unwiderruflich geplante und projektierte Produktionskapazität;
- Beschränkung auf vorgegebene Elektronikbausteine und Baugruppen.

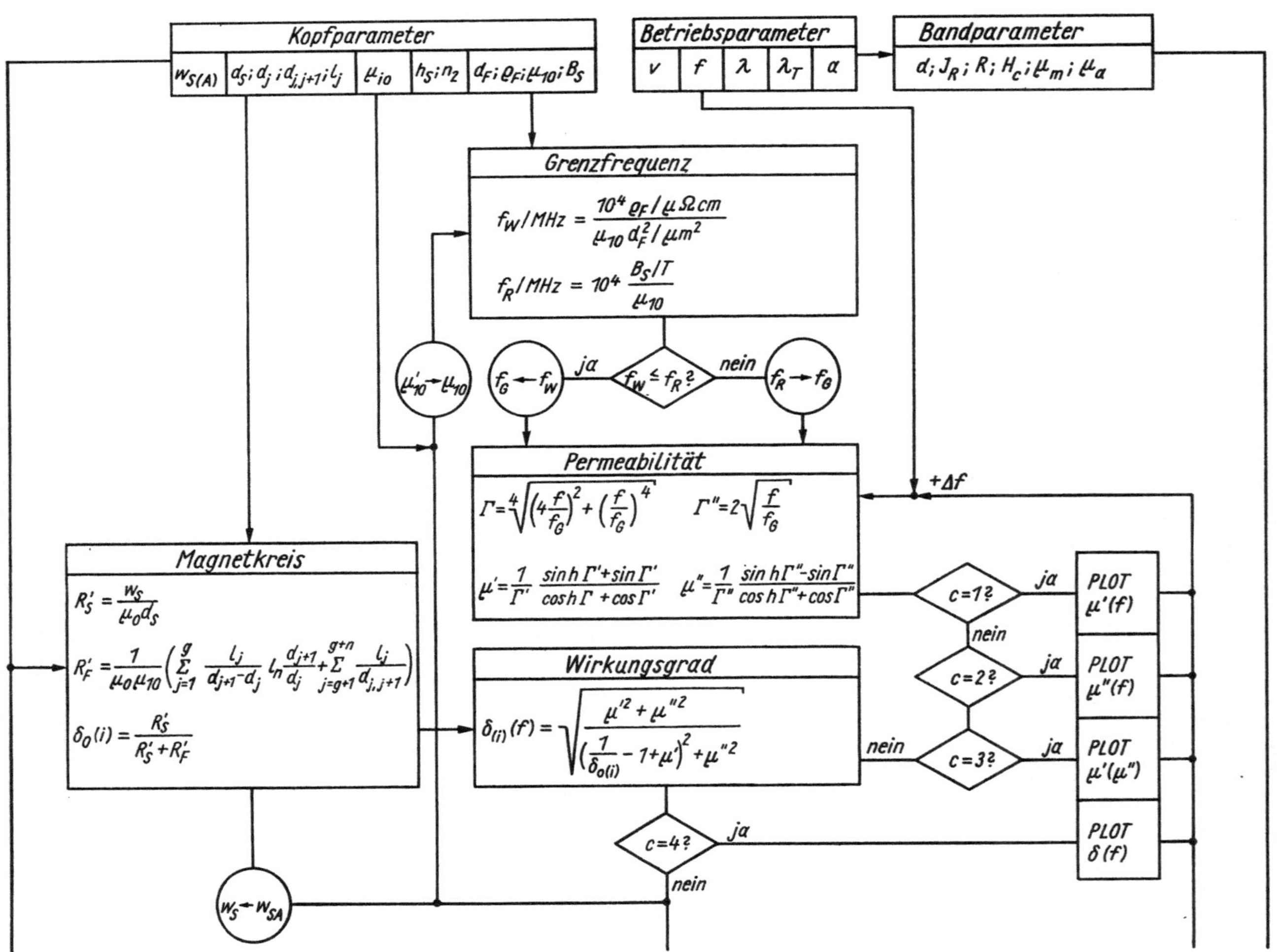

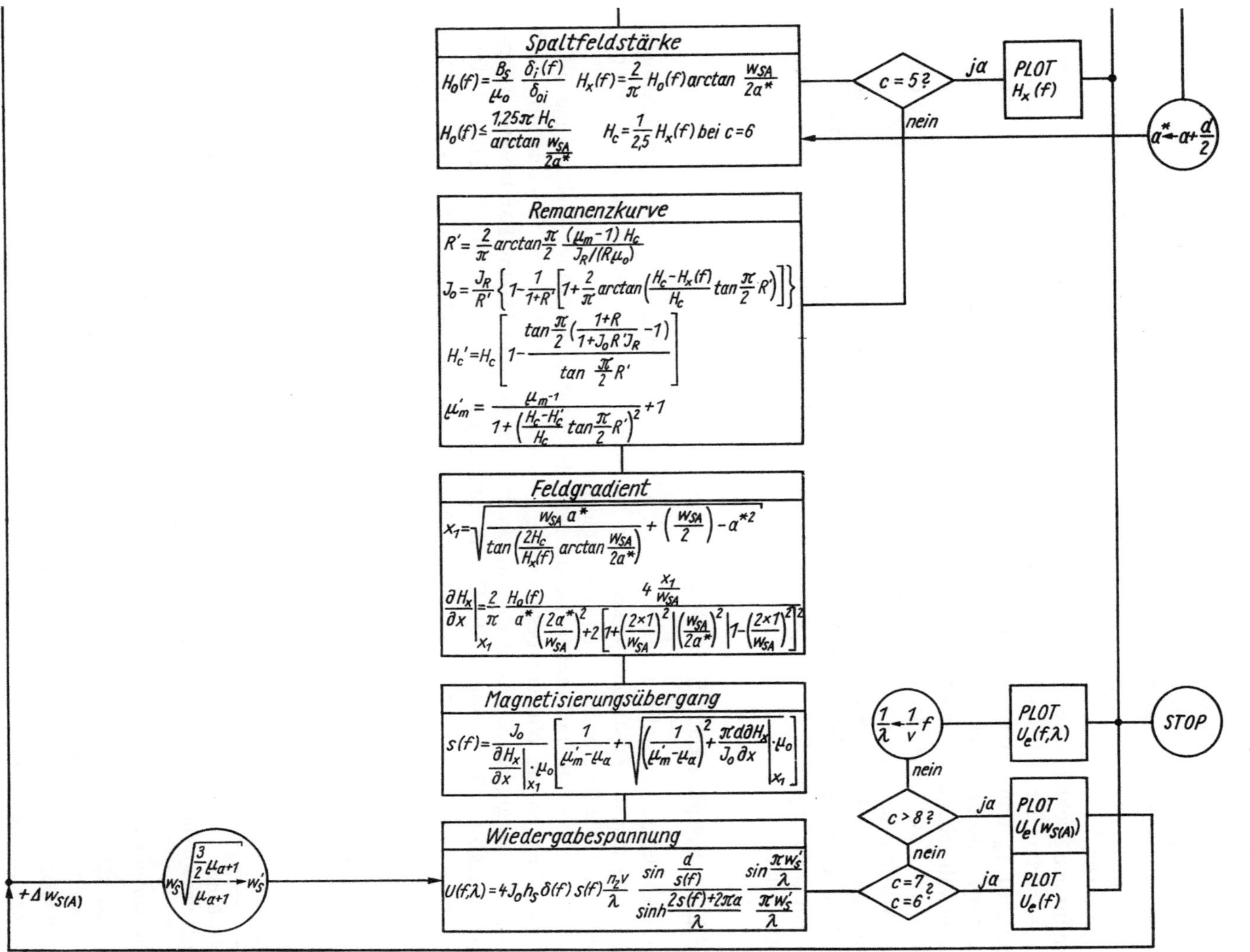

Bild 6.30. Flußdiagramm zur Berechnung des Band-Kopf-Systems

Die mit Tafel 6.7 vorgeschlagene Hierarchie zwischen Datensätzen, Variablen und mittels Unterprogrammen zu berechnenden Zwischengrößen ist nur ein Vorschlag. Mit der Bearbeitung treten im Normalfall sowieso unvorhergesehene Probleme auf, die zur Modifikation zwingen. So wird ein wesentlicher Unterschied im Programmablauf zwischen einem ersten groben Suchlauf und einer nachfolgenden Feinoptimierung bestehen. Um für den Suchlauf einen ununterbrochenen Programmablauf zu haben (mit Ausnahme der Änderung der Datensätze), muß z. B. das Signalmodell sehr einfach gehalten werden: Peakshift T_p und Abtastspannung V_e werden mit einfachen Überschlagsgleichungen berechnet. Liegt das Resultat vor, fragt man sich z. B., wie genau eigentlich die errechnete Fehlerwahrscheinlichkeit ist. Dazu wird man die gefundene Optimalvariante – abweichend von Tafel 6.6 (s. Beilage am Schluß des Buches) – mit Pseudorandom- oder Worstcase-Mustern testen, und man kann dann auf dem Großrechner, etwa nach dem Flußdiagramm Bild 3.8, auch genaue iterative zweidimensionale Aufzeichnungs-Wiedergabe modelle mit allen nichtlinearen Verzerrungen und Störungen durchrechnen. Dies wird für eine sehr begrenzte Anzahl von Varianten möglich sein und erlaubt die besagte Teiloptimierung.

6.5.2.   Beispiel: Band-Kopf-System

Anliegen dieses Abschnitts ist es zu zeigen, wie systemtechnische Aussagen am Beispiel des physikalischen Zusammenwirkens von Magnetband und Magnetkopf im Aufzeichnungs- und Wiedergabeprozeß zu gewinnen sind.

Grundlage der Betrachtungen ist die von der Feldaussteuerung, Wellenlänge und Frequenz abhängige Wiedergabespannung U gemäß Gl. (3.88) unter Einbeziehung der Materialabhängigkeit von Kopfwirkungsgrad $\delta(f)$ nach Gl. (5.33) und Bandaussteuerung $H_x(f)$ gemäß Gl. (3.1 a) mit (5.50). Der Berechnungsgang ist im Bild 6.30 skizziert. Im folgenden werden die verwendeten Symbole der Eingangsparameter, die als Konstanten oder Anfangswerte eingegeben werden, erklärt.

Magnetbandtyp	J_r/T	μ_m	μ_a	$H_c \left/ \dfrac{\text{A}}{\text{cm}} \right.$	$d/\mu\text{m}$	$a/\mu\text{m}$
MS-Band (Metallschicht)	1,2	40	2	100 … 2000	0,05	0,3
CrO$_2$-Band (Teildurchdringung)	0,15	10	1,4	400	0,25 … 1	0,1

Tafel 6.7
Parameter
ausgewählter
Magnetbänder

Kopfparameter:

B_s Sättigungsflußdichte,

μ_{10} Anfangspermeabilität (bei Wiedergabe),

μ_{i0} totale Permeabilität bei Aufzeichnung,

ϱ_F spezifischer elektrischer Widerstand,

d_F Lamellendicke,

n_2 Wiedergabewindungszahl,

h_s Spurbreite,

d_s Spalttiefe,

$d_j, l_j, d_{j+1}, \text{j}_l$ Kernkreisabmessungen (Bild 5.10),

w_s Wiedergabespaltweite,

w_{SA} Aufzeichnungsspaltweite.

Bandparameter:

d effektive Schichtdicke ($d \leqq \lambda_{\mathrm{T}}/4$),

H_c Koerzitivfeldstärke,

J_R Sättigungsremanenz,

R Rechteckfaktor,

μ_m differentielle Maximalpermeabilität,

μ_a Anfangspermeabilität.

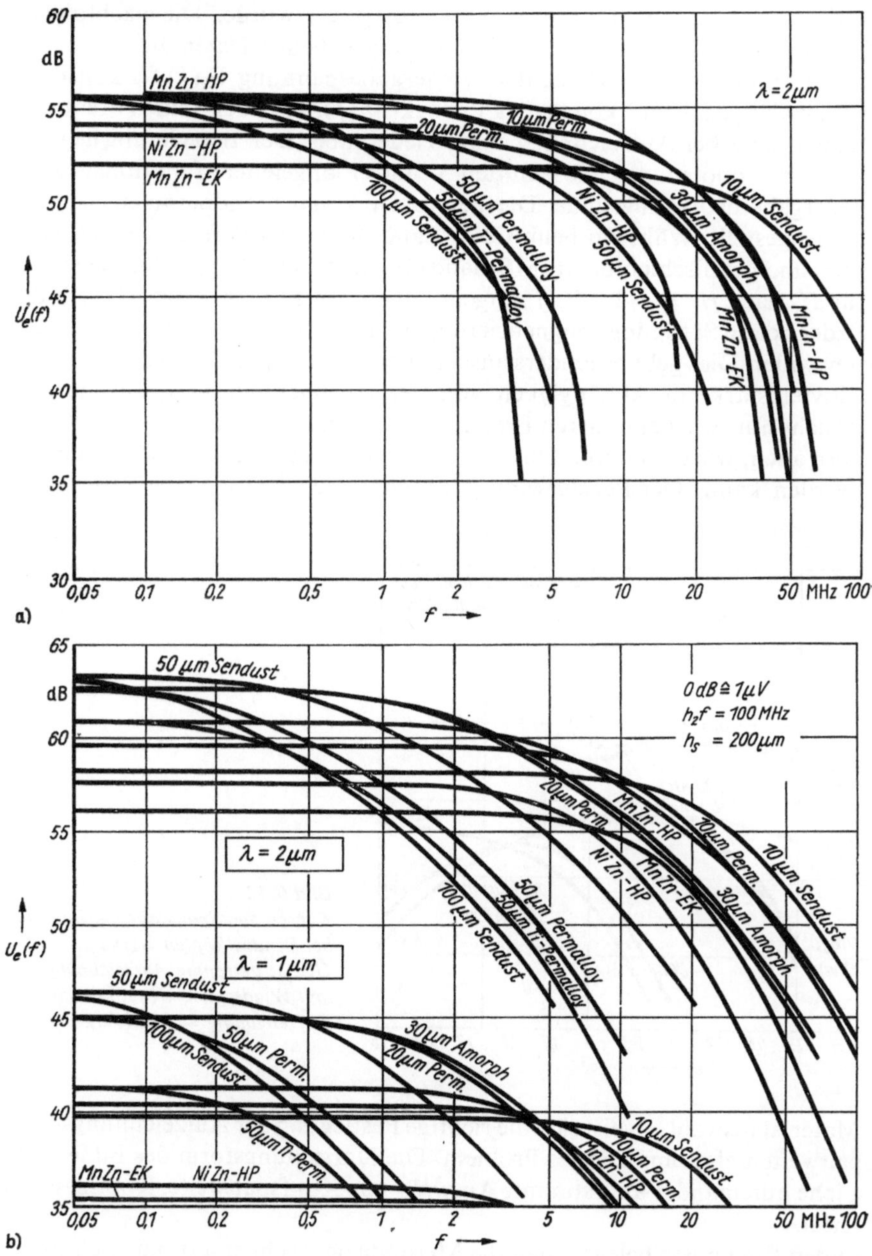

Bild 6.31. *Frequenzabhängige Wiedergabespannung $U_\mathrm{e}(f)$ für ausgewählte Kopfmaterialien*
a) CrO₂-Band; b) MS-Band

Betriebsparameter:

f Frequenz,
v Bandgeschwindigkeit,
λ aufgezeichnete Wellenlänge,
λ_T Wellenlänge, bei der optimale Aufzeichnungsbedingungen herrschen,
a effektiver Band-Kopf-Abstand.

Der frequenz- und aussteuerungsabhängige Wirkungsgrad $\delta_{(i)}(f)$ ist auch von der Kerngeometrie des Kopfes abhängig, die mit Bild 5.10 festgelegt wurde. Die nachfolgend betrachteten Kopfmaterialien weisen die in Tafel 5.2 angegebenen Daten auf.

Die Bilder 6.31 a und b zeigen Verläufe der Wiedergabespannung $U_e(f)$ für konstante Aufzeichnungswellenlängen λ und konstantes Produkt $(n_2 f)$, also den reinen Frequenzeinfluß der Magnetköpfe bei Aufzeichnung und Wiedergabe. Der Berechnung liegt die im Bild 6.30 skizzierte und in den Abschnitten 3. und 5. abgeleitete funktionale Aufzeichnungs-Wiedergabetheorie zugrunde. Die benutzten Magnetbandparameter sind in Tafel 6.7 zusammengestellt. Während beim CrO_2-Band die Koerzitivfeldstärke H_c konstant ist, wurde beim Metallschichtband (MS-Band) für jede Betriebsgrenzfrequenz f der Optimalwert für H_c nach $H_c = 1/2,5\, H_x(f)$ angenommen. Im Ergebnis spiegelt sich der positive Einfluß der hohen Sättigungsmagnetisierung der metallischen Legierungen gegenüber den Ferriten wider. Dies geht besonders anschaulich aus der Darstellung der optimalen Bandkoerzitivfeldstärke in Abhängigkeit von der Aufzeichnungsfrequenz hervor: Bild 5.21 zeigte nicht nur, wie bei höheren Frequenzen das Band-H_c kleiner gewählt werden muß, sondern auch, wie dem durch Einsatz dünner metallischer Kopfmaterialien entgegengewirkt werden kann. Der Pegelgewinn kann entsprechend Bild 6.31 über 10 dB betragen.

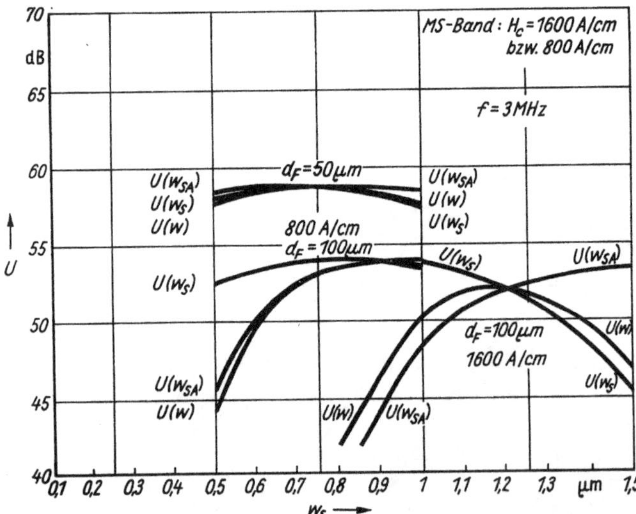

Bild 6.32
Kurven zur Spaltweitenoptimierung bei Sendustköpfen $U(w_{SA})$, $U(w_S)$: getrennte Aufzeichnung und Wiedergabe $U(w)$: kombinierte Aufzeichnung und Wiedergabe

Neben der Materialauswahl erweist sich die richtige Festlegung der Aufzeichnungs- und Wiedergabespaltweiten als kompliziertes Problem. Die Darstellungsform des Bildes 6.32 erlaubt eine solche aufeinander abgestimmte Auswahl von Kopfspaltweite, Kopfmaterial und Bandmaterial.

Die vorliegenden Ergebnisse belegen, daß die Methode der rechnergestützten Optimierung auch unter komplizierten Betriebsbedingungen, wie z. B. Kombikopfbetrieb bei

hohen Frequenzen und hohen Speicherdichten, zu eindeutigen Dimensionierungsvor-
schriften führt. Bild 6.33 zeigt an einem Beispiel den Grad der Übereinstimmung zwischen
vorausberechneten Überallesfrequenzgängen und realisierten Band-Kopf-Systemen.

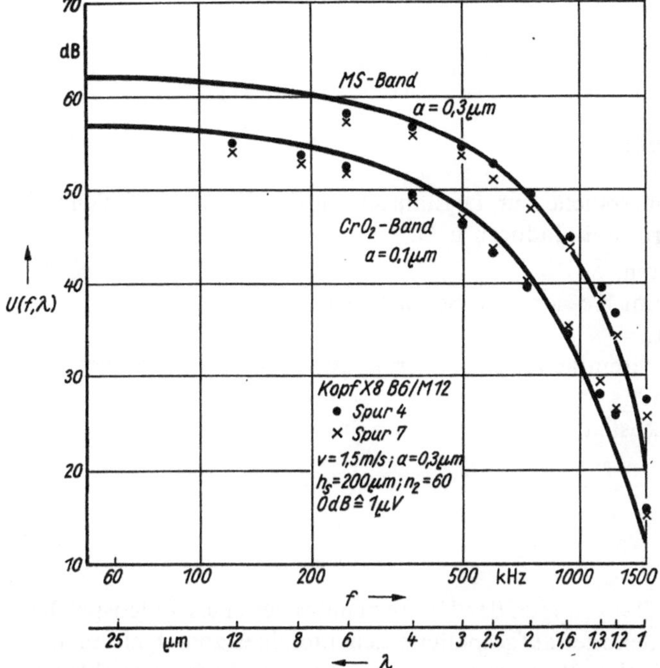

Bild 6.33
*Wellenlängen- und Frequenz-
abhängigkeit der Kopfspannung
eines Kopfes mit 100 μm dicken
Sendustlamellen*

—— Rechnung; x Messung

Die geschilderte Methodik läßt sich nach mehreren Richtungen hin erweitern:
Einbeziehen der Toleranzproblematik, des Band-, Kopf- und Elektronikrauschens, des
Signal-Rausch-Abstandes von Störungsmodellen und der elektronischen bzw. nachrich-
tentechnischen Signalverarbeitung. Dies führt schließlich zu Vorhersagen über den
Material- und Technologieeinfluß auf die Grenzspeicherdichten und die Fehlerwahr-
scheinlichkeiten im konkreten Anwendungsfall.

7. Audiovisuelle Speicher

7.1. Digitale Videospeicher

Im Studiobereich werden Laborversuche zur Digitalisierung der Fernsehaufzeichnung unternommen, weil erwartet wird, daß dadurch u. U.
- höhere Aufzeichnungsqualitäten,
- minimaler Qualitätsverlust beim Kopier- und Schnittbetrieb,
- eine einfache Fehlerkorrektur,
- eine wesentliche betriebliche Vereinfachung der Geräte durch Wegfall kritischer Korrektur- und Einstellglieder und
- niedrige Invest- und Betriebskosten

erreicht werden können.

7.1.1. Grundkonzeption

Im Bild 7.1 sind die wichtigsten Baugruppen des Hauptsignalweges eines Videospeichers dargestellt. Sowohl das im Farbdekoder aufgespaltene Leuchtdichtesignal Y als auch die Farbdifferenzsignale Rot-Y und Blau-Y werden in entsprechenden Kodiereinrichtungen pulskodemoduliert. Daraus wird zusammen mit dem digital kodierten Steuersignal durch Zeitmultiplex das digitale Videosignal gebildet.

Die Signale in den einzelnen Tonkanälen können ebenfalls digital kodiert und durch Zeitmultiplex in einen digitalen Tonkanal verschachtelt werden. Dieses Tonmultiplexsignal kann nunmehr in die geeigneten Segmentlücken des digitalen Videosignals eingefügt werden. Nach den verschiedenen Umwandlungsstufen der Kanalkodierung (Serien-Parallel-Wandlung, fehlerkorrigierende Kodierung, Modulation) wird das Zeit-Raum-Multiplexsignal in geeigneter Aufzeichnungskodierung dem Magnetkopf und -kanal zugeführt.

Das Wiedergabesignal des Kopfes wird einem Vorverstärker zugeführt und dann in einem Netzwerk amplituden- und phasenentzerrt. In einem als Phasenregelkreis ausgebildeten Bitsynchronisator wird der Takt wiedergewonnen und damit die Dekodierung ausgeführt. Das zeitfehlerbehaftete Multiplexsignal wird in den Zwischenspeicher geschrieben und verzögert zeitfehlerfrei ausgelesen.

Weitere Signalverarbeitungsstufen sind die Aufspaltung in Ton- und Videosignal und die weitere Aufspaltung in die einzelnen Tonkanäle bzw. in das Leuchtdichte-, Farb- und Steuersignal. Der Farbkoder ist ebenso wie der Zwischenspeicherausgang mit einem externen Steuersignal synchronisiert.

Die Standardisierung der Digitalvideotechnik befindet sich noch im Anfangsstadium. Durchgesetzt hat sich die getrennte Abtastung des Luminanzsignals mit 13,5 MHz und der beiden Farbdifferenzsignale mit 6,75 MHz bei einer linearen PCM-Quellenkodierung mit 8 bit Wortlänge. Das ergibt nach Tafel 7.1 eine Datenrate von 216 Mbit/s. Da nur ein gewisser Prozentsatz der Videozeilen „aktiv", d.h. informationstragend sind, beträgt die

Nettodatenrate je nach Standard 166 bzw. 180 Mbit/s. Dazu muß sich aber notwendigerweise eine Redundanz für Synchronisation und Fehlerschutz addieren, so daß vom Bandgerät schließlich eine Rate von (200 ... 220) Mbit/s gefordert wird.

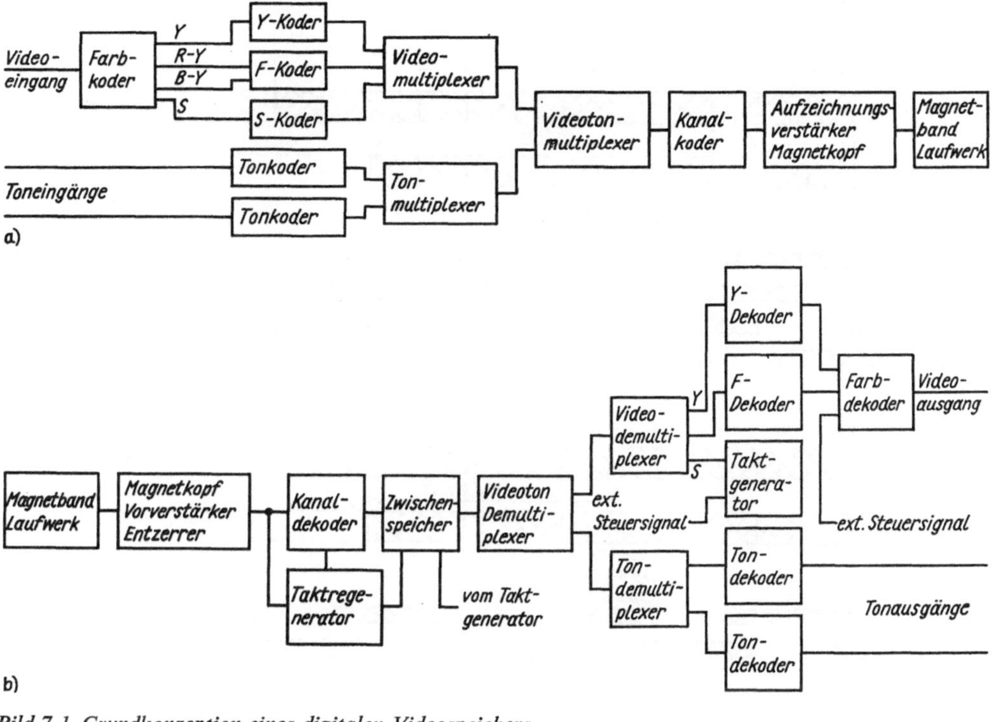

Bild 7.1. Grundkonzeption eines digitalen Videospeichers
a) Aufzeichnungstrakt; b) Wiedergabetrakt

Signal	Abtastrate
Y	13,5 MHz
R–Y	6,75 MHz
B–Y	6,75 MHz

Gesamtdatenrate 8 bit $\times$ 27 $\cdot$ 10^6 s^{-1} = 216 Mbit/s

Tafel 7.1
Daten der Digitalfernsehnorm

Für Mehrspurfestkopfspeicher würde dies eine Spuraufteilung bis über 100 Kanäle bedeuten. Dies ist weder von den Kosten für die Magnetköpfe und die Kanalelektronik noch vom Bandverbrauch her vertretbar. Demgegenüber sind die Rotationskopfmaschinen eindeutig im Vorteil.

Für neuere Untersuchungen zur digitalen Videospeicherung mit geringem Bandverbrauch wurden fast ausschließlich die 1"-Segmented-Field-Studiomaschinen verwendet, bei denen im Gegensatz zu den Heimvideorecordern eine Schrägspur nur einen Teil eines Halbbildes (field) trägt. Die Maschinen zeichnen sich durch eine hohe zeitliche Stabilität aus. Bild 7.2 zeigt eine mögliche Formataufteilung. Die höhere Digitalbandbreite wird entweder dadurch gewonnen, daß anstelle der Einspurmagnetköpfe mehrere (2 bis 8) Parallelköpfe mit Spurbreiten (20 ... 40) μm benutzt werden, oder durch eine größere Anzahl von über den Kopftrommelumfang verteilten Einspurmagnetköpfen, die ebenfalls eine Expansion des Bitstroms durch teilweise parallelarbeitende Kanäle ermöglichen.

Beim gegenwärtigen Stand der Technik stellt eine 4-Kanal-Speicherung mit einer Längsspeicherdichte von je 2000 bit/mm und einer (180° ... 240°)-Kopfumschlingung die zuverlässigste Lösung dar. Die 2-Kanal-Variante hat bei weiterer Erhöhung der Speicherdichte die besseren Entwicklungsmöglichkeiten.

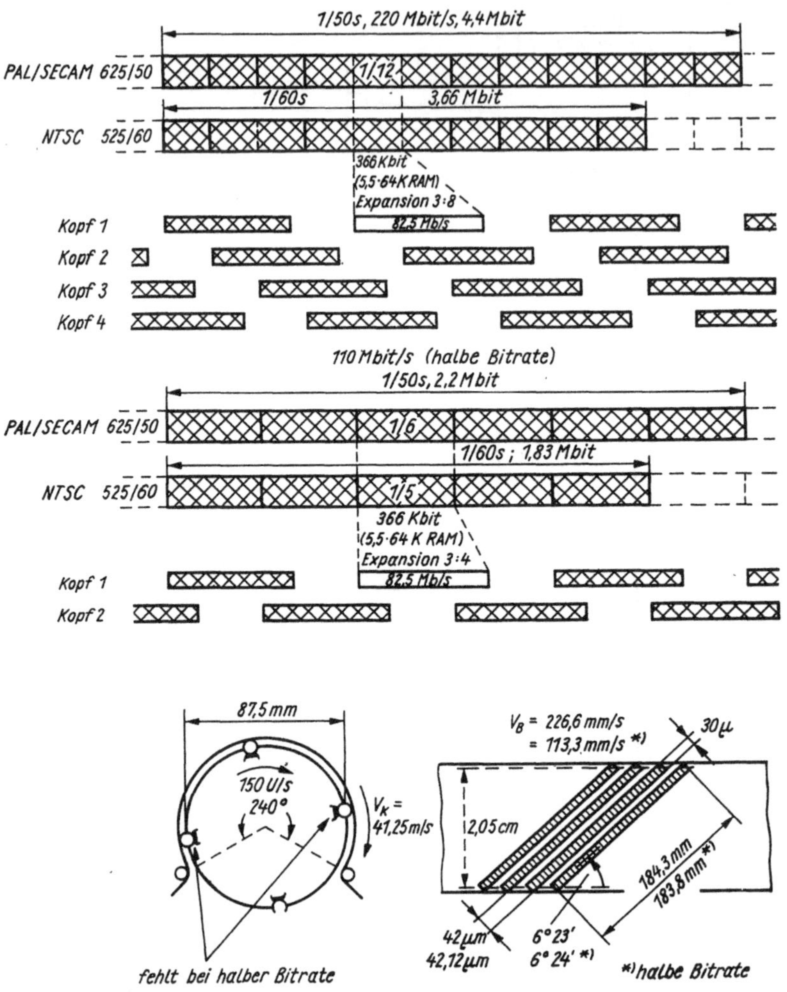

Bild 7.2. *Spurformat bei einer PCM-Videospeicheranlage nach* [7.40]

Eine Anlehnung an die SMPTE-Analogstandards muß bei optimierten Systemen entfallen. Es muß ein Kompromiß zwischen Kopftrommeldrehzahl, Spurzahl je Halbbild und dem Kopftrommeldurchmesser gefunden werden [7.3] [7.27]. Ein wesentlicher Gebrauchswertparameter wird jedoch als Zielstellung aus der Analogstudiotechnik übernommen: der Bandverbrauch des SMPTE-C-Standards von 7 in²/s bzw. 45 cm²/s, entsprechend einer Flächenspeicherdichte von 30 Mbit/in² bzw. 5 Mbit/cm². Für die spätere halbprofessionelle und Heimanwendung wird auf Packungsdichten von über 60 Mbit/in² bzw. 10 Mbit/cm² orientiert. Diese Konzeption verbindet sich mit den Erwartungen an die noch in Entwicklung befindlichen Dünnschicht- und Senkrechtspeichermedien.

Die Toninformation (2 bis 4 Kanäle) kann sowohl in seriellen Längstonspuren als auch als Teil der Videospuren mit Erhöhung des Umschlingungswinkels untergebracht werden [7.4].

In das Entwurfsschema Bild 6.29 b sind nach [7.40] als schraffierte Bereiche Grenzwerte des Systementwurfs eingetragen. Im 1. Quadranten ergibt sich ein Gebiet, das durch die Spurraten (600 ... 900) Spuren/s, die Spurlänge <20 cm und die lineare Aufzeichnungsdichte ≥ 2000 bit/mm bei einer Bitrate von ≥ 200 Mbit/s definiert ist. Im 2. Quadranten ergibt sich ein solcher Bereich aus den möglichen Umschlingungswinkeln (180° bis 270°) und Kopftrommeldurchmessern ≥ 5 cm. Im 3. Quadranten wird deutlich, daß nur (150 ... 225) Kopftrommelumdrehungen je Sekunde bei sinnvollem Kopftrommeldurchmesser auf die realisierbare Kopf-Band-Geschwindigkeit ≤ 50 m/s führen. Die erforderliche Kopfzahl ergibt sich zu ≤ 4.

Auf der Grundlage dieser Vorgaben und weiterer praktischer Gesichtspunkte gelangt *Habermann* [7.40] zu einem Formatvorschlag, der sich in seinen Parametern aus der dick ausgezogenen Rechteckfigur des Bildes 6.29 b ergibt. Ein gewisser Spielraum ist durch die punktierten Linien begrenzt.

Bitrate in Mbit/s	220	
Spurrate in Spuren/s	600	
Aufzeichnungsdichte in bit/μm	2	
Kopfzahl	4	
Drehzahl in U/s	150	
Aufzeichnungsbreite in cm	2,05	
Umschlingungswinkel	240°	270°
Spurganghöhe in μm	42	
Spurlänge in cm stat.	18,33	
dyn.	18,43	18,45
Spurwinkel stat.	6° 25′ 12″	
dyn.	6° 23′ 6″	6° 22′ 51″
Trommeldurchmesser in cm	8,75	7,78
Kopfgeschwindigkeit in m/s	41,25	36,67
Bandgeschwindigkeit in cm/s	22,66	22,68
Expansion	3 : 8	1 : 3

Tafel 7.2
Standardvorschlag
für ein Digital-Videosystem
nach [7.40]

Ausgehend von $D = 2000$ bit/mm und $F' = 220$ Mbit/s, entsprechend $F'/D = 110$ m/s, führt ein Umschlingungswinkel (240° ... 270°) zu akzeptablen Kopf-Band-Geschwindigkeiten. In Tafel 7.2 sind die charakteristischen Zahlenwerte dieses Vorschlags zusammengestellt. Bild 7.2 zeigt schematisch die Unterteilung der Bitmenge eines Halbbildes entsprechend der gewählten Spurrate und die Aufteilung auf die einzelnen Köpfe. Als Spurbreite wurden 30 μm und als Spurlücke 12 μm angenommen. Eine weitere Verringerung der Spurlücke ist möglich, wenn mit dem sogenannten Azimutverfahren gearbeitet wird:

Benachbarte bzw. aufeinanderfolgende Köpfe besitzen abwechselnd gegenläufige Spalt-schrägstellung und vermeiden so das Übersprechen kurzer Wellenlängen von benachbar-ten Spuren [7.41].

Im Bild 6.29 b (gestrichelte Linie) und Bild 7.2 wird noch ein vom Studiointerface-standard abgeleiteter Unterstandard mit halber Bitrate (110 Mbit/s) vorgeschlagen. Im wesentlichen werden die Spurrate und die Kopfzahl halbiert. Unter solchen erleichterten Bedingungen könnte bald ein Aufzeichnungsgerät realisiert werden, das schon eine höhere Signalqualität als heutige Analogspeichergeräte aufweist.

Subjektive Tests zum Fehlerverhalten ergaben, daß ohne Fehlerkorrektur eine Fehler-rate von 10^{-7} erforderlich ist. Wird ein Fehlerburst, der durch die Datenverschachtelung stets mit richtigen Daten durchsetzt ist, vom Inhalt einer benachbarten Zeile korrigiert, reicht eine Fehlerrate von 10^{-4} aus.

Der digitale Videospeicher erfordert erfahrungsgemäß ein Signal-Rausch-Verhältnis von 20 dB, um unter Einfluß aller Signalstörungen infolge Kontaktschwankungen und Spurabweichungen (einschließlich bei Zeitlupe und schnellem Suchlauf) noch eine Fehler-wahrscheinlichkeit von 10^{-4} aufweisen zu können. Dabei ist zu beachten, daß je nach Spurbreite und Kopf-Band-Geschwindigkeit sowohl Band- als auch Kopf-Elektronik-Rauschen die dominierende Rauschursache sein können. Die Möglichkeiten der Rausch-minimierung nach den Abschnitten 4.5., 5.5.2. und 6.1. sind dabei voll auszuschöpfen. Ansätze zu dieser Betrachtungsweise zeigt [7.41] [7.27].

Die Erprobung der günstigsten Aufzeichnungskodes für digitale Videospeicher ist noch in vollem Gange. Die meisten Erfahrungen liegen mit dem M^2-Kode und dem GCR 8/10 vor [7.4] [7.7]. Neuere Entwicklungen betreffen den GCR 8/9, den GCR 16/20 und die 3-Pegel-Partial-Response-Kodierung, genannt Interleaved-NRZ [7.8] [7.35] [7.47].

Auch an weiteren Möglichkeiten der Datenreduktion, wie Differential-PCM oder Walsh-Hadamard-Transformation, wird zum Zweck der Verringerung der Datenrate für halbprofessionelle ($\frac{3}{4}''$-Technik) und Heimanwendung ($\frac{1}{2}''$-Technik) gearbeitet. Dabei ist jedoch zu beachten, daß bei zu geringer Redundanz die Fehlerempfindlichkeit an-wächst.

7.1.2.   Vergleich der digitalen und analogen Speicherung

Die linearen Verzerrungen des analog gespeicherten Videosignals sind wegen der Rest-seitenbandübertragung des ZF-Signals abhängig vom speziellen Speicherkanal. Durch Nachstellen der Entzerrer muß eine Änderung des Frequenzganges ausgeglichen werden. Beim digital gespeicherten Videosignal treten lineare Verzerrungen bei der Abtastung und Dekodierung des Leuchtdichte- und Farbsignals auf. Diese lassen sich durch eine gün-stige Bemessung der Tiefpässe im Y- und F-Dekoder sowie durch geeignete Wahl der Abtastfrequenz gering halten. Da die linearen Verzerrungen aussteuerungsabhängig sind, wird bei Analoggeräten das Farbsignal von Leuchtdichtesignal beeinflußt. Dagegen exi-stiert eine solche Beeinflussung im Digitalgerät nicht. Auch die übrigen linearen Verzer-rungen sind gering.

Die nichtlinearen Verzerrungen des analog gespeicherten Videosignals sind von dem nichtlinearen Verhalten des Speicherkanals sowie der Elektronik abhängig. Das digital gespeicherte Videosignal weist auch nichtlineare Verzerrungen auf, die auch vom Spei-cherkanal und von der Aufzeichnungs-Wiedergabe-Elektronik abhängig sind. Sie können durch eine geeignete Quantisierungskennlinie und Quantisierungsstufenzahl klein gehal-ten werden.

Der Störabstand eines Videosignals hängt bei analoger Speicherung vom Rauschen des Speicherkanals und der Elektronik ab, dagegen ist er bei der digitalen Speicherung davon unabhängig. Er wird durch die Quantisierungsverzerrungen bestimmt. Zeitfehler können bei der Analogspeicherung mit einer fehlergesteuerten Verzögerung des Videosignals verringert werden. Bei der Digitalspeicherung können Zeitfehler mit Hilfe der Kanaldekodierung und durch zusätzliche Zwischenspeicherung beliebig verkleinert werden. In beiden Fällen kann die Zeitfehlerkorrektur zusammen mit der Fehlstellenkompensation erfolgen, die in einer der Signaldarstellung entsprechenden Einfügung einer benachbarten Zeileninformation in die Fehlstelle besteht.

7.1.3. Ausführungsbeispiele

Die bisher realisierten Versuchsanlagen sind lediglich als Annäherung an die angestrebten Digitalvideostandards aufzufassen. So ist noch eine starke Anlehnung an die Gerätetechnik und das Aufzeichnungsformat des SMPTE-Standards Typ C zu erkennen.

In einer von der Fa. Sony realisierten Maschine [7.7] wurden rotierende 3-Spur-Videoköpfe eingesetzt, mit denen 2 Bildspuren und 1 Tonspur geschrieben wurden. Die Fa. NHK [7.25] arbeitete mit 3 Bildspuren, während die digitalisierten Tonsignale über die Videohilfs- und Synchronspur übertragen wurden (Bild 7.3). Die experimentellen Spurbreiten betrugen 40 μm und befinden sich jetzt im Bereich (25 ... 35) μm.

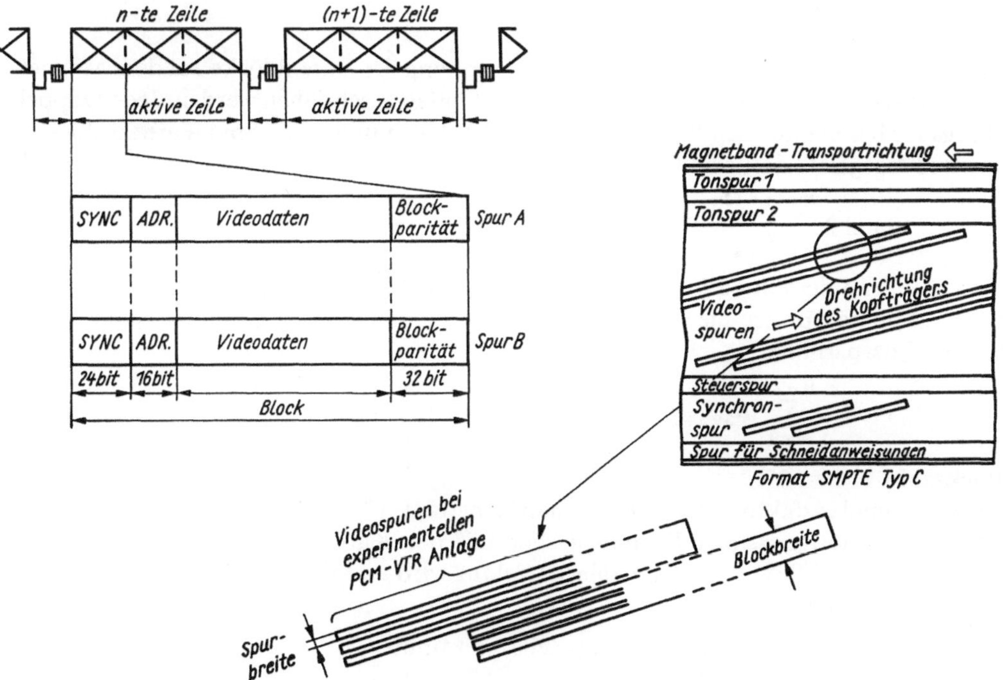

Bild 7.3. Spurverteilung und Kodestruktur einer Videozeile bei einer experimentellen PCM-Videospeicheranlage nach [7.7]

Eine mögliche Datenstruktur ist ebenfalls im Bild 7.3 dargestellt. Zur Fehlersicherung werden die aufeinanderfolgenden Wörter den Parallelspuren zugeteilt und getrennt zu Kodewörtern formiert. Jedem Datenwort ist ein Synchronwort und ein Adreßwort vorangestellt; am Blockende folgt ein CRC-Zeichen, gebildet aus dem Generatorpolynom

$$P(X) = 1 + X^{32}. \tag{7.1}$$

Der Einschub von 72 redundanten Bits macht eine entsprechende Zeitbasiskompression erforderlich.

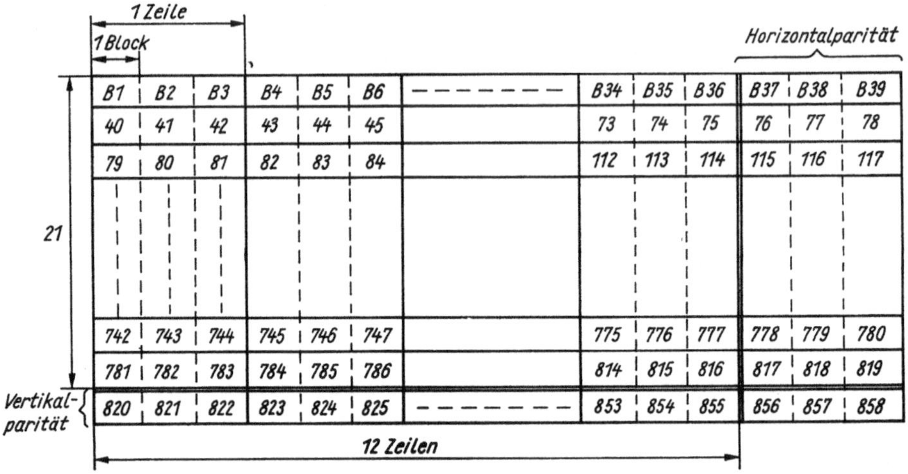

1 Zeile — *1 Block* — *Horizontalparität*

B1	B2	B3	B4	B5	B6		B34	B35	B36	B37	B38	B39
40	41	42	43	44	45		73	74	75	76	77	78
79	80	81	82	83	84		112	113	114	115	116	117
742	743	744	745	746	747		775	776	777	778	779	780
781	782	783	784	785	786		814	815	816	817	818	819
820	821	822	823	824	825		853	854	855	856	857	858

21 (links) — *Vertikalparität* (unten links) — *12 Zeilen* (unten)

Bild 7.4. Kodestruktur einer Datenspur nach [7.6]

Bild 7.4 zeigt schematisch die räumliche Anordnung der Datenblöcke auf dem Magnetband, wie sie von den beiden parallelen Magnetköpfen geschrieben werden. Jede Doppelschrägspur besteht aus den Kodewörtern von 12 Zeilen und aus 3 Spur-Paritätsblöcken. Das Bildungsgesetz dafür lautet

$$\text{mod } 2 \sum_{n=13m}^{N=11+13m} B_{3n+1} = B_{3(N+1)+1} \tag{7.2}$$

mit der Zeilenunterteilung $l = 1, 2, 3$ und der Spurzahl $n = 0 \dots 21$ je Halbbild.

Den 21 Schrägspuren, die die Information eines Halbbildes tragen, folgt eine 22. Spur mit den Querparitäten

$$\text{mod } 2 \sum_{m=0}^{M=20} B_{39m+j} = B_{39(M+1)+j}, \tag{7.3}$$

Blockzahl j = 1 ... 39.

Der Redundanzfaktor dieser Blockmatrix beträgt 17%. Die Fehlererkennung und -korrektur benötigen einen Digitalspeicher mit der Kapazität eines Halbbildes plus Redundanz. Die Effektivität der Fehlerkorrektur wird an folgenden experimentellen Ergebnissen deutlich:

Fehler innerhalb eines Datenblocks ($\frac{1}{3}$-Zeile) je Minute

– unkorrigiert 10^4
– mit Spurparität korrigiert 10^3,
– mit Spur- und Querparität $5 \cdot 10^2$.

Die unkorrigierte Fehlerrate lag bei dieser Untersuchung zwischen 10^{-5} und 10^{-6}.

Als Aufzeichnungskode wurde bei der geschilderten Experimentalanordnung der Fa. *Sony* der Gruppenkode GCR 8/10 ausgewählt. Die Auswahl der Methode zur Bitdetektion fiel aufgrund des größten Zeitfensters zugunsten der Integrationsmethode aus. Die Integrationsmethode regeneriert die Niederfrequenzanteile des GCR 8/10 mit ausreichender Genauigkeit. Die Nachteile, wie größeres Spurübersprechen aufgrund der Niederfrequenzanteile, wurden in Kauf genommen.

Demgegenüber zeigt die in [7.9] beschriebene NHK-Maschine folgende Besonderheiten:

– Der Aufzeichnungskode ist Interleaved-NRZI, und der Bitdetektor entspricht dem Partial-Response-System. Dieser weist einen hohen Signal-Rausch-Abstand auf und ist am wenigsten von den Nachbarspuren beeinflußbar.
– Eine spezielle Scramblingtechnik verhindert das Auftreten langer „0"-Folgen.
– Die Redundanz eines modifizierten zyklischen Kodes, der sich über ein Halbbild erstreckt, beträgt 7 %. Die Fehlerkorrektur vermindert 20000 Blockfehler je Minute auf 1 Blockfehler je Minute.
– Die verbleibenden Fehler werden vom Dateninhalt der vorhergehenden Zeile überdeckt.

Von der Fa. Bosch wurde ein Experimentallaufwerk mit folgenden Daten untersucht [7.46]:

Datenrate	200 Mbit/s
Kleinste Wellenlänge	1 μm
Flächenspeicherdichte	4 Mbit/cm^2
Kanalkode	8 bit NRZ-ASE
Laufwerkstyp	BCN
Spurbreite	50 μm
Anzahl der Köpfe	4
Kanalzahl	2
Segmente pro Halbbild	25
Band-Kopf-Relativgeschwindigkeit	50 m/s
Fehlerschutz	Fehlerkorrektur und -überdeckung
Band	Standardvideoband

Der untersuchte Aufzeichnungskode NRZ-ASE (Adapted Spectral Energie) stellt eine spezielle Anpassung der Spektralcharakteristik des Kodes an das Analog-Videosignal einerseits und an den Speicherkanal andererseits dar. So wird für eine Kontinuität des Kodespektrums bei stufenweise steigender bzw. fallender Abtastamplitude gesorgt (Regel 1 und 2). Die Gleichspannungsfreiheit des Kodes wird u. a. durch das Invertieren jeder 2. Probe erreicht (Regel 3). Findet zwischen den Proben 1 und 2 noch ein Interleaving in Gruppen zu je 2 bit statt, kommt es zu einer Spektralformung dergestalt, daß übergangsarme Bitfolgen übergangsreicher und übergangsreiche Bitfolgen übergangsärmer werden (Regel 4).

Ursache dieses Verhaltens ist, daß in der Videotechnik die benachbarten Proben 1 und 2 meist identisch sind.

Die Koderegeln lauten zusammengefaßt:

1. Die Zahl der „Einsen" pro Kodewort steigt mit dem analogen Signalpegel an.
2. Die Kodeworte benachbarter Quantisierungspegel dürfen sich nur in 2 bits voneinander unterscheiden.
3. Jede zweite Probe wird invertiert.
4. Es werden je 2 bit des ersten Datenworts mit je 2 bit des folgenden Datenworts alternierend verschachtelt.
5. Der Kode ist symmetrisch zum 50 %-Pegel.

Dem Kode wird eine Fehlerschutzredundanz von 8,1 % und eine Synchronisationsredundanz von 2,8 % hinzugefügt, so daß sich eine Datenrateerhöhung von 180 Mbit/s auf 200 Mbit/s ergibt (100 Mbit/s pro Kanal).

Es wurden für die Korrektur der Burstfehler die Methode der Fehlerverdeckung (Ersatz der als falsch erkannten Bildzeile durch die benachbarte Zeile) und für die Einzelbitkorrektur der Hamming-Kode und der BCH-Kode erprobt. Die Erfahrungen mit diesem Gerät führten zu einem Formatvorschlag, der sich von den Ausgangsdaten etwas unterscheidet. Insbesondere beruht er auf der Verwendung einer $\frac{3}{4}''$-Bandkassette [7.48]. Zu dieser Formatempfehlung kommt auch die Fa. Sony [7.49].

Es kann heute die erste Periode der Untersuchung von digitalen Magnetbandvideorecordern als abgeschlossen betrachtet werden. Das wesentliche Ergebnis ist, daß sich die Aufgabe als lösbar erwiesen hat und kein höherer Bandbedarf als bei der gegenwärtigen Videospeichergeneration erforderlich sein wird.

Es verbleiben u. a. die folgenden Aufgaben:

– Aus den Möglichkeiten der Aufzeichnungskodierung und der Fehlerkorrektur müssen Entscheidungen für kostengünstige und qualitätsgerechte Verfahren geschaffen werden.
– Zu standardisieren sind das Bandformat, das Kode- und Aufzeichnungsformat der Video- und Aufzeichnungssignale, die Auswahl der digitalen Tonkanäle, Festlegungen zur Kopier- und Schnittechnik.
– Fragen der Kostensenkung, Zuverlässigkeit und des Komforts können in Angriff genommen werden.
– Mit der Entwicklung spezieller Hochgeschwindigkeits-Low-power-Schaltkreise und digitaler Halbbildspeicherschaltkreise kann begonnen werden.

7.1.4.   Versuche mit anderen Speichermedien

Ein einstündiges Fernsehprogramm benötigt mindestens $3 \cdot 10^{11}$ bit. Dieses Programm digital mit anderen Mitteln als dem Magnetband zu speichern, ist heute noch schwer vorstellbar. So erreicht die PCM-Tonplatte mit 135 mm Durchmesser bei einem einstündigen Stereoprogramm nur $6 \cdot 10^9$ bit, entsprechend einer Videospieldauer von einer Minute.

Eine Hoffnung gilt der optischen Holografie, der mögliche Flächenspeicherdichten von über 10 Mbit·cm^{-2} zugeschrieben werden. Damit wäre eine Digitalvideostunde auf 500 m 8-mm-Kinofilm speicherbar, die jedoch mit einer hochauflösenden Spezialfotoschicht versehen sein müßte [7.43].

Entsprechende Vorversuche wurden mit 50-bit-Amplitudenhologrammen unternommen, die jeweils eine Fläche von 50 μm × 50 μm einnehmen und zu 128 Stück je Querspur auf dem Film angeordnet waren [7.6]. Bild 7.5 zeigt das Prinzip. Die wesentlichen Bauteile sind ein 10-mW-Laser, ein Strahlteiler, eine Lichtmodulatormatrix für 2 Mbit·s^{-1}, eine Lichtablenkeinheit, eine Konvergenzlinse und ein Filmtransportwerk. In dem Experiment bestand das System aus 50 Teilstrahlen, die je nach Dateninhalt hell oder dunkel geschaltet wurden. Dazu addiert sich ein ungebeugter Referenzstrahl. Wenn der Film entwickelt ist, kann ein Laser im Durchlicht das Hologramm zur ursprünglichen 50-bit-Datenmatrix rekonstruieren, die von einer Fotodetektormatrix empfangen wird. Zur Filmabtastung wird wieder eine optoakustische Lichtablenkeinheit verwendet.

Aus der Minimaldatenrate von 100 Mbit·s^{-1} ergibt sich eine Bearbeitungszeit von höchstens 0,5 μs je Hologramm. Für die Umschaltzeit der Lichtablenkeinheit stehen maximal 0,1 μs zur Verfügung. Hierin und im Lichtmodulator liegen die bisher mangelhaft beherrschten technischen Probleme, ebenso beim Fotomaterial und bei dessen Entwicklungsprozedur. Die physikalischen und materielltechnischen Grundlagen der Digitalholografie sind u. a. in [7.26] dargestellt worden.

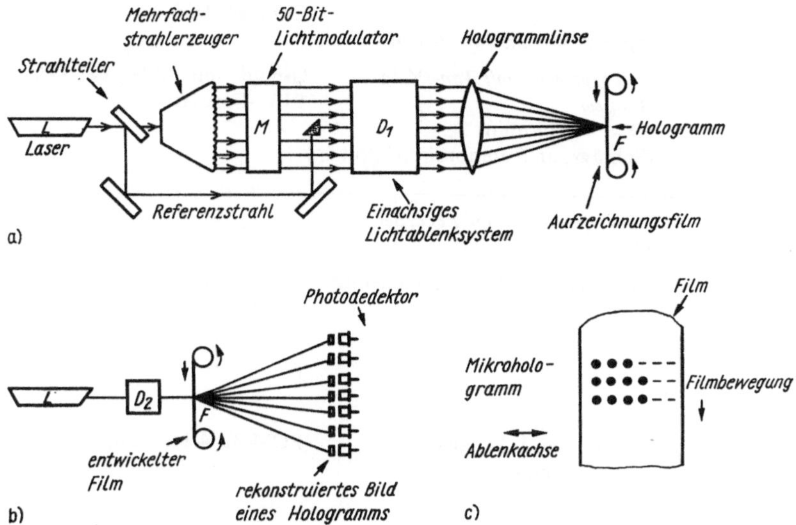

Bild 7.5. *Grundaufbau eines digitalen Videohologrammspeichers*
a) Aufzeichnung; b) Wiedergabe; c) Datenformat in 50-bit-Hologrammblöcken nach [7.6]

7.2. Digitale Audiospeicher

7.2.1. Überblick

Bild 7.6 zeigt das Prinzip der Signalverarbeitung. Das ankommende stereofone Tonsignal wird von einem Multiplexer und AD-Wandler zu einer binären Information aufbereitet. Das Binärsignal wird durch Mikroprozessorsteuerung kanalkodiert. Verschiedene Maßnahmen zur Datenorganisation und zum Datenschutz sind auszuführen. Bei Wiedergabe wird das Lesesignal verstärkt, entzerrt, dekodiert und digitalisiert, die Fehlerkorrekturinformation generiert, und die Datenimpulse werden in den ursprünglichen bitseriellen Datenstrom umgewandelt. Mit dem DA-Wandler und Demultiplexer wird das ursprüngliche Stereosignal wiederhergestellt.

Der Spielraum für die erforderliche Bitrate ergibt sich aus den standardisierten Abtastraten, den Quantisierungsstufen und den Redundanzfaktoren. Die empfohlenen Abtastraten sind

32 kHz für Heimzwecke in Anlehnung an den Satelliten-Rundfunk-Standard (Bandbreite 14,5 kHz),

44,1 kHz für PCM-Recorder, die PCM-Schallplatte CD und PCM-Adapter für Heimvideorecorder (Bandbreite 20 kHz),

48 kHz für professionelle Rundfunk- und Schallplattenproduktion sowie für das Tonsignal in Digitalvideorecordern.

Standardisiert ist die lineare 16-bit-Quantisierung; jedoch sind für den Consumerbereich auch Prototypen mit 14-bit-Linearquantisierung und 12-bit-Quantisierung mit

Tafel 7.3. Gerätevarianten aufgrund der Kanalaufteilung

Tonkanäle (Bitrate pro Tonkanal)	Digitalspuren (Spurrate)	Gerätevariante	Beispiel
		Digitalschallplatte (opto-elektronisches Prinzip)	Compact Disk
2 ··· $\times\frac{1}{2}$ ··· 1 ($\approx 1{,}5\,M\,bit/s$)	($\approx 3\,Mbit/s$)	*Videorecorder mit Ton-PCM-Adapter* ($D \approx 400$ bit/mm) (Schrägspur-Rotationskopf-Prinzip)	U-matic mit BP-90, Fa. JVC EIAJ-Format
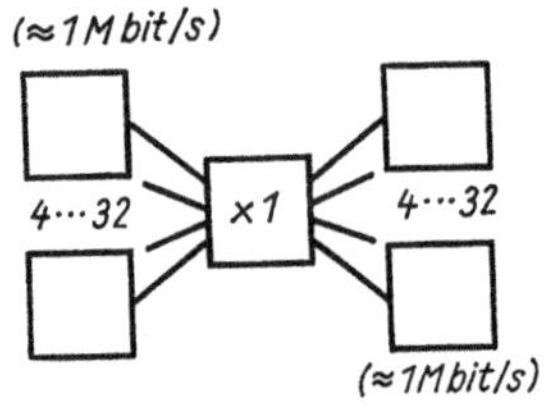 ($\approx 1\,M\,bit/s$) 4···32 ··· $\times 1$ ··· 4···32 ($\approx 1\,Mbit/s$)		*Mehrspur-Festkopf-Recorder* ($D \approx 1500$ bit/mm) Stationäre Vielkanalstudiogeräte ($v \leqq 76$ cm/s)	A 808 PCM Fa. Studer PCM-3324 Fa. Sony
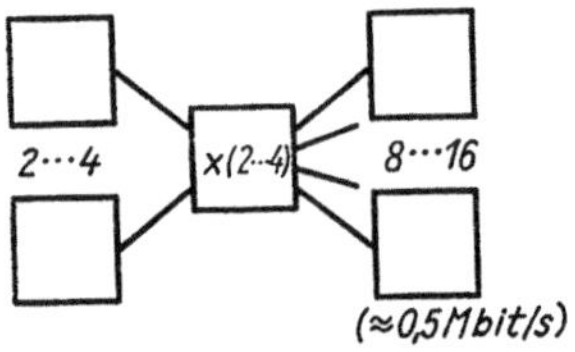 2···4 ··· $\times(2$···$4)$ ··· 8···16 ($\approx 0{,}5\,Mbit/s$)		Portable Mehrkanalgeräte ($v \leqq 38$ cm/s)	PCM-3204 Fa. Sony
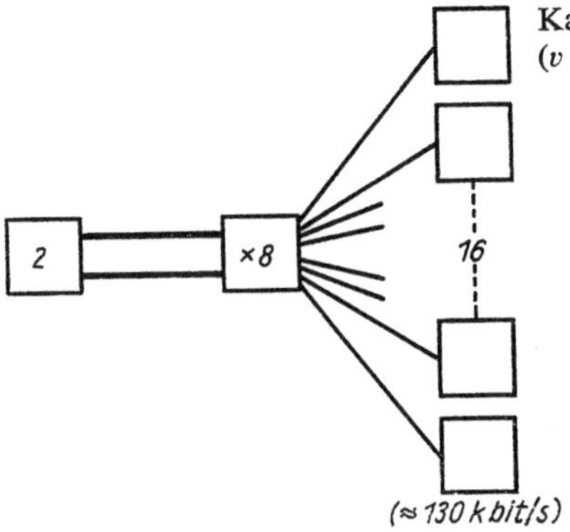 2 ··· $\times 8$ ··· 16 ($\approx 130\,k\,bit/s$)		Kassetten-Stereorecorder ($v = 9{,}5$ cm/s)	Prototypen Fa. Philips, Fa. Sharp
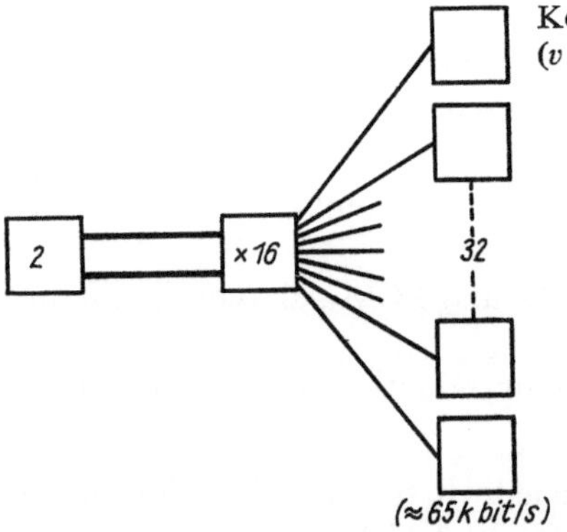 2 ··· $\times 16$ ··· 32 ($\approx 65\,k\,bit/s$)		Kompaktkassettenrecorder ($v = 4{,}75$ cm/s)	Formatvorschlag Fa. Sony

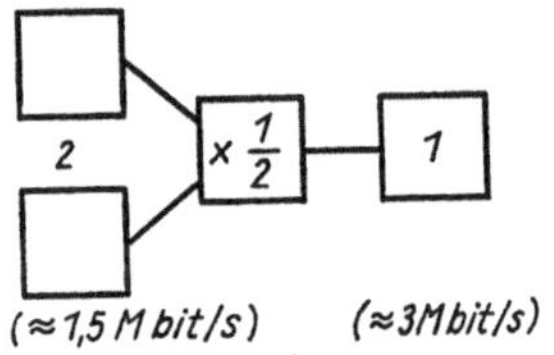

7-Segment-Kennlinie, entsprechend einer 14-bit-Linearquantisierung, vorgestellt worden. Der Redundanzfaktor ist nicht einheitlich festgelegt.

Tafel 7.4 gibt einen Überblick über die möglichen Bitraten je Tonkanal bei einem Redundanzfaktor von 33 %.

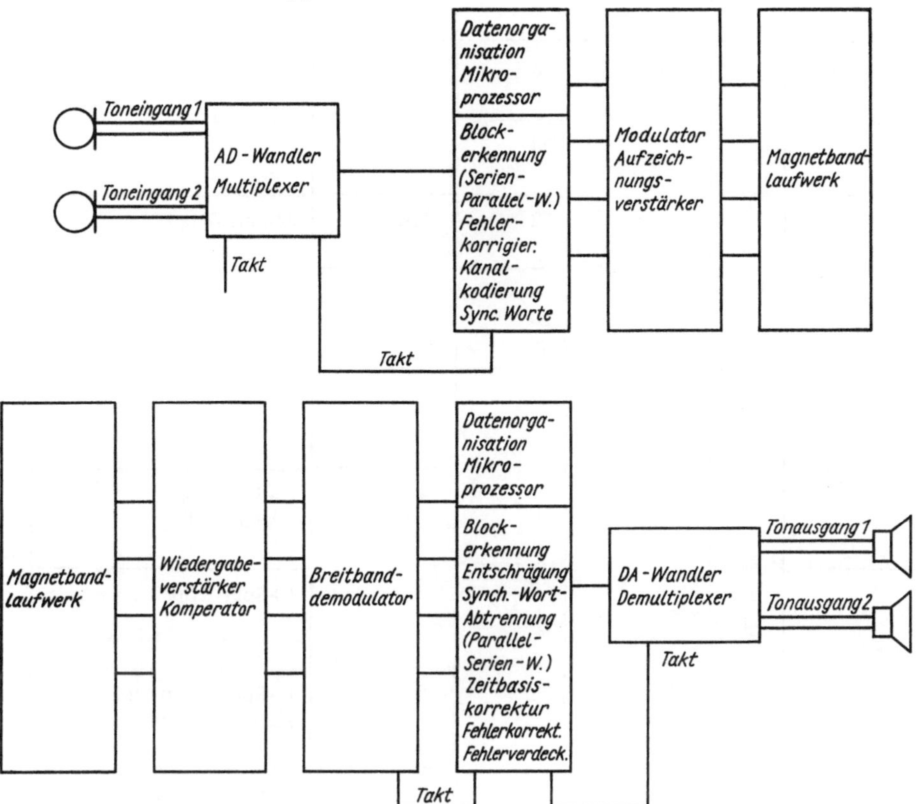

Bild 7.6. Blockdiagramm eines Ton-PCM-Systems

Abtastrate \ Quantisierung	16 bit linear	14 bit linear	12 bit nichtlinear
48 kHz	1,152		
44,1 kHz	1,058	0,926	0,793
32 kHz			0,576
Dynamik	96 dB	84 dB	84 dB

Tafel 7.4
Erforderliche Bitraten
in Mbit pro Tonkanal
(Redundanzfaktor 33 %)

Je nachdem, ob der ursprünglich mehrkanalige Datenstrom zum Zweck der Aufzeichnung in einem seriellen Datenstrom vereinigt wird oder noch weiter durch Serien-Parallel-Wandlung aufgespalten wird, ergeben sich konzeptionell sehr unterschiedliche Gerätevarianten. Das erläutert Tafel 7.3.

Am Beispiel der Bitrate 1 Mbit/s sind auch die zu realisierenden Spurraten je nach Kanalaufteilung angegeben. Verfolgt man die Tafel von oben nach unten, so wird die Relativgeschwindigkeit Band/Kopf immer geringer und damit auch die zu realisierende

Tafel 7.5. Digitale Magnetbandtonspeicher mit Mehrspurfestköpfen

Type Firma	Bandgeschwindig-keit		Ton-kanäle	Spuren pro Ton-kanal	Kopftyp Spurbreite/Spurlücke
A 808 PCM Studer	76 cm·s^{-1}	FAST	4 8	1	
3324 Sony			24		
X-800 Mitsubishi			32	1,25	44-Spur-Kopf
Ampex			2 24 48	2	
PCM-3204 Sony	38 cm·s^{-1}	MEDIUM	4	2	
Matsushita				4	20-Spur-Dünn-schichtkopf
X-80 Mitsubishi AEG Telefunken			2		10-Spur-Kopf
Compactcassetten-digitalrecorder Matsushita	9,5 cm·s^{-1}	SLOW		5 ... 6	12-Spur-Ferritkopf 120 μm/190 μm
PCM-Kassetten-recorder R 1-X5 Sharp				8	18-Spur-Dünn-schichtkopf 120 μm/80 μm
Philips					16-Spur-Ferrit-Kopf 150 μm/225 μm
Compactcassetten-system DAT X2 Hitachi	4,75 cm·s^{-1}			5	22-Spur-Dünn-schichtkopf
Digitalkassetten-recorder Sony				16	38-Spur-Dünn-schichtkopf 75 μm/20 μm

Spurrate bzw. Übertragungsbandbreite. Dagegen nimmt die Komplexität der Elektronik und der Magnetköpfe immer mehr zu. Offensichtlich ist auch, daß verschiedene Qualitäts- und Preisansprüche auch verschiedene Ausführungsformen bedingen.

Als zeitlich erste Lösung hoher technischer Reife bot sich die Kombination des Schräg-spurvideorecorders mit einem Zusatzgerät, dem Ton-PCM-Adapter, an. Die Spurrate des Stereomultiplexsignals von über 2 Mbit/s würde bei einem Studiolaufwerk mit $v = 76$ cm/s eine Linearspeicherdichte von ≈ 3000 bit/mm erfordern. Das ist gegen-

Bandtyp	Quantisierung Datenrate Spurrate	Speicherdichte Flächendichte Kodierung	Fehler-schutz	Bandverbrauch pro Kanal und Stunde Flächendichte	Literatur
$\frac{1}{4}''$-BASF-Digitalaudioband	lin. 16 bit	1587 bit/mm	CRCC, Cross Interleave		
Sony V 16 Videoband $\frac{1}{2}''$		HDM-1		1,4 m² 3 kbit/mm²	[7.44]
Videoband 1″		Miller-Kode	RSC, CRC	2,2 m²	[7.17]
$\frac{1}{4}''$ 1″ 2″		984 bit/mm M² FM			[7.5]
Sony V 16 Videoband $\frac{1}{4}''$		1587 bit/mm 3 kbit/mm 3 PM			[7.5]
$\frac{1}{4}''$	336 kbit/s	866 bit/mm 1 kbit/mm Miller-Kode	CRCC, Erasure	2,1 m² 2 kbit/mm²	[7.16]
High-Density-Tape, $\frac{1}{4}''$	302 kbit/s	800 bit/mm 1 kbit/mm Miller-Kode	RSC, CRC	4,1 m² 1 kbit/mm²	[7.15]
Digital Angrom Tape		2300 bit/mm FEM-4	Bi-, Tri-Parity		[7.50] [7.51]
Compactcassette 3,81 mm	lin. 16 bit 2,115 Mbit/s	1417 bit/mm Miller-Kode	CRC	7,1 kbit/mm²	[7.10]
$\frac{1}{4}''$-CrO₂-Videoband		1300 bit/mm GCR 7/8	Double MDSC	6,9 kbit/mm²	[7.45]
Compactcassetten-High-Density-Tape	lin. 16 bit 2,16 Mbit/s				[7.52] [7.14]

wärtig noch nicht möglich. Dagegen ist mit einem Schrägspurvideorecorder mit $v \approx 4$ m/s nur eine Linearspeicherdichte von $D \leq 400$ bit/mm vonnöten. Trotzdem erreicht diese Gerätevariante aufgrund der geringen Spurbreite und hohen Spurdichte von 34,2/mm eine etwa 2mal höhere Flächenspeicherdichte als die modernsten Mehrspurfestkopflaufwerke; vgl. Tafel 7.5 mit Tafel 7.8.

Im Gegensatz zum Digitalbildspeicher liegt die optimale Gerätelösung jedoch nicht in der Rotationskopfversion.

Die für eine Ton-PCM-Speicherung erforderliche Bitrate liegt nicht so hoch, daß sie nicht mit hochpräzisen Tonbandlaufwerken oder Kassettenrecordern mit dem Kunstgriff der Spuraufteilung übertragbar ist. Die Festkopfgeräte haben den Vorteil, daß sie die Speicherung von mehr als 2 Tonkanälen ermöglichen, den Einzelzugriff zu den Kanälen erlauben sowie die gewohnten Schnittmöglichkeiten und die Hinterbandkontrolle bieten. Wesentlich für den Consumerbereich ist die Verwendbarkeit kleiner, wartungsarmer Kassettenlaufwerke.

Mit den gegenwärtig realisierbaren Linearspeicherdichten um 1600 bit/mm ist die folgende Spuraufteilung n je Tonkanal möglich:

v in cm/s	n
76	1
38	2
19	4
4,75	10 ... 16

Diese Möglichkeiten spiegeln sich in Tafel 7.3 wider.

Tafel 7.5 verdeutlicht, daß eine Vielzahl von Geräten mit unterschiedlichen Parametern angeboten oder als Prototypen vorgestellt wurden. Andererseits bemüht sich die Darstellung, die Bestrebungen der Angleichung erkennbar zu machen.

Deutlicher gehen die Standardisierungsbestrebungen aus Tafel 7.6 hervor.

Tafel 7.6. Vorgeschlagene Formate für Ton-PCM-Speicher

	Studiomaschinen nach DASH						Compact-cassetten-recorder nach DAT
Format	DASH-F 76 cm·s^{-1}		DASH-M 38 cm·s^{-1}		DASH-S 19 cm·s^{-1}		S-DAT 4,75 cm·s^{-1}
Magnetbandbreite	$\frac{1}{4}''$	$\frac{1}{2}''$	$\frac{1}{4}''$	$\frac{1}{2}''$	$\frac{1}{4}''$	$\frac{1}{2}''$	0,15''
Anzahl der Tonkanäle	8...16	24 ... 48	4 ... 8	12 ... 24	2 ... 4	6 ... 12	2
PCM-Spuren pro Tonkanal	1		2		4		10
PCM-Spuren pro Magnetkopf (maximal)	16	48	16	48	16	48	20
Spieldauer	1 h		2 h		4 h		1 h
Analogspuren	2						2
Zeitkode- und Steuerspuren	2						
Aufzeichnungskode	HDM-1						?
Quantisierung	16 bit linear						
Fehlerkorrektur	CRC, Interleave, Permutation						b-adj., RSC
Redundanz	33% einschl. Paritäts- und Synchronisationswörtern						

Die Störspannungsabstände liegen bei Geräten neueren Datums mit einer Amplituden-
auflösung von 14 oder 16 bit über 90 dB. Die Übersprechdämpfung erreicht bei Studio-
geräten ebenfalls 90 dB, bei Kassettenrecordern 60 dB. Als Maß der Verzerrung wird
ein Klirrfaktor von $(0{,}003 \ldots 0{,}05)\%$ angegeben, vgl. auch Bild 7.14.

Die Magnetköpfe haben bei Magnetbandbreiten von

$0{,}15''$		22 Spuren	
$\frac{1}{4}''$	bis	16 Spuren	in Dünnschichttechnik
$\frac{1}{2}''$		52 Spuren	

$0{,}15''$		12 Spuren	
$\frac{1}{4}''$	bis	20 Spuren	in konventioneller Technik.
$\frac{1}{2}''$		52 Spuren	

Je Spur wurden mit dem HDM-Kode nach DASH-Empfehlung (Digital Audio Sta-
tionary Head) lineare Speicherdichten bis über 1500 bit·mm^{-1} erreicht, mit dem neueren
FEM-Kode [7.51] und dem Angrom-Metalldünnschichtband [7.50] bis 2300 bit·mm^{-1};
anspruchsvolle Bandlaufwerke vorausgesetzt. Die DAT-Empfehlung (Digital Audio
Tape) für Compactcassettenrecorder strebt 2600 bit·mm^{-1} an.

Der Fehlersicherung kommt in der Digitalaudiospeicherung eine große Bedeutung zu.
Neben der Fehlerkorrektur gibt es hier, wie auch bei der Videospeicherung, die Möglichkeit der Einfügung korrelierter Information in fehlerhaft erkannte Blöcke. Besonders bei
sehr großen Fehlerstellen, z.B. an einer Schnitt- und Klebestelle, muß diese Methode
angewandt werden.

Allgemein beträgt der Redundanzfaktor um 33%, einschließlich der Synchronisations-
wörter. Entscheidend ist aber nicht die Größe der Redundanz, sondern die Anpassung der
Raumstruktur der Daten an die Fehlerstruktur des Bandes. Wesentlich ist, daß eine möglichst breite räumliche Streuung von stark korrelierten Daten erreicht wird (Interleaving,
Scrambling). Dies soll anhand der folgenden Ausführungsbeispiele näher beschrieben
werden.

7.2.2. Studiomaschinen

Geräte für den Einsatz im Rundfunk- oder Studiobetrieb mit Bandgeschwindigkeiten
$\leqq 76$ cm/s verwenden $(\frac{1}{4} \ldots 1)$ Zoll breites Videobandmaterial, das dünner ist als gewöhn-

Tafel 7.7
Magnetband
für digitale Tonaufzeichnung
im Rundfunk- und Studiobetrieb

1. Physikalische Werte	
Nenndicken: Folie	19 μm
Schicht	4 μm
Rückseite	2 μm
Total	25 μm
Elektrischer Oberflächenwiderstand der Magnetschicht	$\leqq 10^{-10}\,\Omega$
Feuchtlängenkoeffizient $(\Delta L/L)/\%$ RF	$1 \cdot 10^{-5}$
Thermischer Dehnungskoeffizient $(\Delta L/L)/°C$	$2 \cdot 10^{-5}$
2. Magnetische Werte	
Oxid	CrO_2
Koerzitivfeldstärke	400 A/cm
Sättigungsremanenz	150 mT
Remanenter Sättigungsbandfluß pro 1 mm Spurbreite	600 pWb

liches Audiostudioband; s. Tafel 7.7. Dies ist möglich, da der Kopiereffekt bei der Digitalspeicherung praktisch keinen Einfluß hat. So ist mit einer 14″-Spule (knapp 3000 m Bandlänge) eine Stunde Spieldauer möglich. Die Datenbehandlung soll anhand des 32-Kanal-PCM-Speichers der Fa. Mitsubishi näher erläutert werden.

Es werden jeweils 8 Tonkanäle auf 10 Digitalspuren aufgezeichnet, also 32 Kanäle auf 40 Spuren. Bild 7.7 zeigt das Datenformat. Zur Fehlerkorrektur wird ein gekürzter Reed-Solomon-Kode (RS) in Querrichtung und ein zyklischer Kode (CRC) in Längsrichtung verwendet. Dieses als RSC-Kode bezeichnete Format ähnelt den im Abschnitt 1. beschriebenen Produktkodes, ist ihnen vom Realisierungsaufwand und Korrekturvermögen her aber überlegen [7.17].

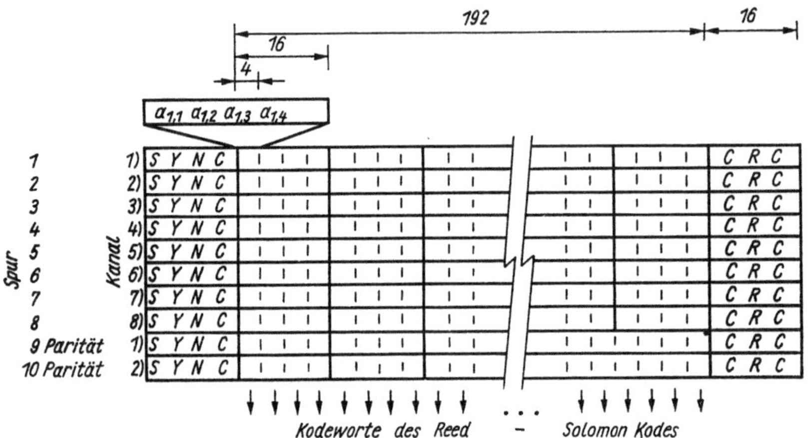

Bild 7.7. Kodewörter des RSC-Kodes

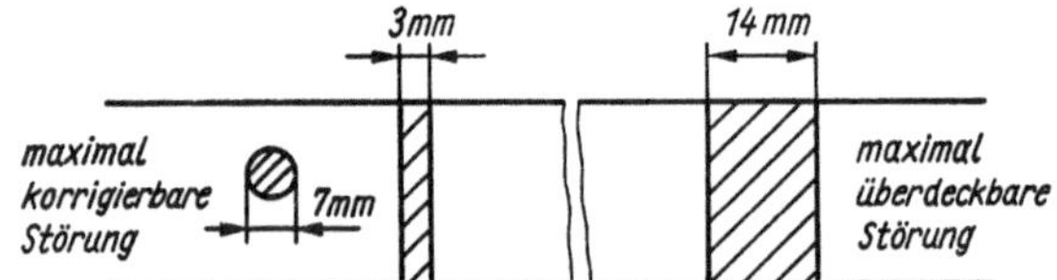

Bild 7.8
Größte fehlerkorrigierbare
und -überdeckbare Störgebiete
auf dem Magnetband

Das im Bild 7.8 dargestellte Kodewort A besteht aus

$$A = \{a_{i,j}\} \qquad i = 1 \dots 10 \qquad j = 1 \dots 208$$
$$\text{(Spurenzahl)} \qquad \text{(Blocklänge)},$$

davon sind 8×192 Informationsbits

$$A_i = \{a_{i,j}\} \qquad i = 1 \dots 8 \qquad j = 1 \dots 192.$$
$$\text{(Inf.-Spuren)} \qquad \text{(Inf.-Blöcke)}$$

Jeweils 4 bit der 16-bit-Proben werden über alle 10 Spuren zu einem Reed-Solomon-Kodewort zusammengefaßt. In den Spuren 9 und 10 werden 4 bit lange Prüfvektoren zu den 8 Informationsvektoren hinzugefügt. Sie werden über die Prüfsymbole α, die Primitivelemente des GF (2^4) und Wurzeln des Primitivpolynoms $X^4 + X + 1 = 0$ darstellen,

$$\alpha_{9,k} = \sum_{i=1}^{8} \alpha_{i,k}\alpha_i,$$

$$\alpha_{10,k} = \sum_{i=1}^{9} \alpha_{i,k}, \tag{7.4}$$

für das k-te RS-Wort ($k = 1 \dots 48$) über GF (2) gebildet.

Die $\alpha_{i,k}$ berechnen sich aus

$$\alpha_{i,k} = \sum_{i=1}^{4} \alpha_{i,4(k-1)} \alpha^{j-1} \qquad i = 1 \ldots 8. \tag{7.5}$$

Das Längsparitäts-CRC-Zeichen wird durch Division mod 2 des Polynoms

$$\alpha(X) = \sum_{j=1}^{192} \alpha_{i,j} X^{192-j+16} \tag{7.6}$$

durch das Generatorpolynom

$$P(X) = X^{16} + X^{12} + X^5 + 1 \tag{7.7}$$

gebildet. Das resultierende Restpolynom

$$R(X) = \sum_{j=138}^{208} a_{i,j} X^{j-193} \tag{7.8}$$

ist das CRC-Zeichen auf den Positionen $j = 193 \ldots 208$.

Die Dekodierung der regenerierten Signalfolge

$$H(X) = \sum_{j=1}^{208} r_{i,j} X^{208-j}$$

geschieht nach den im Abschnitt 1. dargelegten Prinzipien. Ziel ist es, mit Hilfe des RS-Kodes die Fehlervektoren $\vec{e}_{i,k}$ zu berechnen. Dies ist nur möglich, wenn nicht mehr als 2 Spuren innerhalb eines Blockes durch das CRC-Wort als fehlerhaft erkannt werden. Sind die Spuren i_1 und i_2 fehlerhaft, errechnet sich der korrekte Wert zu

$$\alpha_{i1,k} = \gamma_{i1,k} + \varepsilon_{i1,k} \tag{7.9}$$

$$\alpha_{i2,k} = \gamma_{i2,k} + \varepsilon_{i2,k}.$$

Das Symbol $\gamma_{i,k}$ von GF (2^4) drückt den Vektor $\vec{r}_{i,k}$ aus:

$$\gamma_{i,k} = \sum_{j=1}^{4} r_{i,4(k-1),j} \alpha^{j-1} \qquad i = 1 \ldots 10, \tag{7.10}$$

und $\varepsilon_{i,k}$ ist der Fehlerwert

$$\varepsilon_{i1,k} = \frac{S_{1,k} + \alpha_{i2} S_{0,k}}{\alpha_{i1} + \alpha_{i2}}$$

$$\varepsilon_{i2,k} = \frac{S_{1,k} + \alpha_{i1} S_{0,k}}{\alpha_{i1} + \alpha_{i2}} \tag{7.11}$$

mit dem Syndrom

$$S_{1,k} = \sum_{i=1}^{8} \gamma_{i,k} \alpha_i, \tag{7.12}$$

$$S_{0,k} = \sum_{i=1}^{9} \gamma_{i,k}.$$

Bei einer fehlerhaften Spur ist

$$\alpha_i = \frac{S_{1,k}}{S_{0,k}}$$

und

$$\varepsilon_{i,k} = s_{0,k},$$

so daß der fehlerhafte Vektor $\vec{a}_{i,k}$ korrigiert werden kann. Wenn $S_{0,k} = 0$ und $S_{1,k} \neq 0$, dann enthalten 2 oder mehr Spuren unerkannte Fehler. In diesem Fall wird das gesamte Kodewort durch ein benachbartes, das als richtig erkannt oder korrigiert wurde, ersetzt. Zur Erklärung einiger Grundbegriffe der Algebra, wie Galois-Feld oder Syndrom, auf die sich die vorliegende Ableitung stützt, muß auf [1.44] oder [1.62] bis [1.65] verwiesen werden.

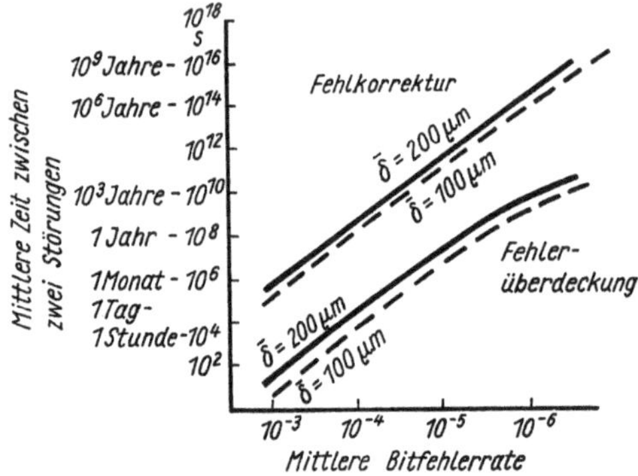

Bild 7.9
Fehlerkorrekturvermögen des RSC-Kodes
(b mittlere Burstlänge)

Der geschilderte RSC-Kode kann nahezu alle 2-Spur-Fehler korrigieren. Um auch quer über das Band laufende Fehler, wie sie z. B. durch Schnitt- und Klebestellen verursacht wurden, zu korrigieren, wird zusätzlich eine Datenstreuung durch die Interleaving-Methode bewirkt, d. h., benachbarte Abtastwerte werden weit voneinander entfernt aufgezeichnet. Mit diesen umfangreichen Maßnahmen zur Fehlersicherung können die im Bild 7.8 dargestellten Fehlermuster korrigiert bzw. substituiert (überdeckt) werden. Bild 7.9 zeigt den berechenbaren Korrektureffekt des RSC-Kodes in Abhängigkeit von der Bitfehlerrate.

Zu Varianten mit niederen Bandgeschwindigkeiten gelangt man gemäß *DASH* durch die Aufteilung des Tonkanals auf 2 oder 4 Digitalspuren. Zusätzlich werden 2 Analogspuren, 1 Steuerspur und 1 Zeitkodespur vorgeschlagen. Aus Tafel 7.6 lassen sich die Kombinationsmöglichkeiten zwischen Magnetbandbreite, Anzahl der Tonkanäle und Anzahl der PCM-Spuren ablesen.

Das ankommende digitale Tonsignal wird zuerst in Spursequenzen aufgeteilt, die unabhängig voneinander weiterverarbeitet werden. Die 12 aufeinanderfolgenden Abtastwerte eines Eingangsblockes werden dann in gerade und ungerade aufgeteilt (Bild 7.10a). Der ungerade Rahmen wird um 204 Blöcke verzögert. Das entspricht 39 mm auf dem Band. Beide Rahmen werden vor der Permutation durch eine P- und eine Q-Prüfsumme ergänzt. Die Berechnung der Q-Prüfsumme geschieht aus Daten unterschiedlicher Blöcke, die bis 2,86 mm auseinander liegen. Die G- und U-Werte werden dann durch weiträumiges Interleave ineinander verschachtelt, und es entsteht das Blockformat nach Bild 7.10b. Vorangestellt wird ein 16-bit-Synchronwort, das vom Empfänger daran erkannt wird, daß es nicht dem Wortvorrat des HDM-1-Kodes angehört. Am Ende des Blockes steht ein CRC-Wort zur Fehlerdetektion, das den gesamten Block als richtig oder falsch markiert. Die Korrektur der Fehler geschieht mit Hilfe der Prüfsummen. Damit kann ein völliger Ausfall aller Spuren über 5,7 mm (30 Blöcke) vollständig korrigiert werden, wenn die unmittelbare Nähe der Fehlstelle fehlerfrei ist [7.54] [7.55].

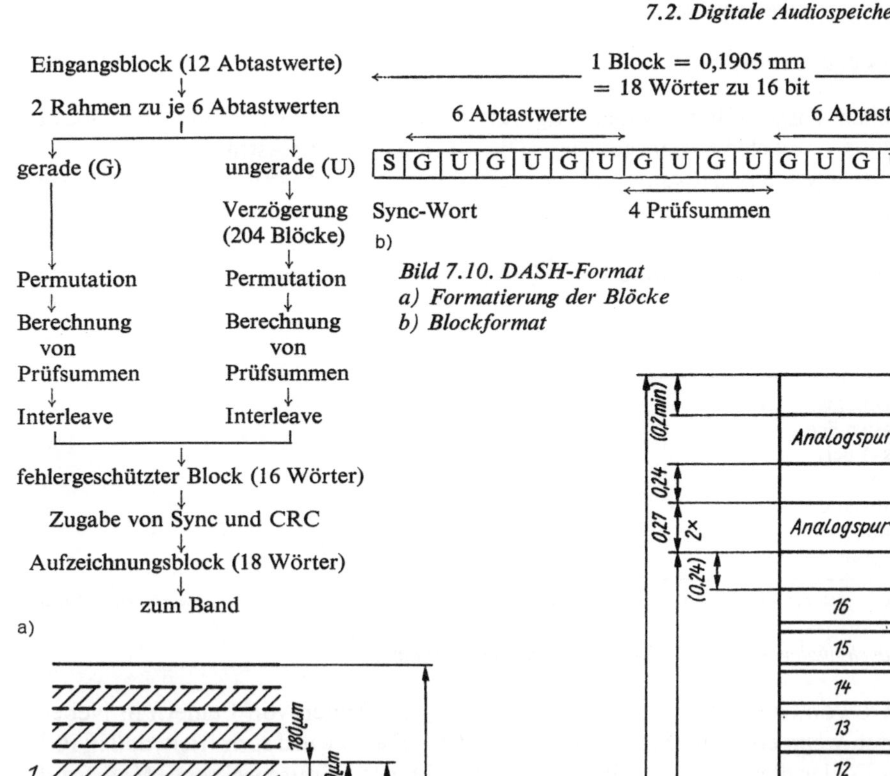

Bild 7.10. *DASH-Format*
a) *Formatierung der Blöcke*
b) *Blockformat*

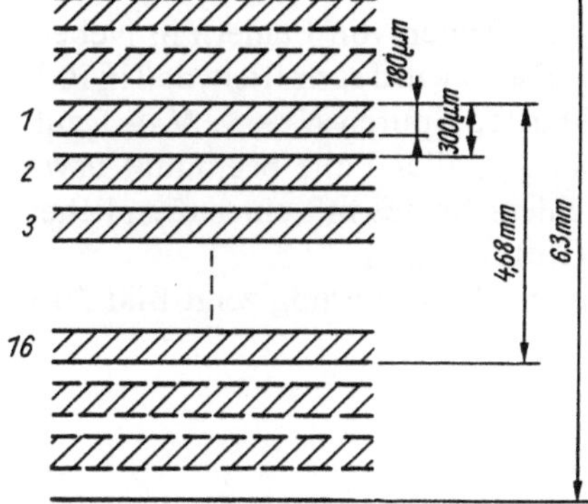

Bild 7.12. *Spuranordnung im Elcassettrecorder*

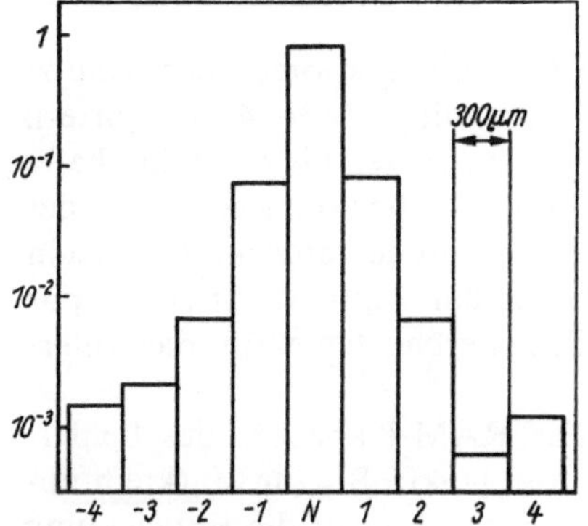

Bild 7.13. *Übergriff von Fehlern auf die Nachbarspuren bei Spurabmessungen nach Bild 7.12*

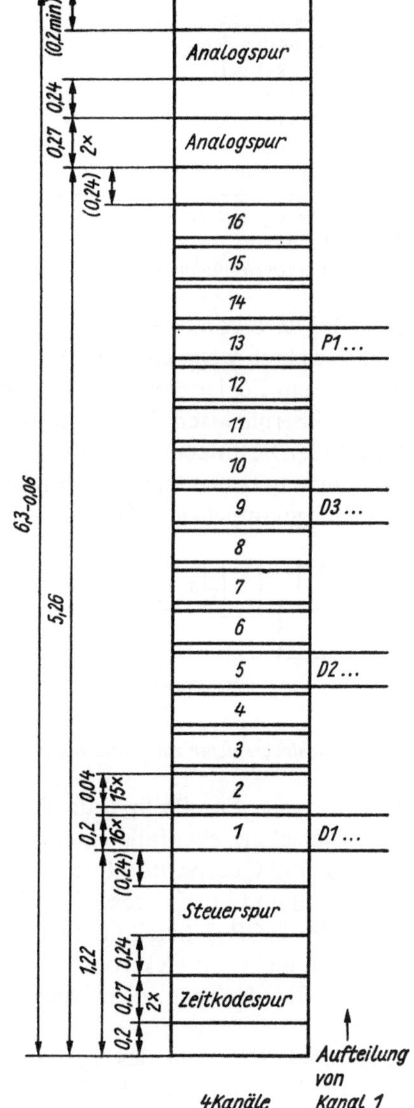

Bild 7.11. *Reale Spuranordnung der 4-Kanal-Speicherung auf* $^1/_4''$ *-Band*

18 Siakkou

7.2.3.   Kassettenrecorder

Mit dem soeben vorgestellten System eng verwandt sind die vorgeschlagenen PCM-Elcassett- bzw. Compactcassettenrecorder. Die verminderte Abtastrate von 44,1 kHz, eine ≤ 16 bit betragende Auflösung und die Aufteilung eines Tonkanals auf 5 … 10 Magnetbandspuren ermöglichen eine Transportgeschwindigkeit von 4,75 cm·s^{-1} bzw. 9,5 cm·s^{-1}.

Bild 7.12 zeigt die Spuranordnung einer $\frac{1}{4}''$-Variante.

Parameter	analog*	digital
Frequenzabweichungen im Übertragungsbereich	$\pm 1,5$ dB	± 1 dB
Verzerrungen (k$_3$) bei Vollaussteuerung	$\leq 1,5\%$	$\leq 0,05\%$
Störspannungsabstand	> 56 dB	≤ 90 dB
Gleichlaufschwankungen	$0,05\%$	quarzgenau
Übersprechdämpfung	> 40 dB	≥ 60 dB

* Diese Werte beziehen sich auf durchschnittliche Studiosysteme ohne Kompandereinrichtung oder besondere Zusatzeinheiten; nach [7.53].

Bild 7.14. Vergleich analoger und digitaler Tonaufzeichnungsverfahren

In [7.28] wird von einem Test über das gleichzeitige Auftreten von Fehlern in Nebenspuren berichtet, wenn ein Fehler in der Spur N auftritt. Dabei wurde ermittelt, daß in 10% aller Fälle ein Fehler gleichzeitig in den direkt benachbarten Spuren $N - 1$, $N + 1$ auftrat. Die übernächsten Spuren werden dagegen nur in 1% aller Fälle beeinflußt usw.; s. Bild 7.13. Dies macht die hohe Effektivität eines Fehlerschutzes mit einer räumlichen Verteilung eng benachbarter Informationen deutlich (Interleaving).

Ein rückgekoppeltes Schieberegister zur Kodierung und Dekodierung zeigt Bild 7.15.

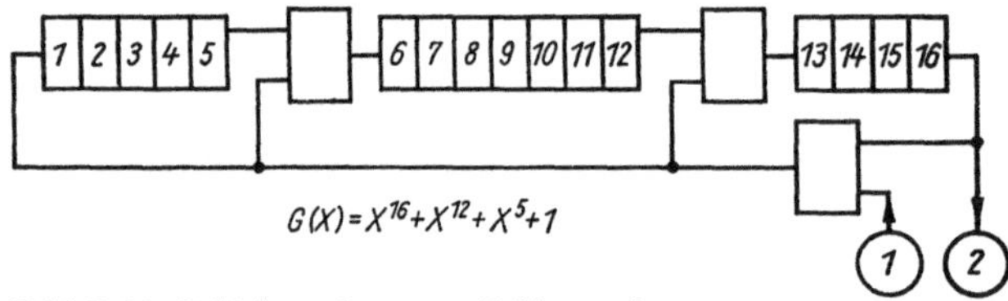

Bild 7.15. Schieberegister zur Fehleranalyse

Der von der Fa. Philips als Prototyp vorgestellte $\frac{1}{4}''$-Digitalaudiorecorder benutzt zum Fehlerschutz ebenfalls einen gekürzten RS-Kode, hier mit je zwei 14-bit-Wörtern als Längs- und Querparität. Die beiden Vertikalparitätsspuren weisen bis zu 2 fehlerhafte Spuren nach und korrigieren Einzelfehler. An der Korrektur ist auch die Redundanz des Kanalkodes GCR $\frac{7}{8}$ beteiligt. Die unkorrigierbaren Fehler werden verdeckt. Es wird in den Spuren nicht mit elektronischem Interleaving gearbeitet, dafür mit von Spur zu Spur versetzten Kopfspalten. Das vermeidet die großen Speicherbausteine für das Interleaving.

Das Blockdiagramm des Systems zeigt Bild 7.16. Die RAM-Kapazität des Fehlerkorrektors beträgt 4 kbit, die des Zeitbasiskorrektors 2 kbit [7.45]. Bis zur Markteinführung preisgünstiger Digitalaudiorecorder für den Heimgebrauch steht die Entwicklung von integrierten Standardbausteinen (digital und analog) und von billigeren Vielspurmagnetköpfen aus.

Der dafür erforderlichen Standardisierung dienen die vereinten Bemühungen der DAT-Konferenz,-die bisher folgende Vorschläge unterbreitete: Die Transportgeschwindigkeit von 4,75 cm/s und damit Spieldauer und Bandverbrauch des Compactcassettensystems werden bei einer Abtastrate von 44,1 kHz und einer Speicherdichte um 2600 bit/mm durch die Aufteilung eines Tonkanals auf 10 Magnetbandspuren ermöglicht. Die Gesamtdatenrate beträgt 2 Mbit/s. Bei einer Spurbreite von 65 μm und einem Spurabstand von 80 μm läßt sich das gewohnte Prinzip der Wendekassette (für die Spurlücken bleiben dann jeweils 15 μm) verwirklichen. Die kritischen Bandbreitentoleranzen wurden zu $3,81^{+0}_{-0,02}$ mm festgelegt.

Der Prototyp DAT-X2 der Fa. Hitachi entspricht dieser Empfehlung [7.52]:

Bandtyp	Compactcassettenband hoher Speicherdichte
Bandgeschwindigkeit	4,75 cm/s
Spurzahl pro Kanal	10
Spieldauer	60 min
Magnetköpfe a) Aufnahme	22-Spur-Dünnschicht-Induktionskopf
b) Wiedergabe	22-Spur-Dünnschicht-MR-Kopf
Abtastfrequenz	44,1 kHz
Quantisierung	16 bit linear
Dynamik	> 95 dB
Frequenzbereich	20 Hz ... 20 kHz
Verzerrungen	< 0,003 %
Gleichlauffehler	quarzgenau

Auch eine abgerüstete Variante mit Mikrokassette wurde erprobt [7.51]:

Spurzahl pro Kanal	5
Spieldauer	45 min
Abtastfrequenz	32 kHz
Quantisierung	8 bit nichtlinear
Dynamik	> 85 dB
Frequenzbereich	20 Hz ... 15 kHz
Verzerrungen	< 0,1 %
Gleichlauffehler	quarzgenau

Neben dem Kassettensystem mit stationärem Magnetkopf (S-DAT) ist auch eine Empfehlung für ein Rotationskopf-Kassettensystem (R-DAT) in Arbeit.

7.2.4. PCM-Audioprozessoren für Videorecorder

Alle Ton-PCM-Systeme mit Rotationsköpfen beruhen auf Geräten der analogen Videostudio- oder Videoheimtechnik. Die Adaption zwischen der Toninformation und dem Videosignalformat des Speichers geschieht meist ohne Eingriff in den Videorecorder mit einem Vorschaltgerät, dem PCM-Audioprozessor. Diese Kombination findet sowohl im Tonstudio als auch bei privaten Nutzern Anwendung. Im Prinzip lassen sich beliebige Recordertypen mit beliebigen PCM-Adaptern koppeln.

Die Hauptfunktionen eines PCM-Prozessors sind nach Bild 7.6 aufnahmeseitig die AD-Wandlung, die Kanalkodierung und die spezielle TV-Signalanpassung an den Videorecorder. Wiedergabeseitige Hauptfunktionen sind die Signalerkennung, Fehlerkorrektur, Zeitsteuerung und DA-Wandlung. Das Datenformat hat sich hierbei dem TV-Signalformat unterzuordnen, das halbbild- und zeilenweise organisiert ist.

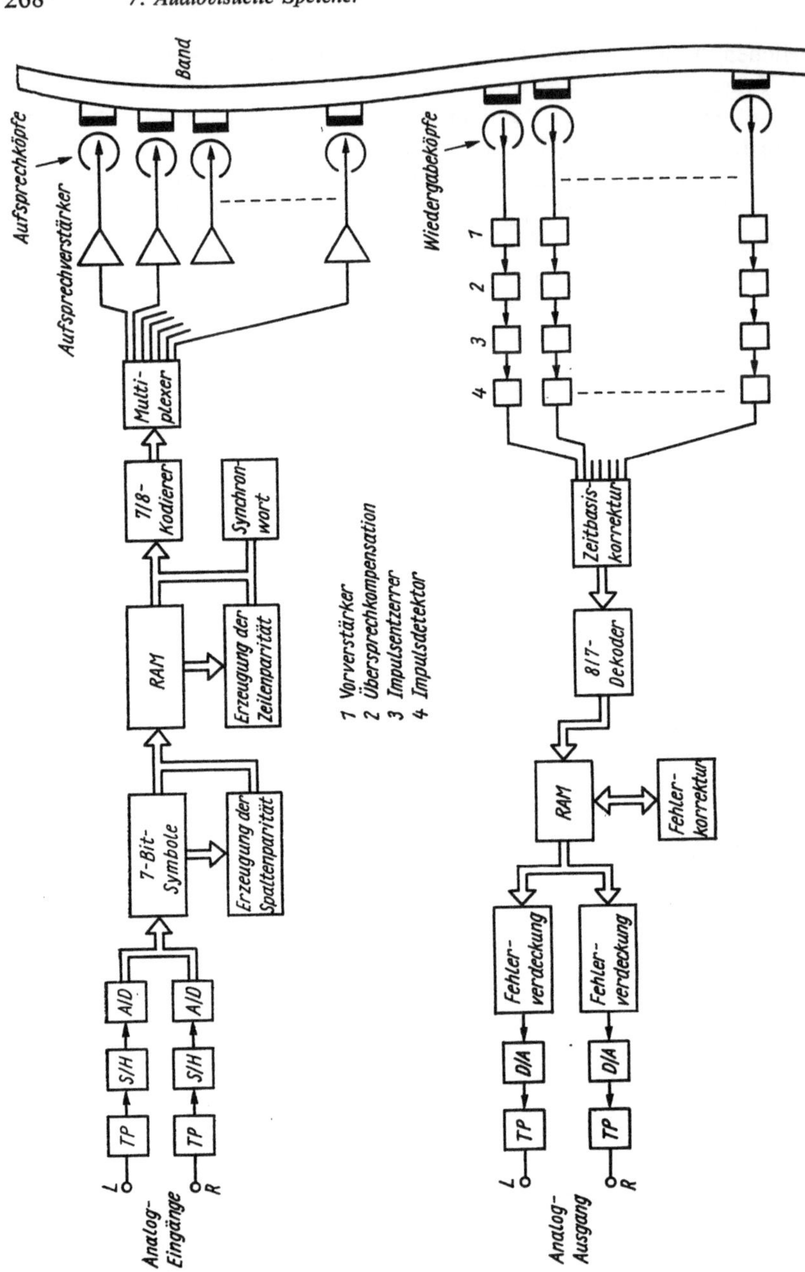

Bild 7.16. Blockschaltung eines digitalen Kassettenrecorders nach [7.14] [7.45]

Das Blockdiagramm des professionellen 2kanaligen Aufnahmesystems BP-90 der Fa. IVC, das mit einem $\frac{3}{4}''$-U-matic-Recorder gekoppelt ist, zeigt Bild 7.17. Das Pseudovideosignal beginnt in jeder Zeile mit einem 6-bit-Adreßwort, mit dessen Hilfe ein Zugang zu jedem Datenblock der Videozeile möglich ist. Ein solcher Datenblock besteht aus sechs Datenwörtern, zwei Paritätswörtern und einem CRCC-Wort zu je 16 bit, ähnelt also im Aufbau (bis auf die Wortlänge des Adreßwortes) dem EIAJ-Format im Bild 7.18.

Zum weiteren Fehlerschutz wird die Paritätserzeugung mit der Interleavingverzögerung verknüpft.

Das erste Paritätswort wird gemäß

$$P_1 = \mathrm{mod}\,2 \sum_{j=1}^{6} W_j \qquad (7.13)$$

und das zweite gemäß

$$P_2 = \mathrm{mod}\,2 \sum_{j=1}^{6} W_{j-24(J-1)} + P_{1,-114} \qquad (7.14)$$

gebildet; d. h., in P_2 geht nur das erste Wort W_1 aus dem betreffenden Zeilenrahmen ein, dazu addieren sich Wörter aus jeweils um 4 Zeilen vorhergehenden Rahmen. Diese Verschachtelung ermöglicht eine wirkungsvolle Burstfehlerkorrektur.

Das CRCC-Zeichen wird aus dem 134stelligen Zeilenpolynom vom Generatorpolynom

$$P(X) = X^{22} + X^9 + X^5 + X + 1 \qquad (7.15)$$

gebildet. Dieses als Triple Error Correcting Code bezeichnete System der Fehlersicherung erlaubt die Korrektur von 3 Datenrahmen innerhalb einer Kopfspur.

Während die in Tafel 7.8 beschriebenen PCM-Audioprozessoren mit 16-bit-Abtastung Studioqualität aufweisen, sind die Prozessoren mit 14-bit-Abtastung für den semiprofessionellen Gebrauch mit beliebigen Heimvideorecordern bestimmt, haben also auch eingeschränkte Edit-Funktionen. Dafür existiert seit 1979 eine auf der NTSC-Fernsehnorm aufbauende Formatempfehlung der japanischen Hersteller von PCM-Prozessoren, genannt EIAJ-Standard [7.13]. Seit 1981 gilt eine ähnliche Formatfestlegung für das europäische PAL/SECAM- (CCIR-) System, auf die sich die weiteren Ausführungen beziehen:

Die mit einer Abtastrate von 44,1 kHz gebildeten 14-bit-Datenwörter gestatten eine Auflösung von $2^{14} = 16384$ Amplitudenstufen, entsprechend einer Dynamik von 85 dB. Das gleiche leistet die 12-bit-Gleitkommakodierung. Die Datenrate des Standards beträgt für beide Kanäle und für die notwendige Redundanz insgesamt rund 2,6 Mbit/s; näheres s. Tafel 7.9.

Zu Beginn und am Ende jedes Halbbildes, das beim Heimkassettenrecorder mit einer Kopfspur identisch ist, befindet sich innerhalb je eines Zeilenrahmens ein Steuer- und Adreßblock. 294 „Zeilen" des 625-Zeilen-Standards tragen einen Signalblock, wie im Bild 7.17 dargestellt. Er beginnt nach dem Zeilensynchronimpuls mit einem 4-bit-Adreßwort zur Datensynchronisation, gefolgt von sechs Datenwörtern und zwei Fehlerkorrekturwörtern P_1, P_2 zu je 14 bit und einem CRCC-Wort zu 16 bit für die Fehlererkennung.

Die Fehlersicherung gegen Fehlerbursts erfolgt aber nicht nur mit dem Einbau redundanter Bits schlechthin, sondern mit Hilfe des b-Adjacent-Kodes durch Datenspreizung der stark korrelierten Nachbarinformation. Da man aufgrund der Dropoutstatistik bei Heimvideorecordern mit Burstfehlern von über 10 Zeilen Länge zu rechnen hat, werden

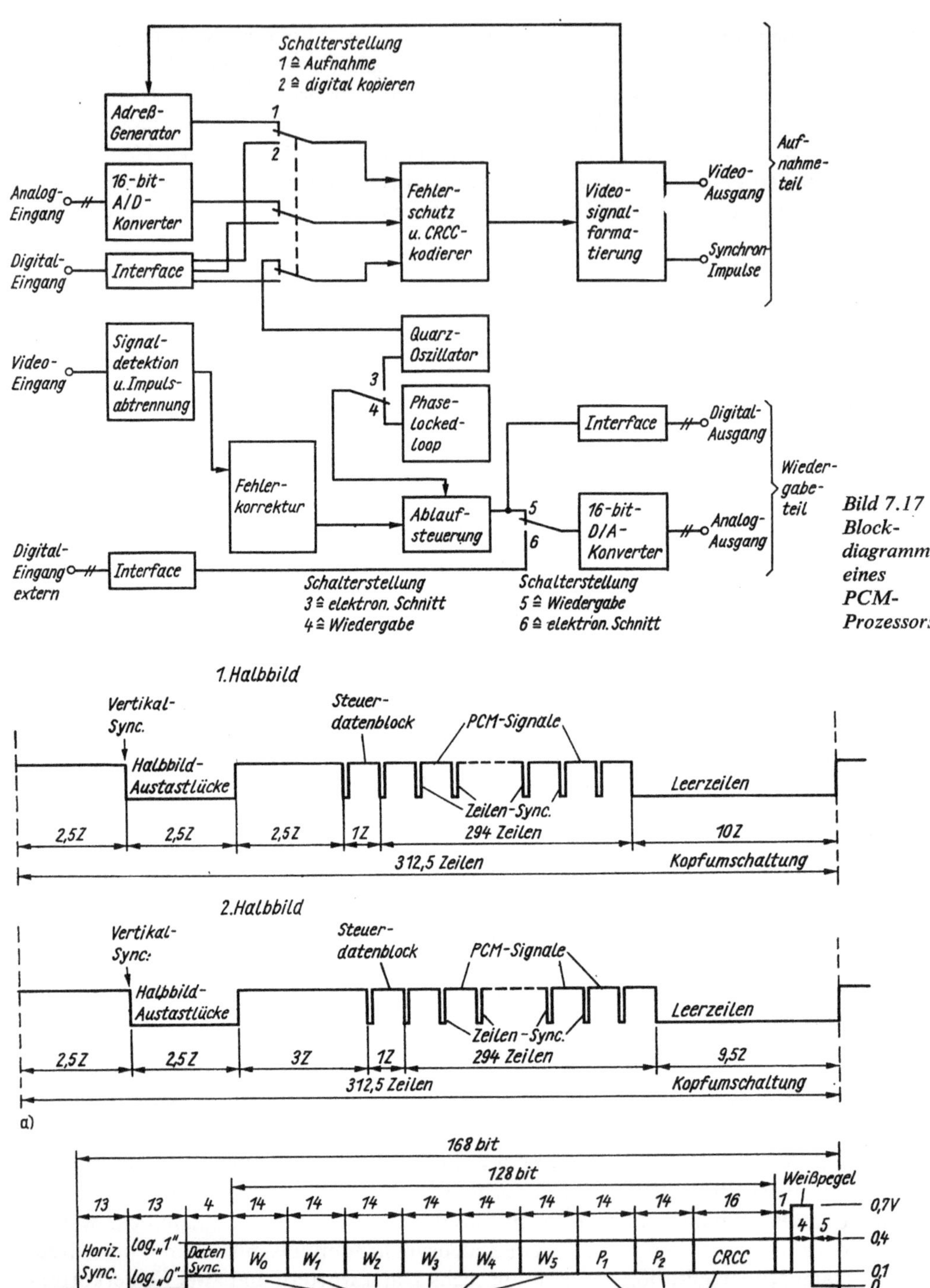

Bild 7.17 Blockdiagramm eines PCM-Prozessors

Bild 7.18. Tonsignal-Format zwischen den

a) Bildsynchronimpulsen einer Kopfspur; b) Zeilensynchronimpulsen eines Heimvideorecorders nach EIAJ-Standard (Z Zeilenlänge)

Tafel 7.8. Digitale Magnetband-Stereotonspeicher mit Rotationsköpfen

Bezeichnung Firma	Gerätetyp Technik Norm	Band- geschwindigkeit Flächendichte Spurdichte	Quantisierung Spieldauer	Abtastrate Datenrate	Speicherdichte Fehlerschutz Redundanz	Literatur
4-Kanal-DN-035R Nippon Columbia	U-matic NTSC-Norm		16 bit linear	44,1 kHz		[7.14]
PCM-10 Sony	Betamax U-matic	$1,87 \text{ cm·s}^{-1}$ $8,7 \text{ kbit/mm}^2$ $34,2/\text{mm}$	nichtlinear 13 bit $\cong$ 14 bit linear	44,1 kHz 1,764 Mbit/s	253 bit/mm CRCC, Interleaving 35 %	[7.5]
PCM-1610 Sony	U-matic NTSC-Norm	$9,53 \text{ cm·s}^{-1}$ $2,5 \text{ kbit/mm}^2$ $7,3/\text{mm}$	16 bit linear 60 min	44,1 kHz 3,58 Mbit/s	348 bit/mm CRCC, Interleaving, Crosword 60 %	[7.5]
Digital-Audio- Processor BP-900 JVC	U-matic	$9,53 \text{ cm·s}^{-1}$ $2,2 \text{ kbit/mm}^2$ $7,3/\text{mm}$	16 bit linear 60 min	44,1 kHz 3,1 Mbit/s	300 bit/mm CRCC, Interleaving, Triple Error Corr. Code 44,4 %	[7.23] [7.24]
Decca			18 bit linear	48 kHz	CRC-Burst 2 bit/Wort-Korrekt.	[7.21]
Digital-Adapter Sharp Optonica	Videokassetten- Recorder RX-1 PAL-Norm		14 bit linear	44 kHz		[7.22]
EIAJ-Standard Sony Hitachi Matsushita	Betamax VHS U-matic	13 kbit/mm^2 $34,2/\text{mm}$	14 bit linear	44,1 kHz 2,64 Mbit/s	379 bit/mm CRCC, Interleaving b-Adjecent 54,3 %	[7.5] [7.13] [7.22] [7.29]

+EIAJ $\cong$ Electronics Industry Association of Japan

die gleichzeitig abgetasteten Datenwörter des rechten und des linken Kanals um 16 Zeilen
getrennt aufgezeichnet. Sollte eins der Wörter durch ein Fehlerburst unkorrigierbar ge-
schädigt sein, so wird ersatzweise auf die zeitlich benachbarten, aber räumlich getrennt
aufbewahrten zurückgegriffen.

Tafel 7.9. Systemgrößen des EIAJ-Formats

	NTSC (525 Zeilen)	PAL/SECAM (625 Zeilen)
Anzahl der NF-Kanäle	2	
Übertragungsbereich	max. 20 kHz	
Abtastfrequenz	$44{,}056 \pm 0{,}005$ kHz	$44{,}100 \pm 0{,}005$ kHz
Quantisierung	gleichförmig; 14-bit-Rahmen Zweierkomplement-Binärkode	
Gesamtbitrate	2,643 Mbits/s	2,625 Mbits/s
Fehlerzeiger	CRCC; Generatorpolynom $G(x) = X^{16} + X^{12} + X^5 + 1$	
Fehlerschutz	b-Adjacent-Kode	
Daten in einer Bildzeile	6 Datenwörter, 2 Paritätswörter, 1 CRCC-Wort	
PCM-Datenzeilen in einem Halbbild	245	294

Die mit b-Adjacent-Kode oder Interleaved-Matrix-Kode benannte Korrekturstrategie
kann Fehlerhäufungen von b benachbarten Bits innerhalb eines Datenwortes korrigieren.

Bei der von der EIAJ vorgeschlagenen Variante lassen sich mit Hilfe der zwei Paritätswörter P_1, P_2 und eines Fehlerzeigers (error pointer) CRCC zwei fehlerhafte Wörter
innerhalb des Blockes von sechs Wörtern korrigieren. Den Kodier- und Korrekturvor-
gang im einzelnen beschreibt *Thomsen* in [7.14].

Der b-Adjacent-Kode hat den Vorteil des relativ geringen Aufwands für Koder und
Dekoder. Außerdem erlauben mehrere mögliche Dekoderstrategien die Anpassung an
unterschiedliche Erfordernisse. Mit der üblichen b-Adjacent-Dekoderschaltung ist unter
normalen Bedingungen mit einem nichtkorrigierbaren Abtastmuster alle (50 ... 100)
Stunden zu rechnen [7.14].

Die Erfahrung hat ergeben, daß aufgrund verbesserter Servosysteme und neuer Bandtypen immer weniger Burstfehler größerer Ausdehnung auftreten [7.14]. Das erlaubt, auf
die Fehlerkorrekturkapazität von P_2 zu verzichten und dieses 14-bit-Wort für eine Erweiterung der Datenwortlänge auf 16 bit zu nutzen. Dies ist im EIAJ-Format schon vor-
gesehen: Anstelle von P_2 treten das jeweils 15. und 16. Bit der sechs Datenwörter W_0 ...
W_5, zuzüglich der zwei Paritätsbits (in Ergänzung zu P_1). Eine b-Adjacent-Dekodierung
ist nun nicht mehr möglich, aber in der zukünftig verbesserten Bandgerätegeneration auch
nicht mehr erforderlich: Statt der Korrektur eines Burstfehlers innerhalb von 32 Blöcken
= 4096 bit ist nur noch ein Burstfehler innerhalb eines Blockabstandes mit Hilfe eines
vereinfachten Basisdekoders möglich [7.14], andernfalls erfolgt Verdeckung. Auch andere Burstfehler, die durch das Interleaving verteilt werden, können korrigiert werden.

Die erste Gerätekombination der Consumergeneration mit 16-bit-Quantisierung ist der Adapter PCM-F1 der Fa. Sony in Verbindung mit dem Betamaxrecorder SL-F1.

Die in Tafel 7.4 aufgeführten professionellen PCM-Prozessoren arbeiten alle mit 16-bit-Abtastung in Verbindung mit U-matic-Recordern. Sie unterscheiden sich voneinander wesentlich in ihrer Kodier- bzw. Dekodierstrategie. Die Prozessoren PCM 1600 und PCM 1610 der Fa. Sony wenden zur Fehlerkorrektur den sogenannten Crosswordkode an, der statt Prioritätsbits ganze Paritätswörter bildet und so längere Burstfehler korrigieren kann. Die Funktionsweise des Crosswordkodes wird anschaulich von *Thomsen* in [7.14] beschrieben.

7.3.   PCM-Schallplatte

Bei den bisherigen Betrachtungen war die Digitaltechnik fast ausschließlich an das magnetische Speichermedium gebunden. Die Digitalisierung der Tontechnik hat jedoch auch vor der Schallplatte nicht Halt gemacht, die, ähnlich dem Tonbandgerät, das kritischste Glied in der Tonübertragungskette darstellt.

Tafel 7.10. Standardvorschläge für PCM-Schallplattensysteme

Bezeichnung	Bezeichnung der analogen Bildplatte	Abtastprinzip	Entw.-Firmen
AHD (Audio-High-Density)	VHD (Video-High-Density) Fa. JVC	kapazitiv ohne Rillenführung	JVC
MD (Mini-Disk)	CED*) (Capacitance Electronic Disk) Fa. RCA	kapazitiv mit Rillenführung	Telefunken
CD (Compact Disk)	LV (Laser Vision) Fa. Philips	optisch	Philips Sony Polygram

*) Produktion eingestellt

Die in Tafel 7.11 angegebenen technischen Daten der bekanntesten Systeme ähneln denen der Magnetbandgeräte sehr: in der Abtastfrequenz, der Quantisierung, der Dynamik, dem Frequenzgang. Diese Kompatibilität ist nicht verwunderlich, wenn man weiß, daß einige der in den Tafeln 7.5 und 7.8 aufgeführten Bandgeräte als Mastergeräte für die Plattenproduktion dienen.

Die Systemstandardisierung hat 1981 einen gewissen Abschluß gefunden. Es wurden drei Systeme vorgeschlagen, die alle auf Speichermedien, Produktionstechniken und Geräteausführungen der Bildplatte zurückgehen; s. Tafel 7.10. Die Bildplatte beruht, ähnlich den analogen Videomagnetbandgeräten, auf der frequenzmodulierten Signaldarstellung und ist deshalb nicht Gegenstand dieses Buches. Wir wollen uns hier im wesentlichen mit den tonspezifischen Problemen dieser Technik auseinandersetzen.

Aus der Vielzahl der technischen Möglichkeiten hat sich heute die optische Digitalschallplatte, genannt *Compact Disk* (CD), durchgesetzt.

Der Herstellungsprozeß der PCM-Schallplatten unterscheidet sich praktisch kaum von dem der Videoplatte. Das Cuttingsystem besteht aus einem Argonlaser, der – von der

Tafel 7.11. Digitalschallplattenspieler (* Standardisierungsvorschlag)

Firma	Gerätetyp Technik	Platten- durchmesser Führung	Drehzahl bzw. Geschwindigkeit	Quantisierung Speicherkapazität Spieldauer	Abtastrate Datenrate ohne Redundanz mit Redundanz	Spurabstand Bitlänge/Speicherdichte Kodierung	Literatur
JVC	*AHD 3-Kanal-Standbild kapazitiv	26-cm-Platte Rillen	900 U/min	linear 14 bit 2 × 1 h	47,25 kHz	1,35 μm	[7.30]
AEG- Telefunken	Mini-Disk (MD) kapazitiv, 4-Kanal (mechanisch)	13,5-cm-Platte Rillen	(278–695) U/min 1,89 m/s	linear 14 bit 2 × 1 h	48 kHz 3,072 Mbit/s	1,66 μm 0,61 μm Biphase-Kode	[7.18]
Polygram Philips Sony, Sanyo	*Compact disk (CD) 2-Kanal (stereo) optisch AlGaAs-Laser	12-cm-Platte Polystreme + Al kontaktlos	(500–200) U/min 1,25 m/s = konst.	linear 16 bit 5 Gbit 1 h	44,1 kHz 1,4 Mbit/s 1,9 Mbit/s	1,6 μm 0,3 μm/3333 bit/mm EFM	[7.38]
Sanyo	Compact disk He-Ne-Laser	30-cm-Platte	1800 U/min	linear 16 bit 2 × 30 min	47,25 kHz		[7.22]
Mitsubishi	Vertikalspieler P3 Halbleiterlaser		900 U/min	linear 16 bit 1 h	44,056 kHz		[7.11]

Digitalinformation moduliert – den Fotolack der Masterplatte belichtet. Nach der Entwicklung wird eine spiralig von innen nach außen laufende Spur aus etwa 0,1 μm breiten Vertiefungen der Länge von minimal 0,9 μm und maximal 3,3 μm sichtbar. Auf die abgepreßten Platten wird zwecks optischer Wiedergabe eine 40 nm dicke Aluminiumschicht aufgesputtert und diese dann mit einem 6 μm dicken Schutzlack versehen.

Bei der Wiedergabe wird die Struktur, wie im Bild 7.19 zu ersehen, durch den transparenten Plattenkörper mit einem Laserstrahl abgetastet. Nur an den eingepreßten Vertiefungen (Tiefe 0,12 μm) wird der Strahl diffus zerstreut, sonst in eine Fotodiode reflektiert. Der Fokusfleck hat einen Durchmesser von (0,5 ... 1) μm, der Strahl an der Schutzschichtoberfläche noch 1 mm, so daß Kratzer, Schmutz, Staub usw. den Strahl nicht beeinflussen. Der Spurmittenabstand beträgt 1,6 μm [7.1] [7.38].

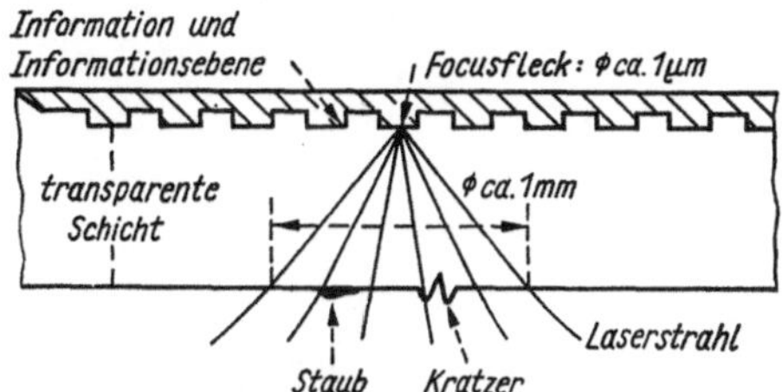

Bild 7.19
Informationsabtastung mit dem Laserstrahl

Das optische Abspielgerät besteht aus dem Plattenlaufwerk, einem AlGaAs-Laser mit Optik, der Spurnachführung und der Strahlfokussierung. Die Signalverarbeitung enthält einen PLL-Empfänger zur Rahmen- und Bitsynchronisation, einen EFM 8/14-Demodulator, die Zeitbasiskorrektur, Fehlerkorrektur und DA-Wandlung.

Die gewählte Aufzeichnungskodierung EFM stellt einen Kompromiß zwischen T_p, T_{max}, d_c und N dar (s. Tafel 2.1), wobei T_p hier im wesentlichen durch die Spaltdämpfung des Lichtstrahls verursacht wird.

Als Mittel der fehlererkennenden und -korrigierenden Kodierung bietet sich bei dem Einspurbetrieb, ähnlich dem Rotationskopfverfahren, die verzögerte Datenverschachtelung an. Kernstück des Fehlerkorrektursystems CIRC (Cross Interleaved *Reed Solomon* Code) sind zwei kreuzweise verschachtelte, gekürzte *Reed-Solomon*-Kodes C_1 und C_2:

Im Koder C_2 werden 24 parallele 8-bit-Wörter über GF (2^8) in ein *Reed-Solomon*-Kodewort aus 28 × 8 bit umgewandelt. Die nachfolgende Wortverzögerung ist in jedem Parallelkanal unterschiedlich und dient der räumlichen Trennung der zeitlich benachbarten und korrelierten Information über 16 Datenrahmen (Bild 7.20).

In C_1 findet eine zweite RS-Kodierung (32,28) der verschachtelten Kodefolge statt. In beiden Fällen geschieht die Berechnung der Paritätsbits über das Generatorpolynom

$$P(X) = X^8 + X^4 + X^3 + X^2 + 1.$$

Für beide Kodes C_1 und C_2 gilt $2t = n - k = 4$. Damit ist die *Hamming*distanz jeweils $d = 2t + 1 = 5$. Es können also maximal $t = 2$ Fehler je Kodewort korrigiert oder maximal $d - 1 = 4$ Löschkorrekturen ermöglicht werden. Beide Korrekturverfahren können auch kombiniert werden.

Der Dekoder arbeitet folgendermaßen: Nach der Serien-Parallel-Wandlung wird in C_1 mit Hilfe der 4 Paritätssymbole ein fehlerhaftes Datensymbol je RS-Kodewort korrigiert. Ist mehr als ein Symbol gestört, wird das RS-Kodewort als falsch gekennzeichnet, indem für jedes Symbol das Löschzeichen (erasure flag) nach C_2 ausgegeben wird. Die Wahrscheinlichkeit, daß der Dekoder C_1 Vier- und Mehrfachfehler nicht erkennt, ist nur 2^{-19}

[7.44]. Sind nicht mehr als 4 Symbole innerhalb von 16 Datenrahmen falsch (Fehlstellen-länge 2,5 mm), kann eine Fehlerkorrektur erfolgen. Andernfalls gehen die Daten un-korrigiert, aber mit dem Löschzeichen versehen, aus dem Dekoder und werden von der interpolierten Nachbarinformation ersetzt (concealment) [7.19].

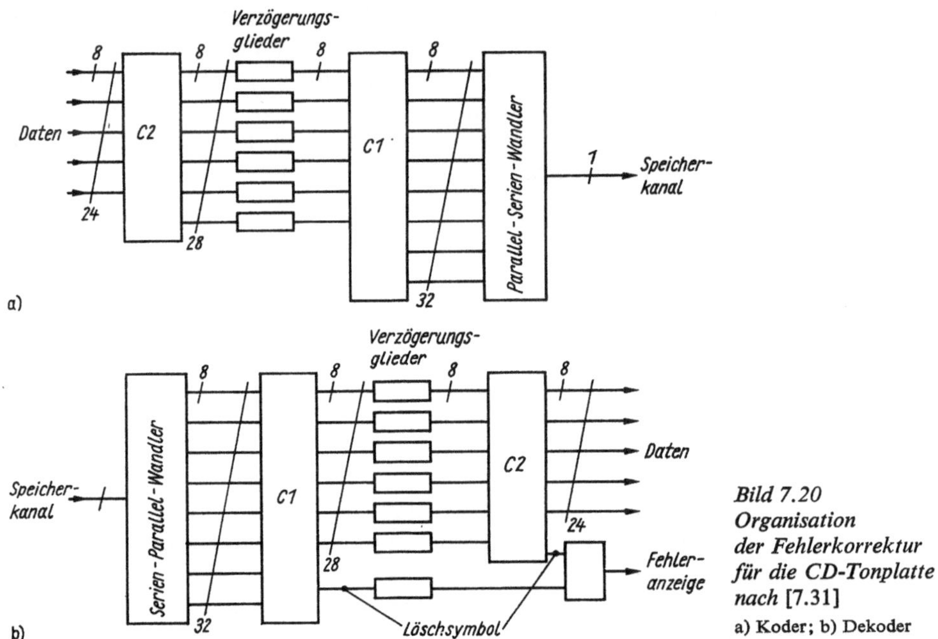

Bild 7.20
Organisation
der Fehlerkorrektur
für die CD-Tonplatte
nach [7.31]
a) Koder; b) Dekoder

Eine ausführliche Beschreibung der technischen Parameter der Compact Disk, der Si-gnalverarbeitung, der Kanalkodierung, Fehlerkorrektur und Datenstruktur befindet sich in [7.39].

Tafel 7.12. CIRC-Spezifikationen im CD-System nach [7.44]

Aspekt	Spezifikation
Maximale vollständig korrigierbare Bündellänge	4000 Datenbits (d.h. 2,5 mm Spurlänge auf der Platte)
Maximale interpolierbare Bündel-länge im ungünstigsten Fall	12300 Datenbits (d.h. 7,7 mm Spurlänge)
Abtastinterpolationsrate	1 Abtastwert pro 10 Stunden bei $P = 10^{-4}$; 1000 Abtastwerte pro Minute bei $P = 10^{-3}$
Nicht erkannte falsche Abtastwerte („clicks")	weniger als 1 pro 750 Stunden bei $P = 10^{-3}$; vernachlässigbar bei $P = 10^{-4}$
Effizienz	3/4
Aufbau des Dekoders	eine spezielle LSI-Schaltung und ein 2048-Byte-RAM
Verwendbarkeit für zukünftige Ent-wicklungen	Dekodierschaltung auch für Vierkanalversionen (quadrofone Wiedergabe) verwendbar

Mit einer echten Redundanz von 25 % vermag das Fehlersicherungssystem bei der Kanalfehlerrate einer neuwertigen CD-Platte von kleiner als 10^{-3} sicherzustellen, daß nur eine Interpolation in 10 Stunden notwendig ist. Der mittlere wahrscheinliche Abstand zwischen dem Auftreten eines nicht erkannten Fehlers, der dann zu einem Knackgeräusch führt, liegt bei über einem Monat. Eine Übersicht über das Fehlerkorrekturverhalten des CIRC gibt Tafel 7.12.

Noch ungewiß ist die Realisierung eines zweiten PCM-Schallplattensystems, der *Minidisk* (MD).

Das Prinzip der Abtastung beruht auf der Kapazitätsänderung zwischen zwei Elektroden. Die eine Elektrode wird von der leitfähigen PVC-Platte mit Kohlenstoffzusatz gebildet, in die die Digitalinformation in Tiefenschrift rillenweise eingeprägt ist. Die Rillen sind v-förmig und haben eine Tiefe von nur 0,2 µm. Die Gegenelektrode ist eine 0,2 µm dicke Metallfläche am Abtaster, wie Bild 7.21 zeigt.

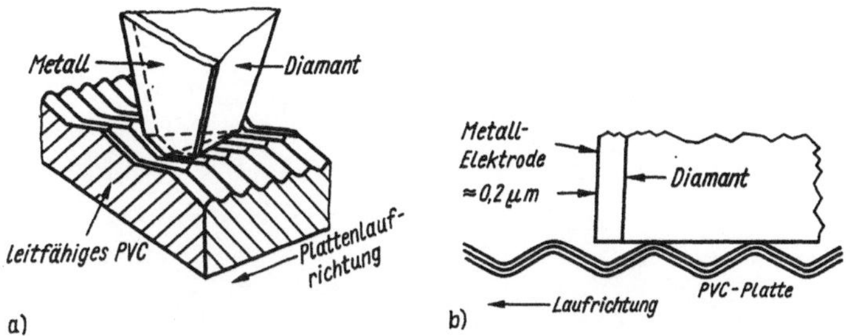

Bild 7.21. Abtaster mit Metallelektrode in der modulierten Rille
a) perspektivische Darstellung; b) Seitenansicht

Die Kapazitätsänderung entsprechend der Abstandsänderung zwischen der Plattenoberfläche und der Gegenelektrode bewirkt die Verstimmung eines Resonanzkreises und die Amplitudenmodulation einer auf der Flanke arbeitenden Trägerfrequenz. Die Abstandsänderung beträgt nur 0,1 µm, die Kapazitätsänderung dabei nur etwa 10^{-4} pF [7.33]. Die Spurdichte beträgt 600 Rillen je mm, und die Redundanz für die Fehlerkorrektur beträgt nur 30 %.

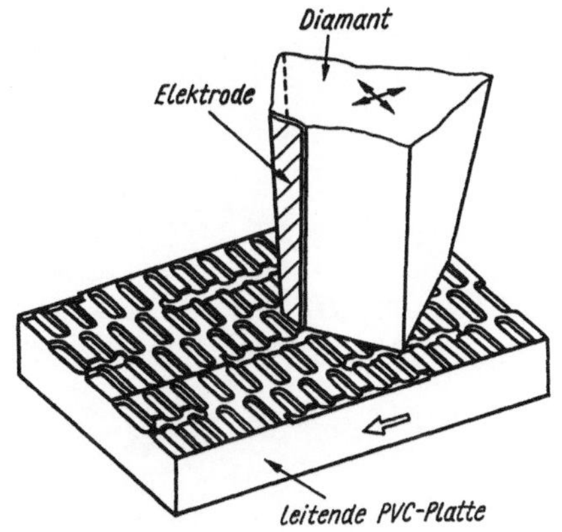

Bild 7.22
Kapazitive Abtastung
auf der AHD-Platte

Die Platte muß außerhalb des Plattenspielers ständig von einer Schutzhülle berührungs- und staubgeschützt werden.

Auch das dritte mögliche PCM-Schallplattenprinzip, das *Audio-High-Density-System* (AHD) benutzt in die leitende PVC-Platte eingepreßte Vertiefungen zur kapazitiven Wiedergabe, im Unterschied zu MD aber ohne mechanische Rillen. Auch hierbei ist außerhalb des Plattenspielers eine Schutzhülle vonnöten.

Das Grundprinzip ist im Bild 7.22 zu erkennen. Die Oberfläche der Platte enthält neben den Informationsbits auch die Steuersignale für die Spurhaltung. Das AHD-System ist mit dem VHD-System (Video-High-Density) der Fa. JVC kompatibel. Es ist für 3 Tonkanäle und Standbildwiedergabe eingerichtet und ermöglicht die Programmvorauswahl und den wahlfreien Zugriff zu jedem Musikstück.

Die Plattenproduktion kann auf VHD-Anlagen erfolgen, und auch die Abspielgeräte sind bis auf die Informationselektronik identisch.

Hier deutet sich ein weiterer bedeutender Schritt zur Vervollkommnung der audiovisuellen Speichertechnik an: die wahlfreie Kombination von Bild- und Tonspeicherung.

Literaturverzeichnis

[1.1] *Spitzer, C.F.:* Digital recording of video signals up to 50 MHz. Proceed. of the SPTE 36 (1973) S.93–96

[1.2] *Mallinson, J.C.:* Design. philosophy and feasibility of a 750 Mega-bit per second magnetic recorder. IEEE Trans. MAG-14 (1978) 5, S.638–642

[1.3] *Mallinson, J.C.:* Trends in the high rate high density digital recording. Countermeasures (1977) S.99–101

[1.4] *Yokoyama, K.; Nakagawa, S.; Katayama, H.:* Experimental PCM-VTR. NHK-laboratories Note Nr.236 (April 1979)

[1.5] *Griffin, J.S.:* Ultra high data rate digital recording. Proceed. of the SPTE 36 (1973) S.85–93

[1.6] *Jones, A.H.:* Digital television recording: A Review of Current Developments BBC Engg. (May 1974) S.18–27

[1.7] High density type head reads data at 240 Mbit/s. Electronic Design 26 (1977) S.17, 20

[1.8] *Lencharis, L.:* Digital recording system moves data at 400 Mbit/s. Electronic Design 30 (1981) S.218

[1.9] *Bolewski, N.:* Entwicklung der sequentiellen Einzoll-Technik. Funk-Technik 33 (1978) 10, F & E 95

[1.10] Weniger Bandverbrauch bei PCM-Video. Funkschau 52 (1980) 9, S.71–73

[1.11] *Zoeller, M.A.:* An ultra high data rate mass storage system. IEEE Trans. MAG-17 (1981) 4, S.1426–1431

[1.12] *Wells, J.B.:* High density digital tape recording using enhanced-NRZ coding. Conf. Video & Dta Rec., Birmingham (Juli 1973) S.113–118

[1.13] *Schulze, G.H.:* An emerging standard coding format for high density digital recording systems. Bell & Howell Data Tape Div. Pasadena/Cal. (1976)

[1.14] *Jackson, D.G.; Mathley, J.B.:* The IVC MMR-1 an Future Projections in helical scan digital recording. IEEE Trans. MAG-10 (Sept.1974) 3, S.496–497

[1.15] *Thomson, C.R.* High-data-rate spacecraft tape recorders. NTC-Record (1972) S.701–707

[1.16] 9-bit-Video-ADC mit 25 MSPS. Elektronik Schau 57 (1981) S.36

[1.17] *Pandelides, J.; Popouski, W.J.; Van Vleet, R.N.:* The ERTS Wideband Communication System. NTC-Record (1972) S.78

[1.18] *Schneidewind:* Mass memory system peripheral. IEEE COMP-CON, San Francisco (1974) S.87 bis 91

[1.19] *Williams, T.:* Digital storage of images. BYTE (Nov. 1980) S.220–238

[1.20] *Schwartz, M.:* Information, Transmission, Modulation and Noise. New York: McGraw Hill 1959

[1.21] PCM-Aufzeichnungs- und Abspielsysteme. Bild und Ton 32 (1979) S.114–122

[1.22] *Anazawa, T.; Yamamoto, K.; Todoroki, S.; Takasu, A.:* Improved PCM recording system. AES Conv. Paris (March 1977) F-8

[1.23] *Cohen, F.:* A Switched Quatizer for Nonlinear Coding of Video Signals. Nachrichtentechn. Z.12 (1972) S.554–559

[1.24] *Busby, E.S.:* Digital Audio Recording on Videotape: Some choices. SMPTE J.89 (1980) S.508 bis 512

[1.25] *Preuss, D.:* Vergleich von Redundanzreduktionsverfahren für die Faksimileübertragung von Dokumenten. Nachrichtentechn. Z.30 (1977) S.234–236

[1.26] *Pitroda, S.G.:* Bandwith copression for video telephone transmission. Automatic-Electric-Rechnical-J. (1971) S.297–308

[1.27] *Claire, E.J.:* Bandwith reduction in image transmission. Int. Conf. on Communications, Philadelphia (1972), S.39, 8–16

[1.28] *Lüder, R.:* Adaptive Differenz-Pulscodemodulation für Videosignale. AEÜ (1975) S.6

[1.29] *Candy, J.C.; Bosworth, R.H.:* Methods for designing differential quantizers based on subjective evaluations of edge busyness. Int. Conf. on Comm., Philadelphia (1972) S.39ff.

[1.30] *Schindler, H.R.:* Delta modulation. IEEE Spectrum 7 (1970) S.69–78

[1.31] *Ptacek, M.:* Digitale Fernsehsysteme. OIRT-Z. (1977) S.2ff.

[1.32] *Cortman, C.M.:* Data compression by redundancy reduction. IEEE Spectrum (March 1967) S.133–140

[1.33] *Spitzer, C.F.:* Digital magnetic recording of wideband analog signals. Computer Design (Okt. 1973) S.83–90

[1.34] *Ingram, D.G.W.; Bylanski, P.:* Digital coding of broadband signals. J. of Sci. and Technol. 38 (1971) 4, S.151–156

[1.35] Gigabit data rates – a new role for microwave technology. Microwaves (May 1972) S.32

[1.36] *Rostocki, S.J.; Schwab, J.; Orme, D.:* Proceed. of the nat. aerospace electronics conf. (NAECON), Dayton/Ohio (1967)

[1.37] *Spitzer, C.F.; Diermann, J.P.:* Electron beam instrumentation recorders for the VHF range. Telemetry J.5 (1970) S.3ff.

[1.38] *Rebel, B.:* Codes zur Fehlerkorrektur bei mehrkanaliger Datenübertragung. Nachrichtentechnik Elektronik 28 (1978) 11, S.466–468

[1.39] *Draeger, U.; Ahlbehrendt, N.:* Zur Synchronisationsstützung von Mehrspurgeräten mit bewegtem Informationsträger. ZKI-Informationen (1982) 1

[1.40] *Peterson, W.W.; Brown, D.T.:* Cyclic codes for error detection Proc. IRE (1961) S.228–235

[1.41] *Hamming, R.W.:* Error detecting and error correcting codes. Bell Systems Tech. J.29 (1950) S.147 bis 160

[1.42] *Abramson, N.M.:* Error correcting codes from linear sequential networks. Fourth London Synp. on Information Theory (1960)

[1.43] *Fire, P.:* A class of multiple-error-correcting binary codes for non-independent errors. zitiert in [1.44]

[1.44] *Peterson, W.W.: Weldon, E.J.:* Error correcting codes. Cambridge MA: The M.I.T.Press 1972

[1.45] *Bose, R.C.; Ray-Chaudhuri, O.K.:* One class of errorcorrecting binary group codes. Information and Control 3 (1960) S.68–89

[1.46] *Hocquenghem, A.:* Codes correcteurs d'erreurs. Math. Rev.22 (1959) S.652ff.

[1.47] *Gilbert, E.N.:* A problem in binary encoding. Proc. Symp. Appl. Math.10 (1960)

[1.48] *Varaiya, R.:* On ensuring data recoverability by the use of error-correcting codes. IEEE Trans. MAG-14 (1978), 4, S.207–209

[1.49] *Käfer, M.:* Fehlererkennung und Fehlerkorrektur bei HDDR-Magnetbandsystemen. Elektronik 30 (1981) 5, S.103–110

[1.50] *Brown, D.T.; Sellers, F.F.:* Error correcting for IBM 800-bit-per-inch magnetic tape. IBM J. Res. Develop. (1970) S.384–389

[1.51] *Patel, A.M.; Hong, S.J.:* Optimal rectangular code for high density magnetic tapes. IBM J. Res. Develop. 18 (1974) S.579–588

[1.52] *Thomsen, D.:* Digitale Audiotechnik. München: Franzis-Verlag 1983

[1.53] *Savage, J.E.:* Three measures of decoder complexity, IBM J. Res. Develop. (1970) S.417–425

[1.54] *Reed, I.S.; Solomon, G.:* Polynomial codes over certain finite fields. J. of S.I.A.M.8 (1960), S.300ff.

[1.55] *Tavares, S.E.; Fukuda, M.:* Matrix approach to synchronization recovery for binary cyclic codes. IEEE Trans. IT-15 (1969) 1, S.93–101

[1.56] *Tanaka, K.; Kusunoki, Y.; Sugiyama, Y.; Furukawa, T.; Kunii, S.:* On PCM multi-channel recorder using powerful code format. AES 67. Conv. (1980) 5

[1.57] *Berlekamp, E.R.:* The technology of error correcting codes. Proc. IEEE 68 (1980) 5, S.564–593

[1.58] *Clark, G.C.; Cain, J.B.:* Error-correction coding for digital communication, New York–London: Plenum Press 1981

[1.59] *Driessen, L.M.H.E.; Vries, L.B.:* Performance calculation of the compact disc error correcting code on a memoryless channel. 4.Video and Data Conf. (Southampton 1982) Proc. IERE 54, S.385–395

[1.60] *Parker, M.A.; Bellis, F.A.:* Signal processing for an experimental 216 Mbit/s digital video tape recorder. 4.Video and Data Conf. (Southampton 1982) Proc. IERE 54, S.207–215

[1.61] *Jaroslawskij:* Digitale Bildverarbeitung. Berlin: Deutscher Verlag der Wissenschaften 1984

[1.62] *Berlekamp, E.R.:* Algebraic coding theory. New York: McGraw-Hill Book 1968

[1.63] *Hamming, R.W.:* Coding and information theory. Inglewood Cliffs, N.Y.: Prentice-Hall, 1980

[1.64] *Birkhoff, G.; Bartee, T.C.:* Modern applied algebra. New York: McGraw-Hill 1970

[1.65] *Williams, Mac F.J.; Sloane, N.J.A.:* The theory of error-correcting codes, I., II.Amsterdam: North Holland 1977

[1.66] *Prusinkiewicz, P.; Budkowski, S.:* A double track errorcorrection code for magnetic tape. IEEE Trans. Comp. (1976) S.642–645

[2.1] *Mackintosh, N.D.:* An analysis of multi-level encoding. IEEE Trans. MAG-17 (1981) 6, S.3329 bis 3331

[2.2] *Mackintosh, N.D.:* The choice of a recording code. The Radio and Electronic Engineer 50 (1980) 4, S.177–193

[2.3] *Barnes, F.N.:* Phase Encoding vs NRZI for magnetic tape recording. Computer design 12 (Febr. 1973) S.80–82

[2.4] *Hecht, M.; Guida, A.:* Delay modulation. Proc. IEEE (1969) S.1314–1316

[2.5] *Patel, A.H.:* Zero-modulation encoding in magnetic recording. IBM J. Res. DEV., 19 (July 1975) 4, S.366–378

[2.6] *Mallinson, J.C.; Miller, J.W.:* Optimal codes for digital magnetic recording. The Radio and Electronic Engen. 47 (April 1977) 4, S.172–176

[2.7] *ISO/TC97/SC11:* Standard „Magnetic tape for information interchange recordet at 6250 cpi group coded recording"

[2.8] *Huber, W.D.:* Selection of modulation code parameters for maximum lineal density. IEEE Trans. MAG-16 (1980) 5, S.637–639

[2.9] *Tamura, T.A.,* u.a.: A coding method in digital magnetic recording. IEEE Trans. MAG-8 (Sept. 1972) 3, S.612–614

[2.10] *Jacoby, G.H.:* A new lock-ahead code for increased data density. IEEE Trans. MAG-13 (1977) S.1202–1204

[2.11] *Bixby, J.A.; Ketcham, R.A.:* Q.P., an improved code for high density digital recording. IEEE Trans. MAG-15 (1979) 6, S.1465–1467

[2.12] *Davidson, M.; Haase, S.F.; Machamer, J.L.; Wallman, L.H.:* High density magnetic recording using digital block codes of low disparity. IEEE Trans. MAG-12 (1976) S.584–586

[2.13] *Davidson, M.; Machamer, J.L.:* High density digital magnetic recording using the (5,6) alternating disparity block code. Electronics Letters 14 (1978) 15, S.459–460

[2.14] *Franaczek, P.A.:* Sequence-state method for run-length-limited coding. IBM J. Res. Develop., 14 (July 1970) S.376ff.

[2.15] *Gabor, A.:* Adaptive coding for self-clocking recording. IEEE Trans., EC-16 (Dec. 1967) S.866 bis 868

[2.16] *Wells, J.B.:* High density digital magnetic tape recording using enhanced-NRZ-coding. Conf. Video and Data Recording (Juli 1973) S.113–118 (IERE Conf. Proc. Nr.26)

[2.17] *Horiguchi, T.; Morita, K.:* An optimization of modulation codes in digital recording. IEEE Trans., MAG-12 (Nov. 1976) 6, S.740–742

[2.18] *Castle, C.A.; Stein, J.H.:* Data randomising shrinks HDR recording hardware. Countermeasures (April 1977) S.8ff.

[2.19] *Doi, T.T.; Itoh, T.; Ogawa, H.:* A long-play digital audio disk system. J. Audio Engng. Soc. 27 (1979) 12, S.975–981

[2.20] *Kress, D.:* Theoretische Grundlagen der Übertragung digitaler Signale. Berlin: Akademie-Verlag 1979

[2.21] *Tahara, Y.; Takagi, H.; Ikeda, Y.:* Optimum design of channel filters for digital magnetic recording. IEEE Trans. MAG-12 (1976) 6, 749–750

[2.22] *Jenik, F.; Kranabetter, J.:* Neuere Codierungsverfahren für Magnetschichtspeicher. Frequenz 31 (1977) 9, S.275–284

[2.23] *Franaszek, P.A.:* Efficient code for digital magnetic recording. IBM Technical Disclosure Bulletin 23 (1981) 9, S.4375–4378

[2.24] *King, D.A.:* Comparison of pcm codes for direct recording. Intern. Telemetering Conf. (1976) S.526–540

[2.25] *Stein, I.H.:* High density recording: facts relating to standardization. BSI Doc. 78/60564

[2.26] *Weisse; Engelmann; Schmelovsky:* Demodulationsverfahren für Magnetbandspeicher mit hohen Speicherdichten. radio fernsehen elektronik 29 (1980) 2, S.80–82

[2.27] *Voigt, H.:* Berechnung des Peakshiftfehlers und der abgetasteten Signalspannung für ausgewählte kritische Bitmusterfolgen. Nachrichtentechnik – Elektronik (in Vorbereitung)

[2.28] *Fisher, R.D.; Newman, J.I.:* Code performance and head/media interface. IEEE Trans. MAG-17 (1981) 4, S.1452–1454

[2.29] *Cohn, M.; Jacoby, G.V.:* Run-length reduction of 3PM code via look-ahead technique. IEEE Trans. MAG-18 (1982) 6, S.1253–1255

[2.30] *Parker, M.A.; Bellis, F.A.:* Signal processing for an experimental 216 Mbit/s digital video tape recorder. 4. Video and Data Conf. (Southampton 1982) IERE Proc. 54, S.207–215

[2.31] *Immink, K.A.S.; Gross, U.:* Optimization of low frequency properties of EFM modulation. 4. Video and Data Conf. (Southampton 1982) IERE Proc. 54, S.375–383

[2.32] *Thomsen, D.:* Digitale Audiotechnik. München: Francis-Verlag 1983

[2.33] *Doi, T.:* Channel codings for digital audio recordings. AES-Preprint No. 1856 (1980)

[3.1] *Westmijze, W. K.:* Studies on magnetic recording. Philips Research Reports (1953) 8, S. 161–183

[3.2] *Karlqvist, O.:* Calculation of the magnetic fiel in ferromagnetic layer of a magnetic drum. Trans. Roy. Inst. 86 (Stockholm 1954) S. 3–27

[3.3] *Ichiyama, Y.:* Analytic expressions for the side fringe field of narrow track heads. IEEE Trans. MAG-13 (1977) 5, S. 1688–1689

[3.4] *Van Herk, A.; Tjaden, D. L. A.:* The magnetic field near the side edge of narrow magnetic recording heads. Proc. Conf. on Video and Data Recording (Birmingham 1976) S. 223–225

[3.5] *Hughes, G. F.; Bloomberg, D. S.:* Recording head side read/write effects. IEEE Trans. MAG-13 (1977) 5, S. 1457–1459

[3.6] *Metzdorf, W.; Böhner, M.; Haudek, H.:* Möglichkeiten und Grenzen magnetoresistiver Leseköpfe. NTG-Fachberichte 76 (1980) S. 69–75

[3.7] *Roscamp, T. A.; Roberts, G. E.; Frank, P. D.:* Optimization of thin film heads for high density disc recording on particulate media. IEEE Trans. MAG-16 (1980) 5, S. 973–975

[3.8] *Monson, J. E.; Valstyn, E. P.:* Comments to an analysis of tilted magnetic transitions in magnetic recording media. IEEE Trans. MAG-16 (1980) 6, S. 1434

[3.9] *Talke, F. E.; Tseng, R. C.:* Effect of submicrometer transducer spacing on the readback signal in saturation recording. IBM J. Res. Develop. 19 (1975) 6, S. 591–596

[3.10] *Iwasaki, S.; Nakamura, Y.:* An analysis for the magnetization mode for high density magnetic recording. IEEE Trans. MAG-13 (1977) 5, S. 1272–1277

[3.11] *Potter, R. I.:* Analytic expression for the fringe field of finite pole-tip length recording heads. IEEE Trans. MAG-11 (1975) S. 80–81

[3.12] *Desserre, J.; Helle, M.; Lazzari, J. P.:* The track width on integrated heads. Conf. Proc. Video and Data Recording (Birmingham 1976) S. 227–234

[3.13] *Potter, R. T.; Schmulian, R. J.; Hartmann, K.:* Fringe field and readback voltage computations for finite poletip length recording heads. IEEE Trans. MAG-7 (1971) S. 689–695

[3.14] *Hartmann, K.; Potter, R. I.; Ortenburger, I. B.:* A vector model for magnetic hysteresis based on interacting dipols. IEEE Trans. MAG-14 (1978) 4, S. 223–227

[3.15] *Suzuki, K.:* Theoretical study of vector magnetization distribution using rotational magnetization model. IEEE Trans. MAG-12 (May 1976) 3, S. 224–229

[3.16] *Späth, H.:* Spline-Algorithmen. München/Wien: Oldenbourg Verlag 1973

[3.17] *Speliotis, D. E.; Morrison, J. R.:* A theoretical analysis of saturation magnetic recording. IBM Journ. 10 (1966) 3, S. 223–243

[3.18] *Potter, R.:* Analysis of saturation magnetic recording based on arc tangent magnetization transitions. J. Appl. Phys. (March 1970) 4, S. 1647–1651

[3.19] *Tjaden, D. L. A.; Tercic, E. J.:* Theoretical and experimental investigations of digital magnetic recording on thin media. Philips Res. Repts 30 (1975) S. 120–161

[3.20] *Chang, P. T.; Perez, H. S.:* An Analysis of tilded magnetic transitions in magnetic recording media. IEEE Trans. MAG-14 (July 1978) 4, S. 213–218

[3.21] *Valstyn, E. P.; Monson, J. E.:* Magnetization distribution in an isolated transition. IEEE Trans. MAG-15 (1979) 6, S. 1453–1455

[3.22] *Middleton, B. K.; Wisely, P. L.:* Pulse superposition and high-density recording. IEEE Trans. MAG-14 (1978) 5, S. 1043–1050

[3.23] *Stoner, E. C.; Wohlfarth, E. P.:* A mechanism of magnetic hysteresis in heterogeneous alloys. Roy. Soc. London Phil. Trans. A 240 (1948) S. 599–642

[3.24] *Tagami, K.; Suganuma, Y.; Nagao, M.:* External bit field analysis. IEEE Trans. MAG-15 (1979) 3, S. 1054–1059

[3.25] *Heinecke, V.; Henkel, O.:* Zur Wechselwirkung in hartmagnetischen Werkstoffen. In „Magnetismus". Leipzig: Deutscher Verlag Grundstoffindustrie 1967

[3.26] *Münster, E.:* Untersuchung der magnetischen Anisotropie schräg aufgedampfter dünner Metallschicht-Magnetbänder. Dissertation, Humboldt-Universität Berlin 1970

[3.27] *Bertram, H. N.; Bhatia, A. K.:* The effect of interactions on the saturation remanence of particulate assembles. IEEE Trans. MAG-9 (1973) S. 127–133

[3.28] *Moskowitz, R.; Della Torre, E.:* Hysteretic magnetic dipole interaction model. IEEE Trans. MAG-3 (1967) S. 579–586

[3.29] *Heinecke, U.:* A contribution to the calculation of magnetization curves and minor loops. Phys. Status Solidi 30 (1968) S. 551–556

[3.30] *Knowles, J. E.:* Magnetic properties of individual acicular particles. INTERMAG (Grenoble 1981) S. 23

[3.31] *Ortenburger, I.B.; Cole, R.W.; Potter, R.I.:* Improvements to a self-consistent model for the magnetic recording properties of non-particulate media. IEEE Trans. MAG-13 (1977) 5, S. 1278–1283

[3.32] *Poncet, C.:* Principles of a three dimensional recording model for short wavelength magnetic recording. IEEE Trans. MAG-17 (1981) 3, S. 1262–1267

[3.33] *Bertram, H.N.:* Anisotropie reversible permeability effects in the magnetic reproduce process. IEEE Trans. MAG-14 (1978) 3, S. 111–118

[3.34] *Hughes, G.F.; Bloomberg, D.S.; Castell, V.; Hoffmann, R.:* Not just another self-consistent magnetic recording model. IEEE Trans. MAG-17 (1981) 2, S. 1192–1199

[3.35] *Jansen, H.; Fluitman, J.; Wesseling, P.:* Some problems concerning the accurage and efficiency of self-consistend iterative calculations in magnetic recording. IEEE Trans. MAG-14 (1978) 6, S. 1141–1148

[3.36] *Speliotis, D.E.; Chi, C.S.:* Computer-based modeling of the digital magnetic recording channel. IEEE Trans. MAG-14 (1978) 5, S. 643–648

[3.37] *Fischer, J.; Moser, H.:* Die Nachbildung von Magnetisierungskurven durch einfache algebraische oder transzendente Funktionen. Archiv für Elektrotechnik 42 (1956) S. 286–299

[3.38] *Rivas, J.; Zamarro, J.M.; Martin, E.; Pereira, C.:* Simple approximation for magnetization curves and hysteresis loops. IEEE Trans. MAG-17 (1981) 4, S. 1498–1502

[3.39] *Maller, W.A.J.; Middleton, B.K.:* A simplified model of the writing process in saturation magnetic recording. The Radio and Electronic Engineer 44 (1974) 5, S. 281–285

[3.40] *Potter, R.I.; Schmulian, R.J.:* Self-consistently computed magnetization patterns in thin magnetic recording media. IEEE Trans. MAG-7 (1971) 4, S. 873–880

[3.41] *Miyata, J.J.; Hartel, R.R.:* The recording and reproduction of signals on magnetic medium using saturation-type recording. IRE Trans. EC 8 (1959) 2, S. 159–160

[3.42] *Chapman, D.W.:* Theoretical limit on digital magnetic recording density. Proc. IEEE 51 (1963) S. 394–395

[3.43] *Strese, H.:* Some results with a modified self-consistent magnetic recording channel model. Preprint P-Math 21/82, AdW Berlin 1982

[3.44] *Kostyshyn, B.:* A harmonic analysis of saturation recording in a magnetic medium. IRE Int. Conv. Rec. 9 (1961) 2, S. 112–127

[3.45] *Kostyshyn, B.:* Theoretical model for a quantitative evaluation of magnetic recording systems. IEEE Trans. MAG-2 (1966) 3, S. 236–242

[3.46] *Bonyhard, P.I.; Davies, A.V.; Middleton, B.K.:* A theory of digital magnetic recording on metallic films. IEEE Trans. MAG-2 (1966) 1, S. 1–5

[3.47] *Middleton, B.K.:* The dependence of recording characteristic of thin metal tapes on their magnetic properties and on the replay head. IEEE Trans. MAG-2 (1966) 3, S. 225–229

[3.48] *Williams, M.L.; Comstock, R.L.:* An analytical model of the write process in digital magnetic recording. Proc. A.I.P. (1971) S. 738–742

[3.49] *Siakkou, M.:* Der Aufzeichnungsvorgang beim Dünnschicht-Magnetband. Z. elektr. Inform.- u. Energietechnik 4 (1974) S. 105–110

[3.50] *Steele, C.W.; Mallinson, J.C.:* A computer simulation of unbiased digital recording. IEEE Trans. MAG-4 (1968) S. 651–655

[3.51] *Middleton, B.K.; Wisely, P.L.:* The development and application of a simple model of digital magnetic recording to thick oxide media. IERE Conf. Proc. 35 (1976) S. 33–42

[3.52] *Middleton, B.K.:* The replay signal from a tape with magnetization components parallel and normal to its plane. IEEE Trans. MAG-11 (1975) 5, S. 1170–1172

[3.53] *Feth, G.C.:* Analysis of magnetic recording fields. AIEE Trans. CE-81 (1962) S. 267–279

[3.54] *Iwasaki, S.I.; Suzuki, T.:* Dynamical interpretation of magnetic recording process. IEEE Trans. MAG-4 (1968) S. 269–276

[3.55] *Curland, N.; Speliotis, D.E.:* An iterative model for digital magnetic recording. IEEE Trans. MAG-7 (1971) 3, S. 538–543

[3.56] *George, D.J.; King, S.F.; Carr, A.E.:* A self-consistent calculation of the magnetic transition recorded on a thin film disc. IEEE Trans. MAG-7 (1971) 2, S. 240–243

[3.57] *Dejouhanet, J.P.; Lazzari, J.P.:* Theoretical study of integrated magnetic heads for high recording densities. IEEE Trans. MAG-10 (1974) S. 776–779

[3.58] *Ortenburger, I.B.; Potter, R.I.:* A self-consistent calculation of the transition zone in thick particulate recording media. J. Appl. Phys. 50 (1979) S. 2393–2395

[3.59] *Potter, R.I.; Beardsley, I.A.:* Self-consistent computer calculations for perpendicular magnetic recording. IEEE Trans. MAG-16 (1980) S. 967–972

[3.60] *Chi, C.S.; Speliotis, D.E.:* Dynamic self-consistent iterative simulation of high bit density digital magnetic recording. IEEE Trans. MAG-10 (1974) S. 765–768

[3.61] *Siakkou, M.; Säckl, A.:* Untersuchungen zur optimalen Anisotropierichtung in magnetischen Aufzeichnungsmaterialien. J. f. Signalaufzeichnungsmaterialien (1982)

[3.62] *Nakamura, Y.; Iwasaki, S.:* The relationship between the scalar and the vector magnetization in the theory of magnetic recording. IEEE Trans. MAG-5 (1969) S.190–191

[3.63] *Siakkou, M.:* Physik der Informationsspeicher. Berlin: Akademie-Verlag 1979

[3.64] *Curland, N.; Speliotis, D.E.:* A theoretical study of an isolated transition using an iterative model. IEEE Trans. MAG-6 (1970) S.640–646

[3.65] *Tjaden, D.L.A.:* Some notes on „superposition" in digital magnetic recording. IEEE Trans. MAG-9 (1973) S.331–335

[3.66] *Nishimoto, K.; Nagao, M.; Suganuma, Y.; Tanaka, H.:* Computer simulation of high-density multiple transitions in magnetic disc recording. IEEE Trans. MAG-10 (1974) S.769–772

[3.67] *Eldridge, D.F.:* Magnetic recording on reproduction of pulses. IRE Trans. AU-8 (1960) S.42 bis 57

[3.68] *Chi, C.S.:* Spacing loss and nonlinear distortion in digital magnetic recording. IEEE Trans. MAG-16 (1980) 5, S.976–978

[3.69] *Kostyshyn, B.:* The write process in magnetic recording. IEEE Trans. MAG-7 (1971) 4, S.880 bis 885

[3.70] *Wessel-Berg, T.; Bertram, H.N.:* A generalized formula for induced magnetic flux in a play-back head. IEEE Trans. MAG-14 (1978) 3, S.129–131

[3.71] *Siakkou, M.:* Die permeabilitätsabhängige Spalt- und Schichtdickendämpfung in der Magnetspeichertechnik. J. Signal AM-1 (1973) 6, S.453–459

[3.72] *Wallace, R.L.:* The reproduction of magnetically recorded signals. The Bell System Technical J. 30 (1951) S.1145–1173

[3.73] *Lindholm, D.A.:* Effect of track with and side shields on the long wavelength response of rectangular magnetic heads. IEEE Trans. MAG-16 (1980) 2, S.430

[3.74] *Siakkou, M.:* Zur Theorie der Selbstentmagnetisierung einer Magnetband-Aufzeichnung, insbesondere bei der Dünnschicht-Impulsspeicherung. Dissertation TU Dresden 1969

[3.75] *Herbert, J.R.; Patterson, D.W.:* A computer simulation of the magnetic recording process. IEEE Trans. MAG-1 (1965) S.352–357

[3.76] *Curland, N.:* An iterative hysteresis model for digital magnetic recording. Thesis. University of Minnesota 1971

[3.77] *Portigal, D.L.:* A magnetic recording simulation program having an improved fit to actual hysteresis loop. IEEE Trans. MAG-11 (1975) 3, S.934–941

[3.78] *Köster, E.:* Grundlagen der magnetischen Datenaufzeichnung. NTG-Fachberichte 58 (1977) S.7 bis 25

[3.79] *Bertram, H.N.; Niedermeyer, R.:* The effect of demagnetization fields on recording spectra. IEEE Trans. MAG-14 (1978) 5, S.743–745

[3.80] *Hunt:* A magnetoresistive readout transducer. IEEE Trans. MAG-7 (1971) 1, S.150–154

[3.81] *Middleton, B.K.; Wright, C.D.:* Perpendicular recording. 4. Conf. on Video and Data Recording (Southampton 1982) S.181–192

[3.82] *Siakkou., M.; Reuter, G.:* Vergleich ausgewählter Modelle der Magnetisierungshysterese. J. Signal AM 1984 (in Vorbereitung)

[3.83] *Strese, H.:* Zur Modellierung des Aufzeichnungsprozesses für dünne Magnetbänder. J. Signal AM 10 (1982) 2, S.129–137 u. 11 (1983) 2, S.141–148

[3.84] *Beardsley, I.A.:* Self-consistent recording model for perpendiculary oriented media. J. Appl. Phys. 53 (3) (1982) S.2582–2584

[3.85] *Beardsley, I.A.:* Effect of particle orientation on high density recording. IEEE Trans. MAG-18 (1982) S.1191–1196

[3.86] *Sievers, J.A.:* Field symmetries and equivalences in longitudinal and perpendicular recording. IEEE Trans. MAG-19 (1983) 5, S.1745–1747

[3.87] *Bloomberg, D.S.:* Spectral response from perpendicular media with gapped head and underlayer. IEEE Trans. MAG-19 (1983) 4, S.1493–1502

[3.88] *Lopez, O.:* Reproducing vertically recorded information – double layer media. IEEE Trans. MAG-19 (1983) 5, S.1614–1616

[3.89] *Iwasaki, S.; Speliotis, D.E.; Yamamoto, S.:* Head-to-media spacing losses in perpendicular recording. IEEE Trans. MAG-19 (1983) 5, S.1626–1628

[3.90] *Strese, H.:* Some results with a modified self-consistent magnetic recording cannel model. J. Magnetism and Magnetic Mat. 46 (1985) S.274–288

[3.91] *Druyvesteyn, W.F.; van Ooyen, J.A.C.; Postma, L.; Raemaekers, E.L.M.; Ruigrok, J.J.M.; de Wilde, J.:* Magnetoresistive heads. IEEE Trans. MAG-17 (1981) 6, S.2884–2889

[3.92] *Potter, R.I.:* Digital magnetic recording theory. IEEE Trans. MAG-10 (1974) 3, S.502–508

[3.93] *v.Lier, J.C.; Koel, G.J.; v.Gestel, W.J.; Postma, L.; Gerkema, J.T.; Gorter, F.W.; Druyvesteyn, W.F.:* Combined thin film magnetoresistive read, inductive write heads. IEEE Trans. MAG-12 (1976) 6, S.716–718

[3.94] *Corradi, A.R.; Wohlfahrt, E.P.:* Influence of densitication on the remanence, the coercivities and the interaction field of elongated γ-Fe_2O_3 powders. IEEE Trans. MAG-14 (1978) 5, S.861 bis 863

[3.95] *Chi, C.S.:* High-density digital recording using Karlquist and thin-film heads. The Radio and Electronic Engineer 53 (1983) 2, S.81–87

[4.1] *Speliotis, D.E.:* Maximum recording density obtainable in particulate media. IEEE Trans. MAG-16 (1980) 1, S.30–35

[4.2] *Iwasaki, S.; Nakamura, Y.:* An analysis for the magnetization mode for high density magnetic recording. IEEE Trans. MAG-13 (1977) 5, S.1272–1277

[4.3] *Middleton, B.K.:* The replay signal form a tape with magnetization components parallel and normal to its plane. IEEE Trans. MAG-11 (1975) 5, S.1170–1172

[4.4] *Iwasaki, S.; Takemura, K.:* An analysis for the circular mode of magnetization in short wavelength recording. IEEE Trans. MAG-11 (1975) 5, S.1173–1175

[4.5] *Köster, E.:* Grundlagen der magnetischen Datenaufzeichnung. NTG-Fachberichte 58 (1977) S.7 bis 26

[4.6] *Gustard, B.; Wright, M.R.:* A new γ-Fe_2O_3 particle exhibiting improved orientation. IEEE Trans. MAG-8 (1972) S.426–429

[4.7] *Yda, Y.; Miyamoto, S.:* A new high H_c gamma ferric oxide exhibiting coercive force as high as 450–470 Oe. IEEE Trans. MAG-9 (1973) S.185–188

[4.8] *Kojima, H.; Hanada, K.:* Origin of coercivity changes during the oxidation of Fe_3O_4 to γ-Fe_2O_3. IEEE Trans. MAG-16 (1980) 1, S.11–13

[4.9] *Lo, H.; Gung, W.:* The increasing of the coercivity of γ-Fe_2O_3 powder by epitaxial Co-doping. J. Appl. Phys.50 (1979) 3, S.2414–2416

[4.10] *Amemiya, M.; Kishimoto, M.; Hayama, F.:* Formation and magnetic properties of γ-Fe_2O_3 particles surface modified with crystallized cobald-ferrite. IEEE Trans. MAG-16 (1980) 1, S.17 bis 19

[4.11] *Demazeau, G.; Maestro, P.; Plante, T.; Pouchard, M.; Hagenmüller, P.:* New magnetic materials derived from chromium dioxide. IEEE Trans. MAG-16 (1980) 1, S.9–10

[4.12] *Cavalotti, P.; Colombo, D.; Roberti, R.; Ballarin, M.:* Preparation of coated iron powders by chemical plating. IEEE Trans. MAG-16 (1980) 1, S.20–22

[4.13] *Schnitker, W.; Rau, H.:* The stabilizing layer on iron particles for tapes. IEEE Trans. MAG-16 (1980) 1, S.14–16

[4.14] *Watanabe, A.: Uehori, T.; Saitoh, S.; Imaoka, Y.:* Fine metal particles having super high coercivity. INTERMAG (1980) S.34–36

[4.15] *Tasaki, A.; Oda, M.; Kashu, S.; Hayashi, C.:* Metal tapes using ultra fine powder prepared by gas evaporation method. IEEE Trans. MAG-15 (1979) 6, S.1540–1542

[4.16] *Inagaki, N.; Hattori, S.; Ishii, Y.; Katsuraki, H.:* Ferrite thin films for high recording density. IEEE Trans. MAG-11 (1975) 5, S.1191–1193

[4.17] *Siakkou, M.; Effenberger, D.; Münster, E.; Willaschek, K.:* Das Metallschicht-Magnetband, ein Medium für die hochdichte Informationsspeicherung. J.Signal AM 2 (1974) 3, S.157–170

[4.18] *Kempe, V.; Neumann, W.; Siakkou, M.; Weide, G.:* Digitaler Satelliten-Magnetbandspeicher. Bild und Ton 33 (1980) 1, S.5–10

[4.19] *Iijima, Y.; Shinohara, K.:* Thin film metal-coated recording tape „Ångrom". Matsushita Electric Industrial Co. (1980)

[4.20] *Nagao, M.; Suganuma, Y.; Tanaka, H.; Yanagisawa, M.; Gota, F.:* 787 BPM/40 TPM feasibility of a plated disk. IEEE Trans. MAG-15 (1979) 6, S.1543–1545

[4.21] *Naoe, M.; Yamanaka, S.:* Berthollide ferrite films deposited by vacuum-arc evaporation. IEEE Trans. MAG-16 (1980) 5, S.1117–1119

[4.22] *Ishii, Y.; Terada, A.; Ishii, O.; Ohta, S.; Hattori, S.; Makino, K.:* New preparation process for sputtered γ-Fe_2O_3 thin film disks. IEEE Trans. MAG-16 (1980) 5, S.1114–1116

[4.23] *Hattori, S.; Ishii, Y.; Shinohara, M.; Nakagawa, T.:* Magnetic recording charakteristics of sputtered γ-Fe_2O_3 thin film disks. IEEE Trans. MAG-15 (1979) 6, S.1549–1551

[4.24] *Chen, T.; Charlan, G.B.:* High coercivity and high hysteresis loop squareness of sputtered Co-Re thin film. J. Appl. Phys.50 (1979) 3, S.2417

[4.25] *Shinohara, K.; Iijima, Y.; Tomago, A.:* Evaporated metal recording tapes. INTERMAG (1979) S.3E-2

[4.26] *Lemke, J. U.:* Ultra-high density recording with new heads and tapes. IEEE Trans. MAG-15 (1979) 6, S.1561–1563

[4.27] *Iwasaki, S.; Ouchi, K.; Honda, N.:* Studies of the perpendicular magnetization mode in Co–Cr sputtered films. IEEE Trans. MAG-16 (1980) 5, S.1111–1113

[4.28] *Potter, R. I.; Beardsley, I. A.:* Self-consistent computer calculations for perpendicular magnetic recording. IEEE Trans. MAG-16 (1980) 5, S.967–972

[4.29] *Iwasaki, S.; Nakamura, Y.; Ouchi, K.:* Perpendicular magnetic recording with a composite anisotropi film IEEE Trans. MAG-15 (1979) 6, S.1456–1458

[4.30] *Uesaka, Y.; Judy, J. H.:* Influence of RF sputtering conditions on Co–Cr films having perpendicular magnetic anisotropy. INTERMAG (1980) S.34-1

[4.31] *Hokkyo, J.; Saito, I.; Satake, S.:* Interaction between head and recording medium in perpendicular recording. IEEE Trans. MAG-16 (1980) 5, S.887–889

[4.32] *Münster, E.:* Untersuchung der magnetischen Anisotropie schräg aufgedampfter Metallschicht-Magnetbänder. J. Signal AM (1982) in Vorbereitung

[4.33] *Iwasaki, S.; Ouchi, K.:* Co–Cr recording films with perpendicular magnetic anisotropy. IEEE Trans. MAG-14 (1978) 5, S.849–851

[4.34] *Langland, B. J.; Larimore, M. G.:* Processing of signal from media with perpendicular magnetic anisotropy. IEEE Trans. MAG-16 (1980) 5, S.640–642

[4.35] *Chen, T.:* The micromagnetic properties of high-coercivity metallic thin films and their effects on the limit of packing density in digital recording. IEEE Trans. MAG-17 (1981) 2, S.1181–1191

[4.36] *Bate, G.:* The future of digital magnetic recording on flexible media. The Radio and Electronic Engineer 50 (1980) 6, S.283–290

[4.37] *Korolkow, W. G.; Münster, E.; Siakkou, M.:* Zur modellmäßigen Darstellung der Entmagnetisierungskurve von Magnetbändern. J. Signal AM 4 (1976) 6, S.375–391

[4.38] *Flanders, P. J.:* Changes in the magnetization of a recording tape produced by heating. IEEE Trans. MAG-13 (1977) 5, S.1681–1687

[4.39] *Dressler, D. D.; Judy, J. H.:* A study of digitally recorded transitions in thin magnetic films. IEEE Trans. MAG-10 (1974) 3, S.674–677

[4.40] *Ortenburger, I.; Potter, R.:* A self-consistent calculation of the transition zone in thick particulate recording media. JAP 50 (3) (1979) S.2393–2395

[4.41] *Iwasaki, S.; Nakamura, Y.; Muraoka, H.:* Wavelength response of perpendicular magnetic recording. IEEE Trans. MAG-17 (1981) 6, S.2535–2537

[4.42] *Alstad, J. K.; Haynes, M. K.:* Asperity heights on magnetic tape derived from measured signal dropout lengths. IEEE Trans. MAG-14 (1978) 5, S.749–751

[4.43] *Käfer, M.:* Fehlererkennung und Fehlerkorrektur bei HDDR-Magnetbandsystemen. Elektronik 30 (1981) 5, S.103–110

[4.44] *Willaschek, K.:* Experimentelle Untersuchung von Störstellen in Magnetbändern. J. Signal AM 10 (1982) 5, S.331–340

[4.45] *Baker, B. R.:* A dropout model for a digital tape recorder. IEEE Trans. MAG-13 (1977) 5, S.1196 bis 1198

[4.46] *Hoagland, A. S.; Oehme, W. F.; Talke, F. E.:* Narrow track defect studies on flexible media. IEEE Trans. MAG-14 (1978) 5, S.740–742

[4.47] *Mädiger, C.:* Modell für die Amplitudenstatistik des Wiedergabesignals bei Magnetbandspeicherung. J. Signal AM 10 (1982) 6, S.433–439

[4.48] *Voigt, H.:* Amplitudenstatistik des Magnetbandspeicherkanals. Nachrichtentechnik Elektronik 34 (1984) 4, S.126–129; 5, S.190–191

[4.49] *Hurt, J.; Amendola, A.; Smith, R. E.:* Morphologies of acicular γ-Fe$_2$O$_3$ particles. J. Appl. Phys. 37 (1966) S.1170–1171

[4.50] *Gustard, B.; Vriend, H.:* A study of the orientation of magnetic particles in γ-Fe$_2$O$_3$ and CrO$_2$ recording tapes using a X-ray pole figure technique. IEEE Trans. MAG-5 (1969) 3, S.326–327

[4.51] *Haneda, K.; Morrish, A. H.:* Mössbauer study of orientation in γ-Fe$_2$O$_3$ recording tapes. IEEE Trans. MAG-12 (1976) 6, S.767–769

[4.52] *Bate, G.; Dunn, L. P.:* On the design of magnets for the orientation of particles in tapes. IEEE Trans. MAG-16 (1980) 5, S.1123–1125

[4.53] *Umeki, S.; Sugihara, H.; Imaoka, Y.:* The dependence of the coercivity on the volume packing fraction for magnetic particles. IEEE Trans. MAG-17 (1981) 6, S.3014–3016

[4.54] *Suzuki, S.; Sakumoto, H.; Minegishi, J.; Omote, Y.:* Coercivity and particle size of metal pigment. IEEE Trans. MAG-17 (1981) 6, S.3017–3019

[4.55] *Ceresa, E. M.:* γ-Fe$_2$O$_3$ with condensed phosphates as anti-sintering agents. IEEE Trans. MAG-17 (1981) 6, S.3023–3025

[4.56] *Tasaki, A.; Tagawa, K.; Kita, E.; Harada, S.; Kusunose, T.:* Recording tapes using iron nitride fine powder. IEEE Trans. MAG-17 (1981) 6, S. 3026–3028

[4.57] *Kishimoto, M.; Kitaoka, S.; Andoh, H.; Amemiya, M.; Hayama, F.:* On the coercivity of cobalt-ferrite expitaxial iron oxides. IEEE Trans. MAG-17 (1981) 6, S. 3029–3031

[4.58] *Andrä, W.; Danan, H.; Röpke, U.:* Models for perpendicular hysteresis of thin magnetic films. IEEE Trans. MAG-20 (1984) S. 102–104

[4.59] *Sugita, R.; Kunieda, T.; Kobayashi, F.:* Co–Cr perpendicular recording medium by vacuum deposition. IEEE Trans. MAG-17 (1981) 6, S. 3172–3174

[4.60] *Andrä, W.; Bornmann, S.; Danan, H.:* Domain wall motion in perpendicular recording films. IEEE Trans. MAG-20 (1984) S. 1834–1836

[4.61] *Wielinga, T.; Lodder, J.C.:* Co–Cr films for perpendicular recording. IEEE Trans. MAG-17 (1981) 6, S. 3178–3180

[4.62] *Naoe, M.; Hasunuma, S.; Hoshi, Y.; Yamanaka, S.:* Preparation of barium ferrite films with perpendicular magnetic anisotropy by dc sputtering. IEEE Trans. MAG-17 (1981) 6, S. 3184 bis 3186

[4.63] *Chen, T.; Yamashita, T.; Sinclair, R.:* The effect of orientation, grain size and polymorphism on magnetic properties of sputtered Co-Re thin film media. IEEE Trans. MAG-17 (1981) 6, S. 3187 bis 3189

[4.64] *Fisher, R.D.; Herte, L.; Lang, A.:* Recording performance and magnetic characteristics of sputtered cobalt-nickel-tempted films. IEEE Trans. MAG-17 (1981) 6, S. 3190–3192

[4.65] *Kita, E.; Tagawa, K.; Kamikubota, M.; Tasaki, A.:* Magnetic recording media propered by oblique incidence. IEEE Trans. MAG-17 (1981) 6, S. 3193–3195

[4.66] *Daniel, E.D.:* Tape noise in audio recording. J. Audio Eng. Soc. 20 (1972) S. 92–99

[4.67] *Thurlings, L.:* Statistical analysis of signal and noise in magnetic recording. IEEE Trans. MAG-16 (1980) 3, S. 507–513

[4.68] *Su, J.L.; Williams, M.L.:* Noise in disk data-recording media. IBM J. Res. Develop. (1974) S. 570–575

[4.69] *Mallinson, J.C.:* On extremely high density digital recording. IEEE Trans. MAG-10 (1974) 2, S. 368–373

[4.70] *Gitlitz, M.W.:* Maguituaja zapis' v sistemach peredači informacii. Moskva: Svjaz' 1978

[4.71] *Spitzer, C.F.:* Digital recording of video signals up to 50 MHz. Proceed. SPTE 36 (1973) S. 93–96

[4.72] *Neye, H.J.:* Persönliche Mitteilung, ZKI Berlin (1982)

[4.73] *Tagami, K.; Nishimoto, K.; Aoyama, M.:* A new preparation method for γ-Fe$_2$O$_3$ thin film recording media through direct sputtering of Fe$_3$O$_4$ thin films. IEEE Trans. MAG-17 (1981) 6, S. 3199–3201

[4.74] *Ashlock, J.:* An interpretation of spacing loss. IPL (1969) zitiert in [4.75]

[4.75] *v. Keuren, W.:* An examination of dropouts occuring in the magnetic recording and reproduction process. J. Audio Eng. Soc. 18 (1970) 1, S. 2–19

[4.76] *Skritek, P.; Pichler, H.:* A new dropout test procedure for magnetic recording. AES-Conv. Brüssel (März 1979)

[4.77] *Mallinson, J.C.:* On extremely high density digital recording. IEEE Trans. MAG-10 (1974) 2, S. 368–373

[4.78] *Yasuda, I.; Yoshisato, Y.; Kawai, Y.; Koyama, K.; Yazaki, T.:* Ultra-high density recording with sendust video head and high coercive tape. IEEE Trans. MAG-17 (1981) 6, S. 3114–3116

[4.79] *Suzuki, T.; Iwasaki, S.:* Magnetization transitions in perpendicular magnetic recording. IEEE Trans. MAG-18 (1982), S. 769–771

[4.80] *Lemke, J.E.:* An isotropic particulate medium with additive Hilbert and Fourier field components. J. Appl. Phys. 53 (1982) 3, S. 2561–2566

[4.81] *Huisman, H.F.:* Particle interactions and H_c: An experimental approach. IEEE Trans. MAG-18 (1982) 6, S. 1095–1097

[4.82] *Yoshii, S.; Ishii, O.; Hattori, S.; Nakagawa, T.; Ishida, G.:* High density recording characteristics of sputtered γ-Fe$_2$O$_3$ thin film disks. J. Appl. Phys. 53 (1982) 3, S. 2556–2560

[4.83] *Beardsley, I.A.:* Effect of particle orientation on high density recording. IEEE Trans. MAG-18 (1982) 6, S. 1191–1196

[4.84] *Tanaka, H.; Goto, H.; Shiota, N.; Yanagisawa, M.:* Noise characteristics in plated Co–Ni–P film for high density recording medium. J. Appl. Phys. 53 (1982) 3, S. 2576–2578

[4.85] *Meazawa, Y.; Takao, M.; Hibino, H.; Odagiri, M.; Shinouara, K.:* Metal thin film video tape by vacuum deposition. 4. Video and Data Conf. (Southampton 1982) IERE Proc. 54, S. 1–9

[4.86] *Saegusa, N.; Tsukagoshi, T.; Kita, E.; Tasaki, A.:* Magnetic properties of iron-nitride particles prepared with gas evaporation method. IEEE Trans. MAG-19 (1983) 5, S. 1629–1631

[4.87] *Tasaki, A.; Saegusa, N.; Oda, M.:* Ultra fine magnetic metal particles – research in Japan. IEEE Trans. MAG-19 (1983) 5, S.1731–1733

[4.88] *Köster, E.:* Neue Werkstoffe für magnetische Speicherschichten. Schweizer Maschinenmarkt (1983) 2, S.46–51 u. 6, S.58–61

[4.89] *Kishimoto, M.; Kitahata, S.; Amemiya, M.:* Mössbauer study of orientation of particles in magnetic recording tapes. IEEE Trans. MAG-19 (1983) 5, S.1632–1634

[4.90] *Desserre, J.; Jeanniot, D.:* Rare earth-transition metal alloys: another way for perpendicular recording. IEEE Trans. MAG-19 (1983) 5, S.1647–1649

[4.91] *Gatzen, H.H.:* Theoretische Ermittlung des Kopfprofils eines Schreib-Lese-Kopfes für Magnetbandspeicher mit hoher Bandgeschwindigkeit. Feinwirktechnik u. Meßtechnik 88 (1980) 7, S.361 bis 364

[4.92] *Norwood, R.E.:* Effects of bending stiffness in magnetic tape. IBM I. Res. Develop. (March 1969) S.205–208

[4.93] *Siakkou, M.; Kressler, B.; Linek, B.:* Theoretische Untersuchungen zur Magnetbandbiegelinie bei hohen Geschwindigkeiten. Journ. f. Signalaufzeichnungsmaterialien. Tagung „Magnetische Signalspeicher", Greifswald (1984)

[4.94] *Greenberg, H.J.:* Flexible disk – read/write head interface, IEEE Trans. MAG-14 (1978) 5, S.336 bis 338

[4.95] *Baumeister, H.K.; Nejezchleb, V.:* Hydrodynamically air lubricated magnetic tape head. US PS 3 170 045/1965 (Cl.179-100.2)

[4.96] *Glöß, R.:* Aufbau und Erprobung eines Analoglichtschrankenverfahrens zur Bestimmung elastomechanischer Eigenschaften von Magnetbändern. Dissertation TU Dresden (1980)

[4.97] NASA-Ref. Pub.1075: Magnetic Recording for the Eighties (April 1982)

[4.98] *Clurman, S.P.:* A simple tape wrap around a guide: Some complexities. IEEE Trans. MAG-17 (1981) 6, S.2754–2756

[4.99] *Chow, P.L.; Saibel, E.A.:* On the roughness effect in hydrodynamic lubrication. Transactions of the ASME 100 (April 1978), S.176–180

[4.100] *Clurman, S.P.:* A predictive analysis for optimum contour after-wear for magnetic heads. IEEE Trans. MAG-14 (1978) 5, S.339–341

[4.101] *Arnod, R.R.; Anaka, L.J.; Marsov, S.V.:* An investigation of the magnetic head – magnetic tape contact. J. Audio Eng. Soc.20 (1972) 6, S.470–474

[4.102] *Veselkov, R.S.; Kaljushnyi, A.D.:* Zur theoretischen und experimentellen Untersuchung der Dynamik des mechanischen Kontaktes zwischen Videokopf und Magnetband. Nachrichtentechnik–Elektronik 29 (1972) 12, S.515–518

[4.103] *Polzer, J.G.: Meissner, F.:* Grundlagen zur Reibung und Verschleiß. Leipzig: VEB Deutscher Verlag für Grundstoffindustrie 1979

[4.104] *Fleischer, G.; Gröger, H.; Thum, H.:* Verschleiß und Zuverlässigkeit. Berlin: VEB Verlag Technik 1980

[4.105] *Kragelski, I.V.; Dobycin, M.N.; Kombalov, V.S.:* Grundlagen der Berechnung von Reibung und Verschleiß. Berlin: VEB Verlag Technik 1982

[4.106] *Scholz, J.:* Zur Aerodynamik zwischen Wandler und Speicherfläche bei motorischen Speichern. J. f. Signalaufzeichnungsmaterialien (1985) in Vorbereitung

[4.107] *Kubo, O.; Ido, T.; Yokoyama, H.:* Properties of Ba ferrite particles for perpendicular magnetic recording media. IEEE Trans. MAG-18 (1982) 6, S.1122–1124

[5.1]   *Kanai, K.; Kaminaka, N.; Nouchi, N.; Nomura, N.; Hirota, E.:* High track density thin-film tape heads. IEEE Trans. MAG-15 (1979) 3, S.1130–1134

[5.2]   *Kelley, G.V.; Freeman, J.; Copenhaver, H.; Ketcham, R.A.; Valstyn, E.P.:* High-track-density, coupled-film magnetoresistive head. INTERMAG (Grenoble 1981), S.17

[5.3]   *Metzdorf, W.; Böhner, M.; Haudek, H.:* Möglichkeiten und Grenzen magnetoresistiver Leseköpfe. NTG-Fachberichte 76 (1980) S.69–75

[5.4]   *Druyvesteyn, W.F.; Van Ooyen, J.A.C.; Postma, L.; Raemakers, E.L.M.; Ruigrok, J.J.M.; de Wilde, J.:* Magnetoresistive heads. INTERMAG (Grenoble 1981), S.17

[5.5]   *Shibaya, H.; Katayama, H.; Abe, H.; Nagura, A.:* High definition video signal storing with 60 MHz magnetic recording equipment. IEEE Trans. MAG-17 (1981) 6, S.2757–2759

[5.6]   *Müller, M.; Bernhardt, M.; Schmitt, G.:* Weichmagnetische Materialien für Magnetköpfe in magnetomotorischen Speichern. J. Signal AM 8 (1980) 3, S.157–165

[5.7]   *Berghof, W.; Raith, H.:* Neuere Ergebnisse der Magnetkopftechnologie. Siemens-F.u.E.-Ber.4 (1975) 5, S.301–304

[5.8]   *Yasuda, I.; Yoshisato, Y.; Kawai, Y.; Koyamq, K.; Yazaki, T.:* Newly developed sendust video head for high coercive tape. IEEE Trans. MAG-16 (1980) 5, S.870–872

[5.9] *v.Lier, J.C.; Koel, G.J.; v.Gestel, W.J.; Postma, L.; Gerkema, J.T.; Gorter, F.W.; Druyvesteyn, W.F.:* Combined thin film magnetoresistive read, inductive write heads. IEEE Trans. MAG-12 (1976) 6, S.716–718

[5.10] *McKnight, J.G.:* Magnetic design theory for tape recorder heads. JAES 27 (1979) 3, S.106–120

[5.11] *Shibaya, H.; Fukuda, I.:* Preparation by sputtering of thick sendust film suited for recording head core. IEEE Trans. MAG-13 (1977) 4, S.1029–1035

[5.12] *Feldtkeller, R.:* Theorie der Spulen und Übertrager. Stuttgart: Kirzel-Verlag 1958

[5.13] *Kaden, H.:* Wirbelströme und Schirmung in der Nachrichtentechnik. Berlin, Göttingen, Heidelberg: Springer-Verlag 1959

[5.14] *Boll, R.:* Wirbelstrom- und Spinrelaxationsverluste in dünnen Metallbändern bei Frequenzen bis zu etwa 1 MHz. Z. f. ang. Phys. XII (1960) 5, S.212–223

[5.15] *Boll, R.:* Ortskurven der komplexen Permeabilität dünner Bänder. Frequenz 14 (Juli 1960) 7, S.227 bis 236

[5.16] *Naito, Y.:* Formulation of frequency dispersion of ferrite permeability. Electronics and Communications in Japan 59-C (1976) 5, S.100–107

[5.17] *Lemke, J.U.:* Ferrite transducer. Aus „Advances in magnetic recording." Annuals of the New York Academy of Sciences 189 (1972) S.171–190

[5.18] *Smaller, P.:* Reproduce system noise in wide-band magnetic recording systems. IEEE Trans. MAG-1 (1965) 4, S.357–363

[5.19] *Smit, J.; Wijn, H.P.J.:* Advances in Electronics and Electron Physics 6 (1954) S.69

[5.20] *Boll, R.:* Wirbelströme und Spinrelaxation in dünnen Bändern aus weichmagnetischen Legierungen. Dissertation TH Stuttgart (1959)

[5.21] *Monson, J.E.:* Field analysis for nonlinear magnetic head. IEEE Trans. MAG-8 (1972) S.533 bis 536

[5.22] *Suzuki, T.; Iwasaki, S.:* An analysis of magnetic recording head fields using a vector potential. IEEE Trans. MAG-8 (1972) S.536–538

[5.23] *Bertram, H.N.; Steele, C.W.:* Pole tip saturation in magnetic recording heads. IEEE Trans. MAG-12 (1976), S.702–706

[5.24] *Rivas, J.; Zamarro, J.M.; Martin, E.; Pereira, C.:* Simple approximation for magnetization curves and hysteresis loops. IEEE Trans. MAG-17 (1981) 4, S.1498–1502

[5.25] *Beckert, U.:* Feldverteilungen und Wirbelstromverluste in ferromagnetischen Platten bei feldstärkeabhängiger Permeabilität. Z. elektr. Inform.- u. Energietechnik 3 (1975) 5, S.326–337

[5.26] *Beckert, U.:* Zur numerischen Berechnung der Wirbelstromerscheinungen in massiven ferromagnetischen Werkstoffen. Elektrie 34 (1980) 2, S.72ff.

[5.27] *Otto, R.:* The effect of conducting gap spacers on the impedance of magnetic heads. Hochfrequenztechnik und Elektroakustik 71 (1962) S.181–186

[5.28] *Hughes, G.F.:* On digital recording head design. IEEE Trans. MAG-7 (1971) 3, S.695–699

[5.29] *Scholz, Ch.:* Handbuch der Magnetbandspeichertechnik. Berlin: VEB Verlag Technik 1979

[5.30] *Katz, E.R.:* Numerical analysis of ferrite recording heads with complex permeability. IEEE Trans. MAG-16 (1980) 6, S.1404–1409

[5.31] *Bertram, H.N.; Mallinson, J.C.:* A theory of eddy current limited heads. IEEE Trans. MAG-12 (1976) 6, S.713–715

[5.32] *Lazzari, J.D.; Melnick, I.:* Integrated magnetic recording heads. IEEE Trans. MAG-7 (1971) S.146–150

[5.33] *Romankiw, L.T.; Croll, I.M.; Hatzakis, M.:* Batch-fabricated thin-film magnetic recording heads. IEEE Trans. MAG-6 (1970) S.597–601

[5.34] *Paton, A.:* Analysis of the efficiency of thin-film magnetic recording heads. J. Appl. Phys.42 (1971) 13, S.5868–5870

[5.35] *Gregg, D.P.:* Deposited film transducing apparatus and method of producing the apparatus. US-Patent 3.344.237 (1967)

[5.36] *Gorter, F.W.; Somers, G.H.J.; Huijts, J.P.A.; v.Lier, J.C.:* „Wafer" testing of thin film recording heads. INTERFERMAG (1977) S.26-6

[5.37] *Jones, R.E.:* Analysis of the efficiency and inductance of multiturn thin film magnetic recording heads. IEEE Trans. MAG-14 (1978) 5, S.509–511

[5.38] *Katz, E.R.:* Finite element analysis of the vertical multiturn thin-film head. IEEE Trans. MAG-14 (1978) 5, S.506–508

[5.39] *Miura, Y.; Kawakami, S.; Sakai, S.:* An analysis of the write performance on thin film head. IEEE Trans. MAG-14 (1978) 5, S.512–514

[5.40] *Kanai, K.; Kaminanka, N.; Nouchi, N.; Nomura, N.; Hiroto, E.:* High track density thin-film tape heads. IEEE Trans. MAG-15 (1979) 3, S.1130–1134

[5.41] *Hooper, W. K.; Monson, J. E.:* Field analysis for magnetic heads with eddy currents or complex permeability. IEEE Trans. MAG-7 (1971) S. 686–689

[5.42] *Bozorth, R. M.:* Ferromagnetismus. New York: Van Nostrand Comp. (1951)

[5.43] *Voigt, H.:* Zum Zusammenhang zwischen Frequenzgang und Ortskurve von Magnetköpfen. Nachrichtentechnik–Elektrotechnik 30 (1980) 3, S. 122–123

[5.44] *Baker, S. K.; Speedy, C. B.:* Crosstalk between in-line magnetic recording heads. Proc. IEE 114 (1967) 3, S. 333–334

[5.45] *Reinboth, H.:* Technologie und Anwendung magnetischer Werkstoffe. Berlin: VEB Verlag Technik 1970

[5.46] *Jorgensen, F.:* The complete handbook of magnetic recording. Blue Ridge Summit: Tab. Books inc., USA (1980)

[5.47] *Scholz, C.:* Die Methode des komplexen magnetischen Widerstandes bei Magnetköpfen. 3. Conf. on Mag. Rec., Budapest (1970) S. 6, 5

[5.48] *Vajda, S.:* Magnetköpfe. In „Grundlagen der magnetischen Signalspeicherung", Bd. 1. Berlin: Akademie-Verlag 1968

[5.49] *Thornley, R. F. M.; Bertram, H. N.:* The effect of pole tip saturation on the performance of a recording head. IEEE Trans. MAG-14 (1978) 5, S. 430–432

[5.50] *Scholz, Ch.:* Sättigungserscheinungen bei Aufzeichnungsköpfen hochkoerzitiver Magnetbänder. J. Signal AM 10 (1982) 3, S. 147–157

[5.51] *Domsch, G. H.:* Die Abschirmung magnetischer Felder in der Nachrichtentechnik. Berlin: VEB Verlag Technik 1955

[5.52] *Dietzmann, G.; Schaefer, M.:* Frequenzabhängigkeit der komplexen Anfangspermeabilität von Permalloy-Bändern. Nachrichtentechnik–Elektronik 33 (1983) 9, S. 375–381

[5.53] *Sekiya, T., u. a.:* Digital audio compact cassette deck with thin film head. AES-Preprint No. 1859 (1982)

[6.1] *Möschwitzer, A.; Lunze, K.:* Halbleiterelektronik. Berlin: VEB Verlag Technik 1975

[6.2] *Voigt, H.:* Rauschanpassung von Wiedergabeverstärkern an Magnetköpfe. Nachrichtentechnik–Elektronik 33 (1983) 12, S. 511–512

[6.3] *Byers, R. A.:* Theoretical signal-f_0-noise ratios for magnetic tape heads. IEEE Trans. MAG-7 (1971) 2, S. 254–259

[6.4] *Skritek, P.:* Noise figures if differential-pair input-stage equalizer pre-amplifiers. IEEE Trans. ASSP (1982), in Vorbereitung

[6.5] *Skritek, P.:* Comparison of overload- and noise-characteristics of different-arcuit realisations. IEEE Symp. on Circuits and Systems, Rom 1982

[6.6] *Voigt, H.:* Peakshiftminimierung bei der Magnetbandspeicherung mit pulsphasenmodulierten Signalen. Tagung Magnetische Signalspeicher, Dresden 1978

[6.7] *Speliotis, D. E.:* Maximum recording density obtainable in particulate media. IEEE Trans. MAG-16 (1980) 1, S. 30–35

[6.8] *Speliotis, D. E.; Chi, C. S.:* Computer-based modeling of the digital magnetic recording channel. IEEE Trans. MAG-14 (1978) 5, S. 643–648

[6.9] *Potter, R. I.; Beardsley, I. A.:* Self-consistent computer calculations for perpendicular magnetic recording. IEEE Trans. MAG-16 (1980) 5, S. 967–972

[6.10] *Nyquist, H.:* Certain topics in telegraph transmission theory. AIEE Trans. 47 (1968) S. 617–644

[6.11] *Gibby, R. M.; Smith, J. W.:* Some extentions of Nyquist's telegraph transmission theory. BSTJ (1965) S. 1487–1510

[6.12] *Tachibana, M.; Sata, H.; Watanabe, K.:* Equilization in digital recording. NEC Research and Development 35 (1974) S. 37–45

[6.13] *Tahara, Y.; Takagi, H.; Ikeda, Y.:* Optimum design of channel filters of digital magnetic recording. IEEE Trans. MAG-12 (1976) 6, S. 749–751

[6.14] *Geffon, A. P.:* AGKBPI disk storage system using Mod-11 interface. IEEE Trans. MAG-13 (1977) S. 1205–1207

[6.15] *Huber, W. D.:* Maximization of lineal recording density. IEEE Trans. MAG-13 (1977) S. 1208 bis 1210

[6.16] *Tachibana, M.; O-Hara, M.:* Optimum waveform design and its effect on the peak shift compensation. IEEE Trans. MAG-13 (1977) S. 1199–1201

[6.17] *Kallman, H. E.:* Transversal filters. Proc. I. R. E. 28 (1940)

[6.18] *Kameyama, T.; Takanami, S.; Arai, R.:* Improvement of recording density by means of cosine equalizer. IEEE Trans. MAG-12 (1976) 6, S. 746–748

[6.19] *Mackintosh, N. D.:* A superposition-based analysis of pulseslimming techniques for digital recording. The Radio and Electronic Engineer 50 (1980) 6, S. 307–311

[6.20] *Harman, J.H.:* Read compensation in flexible disk drives. IEEE Trans. MAG-17 (1981) S.1414 bis 1416

[6.21] *Chi, C.S.:* Charakterization an spectral equilization for high-density recording. IEEE Trans. MAG-15 (1979) 6, S.1447–1449

[6.22] *Schüssler, W.:* Über den Entwurf optimaler Suchfilter. Nachrichtentechn. Z. (1964) 12, S.605 bis 613

[6.23] *Kress, D.:* Theoretische Grundlagen der Übertragung digitaler Signale. Berlin: Akademie-Verlag 1979

[6.24] *Jacoby, G.V.:* High density recording with write current shoping. IEEE Trans. MAG-15 (1979) 3, S.1124–1130

[6.25] *Voigt, H.:* Verfahren und Schaltungsanordnungen zur Informationskodierung in der Magnetbandspeichertechnik. DDR-WPG 11B/226 356 (1980)

[6.26] *Thornley, R.F.M.:* Compensation of peak-shift with write timing. IEEE Trans. MAG-17 (1981) 6, S.3332–3334

[6.27] *Kobayashi, H.; Tang, D.T.:* Application of partial-response channel coding to magnetic recording systems. IBM J.Res. Develop. (1970) S.368–375

[6.28] *Kobayashi, H.:* Application of probabilitie to digital magnetic recording systems. IBM J. Res. Develop. (1971) S.64–74

[6.29] *Forney, G.D.:* The viterby algorithm. Proc. IEEE 61 (1973) 3, S.268–278

[6.30] *Burkhardt, H.:* An event-driven maximum likelihood peak position detector for run-length-limited codes in magnetic recording. IEEE Trans. MAG-17 (1981) 6, S.3337–3339

[6.31] *Wood, R.:* VITERBY reception of Miller-quared code on a tape channel. 4. Video and Data Recording Conf. (Southampton 1982) IERE Proc.54, S.333–343

[6.32] *Nakagawa, S.; Yokoyama, K.; Katayama, H.:* A study on detection methods of NRZ recording. IEEE Trans. MAG-16 (1980) 1, S.104–110

[6.33] *Sierra, H.M.:* Increased magnetic recording readback resolution by means of a linear passive network. IBM J. Res. Develop.7 (1963) S.22–33

[6.34] *Schlaepper, C.E.:* Signal-processing for increased bit densities in digital magnetic recording. IEEE Trans. Com. Record (1963) 5, S.2–10

[6.35] *Jacoby, G.V.:* Equilization in digital magnetic recording. IEEE Trans. MAG-4 (1968) 3, S.302 bis 305

[6.36] *Byers, R.B.:* A new concept for equilization of magnetic tape reproducer systems. IEEE Trans. MAG-7 (1971) 2, S.198–207

[6.37] *Schneider, E.C.:* An improved pulse-slimming method for magnetic recording. IEEE Trans. MAG-11 (1975) 5, S.1240–1241

[6.38] *Ashlock, J.C.:* Transversal filters for high-density digital recording. IEEE Trans. MAG-7 (1971) 3, S.421–422

[6.39] *Vermeulen, I.C.:* Read pulse compression by linear filtering. IBM Techn. Dis. Bull.9 (1967) 10, S.1272–1273

[6.40] *Wood, R.W.; Donaldson, R.W.:* Decision feedback equilization of the dc null in high-density digital magnetic recording. IEEE Trans. MAG-14 (1978) 4, S.218–222

[6.41] *Graham, I.H.:* Data detection methods vs head resolution in digital magnetic recording. IEEE Trans. MAG-14 (1978) 4, S.191–193

[6.42] *Barbosa, L.C.:* Minimum noise pulse slimmer. IEEE Trans. MAG-17 (1981) 6, S.3340–3342

[6.43] *Sierra, H.M.:* Linear, passive, matched filter for digital magnetic recording. IEEE Trans. EC-14 (1966) 2, S.204–209

[6.44] *Spataru, A.:* Theorie der Informationsübertragung. Berlin: Akademie-Verlag 1973

[6.45] *Voigt, H.:* Einfaches Modell zur Optimierung des Magnetbandspeicherkanals auf der Basis der Nachrichtentheorie. Nachrichtentechnik–Elektronik (1983) in Vorbereitung

[6.46] *Kempe, V.; Neumann, W.; Siakkou, M.; Weide, H.G.:* Digitaler Satelliten-Magnetbandspeicher. Bild und Ton 33 (1980) 1, S.5–10

[6.47] *Damron, S.S.:* Applications and economic considerations effecting the selection of high environment video recorder systems. Symposium on Military Airborne Video Recording Requirements. Dayton, Ohio (1973)

[6.48] *Eto, Y.; Mita, S.; Hirano, Y.:* Experimental digital VTR with tri-level recording and fire code error correction. Digital Video Vol.3 (1980) S.182–189

[6.49] *Osawa, H.; Tazaki, S.; Andoh, S.:* Performance comparison of partial response systems for NRZ recording. 4. Video and Data Conf. (Southampton 1982). IERE Proc.54, S.323–332

[6.50] *Scarrott, G.G.; Hacking, K.:* The use of SAW filters to enhance digital magnetic recording. 4. Video and Data Conf. (Southampton 1982) IERE Proc.54, S.217–229

[6.51] *Huber, W.D.:* Simultaneous and othogonally interactive clock recovery and d.c. null equalization in high density digital magnetic recording. IEEE Trans. MAG-19 (1983) 5, S.1716–1718

[6.52] *Nishimura, K.; Ishii, K.:* A design method for optimum equalization in magnetic recording with partial response channel coding. IEEE Trans. MAG-19 (1983) 5, S.1719–1721

[6.53] *Spitzer, C.F.:* Digital recording of video signals up to 50 MHz. Proceed. of the SMPTE 36 (1973) S.93–96

[7.1] *Immink, K.A.S.; Gross, U.:* Optimization of low frequency properties of EFM modulation. 4.Video and Data Recording Conf. (Southampton 1982) IERE Proc.54, S.375–383

[7.2] *Jones, A.H.:* Digital video coding standards: factors influencing the choise in europe. SMPTE-Journ. (März 1982) S.260–265

[7.3] *Heitmann, J.:* An analytical approach to the standardization of digital video tape recorders. SMPTE-Journ. (März 1982) S.229–232

[7.4] *Dolby, D.; Lemoine, M.; Felix, M.:* Formats for digital video tape recorders. The Radio and Electr. Engineer 52 (Juni 1982) 1, S.31–36

[7.5] *Doi, T.; Nakajima, H.:* Digital audio formats for recording and digital communication. SMPTE-Journ. (August 1981) S.669–677

[7.6] *Hacking, K.:* Some experiments in digital holografic recording. The Radio and Electronic Engineer 50 (1980) 7, S.367–373

[7.7] *Morizono, M.; Yoshida, Y.; Hashimoto, Y.:* Digital video recording – some experiments and future considerations. SMPTE-Journal 89 (1980), S.658–662

[7.8] *Eto, Y.; Mita, S.; Hirano, Y.:* Experimental digital VTR with trilevel recording and Fire code error correction. Digital Video 3 (SMPTE 1980) S.182–189

[7.9] Weniger Bandverbrauch bei PCM-Video. Funkschau (1980) 9, S.71–73

[7.10] *Neils, J.:* PCM-Kassettendeck. Funkschau (1982) 19, S.67–68

[7.11] *Fellbaum, K.:* Geräte der digitalen Audiotechnik. Funkschau 53 (1981) 23, 76/81

[7.12] IEC-TC 60A-WG 16: Professional Digital Audio Recording on Tape (Febr. 1981)

[7.13] *Feldmann, L.:* Digital audio using your VCR. Radio-Electronics (Aug. 1981) S.67–69

[7.14] *Thomsen, D.:* Digitale Audiotechnik. München: Franzis-Verlag 1983

[7.15] *Tanaka, K.; Yamaguchi, T.; Sugiyama, Y.:* Improved two channel PCM tape recorder for professional use. AES 64. Conv. N.Y. (1979) G-3

[7.16] *Matsushima, H.; Kanai, K.; Mora, T.; Kogure, T.:* A new audio recorder for professional applications. AES 62. Conv. Bruss. (1979) G-7

[7.17] *Tanaka, K.; Kusunoki, Y.; Sugiyama, Y.; Nakajima, O.; Furukawa, T.; Kunii, S.:* An PCM multichannel tape recorder using powerful code format. AES 67. Conv. N.Y. (1980) H.5

[7.18] *Welland, K.; Redlich, H.:* The MD (Minidisk) system: a contribution to the digital audio disk standard. J.A.E.S.28 (1980) 7/8, S.510–514

[7.19] *Driessen, L.M.H.E.; Vries, L.B.:* Performance calculations of the Compact Disc error correcting code an a memoryless channel. 4.Video and Data Conf. (Southampton 1982) IERE Proc.54, S.385–395

[7.20] *Anazawa, T.; Yamamoto, K.; Todoroki, S.; Takasu, A.:* Improved PCM recording system. AES 56. Conv. (1977) F-8

[7.21] *Griffith, F.A.:* A digital audio recording system. AES 65.Conv. London (1980) C-1

[7.22] N.N.: PCM-Audio. rme 46 (1980) 10, S.283

[7.23] *Kosuda, Y.; Yamada, Y.; Fujii, F.; Mori, T.:* Professional PCM recording system using U-type VTR. AES 65.Conv. London (1980)

[7.24] *Yamada, Y.; Fujii, Y.; Moriyama, M.; Saitoh, S.:* Professional use PCM audio processor with a high efficiency error correction system. AES 66.Conv. Los Angeles (1980) G-7

[7.25] *Yokoyama, K.; Nakagawa, S.; Katayama, H.:* Experimental PCM-VTR. NHK Laboratories Note Nr.236 (1979)

[7.26] *Siakkou, M.:* Physik der Informationsspeicher. Berlin: Akademie-Verlag 1979

[7.27] *Ive, J.G.S.; Thirlwall, A.C.; Wilkinson, J.H.:* Digital video recording – from theory into practice. 4.Video and Data Conf. (Southampton 1982) IERE Proc.54

[7.28] *Neiles, J.:* Digital-Kassettendeck, Funkschau 53 (1981) 19, S.47–49

[7.29] *Mattern, A.:* Digital-Audio-Recorder. Funkschau 53 (1981) 18, S.72–73

[7.30] *Hidaka, T.:* JVC and digital audio disk system. J.A.E.S.29 (1981) 1/2, S.68–69

[7.31] *Doi, T.T.:* General information on a compact digital audio disk. J.A.E.S.29 (1981) 1/2, S.60–66

[7.32] *Doi, T.T.; Itoh, T.; Ogawa, H.:* A long-play digital audio disk system. J.A.E.S.27 (1979) 12, S.975–981

[7.33] *Tetzner, K.:* Bildplattensysteme im Vergleich. Funkschau 53 (1981) 23, S.76–80, S.87–91

[7.34] *Pichler, H.:* PCM-Schallplatten. Elektronik-Schau 56 (1980) 4, S.36–41

[7.35] *Parker, M.A.; Bellis, F.A.:* Signalprocessing for an experimental 216 Mbit/s digital video tape recorder. 4. Video and Data Conf. (Southampton 1982) IERE Proc. 54

[7.36] *Bergmann, J.H.:* Digitale Ton- und Bildspeichertechnik. radio fernsehen elektronik 31 (1982) 2, S. 122–126

[7.37] *Sadashige, K.; Matsushima, H.:* Recent advantages in audio recording technique. AES 66. Conv. (1980) Los Angeles, K-5

[7.38] *Reuber, C.:* Digital-Audio-Platten startklar. Funktechnik 37 (1982) 12, S. 502–505

[7.39] Compact Disc Digital Audio System. IEC TC 60A (Juli 1983)

[7.40] *Habermann, W.:* Die Diskussion um das zukünftige Aufzeichnungsformat für digitale Video- signale – Eine Bestandsaufnahme. Rundfunktechn. Mitteilungen 27 (1983) 2, S. 71–80

[7.41] *Yoshida, H.; Eguchi, T.:* Considerations in the choice of a digital VTR format. SMPTE J. (1981) S. 622–626

[7.42] *Morizono, M.; Yoshida, H.; Hashimoto, Y.; Eguchi, T.; Shirota, N.:* Digital VTR error charac- teristics and a proposed pretection sceme. IBC (Brighton, Sept. 1980) S. 243–246

[7.43] *Jones, A.H.:* Digital television recording: A review of current developments. BBC Engineering (Mai 1974) S. 18–27

[7.44] *Hoeve, H.; Timmermans, J.; Vries, L.B.:* Fehlerkorrektur im „Compact Disc Digital Audio"- System. Nachrichtentechn. Z. 36 (1983) 7, S. 446–448

[7.45] *v. Gestel, W.J.; Driessen, L.M.H.E.; Moeskopfs, J.C.F.:* A multitrack digital audio recorder for consumer applications. J.A.E.S. 30 (Dez. 1982) 12, S. 889–895

[7.46] *Heitmann, J.; Sochor, J.; Loos, R.:* Recent developments for digital VTR: Channel coding an error protection. IBC 82 (Brighton) 221–225

[7.47] *Yoshida, H.; Shimada, T.; Hashimoto, Y.:* 8-9 Blockcode: A dc free channel code for digital magnetic recording. SMPTE Journal (Sept. 1983) S. 918–922

[7.48] *Heitmann, H.:* Digitale Videoaufzeichnung. Grundlagen, Standardisierung, Entwicklung. Fernseh- und Kinotechnik 38 (1984) H. 2, 3, 5 und 7

[7.49] *Fujwara, Y.; Eguchi, T.; Ike, K.:* Tape selection and mechanical considerations for the 4:2:2 DVTR. SMPTE Journal (Sept. 1984) S. 818–829

[7.50] *Sakamoto, N.; Kogure, T.; Kitagawa, H.; Shimada, T.:* On high-density recording of the compact- cassette digital recorder. JEAS 32 (Sept. 1984) 9, S. 640–645

[7.51] *Sakamoto, N.; Kogure, T.; Shimbo, M.; Komae, H.:* Signal processing of the compact cassette digital recorder. JAES 32 (Sept. 1984) 9, S. 647–657

[7.52] Digitales Audio-Cassetten-Deck. Funk-Technik 39 (1984) 9, S. 373

[7.53] *Maruhn, E.:* Magnettontechnik. In: Taschenbuch Akustik. Teil 2. Berlin: VEB Verlag Technik 1984

[7.54] *Lagadec, R.:* Das DASH-Format für die digitale Tontechnik. Fernseh- und Kino-Technik 38 (1984) 10, S. 435–441

[7.55] *Lagadec, R.:* Die digitale Tonaufzeichnung. Bull. ASE/UCS 76 (1985) 1, S. 2–6

Sachwörterverzeichnis